"十四五"时期国家重点出版物出版专项规划项目

城市公共卫生安全风险防控丛书

编委会主任：王德学　　总主编：钟志华　孙 阳　　执行总主编：孙建平　邬惊雷

城市食品安全风险防控

RISK PREVENTION AND CONTROL OF
FOOD SAFETY IN URBAN AREAS

主　编　彭少杰　　顾振华
副主编　邱从乾　　陈蓉芳

·上海·

图书在版编目(CIP)数据

城市食品安全风险防控/彭少杰,顾振华主编;邱从乾,陈蓉芳副主编. -- 上海:同济大学出版社,2025.3. -- (城市公共卫生安全风险防控丛书/钟志华,孙阳总主编). -- ISBN 978-7-5765-1068-3

Ⅰ. TS201.6

中国国家版本馆CIP数据核字第20249FE551号

国家出版基金项目
"十四五"时期国家重点出版物出版专项规划项目
上海市促进文化创意产业发展财政扶持资金资助项目

城市公共卫生安全风险防控丛书

城市食品安全风险防控
Risk Prevention and Control of Food Safety in Urban Areas

主　编　彭少杰　顾振华　副主编　邱从乾　陈蓉芳

丛书策划　　高晓辉
责任编辑　　马继兰　宋　立　　　助理编辑　　陈妮莉
责任校对　　徐逢乔　　　　　　　装帧设计　　唐思雯

出版发行	同济大学出版社　www.tongjipress.com.cn (地址:上海市四平路1239号　邮编:200092　电话:021-65985622)
经　销	全国各地新华书店、建筑书店、网络书店
排版制作	南京文脉图文设计制作有限公司
印　刷	上海安枫印务有限公司
开　本	787mm×1092mm　1/16
印　张	22.75
字　数	431 000
版　次	2025年3月第1版
印　次	2025年3月第1次印刷
书　号	ISBN 978-7-5765-1068-3
定　价	168.00元

版权所有　侵权必究　印装问题　负责调换

内容简介

本书阐述了食品安全的基本概念、对城市公共卫生的挑战，从食品安全监管体制入手，分析了中国、美国、欧盟、日本等国家和地区的差异；以实际案例分析了食品安全生物性风险、化学性风险和物理性风险的种类、来源及特征；从食品安全风险识别、评估、防控，重大活动食品安全监督保障，食品安全事故应急处置，食品安全社会共治，食品安全智慧监管等角度全面系统地阐述了食品安全风险管理原则、方法及防控对策，对健全城市食品安全预防体系、完善城市现代化治理能力具有重要意义。

本书由上海市市场监督管理局和上海市食品安全工作联合会相关专业人员编撰，是食品安全风险管理者、食品生产经营企业、有关行业及第三方机构相关人员掌握食品安全风险防控技术及方法的必备读物。

作者简介

彭少杰，上海市市场监督管理局信息应用研究中心（上海市食品安全技术应用中心）副主任，主任医师。主要从事食品安全风险监测与评估、行政执法与刑事司法涉案食品评估认定、食品安全智慧监管研究等。担任国家卫生城市评审专家，国家市场监管总局科技委员会智慧监管分委会委员、上海市食品安全专家委员会秘书长，上海市食品学会理事，上海市食品安全风险评估专家委员会委员等。主持和参与国家科技支撑计划、国家市场监督管理总局科技计划、上海市科委重点科技攻关项目等 10 多项国家和省部级科研项目，在国内外期刊发表论文 80 多篇，主编《食品安全监督管理概览》，参编《食品和化妆品安全监管工作指南》《危害食品安全犯罪专题研究》《上海市食品从业人员食品安全知识培训教程》等。荣获"上海市建设市民满意的食品安全城市先进个人"等荣誉称号。

顾振华，副主任医师，原上海市食品安全工作联合会会长，曾任上海市卫生局处长、上海市食品药品监督管理局副局长、上海市食品安全委员会办公室副主任。长期从事食品卫生（安全）监督管理工作，研究制定国家和本市食品安全政策、法规和标准以及食品安全风险控制对策，处置多起食品安全突发事故（事件）。主编《上海市食品从业人员食品安全知识培训教程》《食品药品安全监管工作指南》《〈上海市食品安全条例〉释义》《中小学食品安全与营养午餐指津》《食源性疾病防制与应急处置》等。

邱从乾，复旦大学营养与食品卫生专业硕士，副主任医师，现任上海市市场监督管理局执法总队副总队长。从事食品安全监管工作 20 多年。近年来，参加了 10 多项国家和省部级科研项目，发表论文 10 多篇，组织编制或修订了食品安全国家标准和地方标准 10 多项，是上海市食品安全地方标准审评委员会委员。

陈蓉芳，原第二军医大学毒理学博士，副主任医师，曾就职于上海市市场监督管理局执法总队（退休）。长期从事食品安全监督管理工作，主持多项食品安全国家标准的编制或修订工作，参编《中国的食品安全：过去、现在与未来》《上海市食品从业人员食品安全知识培训教程》《食品安全监督管理概览》《〈食品安全国家标准 食品接触材料及制品用添加剂使用标准〉实施指南》等。

"城市公共卫生安全风险防控丛书"
编委会

学 术 顾 问　高　福　中国科学院院士

编委会主任　王德学

总　主　编　钟志华　孙　阳

编委会副主任　陈啸宏　徐祖远　周延礼　李逸平　方守恩
　　　　　　　沈　骏　李东序　陈兰华　吴慧娟　王晋中

执行总主编　孙建平　邬惊雷

编委会成员（按姓氏音序排序）

　　　　蔡　军（上海市精神卫生中心）

　　　　蔡　军　陈秀平　盖博华　高　欣　顾春源
　　　　顾振华　胡伟国　蒋　勤　李　健　李永奎
　　　　凌建明　刘　坚　刘　军　刘中民　罗　蒙
　　　　马万经　彭少杰　沈　洁　施　骞　石　红
　　　　谭维勇　涂辉招　王跃全　魏建军　吴国柱
　　　　吴立明　武景林　项晓刚　谢　斌　谢　青
　　　　徐文停　余小萍　苑　辉　张建忠　张　林
　　　　张世翔　张兴根　张永怡　赵海磊　朱　圆

总序
PREFACE

在城市日益快速发展的背景下，我们深刻认识到，公共卫生安全风险防控已经成为现代城市安全体系中不可或缺的重要组成部分。面对突发公共卫生事件的广泛性、突发性、关联性和深远性，我们意识到，这些事件不仅危及市民的生命安全，还会对城市运行造成系统性影响，并可能在社会治理、经济发展和人民生活等各个方面引发长期风险。城市高质量发展迫切需要针对这一领域的研究和实践提出系统化、专业化、全面化的成果总结，并进行宣传推介，以满足广大人民群众和城市管理者的需求。基于这一认识，自2020年起，我们开始策划并推进"城市公共卫生安全风险防控丛书"（以下简称"丛书"）的编撰与出版工作。

立足于现实，确保城市公共卫生这一复杂系统能够有效应对各类风险，特别是具有应对城市层面系统风险的能力，是这套丛书试图回答的核心议题。丛书的初衷在于填补城市视角下公共卫生安全风险防控领域系统出版物的空白，也是希望在"十三五"国家重点图书出版物出版专项规划项目、荣获第八届中华优秀出版物奖图书奖的"城市安全风险管理丛书"的基础上，进一步拓展和深化针对城市风险治理的研究。

"城市公共卫生安全风险防控丛书"的创新之处在于其视角的拓展。我们不仅关注突发公共卫生事件的风险防控，还从更广阔的视角审视可能影响城市公共卫生体系稳定运行的风险因素。例如，丛书探讨了极端天气灾害、基础设施老化、城市运行堵点等问题如何与公共卫生安全相互交织、相互影响，这也是本套丛书的一大亮点。通过跨学科的知识融合，丛书试图打造城市层面公共卫生风险防控的知识图谱，将城市安全风险治理的理念与公共卫生安全的具体实践紧密结合，力图在理论和实践之间架起一座桥梁。

这套丛书在内容上深化了对传统公共卫生突发事件防控的理解，汇总了最新的实践经验，并关注城市化进程中涌现的新问题。它涵盖了从传染病、食品安全、灾难医学，到心理韧性、老年护理、中医药等多个领域的风险防控。丛书不仅继承了传统公共卫生危机应对的理论与实践，还创新性地融合了现代城市管理、社区治理、健康传播等新兴领域，为城市应对复杂多变的公共卫生风险提供了更为系统和全面的策略与解决方案。丛书探索了新理念、新技术和新方法的应用，全面拓展了公共卫生管理的视野，力求为城市管理者、公共卫生专家以及相关决策者提供切实可行的参考和指引，力争为未来的城市公共卫生风险治理提供理论支撑和操作框架。

丛书的编撰出版不仅仅是学术成果的汇聚，更是一个为了共同目标，多方协作、共同努力、面向未来的耕耘与探索之旅。从丛书的策划，到构建起包含13个分册的完整体系，每个编写团队的精心打磨，直至出版团队的协同审校，丛书出版的每一个环节都凝聚了许许多多人的辛勤努力和智慧。丛书的编委会成员来自城市运行管理、应急管理和公共卫生管理领域，他们共同决定了丛书的定位与核心理念。各分册的编撰团队有来自公共卫生管理、城市管理等政府部门的专家，也有来自同济大学、上海交通大学、复旦大学、上海中医药大学、华东师范大学以及全国乃至海外多所高校和研究机构的研究人员，还有上海的瑞金医院、上海市东方医院、上海市精神卫生中心等多家医疗机构的一线工作人员，这些多元化背景的团队成员使丛书的内容更加丰富。出版团队则由同济大学出版社的专业编辑组成。可以说，整个团队不仅为科研与实践经验的转化奠定了坚实的基础，也为丛书成为高质量学术出版物提供了有力保障，对丛书的顺利完成起到了重要的支撑作用。

自丛书策划以来，编委会及专家团队便积极贡献智慧、充分交流，提出了许多宝贵的意见和建议，确保了丛书的编写工作更加周密、系统、完善与全面。在此，我要特别感谢所有参与的专家、学者，感谢你们的辛勤付出和对这套丛书所做的贡献。

随着本丛书的逐步完成，我们相信，它不仅仅是对现有公共卫生风险防控理论的补充，更是推动城市公共卫生安全体系建设的重要理论工具。我们期望通过丛书的出版、发行与传播，为城市在公共卫生风险治理方面提供可借鉴的经验、科学的方法和有益的思路，为推动"健康中国"的建设，保障广大人民群众的生命安全与健康，以及城市的高质量发展起到积极作用。

在此，我谨向所有参与本丛书的编委、专家以及工作人员表示衷心的感谢！正是你们的不懈努力和执着追求，使得这一意义深远的出版项目得以顺利推进。我坚信，在大家的共同努力下，这套丛书必将成为推动城市公共卫生安全风险防控理论研究和实践应用的最新重要成果。

中国职业安全健康协会党委书记、理事长

2025年2月

前言

食品安全事关人民群众身体健康和生命安全，事关经济发展和社会稳定，也是城市安全的重要组成部分和城市发展的重要支撑基础。近年来，随着城市的快速发展，产业集中度和人口流动性显著增强，特别是食品领域的新技术、新材料、新业态不断出现，城市在应对传统食品安全风险的同时，又面临着新的威胁和新的挑战。提高食品安全风险识别、评估和防控能力，让监管始终跑在风险前面，一直是城市公共卫生管理努力的方向。

习近平总书记强调，"要用最严谨的标准、最严格的监管、最严厉的处罚、最严肃的问责"，"加快建立科学完善的食品安全治理体系"。这一重要指示为我国食品安全工作提供了根本遵循，指明了前进方向。只有将"四个最严"贯彻落实到食品安全风险防控的每一处细节，进一步推进食品安全治理体系和治理能力现代化，才能切实守护好人民群众"舌尖上的安全"，提升民众的获得感、幸福感、安全感，为健康中国战略筑牢坚实基础。

本书以国际公认的食品安全风险分析框架为依据，以风险识别—风险评估—风险防控—应急处置为主线，结合上海市以及相关城市食品安全监管的具体实践和成功经验，探索城市食品安全现代化治理的新思路、新技术、新举措。对如何通过大数据、物联网、区块链、人工智能等新技术，实现食品安全治理的数字化、智能化、精准化进行了探讨。

本书共分为9章。第1章为食品安全概述，主要介绍食品安全的基本概念，帮助读者厘清食品安全危害和食品安全风险的区别及它们之间的联系，阐述当前国内外食品安全监管体制的现状，以及食品安全问题对城市公共公卫带来的巨大挑战。第2章介绍了食品安全风险种类，包括生物性风险、化学性风险和物理性风险，对各类风险的来源、特征、危害和防控原则进行了描述。第3章围绕食品安全风险的主要识别方式，即抽检监测、行政检查、舆情监测、投诉举报和企业自查等，对相关的法律规定、工作程序和主要内容进行了介绍。第4章以国际公认的风险评估四步骤，即危害识别—危害特征描述—暴露评估—风险特征描述，对风险评估的具体方法和应用场景进行了描述。第5章重点介绍食品安全风险防控,除了阐述企业主体和监管部门在风险防控方面的法律规定和技术要求外,还针对当前社会广泛关注的特殊食品、冷链食品、网络食品、校园食品等特定食品,以及中央厨房、集中供餐、餐饮外卖、自动制售等新业态、新模式的风险防控做了专门阐述。第6章介绍重大活动食品安全监督保障,近年来各类重大活动在我国各地城市中举办,数量越来越多,规模越来越大,重要性越来越显著。第6章对重大活动食品安全监督保障的相关的法律规定、常见风险、部门职责、程序内容和快速检测进行介绍。第7章介绍食品安全事故应急处置,重点对事故分级、报告及评估、应急响应、事故调查等进行阐述。食品安全事故流行病学和卫生学调查作为一项程序性和技术性很强的工作,在第7章得到了专门的阐述。第8章介绍食品安全社会共治。社会共治是转变政府职能,创新社会管理,全面实现食品安全风险防控的创新举措。第8章对社会共治背景、参与主体、运行机制、共治方式进行了阐述。第9章介绍食品安全智慧监管。在数字技术深度融入经济社会发展、深刻影响社会治理方式的今天,以数字化赋能食品安全治理,是落实食品安全战略、提高公共安全治理水平的重要途径。第9章对智慧监管的时代背景、体系构建、运行方式、实践应用进行了介绍,对城市食品安全治理现代化的内涵与要求、困境与挑战、路径与展望进行了描绘。

本书第1章、第4章和第9章由彭少杰负责编写;第2章和第8章由顾振华负责编写;第5章和第6章由邱从乾负责编写;第3章和第7章由陈蓉芳负责编写。彭少杰和顾振华负责最后统稿工作。

本书的编撰人员长期耕耘在食品安全监管和技术领域,本书在编写过程中得到了上海市市场监管局信息应用研究中心(上海市食品安全技术应用中心)、上海市市场监管局执法总队和上海市食品安全联合会的大力支持,在此表示衷心感谢!同时也感谢同济大学出版社对本书出版发行的大力支持!

由于时间和水平有限,书中难免有不足之处,敬请不吝指正。

编者
2025年2月

目录 CONTENTS

总序
前言

001	第1章	食品安全概述
001	1.1	食品安全的基本概念
001		1.1.1 食品及食品安全
002		1.1.2 食品安全危害及风险
003		1.1.3 食品安全风险分析
005	1.2	食品安全对城市公共卫生的挑战
005		1.2.1 食品安全的公共卫生意义
007		1.2.2 食源性疾病的新挑战
008		1.2.3 国内外重大食品安全事件
011		1.2.4 城市食品安全的特点及现状
014	1.3	国内外食品安全监管体制
014		1.3.1 美国食品安全监管体制
014		1.3.2 加拿大食品安全监管体制
015		1.3.3 英国食品安全监管体制
015		1.3.4 欧盟食品安全监管体制
016		1.3.5 日本食品安全监管体制
017		1.3.6 韩国食品安全监管体制
017		1.3.7 新加坡食品安全监管体制
018		1.3.8 澳新地区食品安全监管体制
018		1.3.9 中国食品安全监管体制
020	第2章	食品安全风险种类
020	2.1	生物性风险
020		2.1.1 细菌

025		2.1.2	真菌
027		2.1.3	病毒
029		2.1.4	寄生虫
030		2.1.5	有毒动植物
031	2.2	化学性风险	
031		2.2.1	重金属
032		2.2.2	农药残留
033		2.2.3	兽药残留
034		2.2.4	持久性有机污染物
035		2.2.5	加工有害物质
036		2.2.6	食品添加剂
037		2.2.7	非食用物质
037	2.3	物理性风险	
037		2.3.1	放射性核素
038		2.3.2	物理性杂质

040	**第 3 章**	**食品安全风险识别**	
040	3.1	食品安全抽检监测	
040		3.1.1	食品安全抽检监测概况
042		3.1.2	食品安全风险监测
045		3.1.3	食品安全监督抽检
047		3.1.4	食品安全评价性抽检
049		3.1.5	食品安全快速检测
051	3.2	食品安全行政检查	
051		3.2.1	行政检查概况
054		3.2.2	食品生产环节行政检查
057		3.2.3	食品销售环节行政检查

目录 CONTENTS

- 063　　　　3.2.4　餐饮服务环节行政检查
- 066　3.3　食品安全舆情监测
- 066　　　　3.3.1　食品安全舆情监测概况
- 067　　　　3.3.2　食品安全舆情监测方法
- 068　　　　3.3.3　食品安全舆情特征表现
- 068　　　　3.3.4　食品安全舆情事件应对
- 073　3.4　食品安全投诉举报
- 073　　　　3.4.1　食品安全投诉举报概况
- 074　　　　3.4.2　食品安全投诉处理程序
- 075　　　　3.4.3　食品安全举报处理程序
- 076　　　　3.4.4　食品安全投诉举报信息分析
- 076　　　　3.4.5　食品安全举报奖励制度
- 079　3.5　企业食品安全自查
- 079　　　　3.5.1　企业食品安全自查概况
- 080　　　　3.5.2　企业食品安全自查制度
- 081　　　　3.5.3　企业食品安全自查方法
- 081　　　　3.5.4　企业食品安全自查内容

- 083　**第 4 章　食品安全风险评估**
- 083　4.1　食品安全风险评估概述
- 083　　　　4.1.1　食品安全风险评估概念及发展
- 084　　　　4.1.2　食品安全风险评估组织机构
- 085　　　　4.1.3　食品安全风险评估基础建设
- 086　　　　4.1.4　食品安全风险评估法定情形
- 086　　　　4.1.5　食品安全风险评估结果应用
- 087　4.2　食品安全风险评估步骤
- 087　　　　4.2.1　危害识别

091		4.2.2	危害特征描述
096		4.2.3	暴露评估
099		4.2.4	风险特征描述
100	4.3	食品安全风险评估应用	
100		4.3.1	食品安全标准的制定
102		4.3.2	食品安全公共政策的制定
103		4.3.3	食品安全风险管理措施的制定
104		4.3.4	食品安全突发舆情事件的应对
104		4.3.5	社会关注食品安全问题的回应
105		4.3.6	风险评估在国际贸易中的应用
107		4.3.7	风险评估在风险预警中的应用
108		4.3.8	风险评估在风险交流中的应用
108	4.4	食品安全风险综合分析与研判	
108		4.4.1	食品安全风险综合分析与研判的法律要求
109		4.4.2	上海市食品安全风险综合分析与研判制度

112	**第 5 章**	**食品安全风险防控**	
112	5.1	食品安全风险防控基础	
112		5.1.1	食品安全相关法律法规
116		5.1.2	食品安全标准
120		5.1.3	食品安全管理体系
123		5.1.4	食品安全许可备案
124		5.1.5	食品安全培训考核
125	5.2	企业主体风险防控	
125		5.2.1	食品从业人员健康管理
128		5.2.2	食品原料采购
133		5.2.3	食品生产加工

目录 CONTENTS

138		5.2.4	食品贮存运输
142		5.2.5	清洁与消毒
148		5.2.6	食品回收与召回
150	5.3		监管部门风险防控
150		5.3.1	食品安全监督检查
153		5.3.2	食品安全行政处罚
166		5.3.3	食品安全信息公开
170		5.3.4	食品安全风险预警
174		5.3.5	从业人员抽查与考核
175	5.4		特定食品风险防控
175		5.4.1	特殊食品
180		5.4.2	网络食品
187		5.4.3	冷链食品
190		5.4.4	校园食品
195		5.4.5	转基因食品
200		5.4.6	食品添加剂
208		5.4.7	食品相关产品
214	5.5		特定环节风险防控
214		5.5.1	批发市场
219		5.5.2	连锁超市
223		5.5.3	集体食堂
225		5.5.4	中央厨房
229		5.5.5	集体用餐配送
233		5.5.6	现制现售
235		5.5.7	自动制售
238		5.5.8	食用油罐车运输

第 6 章　重大活动食品安全监督保障

6.1　重大活动食品安全监督保障概述

- 242　6.1.1　重大活动食品安全监督保障内涵
- 242　6.1.2　重大活动食品安全监督保障法律依据
- 243　6.1.3　重大活动食品安全监督保障原则
- 245　6.1.4　重大活动食品安全监督保障中的常见风险

6.2　重大活动食品安全监督保障职责和要求

- 247　6.2.1　重大活动主办单位和承办单位责任
- 248　6.2.2　重大活动食品供应商责任
- 249　6.2.3　重大活动餐饮接待单位职责
- 250　6.2.4　重大活动食品安全监管部门职责

6.3　重大活动食品安全监督保障程序和内容

- 252　6.3.1　前期准备工作
- 255　6.3.2　组织实施
- 259　6.3.3　总结评估

6.4　重大活动食品安全监督保障快速检测

- 260　6.4.1　背景意义
- 261　6.4.2　危害因素的主要来源
- 261　6.4.3　快速检测重点项目

第 7 章　食品安全事故应急处置

7.1　食品安全应急处置事故概述

- 268　7.1.1　食品安全事故处置法规依据
- 268　7.1.2　食品安全事故应急处置原则
- 269　7.1.3　食品安全事故分级
- 269　7.1.4　食品安全事故工作组设置及职责

7.2　食品安全事故报告及评估

270	7.2.1 食品安全事故信息来源
271	7.2.2 食品安全事故报告主体和时限
273	7.2.3 食品安全事故评估
273	**7.3 食品安全事故应急响应**
273	7.3.1 食品安全事故应急响应基本要求
274	7.3.2 食品安全事故分级响应
275	7.3.3 食品安全事故应急处置
276	7.3.4 食品安全事故先期处置
276	**7.4 食品安全事故调查与认定**
276	7.4.1 调查时限、目的与事项
277	7.4.2 流行病学调查与卫生处理
277	7.4.3 现场采取的控制措施
278	7.4.4 食品安全事故认定要求
278	7.4.5 食品安全事故查处
278	7.4.6 食品安全事故后期处置
279	**7.5 食品安全事故流行病学和卫生学调查**
279	7.5.1 调查目的和流程
280	7.5.2 流行病学调查
286	7.5.3 卫生学调查
288	7.5.4 采样和实验室检验
290	7.5.5 资料分析和调查结论
292	7.5.6 流行病学调查技术进展

295	**第 8 章 食品安全社会共治**
295	**8.1 食品安全社会共治概述**
295	8.1.1 食品安全社会共治的背景
297	8.1.2 食品安全社会共治运行机制

298	8.2	**食品安全社会共治的多元主体**
298		8.2.1 食品安全行政管理部门
300		8.2.2 企业
300		8.2.3 社会
303	8.3	**食品安全社会共治的主要方式**
303		8.3.1 食品安全风险交流
305		8.3.2 食品安全责任保险
306		8.3.3 食品安全基层治理
307		8.3.4 食品安全志愿者服务
309		8.3.5 食品安全公益诉讼

第 9 章　食品安全智慧监管

311	9.1	**食品安全智慧监管概述**
311		9.1.1 食品安全智慧监管的时代背景
312		9.1.2 食品安全智慧监管的内涵
313		9.1.3 食品安全智慧监管体系的构建原则
314		9.1.4 城市食品安全智慧监管云平台构建探索
316	9.2	**食品安全信用监管**
316		9.2.1 食品安全信用监管的背景
317		9.2.2 食品安全信用监管的内涵
318		9.2.3 食品安全信用监管的主要做法
319		9.2.4 食品安全严重违法失信名单的确定及管理
320	9.3	**食品安全"双随机"监管**
320		9.3.1 食品安全"双随机"监管的背景
320		9.3.2 食品安全"双随机"监管的内涵
321		9.3.3 食品安全"双随机"监管的主要做法
324	9.4	**食品安全"明厨亮灶"**

324	9.4.1	食品安全"明厨亮灶"的背景
325	9.4.2	食品安全"明厨亮灶"的内涵
325	9.4.3	食品安全"明厨亮灶"主要方式
326	9.4.4	食品安全信息公示的基本原则
326	9.4.5	食品安全公开展示的主要内容和要求
330	**9.5**	**食品安全信息追溯**
330	9.5.1	食品安全信息追溯的背景
331	9.5.2	食品安全信息追溯的内涵
332	9.5.3	食品安全信息追溯主要技术
333	9.5.4	食品安全信息追溯体系建设
336	**9.6**	**食品安全网格化管理**
336	9.6.1	食品安全网格化管理的背景
337	9.6.2	食品安全网格化管理的内涵
337	9.6.3	食品安全网格化管理的路径
339	**9.7**	**城市食品安全治理现代化展望**
339	9.7.1	食品安全治理现代化的内涵与要求
340	9.7.2	城市食品安全治理现代化的困境与挑战
341	9.7.3	城市食品安全治理现代化的路径
342	9.7.4	城市食品安全治理现代化的保障措施

第 1 章
食品安全概述

1.1 食品安全的基本概念

1.1.1 食品及食品安全

1.1.1.1 食品

食品是人类赖以生存和繁衍的物质基础，是降低人体罹患慢性疾病风险的重要保障。各国食品相关法规对食品的定义大同小异，《中华人民共和国食品安全法》（以下简称《食品安全法》）规定，食品是指各种供人食用或者饮用的成品和原料以及按照传统既是食品又是中药材的物品，但是不包括以治疗为目的的物品。食品能为人体提供所需的各种营养素和能量，是满足人体机能和代谢所需的物质。部分食品对特殊人群还具有一定的生理调节功能，或满足特定人群的特殊生理需求而被称为特殊食品，包括保健食品、特殊医学用途配方食品、婴幼儿配方食品等。食品也包括食用农产品——供食用的源于农业的初级产品，即在种植、养殖、采摘、捕捞等传统农业活动中和设施农业、生物工程等现代农业活动中能被直接获得的，以及经过分拣、去皮、剥壳、粉碎、清洗、切割、冷冻、打蜡、分级、包装等加工，未改变其基本自然性状和化学性质的产品。食用农产品是各类食品原料的主要来源。

1.1.1.2 食品安全

世界卫生组织（World Health Organization, WHO）对食品安全的定义包括质量安全和数量安全两个方面。质量安全是指食物中有毒、有害物质对人体健康影响的公共卫生问题。这个概念涉及两个方面的含义：一是食品中存在有毒、有害物质，且会对人体健康造成危害；二是这些危害可以不拘于个体，有可能产生群体性危害，即公共卫生问题。数量安全是指食品供给数量不足或者供应的营养素结构不平衡，会对人体健康造成危害。当前，全球还有很多国家没有解决温饱问题，食品的数量安全仍是一个突出问题。我国于2021年4月实施的《中华人民共和国反食品浪费法》和2024年6月实施的《中华人民共和国粮食安全保障法》，也从防止食品浪费、落实节粮减损、保障粮食有效生产和稳定供给的角度，为食品数量安全提供了重要的法治保障。

《食品安全法》规定，食品安全是指食品无毒、无害，符合应当有的营养要求，对人体健康不造成任何急性、亚急性或者慢性危害。因此，食品安全主要包括三个要素：一是食品无毒、无害，普通人在正常食用情况下摄入可食状态的食品，不会对人体造成危害。一般而言，食品只要符合相应的食品安全标准，就不会对人体产生健康危害。二是符合应当有的营养要求，既包括人体代谢所需要的蛋白质、脂肪、碳水化合物、维生素、矿物质等营养素，还包括该食品在人体消化吸收后，维持正常生理功能应发挥的作用。三是对人体健康不造成任何急性、亚急性或者慢性危害。

本书介绍的主要是食品的质量安全及其风险防控。

1.1.2　食品安全危害及风险

1.1.2.1　食品安全危害

国际食品法典委员会（Codex Alimentarius Commission，CAC）对食品安全危害的定义为：食品中存在或因条件改变而产生的对健康具有不良作用的生物、化学或物理等因素。由于种植养殖、生产加工、储存运输、流通销售、餐饮服务等环节的复杂性和多样性，从农田到餐桌的任何一个环节都可能存在危害因素。这些危害因素通过食品进入人体后，就可能引起食源性疾病，包括食物中毒。无论是在发达国家还是在发展中国家，食源性疾病一直是一个现实且棘手的问题，它不仅造成大量人群患病，而且带来巨大的经济损失。即使是发达国家，每年也至少有1/3的人可能受到食源性疾病侵袭，而在发展中国家，这个问题则更为普遍，估计每年有大量人口因为食源性和水源性腹泻而死亡，其中大部分是儿童。

从危害的形成原因来看，食品安全危害可分为天然性危害和人为性危害。天然性危害包括食品自身具有以及外界污染产生两种。前者指作为食品原料的动植物在生长过程中产生和蓄积的对人体健康造成危害的物质，如河鲀毒素，是自然界中所发现的毒性最大的神经毒素之一，天然存在于河鲀（俗称河豚）体内，特别是处于繁殖季节的野生河鲀，其毒素含量尤其高；后者如重金属，自然环境中存在的各类重金属可以通过生物链迁移而富集到食品动植物中。人为性危害包括生产加工产生和人为违规添加两种。前者如高温加热淀粉类食品产生潜在致癌物丙烯酰胺；后者如在保健食品中违规添加西布曲明等非食用物质。另外，从业人员不规范操作也可产生食品危害，如食品储存温度不当引起的腐败变质、生熟食物混放导致的致病菌交叉污染等。

从危害的性质来看，食品安全危害可分为生物性危害、化学性危害和物理性危害。其中，生物性危害包括细菌、真菌、病毒、寄生虫等，其污染食品后可在适当的条件下生长繁殖或产毒，造成人体急性食物中毒或慢性感染。化学性危害包括重金属、农药、兽药、持久性有机污染物等，可从食物链上游到下游不断迁移和富集，食品被污染后具有相对稳定性，长期过量摄入污染食品会对人体健康产生慢性危害。物理性危害主要为进入食物内的异物或杂质，包括土块、杂草、石子、木屑等。另外，放射性核素一般也被视为物理性危害，当人体通过污染食品吸收过量放射性核素时，可产生急性或慢性危害，以及致畸、致癌、致突变效应。

1.1.2.2　食品安全风险

食品安全风险与食品安全危害概念不同。CAC对食品安全风险的定义为：食品中危害因子对健康产生不良作用的概率和严重程度。危害和风险既相互联系，又相互区别，风险综合考虑了危害发生的严重性和可能性。严格来说，如果食品中没有危害因子，或者存在危害因子，但对人体没有暴露的机会，就不会造成影响人体健康的食品安全问题。例如，生牛排中的沙门氏菌对某些人来说不是食品安全风险，因为这些人从来不吃生牛排。再如，虽然生鸡蛋可能含有沙门氏菌，但若把鸡蛋彻底煮熟才食用，即通过烹煮加热过程把危害因子降低或消除，这样因感染沙门氏菌而导致食物中毒的风险便会微乎其微。相反，若生吃鸡蛋，把活体沙门氏菌吃进体内，健康风险就会升高。近年来发生的一些突发食品安全事件，如掺杂掺假、以假充真、以次充好、以不合格冒充合格等，经媒体报道后常常引起舆情风险，这种社会风险有别于传统意义上的食品安全风险，大多是由于食品生产经营者法律意识淡薄、诚信缺失、道德沦丧和为了追求额外利润而故意实施的违法犯罪行为。

1.1.3　食品安全风险分析

1.1.3.1　食品安全风险分析的概念

食品安全风险分析的起源可以追溯到20世纪末，随着科学技术的进步和公众对食品安全问题认识的深化，人们开始寻求更加科学、系统的方法来评估和控制食品中的风险。1997年，CAC首次提出了食品安全风险分析的概念，并将其作为制定食品安全标准的基础。作为一种用来估计人体健康和安全风险的科学方法，风险分析以系统化、结构化的方式看待和应对食品安全问题，通过选择并实施合适的方法来控制风险，并与食品安全利益相关方就风险及所采取的措施进行充分交流，以提高整个食品链风险控制的科学决策水平和效率。

风险分析是建立在科学证据基础之上的，涉及流行病学、毒理学、微生物学、统计学等跨学科知识和技术，已经成为国际公认的食品安全先进管理理念和手段。风险分析可以为食品安全监管者提供有效决策所需的信息和依据，从而有助于提高食品安全管理水平，改善公众健康状况，促进跨境食品公平贸易，提升突发事件应对能力。政府可以利用风险分析获得食品供应链中某种污染物风险水平的信息和证据，以决定采取何种最科学、最合理和最有效的应对措施，如设定或修改食品中该污染物的最大限值、增加污染物的监测频率、审核标签标识要求、为特殊人群提供保护性建议、对问题食品发布产品召回和进口禁令等。

1.1.3.2 食品安全风险分析的组成

食品安全风险分析由三个相互关联的部分构成。一是风险评估，这是风险分析的核心部分，包括危害识别、危害特征描述、暴露评估和风险特征描述四个步骤。其中：危害识别主要是确定可能对食品安全造成危害的因素；危害特征描述主要是确定与这些危害因素相关的特定不良健康效应的性质和程度等；暴露评估主要是估计消费者接触到危害因素的水平和频率；风险特征描述主要是综合上述信息对风险即危害发生的可能性和严重性进行定量或定性描述。二是风险管理，即在风险评估的基础上，制定和实施控制措施来减少或消除风险。风险管理包括制定政策、法规、标准和指导原则，以及执行和监督这些措施等。三是风险交流，是指在不同利益相关者之间就食品安全风险信息进行交换和沟通的过程，利益相关者包括政府机构、行业、消费者、学术界和其他相关组织。有效的食品安全风险交流对于确保公众理解食品安全信息、采取适当的预防措施以及在发生食品安全事件时作出合理的反应至关重要。食品安全风险分析框架见图1-1。

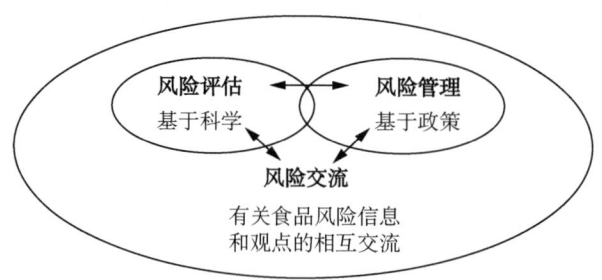

图1-1 食品安全风险分析框架图

食品安全风险分析是一个循环往复的过程，需要不断地更新和复审，以适应新的科学发现、技术进步和食品安全事件的变化。科学的风险评估、透明的风险交流和有效的风险管理，可以提高决策水平，优化资源分配，增强消费信心，保护公众健康，防止食源性疾病的发生。

1.2 食品安全对城市公共卫生的挑战

1.2.1 食品安全的公共卫生意义

公共卫生是指为预防疾病、延长寿命、促进健康、改善福祉而对环境和行为进行干预的综合性措施和行动。食品安全是一个重大的公共卫生问题，如果没有食品安全措施，人们将面临严峻的食源性疾病风险。含有有害细菌、病毒、寄生虫或化学物质的不安全食品会导致 200 多种不同的疾病，从一般性腹泻到严重的癌症。据 WHO 估计，全球每年有 6 亿人因食用受污染的食物而患病，每年有 42 万人因食源性疾病而死亡，造成 3 300 万健康生命的损失。低收入和中等收入国家每年因不安全食品造成 1 100 亿美元的生产力和医疗费用损失，每年 5 岁以下儿童因食源性疾病死亡的人数约有 12.5 万人，每年承担着 40% 的食源性疾病侵袭的负担。不安全食品导致的食源性疾病给医疗卫生系统造成巨大压力，损害国民经济，从而阻碍社会经济发展。

基于风险分析的管理措施可使食源性疾病得到有效控制，但不可能彻底消除食源性疾病。根据食源性疾病暴发监测公开数据，近年来，中国大陆食源性疾病每年暴发数百起到数千起，涉及数万人，总体上暴发起数和病例数处于波动状态（表 1-1）。但是，与世界大多数国家一样，我国按照报告病例数估计的发病率远远低于 WHO 估计的水平，漏报问题不容忽视。

引起我国食源性疾病发病人数最多的因素是致病性微生物和有毒动植物，排在前五的致病菌分别为沙门氏菌、副溶血性弧菌、金黄色葡萄球菌、致泻大肠埃希氏菌、蜡样芽孢杆菌，各年排序略有变化。引起死亡人数最多的致病因素是有毒动植物，其中毒蕈（毒蘑菇）导致死亡占比最大。按照发病人数统计，肉及肉制品、蔬菜及其制品是引起食源性疾病暴发的主要食品，其次是粮食及粮食制品、水产品和混合食品，而不明食品类别的食源性疾病也占有约 20% 的比例，提示我国食源性疾病的调查处置水平还有待提升。按照发生场所统计，学校及单位食堂是食源性疾病发生的主要场所，其次是宾馆和饭店，提示要加强这类场所的监督管理和从业人员的培训教育。

保障食品安全可以减少医疗负担，即减少因食源性疾病引起的医疗费用和生产力损失，从而减轻公共卫生系统的负担。食品安全不仅关乎食品中的有害因素，还包括食品的营养质量水平，人体通过食品摄入充足的营养，可以预防营养不良和相关疾病。因此，确保食品安全是公共卫生的优先事项，各国政府与国际组织通常会制定并

表1-1 2011—2021年中国大陆食源性疾病暴发事件统计

年份	化学性			微生物及寄生虫			有毒动植物（包括毒蕈）			不明原因		
	事件起数/起	发病人数/个	死亡人数/个	事件起数/起	发病人数/个	死亡人数/个	事件起数/起	发病人数/个	死亡人数/个	事件起数/起	发病人数/个	死亡人数/个
2011	112（13.84）	1 251（8.90）	45（39.82）	212（26.21）	5 292（37.65）	11（9.74）	212（26.21）	3 009（21.40）	31（27.43）	273（33.74）	4 505（32.05）	26（23.01）
2012	107（11.67）	1 305（9.54）	25（36.76）	255（27.81）	6 844（50.03）	11（16.18）	297（32.39）	2 017（14.74）	20（29.41）	258（28.13）	3 514（25.69）	12（17.65）
2013	81（8.01）	687（4.77）	15（18.52）	323（31.95）	7 209（50.01）	3（3.70）	419（41.44）	3 348（23.23）	60（74.08）	188（18.60）	3 170（21.99）	3（3.70）
2014	108（7.30）	1 040（5.89）	18（16.22）	437（29.53）	8 181（46.35）	12（10.81）	606（40.94）	4 872（27.60）	78（70.27）	329（22.23）	3 558（20.16）	3（2.70）
2015	157（6.54）	1 070（5.01）	17（12.23）	446（18.57）	7 897（36.95）	12（8.63）	1 114（46.40）	6 283（29.39）	102（73.38）	684（28.49）	6 124（28.65）	8（5.76）
2016	193（4.76）	1 438（4.38）	13（6.10）	778（19.18）	12 910（39.35）	4（1.88）	1 460（36.00）	7 409（22.58）	180（84.51）	1 625（40.06）	11 055（33.69）	16（7.51）
2017	39（11.21）	511（6.92）	28（20.00）	110（31.61）	4 256（57.60）	5（3.57）	133（38.22）	1 240（16.78）	103（73.57）	66（18.96）	1 382（18.70）	4（2.86）
2018	208（3.18）	1 324（3.17）	29（21.48）	816（12.48）	12 226（29.28）	8（5.93）	2 555（39.09）	11 208（26.84）	88（65.18）	2 958（45.25）	17 002（40.71）	10（7.41）
2019	173（2.71）	1 044（2.69）	25（18.66）	856（13.39）	12 738（32.83）	2（1.49）	2 543（39.80）	10 709（27.60）	98（73.13）	2 818（44.10）	14 306（36.88）	9（6.72）
2020	170（2.40）	949（2.53）	22（15.38）	767（10.84）	10 487（28.00）	16（11.19）	3 725（52.67）	13 695（36.57）	101（70.63）	2 411（34.09）	12 323（32.90）	4（2.80）
2021	104（1.89）	535（1.65）	13（11.11）	756（13.76）	11 585（35.83）	1（0.86）	2 341（42.62）	9 293（28.74）	98（83.76）	2 292（41.73）	10 921（33.78）	5（4.27）

注：表格中圆括号中的数据A表示A%，为构成比。

实施食品安全法规和标准，加强食品安全监督管理，确保食品从生产到消费的全过程安全，保障公众健康和福祉。在我国，由于食品安全关系人民群众身体健康和生命安全，关系中华民族的未来，党的十九大报告和"十三五"规划明确提出"实施食品安全战略"，让人民吃得放心，这是党和国家对食品安全工作作出的重大部署，是全面建设社会主义现代化国家的重大任务。

1.2.2 食源性疾病的新挑战

食物安全的挑战不外乎来自化学的、生物的、物理的、个人卫生以及与环境有关的食源性疾病，尽管不同国家、监管部门以及科研工作者对食源性疾病面临的风险挑战意见不一，但食品贸易全球化带来的食品生产和供应的变化、消费者饮食习惯的变化、气候环境变化带来的污染以及微生物抗药性的不断增强等问题是大家普遍认同的新挑战。

1.2.2.1 气候变化与食源性疾病

WHO 的警告指出，气候变化对食品安全和营养的影响是一个日益严重的全球公共卫生问题。气候敏感风险因素包括极端天气事件、气温变化、降雨模式改变等，这些因素可以直接和间接地影响食品生产和食品安全，进而对人类健康产生重大影响。气候变化可以影响致病微生物群的生长、繁殖、毒性等而增加食源性疾病的发生。气候变化将改变牲畜对疾病/虫害的易感性，这可能导致携带食源性病原体的牲畜粪便增加污染食物的范围。气候变化使各种化学危害（如农药、重金属等）的污染更加严重，例如用于农产品灌溉的安全用水短缺，为应对不断增加的病虫害压力而更多地使用农药、兽药，或者山洪暴发造成重金属、化学污染物在自然水道中扩散，水温升高还可能导致鱼类和哺乳动物的新陈代谢速率提高以及汞吸收增加。另外，气候变化还会导致农作物真菌谱和毒性发生改变，例如气温升高对少数产毒素真菌的生长繁殖有抑制作用（如扩展青霉），但对大多数真菌的影响是使真菌毒素问题变得更加严重，新型组合的真菌毒素也可能更加容易地进入饲料链和食物链。

1.2.2.2 食物链的耐药微生物

食物链中的耐药微生物是指那些对一种或多种抗生素产生抵抗力的细菌、病毒、真菌和寄生虫等微生物。这些微生物可以在动物、植物以及人类之间传播，导致食物源性疾病的发生。耐药微生物的出现是全球公共卫生领域面临的一个重大挑战，因为耐药微生物会减少感染性疾病的有效治疗手段，导致感染性疾病难以控制，增加治疗成本，延长病程，推高死亡率。据统计，耐药微生物每年造成 70 多万人死亡，如果不采取行动，到 2050 年由耐药微生物造成死亡的人数可能会上升到 1 000 万。长期以来，人们一直认为医院使用或滥用抗微生物药物是抗微生物基因（Antimicrobial Resistant Genes，ARG）传播的主要原因，近年来，农业生产以及其他人类活动加剧了这一问题的严重性。例如，在畜牧业生产中，抗生素被广泛用于促进动物生长、预防和治疗疾病，这可能导致耐药微生物在动物体内的出现和传播。ARG在食物链的动态传播，导致食物链在各环节均建立了微生物ARG库，使食品中耐药微生物群成为食源性疾病防控的新挑战。

1.2.2.3 食物中的过敏原

食物过敏是一种过敏性疾病，是机体免疫系统对食物产生异常反应的结果，其反应程度可以从轻微的局部症状到严重的全身性过敏反应。牛奶、鸡蛋、花生及坚果等是儿童过敏的常见食物，贝类、鱼、花生、核桃和鸡蛋等是成人过敏频次较高的食物。近年来，全球食物过敏性疾病患病率呈不断上升趋势，食物过敏已经成为全球性的公共卫生问题。2018年全球研究学者联合进行的一项食物过敏流行病学调查显示，近10年全球约2%的成人和2%~8%的婴幼儿患有免疫球蛋白E（Immunoglobulin E，IgE）介导的食物过敏性疾病，如过敏性鼻炎、哮喘、结膜炎、湿疹、荨麻疹和严重过敏反应等，且患病率呈逐年上升的趋势。目前，中国尚无全国性食物过敏的患病率数据，但一些小范围的调查数据显示，我国食物过敏性疾病患病率不容乐观。食物过敏尚无明确的治疗方法，过敏原标识是过敏患者避免食物过敏性疾病发生的有效途径。

1.2.3 国内外重大食品安全事件

食品安全没有零风险。近年来，国内外食品安全事件频发，引起了广泛的社会关注。这些事件不仅对消费者健康构成威胁，也对经济发展和社会稳定产生影响。这些事件涉及的问题既包括天然的食品污染，也包括人为的非法添加，反映出食品安全问题的复杂性和治理的艰巨性，同时也提醒我们食品安全事件从未远离，要时刻警惕和防范其发生。

1.2.3.1 中国的乳制品三聚氰胺事件

2008年3月起，三鹿集团先后接到消费者反映，有婴幼儿食用三鹿婴幼儿奶粉后，尿液出现变色或有颗粒现象。7月16日，甘肃省组织专家到医院调查，多名调查组专家重点怀疑三鹿奶粉。9月12日，联合调查组确认"受三聚氰胺污染的婴幼儿配方奶粉能够导致婴幼儿泌尿系统结石"。9月16日，原国家质检总局发布消息，三鹿、伊利、蒙牛、雅士利等品牌的奶粉中检出三聚氰胺，其中三鹿牌的婴幼儿配方奶粉三聚氰胺含量最高。12月1日，原卫生部通报，此次重大食品安全事故共导致29万余名婴幼儿出现泌尿系统异常和损伤，其中累计住院患儿共5.19万例，重症患儿 154 例,各地卫生行政部门上报的 11 例回顾性调查死亡病例中,有 6 例不能排除与食用问题奶粉有关。

三聚氰胺事件不仅对国内婴幼儿健康造成了严重伤害,也对中国乳品行业造成了沉重打击。三聚氰胺事件之后,国产奶粉的消费量出现大幅度下降并长期处于低水平,进口奶粉大规模占据奶粉市场,同时也助推了奶粉价格的不断上涨。三聚氰胺事件不仅对婴幼儿配方奶粉,而且对整个乳制品产业链都造成了冲击,在相当长的一段时间内严重制约了我国乳制品产业的发展。

1.2.3.2　中国台湾地区"起云剂"事件

"起云剂"是台湾产复配食品添加剂的名称,通常是由阿拉伯胶、乳化剂、棕榈油及多种食品添加物混合制成,其主要用途是帮助食品乳化,并起到改善产品口感和其他感官品质的作用。中国台湾地区"起云剂"事件是 2011 年发生的一起严重的食品安全事故,起因是台湾昱伸香料有限公司在生产的"起云剂"中非法添加邻苯二甲酸酯类增塑剂(以下简称"增塑剂")。增塑剂通常用于塑料制造以增加其可塑性,但它既不是食品原料,也不是食品添加剂,不得用于食品生产加工。违规使用增塑剂会对人体健康造成影响,如干扰内分泌、降低生殖能力等。

昱伸香料有限公司生产的含有增塑剂的"起云剂"广泛用于饮料、乳品等生产中。截至 2011 年 5 月 30 日,中国台湾地区受增塑剂污染事件牵连的厂商达到 206 家,可能受污染产品达到 506 种,包括统一企业、长庚生物科技、白兰氏、悦氏、台糖、台盐、黑松与金车等知名厂商的产品。问题产品不仅涉及运动饮料、水果饮料、茶饮料,就连水果糖浆、儿童钙片、乳酸菌咀嚼片也卷入其中。这起事件不仅对中国台湾地区的食品饮料行业造成了巨大冲击,也严重影响了消费者的信心。

1.2.3.3　德国肠出血性大肠埃希菌感染事件

2011 年 5 月,德国暴发了与罕见的 O104∶H4 肠出血性大肠埃希菌相关的溶血性尿毒综合征,绝大多数患者居住在德国或曾在德国北部旅行过。此次疫情席卷整个德国,欧盟其他 12 个成员国也受到不同程度的影响,疫情甚至波及美国和加拿大,感染人数达到 3 842 人,死亡 53 人,855 人出现危及生命的严重溶血性尿毒综合征,是迄今为止全球范围最大规模的肠出血性大肠埃希菌感染暴发疫情。

流行性病学调查发现,德国下萨克森的一家芽苗菜生产公司与该国 41 起聚集病例相关,患者发病最有可能是进食了被 O104∶H4 肠出血性大肠埃希菌污染的芽苗菜所致。调查小组根据感染者共同进食的可疑食物,最终将目标锁定为该公司售出的芽苗菜种子即葫芦巴豆种子。德国联邦消费者保护和食品安全办公室对可疑批次种子的调查显示,该种子从埃及一出口商处购进,售给了 70 家不同的公司,其中 54 家公司在德国，16家公司分布在其他11个欧洲国家。最后，WHO发布公告，称造成此次疫情的是一种罕见的大肠埃希菌菌株O104∶H4，该菌株曾在人体被发现，但导致溶血性尿毒综合征的暴发并无先例。

此次疫情起因及病原学的调查并不顺利，最初德国卫生官员曾怀疑自西班牙进口的黄瓜可能是此次疫情的源头，从此西班牙黄瓜背负"污染源"骂名，西班牙乃至整个欧洲的蔬菜出口都受到重创，德国媒体在报道此次疫情时也纷纷以"毒黄瓜"作为标题，加剧了公众的恐慌。

1.2.3.4　美国香瓜单增李斯特菌污染事件

这是一起2011年夏末发生在美国多州的单增李斯特菌病暴发事件，截至2011年12月2日，有146人患病，29例死亡，1例孕妇因感染而流产，成为10多年来美国最严重的一起食源性疾病暴发事件。美国有关州、地区和联邦公共卫生管理部门启动联合调查，通过流行病学、溯源和实验室调查发现这起暴发事件与食用来自科罗拉多州格兰纳达波尼地区Jensen农场种植的香瓜（cantaloupe）相关。作为对美国疾病控制与预防中心疫情调查的回应，香瓜生产商Jensen农场宣布自愿召回7月29日至9月10日期间收获和生产的300 000箱香瓜，最后从至少28个州的超市和连锁店召回150万~450万个香瓜。

美国食品药品监督管理局检查员指出，不卫生的条件，如陈旧、腐蚀、难以清洁的设备和积水，以及在冷藏前缺乏冷却香瓜的加工步骤，可能是造成污染的原因。美国疾病控制与预防中心提出建议：单增李斯特菌感染的高危人群，如老年人、免疫功能低下者、怀孕妇女，不提倡食用来自Jensen农场种植的香瓜。其他想要降低感染单增李斯特菌风险的消费者，也应该避免食用这种香瓜。虽然有些人食用香瓜后并未出现感染症状，但仍建议丢弃剩下的部分，因为单增李斯特菌可以在室温或冰箱储存环境下继续生长与繁殖。

1.2.3.5　日本"痛痛病"和"水俣病"事件

"痛痛病"是日本历史上发生的重大食品安全事件之一，主要发生在1955年至1977年之间。"痛痛病"是由于日本富山县神通川流域的锌、铅冶炼厂排放的含镉废水污染了水体，导致当地居民长期饮用受镉污染的河水以及食用含镉稻米，从而引起镉中毒。这种病以其主要症状——全身疼痛而得名，其主要症状包括腰、背、手、脚等关节疼痛，随后遍及全身，有针刺般痛感，数年后骨骼严重畸形，骨脆易折，甚至轻微活动或咳嗽都能引起多发性病理性骨折，最后患者会因衰弱疼痛而死亡。截至1968年5月，官方确诊患者约200例，其中死亡128例，到1977年12月又增添死亡79例。"痛痛病"在当地流行的20多年内共造成200多人死亡。"痛痛病"事件敲响了重金属污染防治的警钟，反映了不受约束的工矿业快速发展对生态环境、食品安全和人体健康造成的严重威胁。

"水俣病"事件是日本现当代又一起重大食品安全事件，这起事件发生在 1956 年的日本熊本县水俣湾，起因是日本氮肥公司在水俣湾附近建厂，并开始生产添加了含汞催化剂的氯乙烯，导致工厂排放的废水中含有大量的汞。这些汞在水中被水生动物食用后，转化成剧毒物质甲基汞，然后通过食物链进入动物体内和人体内，导致严重的健康问题。据统计，有数十万人食用了水俣湾中被甲基汞污染的鱼虾。"水俣病"事件对当地居民造成了巨大的影响，许多患者出现口齿不清、步履蹒跚、手足麻痹、感觉障碍、视觉丧失、震颤、手足变形等症状，重者会发生精神失常、昏迷甚至死亡。由于当时缺乏相应的环境保护和公害治理措施，工业污染和各种公害病在日本泛滥成灾，"水俣病"事件成为日本乃至世界环境保护和公害治理的重要历史事件。

1.2.4 城市食品安全的特点及现状

1.2.4.1 城市食品安全特点

城市通常具有人口密集、交通发达，基础设施完善，商业设施齐全，网络覆盖率高，信息传播迅速等特点。由于城市一般缺乏大片耕地和水田来进行农产品种植养殖，因此，市民所需的食用农产品和食品以外埠输入型为主。相对于农村食品安全保障和管理，城市在食品安全方面具有以下特点：一是城市通常拥有更为完善的食品安全治理体系。例如，很多城市建立了多层次治理体系，推行网格化管理和数字化管理，有效提升了食品安全水平。二是城市拥有较完善的物流和供应链体系，食品流通速度快，品种丰富，可以迅速满足市场需求。电子商务平台的发展使得市民可以轻松在线购买各种食品。三是食品生产经营的组织化程度较高，规模以上食品生产企业占比逐年增高，连锁经营企业数量日益增长，这些都有助于提高食品生产经营管理的规范化和标准化。四是城市餐饮服务形式多样，从高档餐厅到快餐店，从传统美食到国际美食，给城市居民提供了更多的餐饮选择和更便利的餐饮服务。五是城市居民通常具有较高的食品安全法律意识、知识水平和风险防范意识，能主动地对食品生产经营者进行监督，参与社会共治，保护自身权益。

然而，由于城市食品供给对外依赖程度较高，供应链较为复杂，食品新技术、新材料、新业态等往往首先在城市进行试点应用。同时，食品安全负面舆情传播迅速，社会敏感度高、燃点低、烈度大，这也给食品安全监管带来了挑战。一是食品质量安全存在的问题。尽管城市食品生产技术先进，但过度加工和食品添加剂的滥用可能导致食品营养价值降低和有害化学物质的残留。此外，由于市民过度追求低价食品，城市假冒伪劣产品的问题也屡见不鲜。二是环境压力需要有效缓解。城市食品生产和消费过程中产生的废弃物较多，对环境造成较大压力。例如，食品包装废弃物、餐饮业产生的厨余垃圾等，而这些废弃物往往是污染的源头。三是食品浪费现象较为严重。例如，城市居民食品消费压力不大，加上食品购买便利和选择多样，容易导致食品浪费问题。超市和餐馆为了保持食品的新鲜度，可能会丢弃大量未售出的食品。四是食品安全信息的不对称问题。随着信息技术与食品产业的融合，城市出现了更多新业态，如网络餐饮、共享餐厅、网订柜取、无人制售、跨境电商等，给食品安全监管带来新挑战。五是监管资源较为紧张。城市地区由于监管范围广，监管对象多，需要对食品生产加工、流通销售、餐饮服务等环节进行无缝监管，特别是城市中存在大量的小作坊、小餐饮、小摊贩，监管资源可能无法做到全面覆盖，导致一些食品安全问题不能被及时发现和处理。

1.2.4.2　上海市食品安全现状

上海是一座现代化的国际大都市，位于中国东部沿海地区，地处长江入海口附近。截至 2023 年底，下辖 16 个区，拥有 2 487 万常住人口。上海市的食品供应主要依靠外省市输入，食品贸易的全球化和便利性使境外食品入沪比例也在逐年上升。《2023 年上海市食品安全状况报告》显示，2023 年全市食用农产品总消费量为 2 000 多万吨，其中外省市供沪量约占全市消费量的 80%。全市共有食品生产经营主体 378 824 户。其中，食品生产主体 1 420 户，食品销售主体 231 065 户、餐饮服务（含单位食堂）主体 145 007 户。全市主要食品的监测合格率为 99.2%，市民食品安全知识知晓度评分为 91.0 分，市民食品安全状况总体满意度评分为 90.9 分，连续 2 年未报告发生集体性食物中毒事件以及其他重大食品安全事件，全市食品安全状况总体有序可控、稳中向好。但随着网络交易、仓储物流、跨境电商等日益成熟，外省市以及国外产品的占比逐年增加，城市食品安全状况受外部的影响越来越大。

上海市每年开展食品污染物及有害因素风险监测，监测涵盖食用农产品种植养殖和收购、畜禽屠宰、食品生产加工、流通销售和餐饮服务等全部环节，监测点覆盖 16 个区的全部乡镇和街道。通过风险监测，可以客观反映全市各类食品安全现状和趋势，及时发现食品安全问题和隐患，为食品安全科学监管提供重要依据。近 5 年食品安全风险监测发现的食品安全主要问题有：一是环境污染导致的食品源头污染较为突出（如食品重金属污染等）；二是市场销售的食用农产品中农药残留和兽药残留超标的现象时有发生；三是加工食品中超范围、超限量使用食品添加剂，甚至非法添加非食用物质的现象不容忽视；四是部分现制现售食品中卫生指示菌和致病菌污染较为明显。另外，还有一些值得关注的问题，例如，网络采购及餐饮外卖的兴起，为都市白领提供了便捷的就餐途径，但经常摄入高油、高盐、高糖的外卖餐食和饮品，会带来新的食品安全与营养健康问题。再如，烧烤食品在烧烤过程中形成的多环芳烃等有害物质，深加工食品在加工过程中形成的丙烯酰胺等，对城市人群的健康风险同样不容小觑。

近年来，上海市以《中共中央、国务院关于深化改革加强食品安全工作的意见》（以下简称《中央意见》）为遵循，加强食品安全综合监管和社会治理，推进国家食品安全示范城市创建，确保全体市民"舌尖上的安全"。主要有以下举措：

（1）严格市场准入。实施严格的行政许可和备案等制度，确保食品生产经营者具备安全食品生产经营的基本条件。

（2）加大抽检监测。构建监督抽检、风险监测、评价抽检和快速检测四位一体的抽检监测体系，及时发现并处置食品安全风险隐患。

（3）实施分级管理。将全市食品生产经营主体分为 A 级守信、B 级基本守信、C 级信用缺陷、D 级失信 4 个级别，根据级别确认监管频次和内容，实现有限监管资源的最大化利用。

（4）严格执法检查。2023 年，全市食品安全监管部门开展日常巡查、监督检查和专项执法检查共计 540 022 户次，发现问题企业 79 961 户次并要求整改或者予以处罚，查处食品安全违法案件 32 948 起，罚没款金额 10 586.1 万元。涉嫌食品安全犯罪的，依法移交司法部门。

（5）开展信息追溯。2015 年，上海市在全国率先出台地方政府规章《上海市食品安全信息追溯管理办法》，建立全市统一的食品安全信息追溯平台，对 14 类场所的 11 大类食品实施信息追溯管理，努力实现来源可查、去向可追、风险可控、责任可究。

（6）深化专项整治。出台全国首个跨部门《重点监管食用农产品动态清单管理办法》，对问题较多、风险较高的重点监管食用农产品实施多部门联动的动态清单管理。

（7）推广智慧监管。如已将"互联网＋明厨亮灶"列为上海市为民办实事项目进行推广应用，全市特殊食品生产企业全覆盖推广应用远程视频监控技术等。

（8）落实"两个责任"。即落实食品安全属地管理责任和企业食品安全主体责任，实行责任清单、任务清单、督查清单以及食品安全责任与任务承诺书制度，企业落实食品安全主体责任承诺书，以确保食品安全责任得到有效落实和监督。

（9）夯实社会共治基础。如推广网络订餐"食安封签"、地沟油资源化利用、食品安全科普站、食品安全社会监督员、食品安全责任保险等。

（10）强化应急处置。完善食品安全事故应急预案，每年组织开展应急演练，提升突发事件的应急处置能力。

1.3 国内外食品安全监管体制

1.3.1 美国食品安全监管体制

美国食品安全监管体系分为联邦、州和地方三个层次。联邦层面涉及食品监管事务的部门相互独立，其中具有代表性的部门为农业部下属的食品安全检验署和动植物卫生检验署，以及卫生与公众服务部下属的食品药品监督管理局和疾病控制与预防中心，其主要职能如下：食品安全检验署负责美国国内和进口肉、禽和蛋制品安全、卫生及正确标识和包装；动植物卫生检验署负责保护植物和动物，防止其被有害生物和疾病侵蚀；食品药品监督管理局负责保障除肉、禽、淡水鱼和加工蛋产品之外所有食品的安全、健康、卫生及正确标识，即食品安全检验署管辖范围之外的所有食品；疾病控制与预防中心负责食源性疾病的调查和监测，制定和完善倡导预防食源性疾病的公共卫生政策等。

此外，美国环境保护局负责监督饮用水标准和农药安全，并负责制定农药安全使用要求及食品中农药残留限量标准。美国财政部烟酒税务贸易局对酒精饮料的标签拥有管辖权，并监管除酒精含量低于7%的非麦芽饮料外的所有含酒精饮料，包括假酒。美国海关和边境保护局监督所有进口到美国的货物，并与其他联邦监管机构合作，确保所有进出美国的货物都符合美国法律法规。美国联邦贸易委员会主要负责对包括食品在内的众多产品的虚假广告进行监管。为了完善多部门联合体系，增强机构间的协调性，美国还建立了"食品传染病发生反应协调组"和"总统食品安全委员会"，以加强各食品安全机构间的交流。

在美国，州和地方政府在食品安全监管方面也发挥着重要作用。上述联邦机构的食品相关综合预算仅占联邦政府总预算的一小部分，联邦食品主管部门的数量相对较少。相应地，大多数食品安全监管工作由州和地方官员执行，他们的人数远远超过联邦食品监管人员。

1.3.2 加拿大食品安全监管体制

加拿大食品安全监管职责划分明确且权力集中，其监管体系实行联邦、省和市三级行政管理体制，采取分级管理、相互合作、广泛参与的模式保障食品安全。联邦一级设有负责食品安全风险分析和标准制定的部委，兼顾对食品监管的有效性评估。省级食品安全机构负责辖区食品生产加工企业的监管并对企业生产加工食品的质量进行检测。市政部门负责向辖区食品经营者、饭店、商店等提供公共健康标准，并对标准的执行情况进行监督。

在国家层面，加拿大涉及食品安全监管的部门主要包括加拿大食品检验局、卫生部、边境服务局等。其中，食品检验局负责对食品的加工过程和食品标签进行监督、抽检，对跨省销售的所有国产和进口食品以及预包装食品进行监管，对食品企业安全体系进行认证，对食品企业和消费者进行培训教育，并根据卫生部的健康风险评估，执行卫生部制定的食品安全法规和标准。卫生部不直接参与食品安全监管，而是负责制定食品安全政策、食品标准和指南，包括转基因食品的审查及对新食品上市的认证，对食品进行风险分析等，并对食品检验局食品监管的有效性进行评估。边境服务局主要负责进出口食品检验。

1.3.3 英国食品安全监管体制

英国食品安全监管体制由多个政府部门、机构和组织组成，它们各自承担着不同的职责和任务。其中，成立于 2000 年的食品标准局是英国食品安全监管体制的核心机构，负责制定和执行食品安全政策、法规和标准。具体职责包括：监督食品生产、加工和销售，确保产品符合安全和质量标准；监测食品污染物和有害物质，发布相关的风险评估报告；提供食品安全和营养方面的建议和指导；处理食品安全事件和危机，采取必要的措施保护公众健康。

环境、食品和农村事务部负责制定和实施与食品、农业和环境相关的政策，确保食品供应的安全、健康与可持续发展。在监管方面的职责主要包括：管理食品链的各个环节，包括农业生产、食品加工和销售；监督食品中的有害物质和污染物，制定相关的标准；管理食品标签和包装，确保通过标签与包装提供准确和透明的信息；处理食品进出口的事务，确保符合国际标准和协议。

卫生部负责制定和实施包括食品安全在内的公共卫生相关政策，负责餐厅、咖啡馆和食品店等食品服务行业的监督并提供食品安全与营养方面的建议、指导等。

地方政府承担着食品安全具体监管职责，包括监督食品商店、餐厅和其他食品服务场所的卫生和合规性；处理食品投诉和举报，提供食品安全和营养方面的教育和宣传；采取必要的措施保护公众健康等。

1.3.4 欧盟食品安全监管体制

欧盟拥有 27 个成员国，其核心机构是欧盟议会（代表民众）、部长理事会（代表成员国）和欧盟委员会（负责欧盟的日常事务管理）。立法的主动权属于欧盟委员会，欧盟法院对欧盟法律的解释有最终决定权。在食品安全监管上，由欧盟委员会统一管理和协调，各成员国根据欧盟委员会出台的一般法制定自身的监管法律、法规，并在欧盟委员会的组织协调下开展食品安全监管工作。如欧盟层面在某些领域或对某些产品尚无统一的法规时，成员国可以制定本国的法规或将欧盟的指令转化为本国法规。

欧盟健康与食品安全总司隶属于欧盟委员会，负责制定和执行欧盟在食品安全和公共卫生方面的政策，并监督相关法律的有效实施。其职责包括：保护公众健康，提升公众健康水平，促进公共卫生，保证欧盟食品安全和公众健康，保护动植物健康等。于2002年成立的欧盟食品安全局作为独立于欧盟其他部门的机构，负责向欧盟委员会提供食品安全科学建议，组织开展风险评估和风险交流，独立地对直接或间接与食品安全有关的问题提出科学建议，如动物健康、动物福利、植物健康、动物饲料等。此外，欧盟食品安全局还对非食物和转基因饲料、与共同体法规和政策有关的营养问题等提出科学建议。欧盟食品安全局不负责风险管理，风险管理由欧盟委员会和各国政府机构执行。

2021年3月，欧盟建立了欧盟警报与合作网络（Alert and Cooperation Network，ACN），该网络由欧盟食品和饲料快速预警系统（Rapid Alert System for Food and Feed，RASFF）、行政援助与合作网络（Administrative Assistance and Cooperation Network，AAC）和农产品-食品欺诈网络（Agri-Food Fraud Network，FFN）三部分组成，在欧盟委员会管理和协调下运作，目的是确保成员国之间有效交流食品安全相关信息，采取协调一致的应对措施，快速应对食品安全和公共卫生领域的挑战，保护公民的健康和安全。

1.3.5 日本食品安全监管体制

2003年，日本出台《食品安全基本法》，成立了直属于日本中央政府的食品安全委员会，形成了以食品安全委员会、农林水产省和厚生劳动省三个政府部门为主的国家食品安全管理体系，也标志着日本食品安全管理体制更趋向于集中管理。

食品安全委员会由内阁府直接领导，向内阁府的有关立法提供科学依据。食品安全委员会由7名食品安全专家组成，委员全部为民间专家，经国会批准，由首相任命，任期3年。其主要职责包括：一是自行组织或接受农林水产省、厚生劳动省等具体风险管理部门的咨询，通过科学分析方法，对食品安全实施检查和风险评估。二是根据风险评估结果，要求风险管理部门采取应对措施，并指导和监督其实施情况。三是负责信息公开，建立由相关政府机构、消费者、生产者等广泛参与的风险信息沟通机制，组织开展风险信息交流。

厚生劳动省负责食品安全管理的主要机构是其下属的医药安全局，主要职能是：根据食品安全委员会的风险评估结果，制定食品添加剂以及药物残留等标准；执行对食品加工设施的卫生管理；监视并指导包括进口食品在内的食品流通过程的安全管理；听取国民对食品安全管理政策措施的意见，促进信息的充分交流等。

农林水产省负责食品安全管理的主要机构是其下属的消费安全局，负责制定和监督执行农产品类食品的产品标准，组织开展农林水产品生产阶段农药、肥料、饲料等的风险管理，促进消费者和生产者的信息交流等。

地方政府主要负责制定本辖区食品卫生检验和指导计划，对本辖区与食品相关的商业设施进行安全卫生检查并提供指导建议，颁发或撤销与食品相关的经营许可证等。

1.3.6 韩国食品安全监管体制

韩国的食品安全监管机构主要有食品安全政策委员会、食品药品安全部、农林畜产食品部和海洋水产部。食品安全政策委员会是国务总理室下属的审议委员会，主要负责食品安全规划和协调，制定食品安全相关政策、标准规范、卫生评价事项和重大安全事故综合应对措施等。

农林畜产食品部的主要职责包括：保障粮食安全供给，管理农产品品质，增加农民福利，维护经营安全，促进农业竞争力、开展相关产业的培育等。海洋水产部主要职责包括：开发海洋资源及振兴海洋科学技术，负责海运业及港湾的建设和运营，保护海洋环境，管理水产资源，振兴水产业及开发渔村，管理船舶和船员安全等。食品药品安全部的主要职责包括：负责农、畜、水产品以外的食品生产、加工、销售等环节的监管，包括研究制定食品安全管理计划、政策，执行食品污染物风险监测，实施食品安全信息追溯，开展食源性疾病防控，组织食品标准的制定与实施，开展健康生活方式推广等。

1.3.7 新加坡食品安全监管体制

为提高食品安全监管的效率和统一性，2019年4月，新加坡食品局正式成立，隶属于新加坡环境及水源部。该机构整合了之前由农粮与兽医局、国家环境局、卫生科学局负责的食品相关工作，其主要职责包括：食品生产、加工、进口和批发等环节的监管，实施严格的安全标准和认证制度。食品局下设国家食品科学中心，整合相关实验室设施和专业人才等资源，实现设备和技术的共享。

新加坡食品局主要职责包括：负责食品服务场所，如餐馆、小吃店、咖啡馆和其他食品零售点的卫生监管，确保经营者遵守卫生法规和食品安全标准；负责发放食品服务场所卫生许可证，并定期进行卫生检查，以确保食品制备和销售符合卫生要求；负责食物中毒事件的调查，采取必要的措施防止疾病进一步传播；负责向公众提供食品安全健康教育知识，提高公众食品卫生和安全意识；参与制定和更新食品安全相关的法规和政策，以确保食品安全监管与国家公共卫生目标保持一致。

1.3.8　澳新地区食品安全监管体制

澳大利亚和新西兰联邦层面负责食品安全监管的主要部门是澳新食品标准局和澳大利亚农林渔业部。其中，澳新食品标准局是依据 1991 年颁布的《澳大利亚-新西兰食品标准法典》成立的独立双边法定机构，由来自澳大利亚和新西兰两国食品方面的专家组成的委员会实施管理。

澳新食品标准局主要职责包括：制定统一的澳新两国食品标准法典和其他管理办法，协调澳大利亚的食品监控，与地方政府协调合作开展问题食品召回工作，研究食品安全标准，进行食品安全教育，制定食品加工操作规范等。

澳大利亚农林渔业部下属的澳大利亚检验检疫局的职责包括：口岸检疫和监督，进口检验、出口检验和出证以及国际联络。同时，农林渔业部还有专门部门负责肉、蛋、奶、水产品、园艺产品和动物饲料等的安全监管。

此外，由食品安全监管相关部门部长组成的澳新食品监管部长理事会负责制定食品法规、政策及标准等。理事会下设常务委员会，由各部门负责人组成，负责法规及政策协调。常务委员会下设有执行小组分会，负责监督和协调食品法规及标准制定的一致性。

1.3.9　中国食品安全监管体制

近年来，我国以食品安全治理体系和治理能力现代化为导向，以食品安全"四个最严"为原则，经过多轮食品安全监管机构改革和职能调整，已经形成了在国务院食品安全委员会统筹协调下，多部门协同联动、多层级分工负责的食品安全监管体制。国务院食品安全委员会作为食品安全工作的议事协调机构，其主要职责包括：分析食品安全形势，组织实施食品安全战略，完善食品安全治理体系，统筹协调指导全国食品安全工作，督促国务院有关部门和省级人民政府履行食品安全工作职责，统筹协调指导重大食品安全突发事件、重大违法案件调查处置和新闻发布等。国家市场监督管理总局加挂国务院食品安全委员会办公室牌子，承担国务院食品安全委员会的日常工作，通过综合协调、部门联动、督促指导、评议考核、示范创建、专家咨询等，统筹协调指导全国食品安全工作。

国家市场监督管理总局负责生产经营环节食品的监督管理和抽检监测，负责婴幼儿配方食品、保健食品、特殊医学用途配方食品等特殊食品的注册审批以及日常监管。国家卫生健康委员会负责食品安全风险监测、风险评估和标准制定与修订，组织开展食源性疾病调查以及食品新原料、食品添加剂新品种和食品相关材料新品种的审评审批等。农业农村部负责食用农产品从种植养殖阶段到进入批发、零售市场或者生产加工企业前的质量安全监督管理，会同国家卫生健康委员会和国家市场监管总局开展农药兽药最大残留限量标准的制定与修订，负责转基因食品及食品原料的审评审批等。海关总署负责进出口食品安全监督管理。公安部负责打击食品安全犯罪相关工作。民政部负责养老机构等的食品安全工作。教育部负责校园食品安全相关工作以及学校食品安全宣传教育。生态环境部和自然资源部等负责食品安全相关的源头污染治理。其他相关部门按照职责分工为食品安全工作提供支持。

参考文献

[1] 国家市场监督管理总局. 食品安全监管 [M]. 北京：中国工商出版社，中国标准出版社，2021.
[2] FAO/WHO. Assuring food safety and quality: Guideline for strengthening national food contral system [M]. Rome: FAO WHO, 2003.
[3] 孙长灏. 营养与食品卫生学 [M]. 8版. 北京：人民卫生出版社，2017.
[4] WHO. WHO estimates of the global burden of foodborne diseases [R]. Geneva: WHO, 2015.
[5] 孙娟娟. 从美、欧、中的食品安全规制到全球协调 [M]. 上海：华东理工大学出版社，2017.
[6] 张伟清，曹进，陈少洲，等. 英美加三国食品监管法规及监督检查现状 [J]. 食品安全质量检测学报，2017，8（2）：683-689.
[7] MEDINA A, GILBERT M K, MACK B M, et al. Interactions between water activity and temperature on the Aspergillus flavus transcriptome and aflatoxin B_1 production [J]. International Journal of Food Microbiology, 2017, 256: 36-44.
[8] DE KRAKER M E, STEWARDSON A J, HARBARTH S. Will 10 million people die a year due to antimicrobial resistance by 2050? [J]. PLOS Medicine, 2016, 13 (11): e1002184.
[9] YUAN M, HUANG Z, MALAKAR P K, et al. Antimicrobial resistomes in food chain microbiomes [J]. Critial Reviews in Food Science and Nutrition, 2023, 64 (20): 1-22.
[10] 于闯，雍凌，李振兴，等. 从过敏原危害评估食物过敏风险 [J]. 中国食品卫生杂志，2021，33（10）：383-389.
[11] ROBERT KOCH INSTITUTE. Final presentation and evaluation of epidemiological findings in the EHEC O104: H4 outbreak [R]. Berlin, 2011.
[12] LEE J G, LEE Y, KIM C S, et al. Codex Alimentarius commission on ensuring food safety and promoting fair trade: Harmonization of standards between Korea and codex [J]. Food Science Biotechnology, 2021, 30 (9): 1151-1170.

第 2 章
食品安全风险种类

2.1 生物性风险

2.1.1 细菌
2.1.1.1 种类和危害

细菌是具有细胞壁的单细胞原核微生物,是自然界中种类和数量最多的微生物类群,具有重要的食品卫生学意义。细菌只能通过显微镜才能被看见,在适当的环境条件下,约 20 min 就可繁殖一代。细菌按致病性可分为致病菌、条件致病菌和非致病菌。

1. 致病菌

致病菌是指导致人体发生食源性疾病(包括食物中毒)的细菌,目前我国食源性疾病中 80% 以上是由致病菌引起的。食品中致病菌可能是由于加工时未被彻底去除,但更多的是由于受到污染所致。污染通常可来自生的食物、操作环境、人和动物等。致病菌引起的食源性疾病具有明显的季节性和一定的地域性,夏秋季节气温高,微生物繁殖快,是食物中毒事件的高发季节。我国发生的细菌性食源性疾病中,以沙门氏菌、副溶血性弧菌、金黄色葡萄球菌、致泻大肠埃希氏菌、蜡样芽孢杆菌等较为常见。

致病菌主要通过自身繁殖造成人体感染,或通过产生毒素导致人体中毒。细菌性食源性疾病发生与否,取决于致病菌种类、食物种类、食物放置时间、温度和湿度、食物食用前是否被高温处理等。例如,副溶血性弧菌是我国东南沿海地区引起食源性疾病的最主要致病菌，主要存在于近岸海水、海底沉积物以及鱼、贝等海产品中，加工海产品时的交叉污染也会导致其他食品被检出副溶血性弧菌。人体主要通过摄入含有副溶血性弧菌的食物而致病，临床表现为恶心、呕吐、腹泻、低热等，严重者可出现脱水、血压下降、意识模糊等。

引起食源性疾病的主要致病菌见表2-1。

表2-1 引起食源性疾病的主要致病菌

致病菌	常见食品和污染来源	典型症状	主要防控措施
副溶血性弧菌	海产品及受该菌污染的食品	腹痛、呕吐和腹泻	不生食海产品，避免交叉污染
金黄色葡萄球菌	生牛奶、熟肉、糕点及其他受菌污染的食品，常由人体伤口、疖子、鼻子、口腔等污染	腹痛、呕吐	避免手部有伤口的从业人员上岗，接触身体后洗手，控制食品加工与食用时间间隔及储存温度
沙门氏菌	家禽、蛋、生肉，亦可由老鼠、昆虫和污水污染	腹痛、腹泻、呕吐、高热	避免有腹泻等消化道症状从业人员上岗，食品烧熟煮透，避免交叉污染，严格洗手
蜡样芽孢杆菌	在谷物（尤其是大米）、含淀粉食品、奶类、肉类、蔬菜、土壤和灰尘中该菌较常见	腹痛、腹泻、呕吐	剩余食品彻底加热，熟制后的食品保存在安全温度范围（低于5℃或高于60℃）
大肠埃希菌	生牛肉、受到污染的蔬果等，常由动物粪便、污水等污染	腹痛、腹泻、血便，严重者并发溶血性尿毒综合征，甚至死亡	避免有腹泻等消化道症状从业人员上岗，食品烧熟煮透，避免交叉污染，严格洗手
单核细胞增生李斯特菌	冷藏后未经彻底加热的肉制品、水产品、水果蔬菜，常由土壤、污水、动物粪便等污染。在冷藏条件5℃以下仍可生长	发热、腹泻，重症可表现为败血症、脑膜炎、心内膜炎、肺炎。孕妇感染可导致流产	冷藏食品彻底加热后食用，即食食品注意避免交叉污染
肉毒梭状芽孢杆菌	自制发酵豆、谷类制品（面酱、臭豆腐），自制罐头。环境、土壤、人畜粪便中该菌较常见	视物模糊、咀嚼无力、呼吸困难等，病死率高	正确冷却食品，自制酱类食品要经常搅拌，确保氧气供应充足，自制罐头需彻底杀菌

2. 条件致病菌

条件致病菌是指在机体健康或正常条件下并不致病，但当条件发生改变，特别是当机体抵抗力下降时，就可能导致食源性疾病的致病菌。如铜绿假单胞菌，在自然界中分布广泛，土壤、水、空气、正常人的皮肤、呼吸道和肠道等都有该菌的存在，该菌存活和繁殖的重要条件之一是潮湿的环境。如桶装饮用水已经成为城市居民直饮水的重要来源，若桶装饮用水在生产过程中，水源水存在细菌污染、没有做好水桶的清洗及消毒、灌装线不卫生、从业人员带菌又未做好个人防护等，就容易导致铜绿假单胞菌污染。若桶装水中的含菌量不高，饮用量也不多，正常人的免疫系统可有效地抵抗，通常不会出现不良反应。但对于婴儿、老人以及烧伤的病人来说，就容易引起急性肠道炎、脑膜炎、败血症和皮肤炎症等疾病。我国《食品安全国家标准 包装饮用水》（GB 19298—2014）规定，所抽 5 件 250 mL 水样中均不得检出铜绿假单胞菌。近年来，桶装饮用水生产企业因生产过程卫生控制不到位而导致产品被检出铜绿假单胞菌的情形时有发生，其带来的健康风险值得被关注。

3. 非致病菌

非致病菌包括葡萄球菌属、芽孢杆菌属、梭菌属等，一般来说不直接致病，但可以分解食品中的蛋白质、碳水化合物、脂肪等，导致食品发生腐败变质，出现异常的颜色、气味、荧光、磷光等感官性状，降低食品品质，增加致病菌及产毒霉菌污染的机会。其中，菌落总数和大肠菌群可以作为评价食品卫生和质量安全的重要指示菌，以判断食品受细菌污染程度。

菌落总数是指在一定条件下（如需氧情况、营养条件、pH 值、培养温度和时间等），每克（每毫升）检样所生长出来的总菌落数。它是以菌落形成单位（Colony Forming Units，CFU）表示，用于判定食品被细菌污染的程度及卫生质量，反映食品在生产过程中是否符合卫生要求，预测食品耐保藏的期限，评价食品在生产加工、贮藏运输、经营销售过程中的卫生管理效果等。需要注意的是，菌落总数并不表示实际样品中的所有细菌总数，也不能区分其中细菌的种类，因此有时被称为杂菌数或需氧菌数等。同时，由于在现有条件下难以满足厌氧或微需氧菌、有特殊营养要求的细菌，以及非嗜中温的细菌的生长需求，因此这些细菌难以在菌落总数计数中体现。大肠菌群是指一群需氧及兼性厌氧、在 37℃能分解乳糖产酸产气的革兰氏阴性无芽孢杆菌，主要来自人与温血动物的粪便，经常作为指示菌反映食品受到粪便污染的情况。食品中菌落总数和大肠菌群污染水平不能直接代表对人体健康危害的程度，但反映了食品生产经营卫生状况。为控制食品生产经营过程中的卫生状况，我国制定了乳粉、糖果等数十种食品中菌落总数和大肠菌群限量标准。

2.1.1.2 生长繁殖条件

细菌的生长繁殖程度与食品本身的特性（如营养成分、水分活度、酸碱度）以及食品所处的环境条件（如温度、氧气含量、湿度）等有密切关系。食品营养成分是不同细菌选择性污染的基础。多数细菌喜欢在富含蛋白质类的食品（如肉、蛋和奶）中生长繁殖，少数细菌喜欢在富含脂肪类的食品中生长繁殖，酵母菌则喜欢在富含碳水化合物类食品（如米饭、馒头、蔬菜和水果）中生长繁殖。细菌生长繁殖需要水作为环境介质，食品中能被细菌利用的游离水含量被称为水分活度。一般情况下，细菌、酵母菌和霉菌都能在食品水分活度值0.8以上的环境中生长繁殖。细菌生长繁殖还依赖食品的酸碱度,大多数细菌需要在pH值高于4.5的食品中才能生长繁殖,细菌生长繁殖过程中产生的代谢产物可以使食品pH值发生改变。

不同细菌对氧气和温度有不同的需求。需氧菌需要在氧气充足的条件下才能快速生长繁殖,而厌氧菌则相反。细菌按其适应的生长繁殖温度不同,可分为嗜热菌、嗜温菌和嗜冷菌。嗜热菌可以在65℃以上温度的环境中存活,而嗜冷菌一般在冷藏温度下也不会死亡,甚至可以继续生长繁殖。经盐腌和糖渍的高渗透压食品可以抑制大多数细菌的生长繁殖,通常具有更长的保质期,但是霉菌和少数酵母菌能忍受高渗透压环境,并可引起糖浆、果酱和浓缩果汁等腐败变质。

某些细菌在缺乏营养物质时和处于不利的环境条件下,可以转化为芽孢状态,处于芽孢状态的细菌对高温、紫外线、化学物质等都有很强的抵抗力。芽孢通常不会对人体产生危害,但一旦条件合适就可以重新生成具有危害性的细菌。另外,有些致病菌在环境适宜时可产生毒素,一般来说,毒素在加工温度条件下即被分解,但有些细菌毒素,如金黄色葡萄球菌产生的肠毒素,即使经过常规的加热温度也不会被破坏,具有较大的食品安全风险。

2.1.1.3 常见致病污染原因

1. 交叉污染

即食食品包括熟制食品和生食蔬菜、水果、生鱼片等,在食用前一般不加热,一旦受到致病菌污染,极易引起食源性疾病。如即食食品和食品原料在存放中相互接触,即食食品和存放食品原料的容器、工用具混用,操作人员接触食品原料后双手未经消毒便接触即食食品等,都属于交叉污染的常见情形。

2. 操作人员带菌污染

一旦操作人员手部皮肤有破损、化脓、疖子,或操作人员出现呕吐、腹泻等症状,便会携带大量致病菌。如果患病后仍继续接触食品,且不严格按要求进行手部清洗消毒,就极易使食品受到致病菌污染,从而引发食源性疾病。

3. 食品未烧熟煮透

生的食品原料即使带有致病菌,通过彻底加热也可将其杀灭。但如果食品未烧熟煮透,则不能彻底杀灭致病菌,从而引发食源性疾病,例如,加热时间过短,加热的食品未彻底解冻;一批食品加工量太大,但仍按平常的时间加热;设备的加热装置发生故障,加热性能降低等。

4. 食品贮存温度、时间控制不当

大部分细菌都可以在5~60℃的温度范围内生长繁殖,这一温度范围被称为危险温度带。如果容易腐败变质的食品在危险温度带贮存时间超过 2 h，食品中的致病菌就可能大量生长繁殖，甚至产生耐热性毒素，极易引起食源性疾病。

5. 容器、工用具不洁

接触即食食品的容器或工用具清洗消毒不彻底，或者清洗消毒后受到二次污染，致病菌也可以通过容器或工用具等污染到食品，进而引起食源性疾病。

2.1.1.4 防控原则

1. 防止食品受到细菌污染

一是保持清洁。包括保持工具、操作台等食品接触表面的清洁；保持地面、墙壁、天花板等食品加工场所环境的清洁；避免手部有伤口或有腹泻症状的从业人员上岗；保持操作人员手部的清洁，不仅在上岗操作前及受到污染后要洗手，在加工食物期间也要经常洗手；避免老鼠、蟑螂等有害动物进入车间和接触食物等。二是生熟分开。包括用于即食食品和食品原料的容器、工用具要有明显的区分标记；制作即食食品时，应消毒接触即食食品的工用具、容器和操作人员双手等。三是使用安全的水和食品原料。包括选择来源正规、优质新鲜的食品原料，冲调、稀释食品要使用净水或煮沸后冷却的水。

2. 控制细菌生长繁殖

一是温度控制。可以通过降低温度抑制细菌活性，或者升高温度以彻底杀灭细菌。如低温环境保存食品可以降低食品中酶的活性和食品内化学反应的速度，延长细菌繁殖周期，防止或减缓食品的腐败变质。低温保存方法分为冷藏和冷冻两种方式。冷藏是指食品在不冻结状态下的低温保存，温度一般设定在 0～8℃之间。冷冻是指食品在冻结状态下的低温保存，温度一般设定在 -12℃以下，在此温度下绝大多数细菌不再生长繁殖。冷冻保藏的食品一般具有较长的保存期。高温加热能使细菌自身体内酶、脂质体和细胞膜破坏，蛋白质凝固，导致细菌死亡，从而达到保藏目的。食品加热杀菌的方法主要有常压杀菌（如巴氏消毒）、加压杀菌、超高温瞬时杀菌和微波杀菌等。其中，加压杀菌温度通常为 100～121℃（绝对压力为 0.2 MPa），常用于肉类制品和罐头，可杀灭繁殖型和芽孢型细菌。

二是理化控制。通过改变食品的酸碱度、渗透压、水分含量等理化性质，控制食品中细菌的生长繁殖。盐腌法和糖渍法通过改变渗透压，使细胞发生脱水、收缩、凝固来抑制细菌。盐腌浓度达 10% 时可抑制大多数细菌生长繁殖，但不能杀灭细菌。糖渍食品中糖含量一般要达到 60% 以上时才有抑菌作用。酸渍法，如泡菜等酸渍食品通过降低食品 pH 值进行抑菌防腐。还有通过各种干燥或脱水手段，降低食品中水分含量，也是控制细菌生长繁殖的手段，如日晒、阴干、喷雾干燥、减压蒸发、冷冻干燥等，使食品水分含量控制在 15% 以下或水分活度值控制在 0.60 以下，就能抑制腐败菌的生长繁殖。另外，还可通过使用食品添加剂，如苯甲酸、山梨酸等防腐剂，抑制微生物代谢活动的方法来进行食品抑菌和防腐。

3. 杀灭致病菌

一是烧熟煮透。加工食品时，必须使食品中心温度超过70℃，保险起见最好能达到75℃并维持15 s以上；冷冻食品原料应彻底解冻后才进行加热，避免外熟内生。二是严格清洗消毒。制作生食食品如生鱼片和水果切片等时，应在洗净的基础上进行消毒；接触成品的容器、工用具要彻底洗净消毒后使用；接触即食食品的从业人员手部要经常进行清洗消毒。

2.1.2 真菌

2.1.2.1 种类和危害

真菌是一种具有真核、可产生孢子、无叶绿体的真核生物，广泛存在于自然界。目前已经发现了12万余种真菌，包括霉菌、酵母、蕈菌、菌菇等。具有食品安全学意义的产毒真菌主要包括曲霉菌属中的黄曲霉和赭曲霉，青霉菌属中的青霉和黄绿青霉，镰刀菌属的雪腐镰刀菌和禾谷镰刀菌等。真菌在生长繁殖过程中可产生有毒代谢物即真菌毒素，其是人体健康的主要危害因素。真菌毒素主要产生于农作物收获前后或贮存期，容易受到真菌污染的食品包括大米、玉米、小麦等粮食，苹果、葡萄、柠檬等水果，以及花生、面包、果酱、蜂蜜、奶酪等食品。真菌毒素种类繁多，一般无抗原性，较耐高温，人类摄入被真菌毒素污染的食品后可导致急性中毒或慢性损伤。

黄曲霉和寄生曲霉是重要的食源性真菌，其产生的黄曲霉毒素是一类结构相似的化合物，其中以B_1型毒性最大。粮油食品如花生、玉米、稻谷、小麦、大麦等以黄曲霉毒素B_1污染最为常见，干果类食品和动物类食品中也时有发现。我国长江流域沿江以南高温高湿地区是黄曲霉毒素污染严重的地区。黄曲霉毒素耐高温，加热温度达到200℃才被破坏，故一般烹调温度不能去除其毒性。黄曲霉毒素具有很强的急性毒性、基因毒性、致癌性、生殖毒性等。1974年印度200多个村庄曾发生因食用霉变玉米导致上百人中毒死亡的事件。黄曲霉毒素对肝脏具有特异性损伤作用，其暴露量与肝癌发病率呈正相关关系，国际癌症研究机构（International Agency for Research on Cancer，IARC）将黄曲霉毒素列为1类致癌物，即人类确认致癌物。

青霉是另外一种重要的食源性真菌，其营养来源极为广泛，是一类杂食性真菌，可生长在任何含有有机物的基质上。青霉的孢子耐热性较强，菌体繁殖温度较低。青霉可引起水果、蔬菜、谷物等食品的腐败变质并产生橘青霉素和展青霉素。食品青霉污染严重可以从其表面生长的绿色霉菌看出。橘青霉素可对肾脏产生毒性，严重时可导致肾衰竭。展青霉素对某些实验动物有致畸作用，能引起动物器官水肿和充血。青霉也有对人类有益的作用，部分发酵食品如奶酪制作需要青霉的参与，著名的抗生素青霉素也是从青霉的某些品系中提取而来。

镰刀菌是自然界分布最广泛的真菌之一，普遍存在于土壤及动植物有机体上，甚至存在于严寒的北极和干旱炎热的沙漠。镰刀菌污染的食品主要包括小麦、大麦、黑麦、玉米、大豆和油菜等，多为发生在作物收获前的田间污染。镰刀菌毒素包括脱氧雪腐镰刀菌烯醇、玉米赤霉烯酮和伏马菌素等。脱氧雪腐镰刀菌烯醇，又名呕吐毒素，具有致呕吐和细胞毒性作用，过量摄入后会导致厌食、呕吐、腹泻、发热、站立不稳、反应迟钝等急性中毒症状，严重时会损害造血系统，甚至造成死亡。玉米赤霉烯酮在霉变玉米或赤霉病麦制成的食品中较为常见，儿童长期摄入后可出现雌激素增多症。伏马菌素主要污染玉米及其制品，具有神经毒性、肾脏毒性和肝脏毒性等慢性危害。

节菱孢霉菌是分布于世界各地的一种植物腐生菌，可以通过污染甘蔗并产生神经毒素3-硝基丙酸而引起人体急性中毒。甘蔗被它污染后储存的时间越长，食用后导致中毒的可能性就越大。3-硝基丙酸性质较为稳定，加热和消毒剂均不能破坏它的毒性，进入人体后会被胃肠道迅速吸收，通过血液流向人体各器官，造成中枢神经、肝、肾和肺的损害。在新鲜甘蔗中，3-硝基丙酸的含量极低，但在变质甘蔗中其含量则会快速升高，一般的食用量就有可能导致中毒。变质甘蔗中毒的潜伏期为 15 min～8 h，也有长至 48 h 的迟发性中毒。一般来说，潜伏期越短，病情越重，病死率越高。

常见的真菌毒素及其危害见表2-2。

表 2-2 常见的真菌毒素及其危害

真菌毒素名称	产毒真菌	污染来源	主要危害
黄曲霉毒素	黄曲霉、寄生曲霉等	花生、玉米、稻谷、小麦、大麦等	急性毒性、基因毒性、致癌性（1类）、致畸性、致突变、生殖毒性
赭曲霉毒素A	曲霉属和青霉属等	粮谷类、咖啡、茶叶等	免疫毒性、遗传毒性、神经毒性、肾脏毒性、肝脏毒性、致畸、致突变、致癌性（2B类）
脱氧雪腐镰刀菌烯醇	禾谷镰刀菌、黄色镰刀菌等	小麦、大麦、燕麦、黑麦、玉米等谷物	细胞毒性、免疫毒性等
伏马菌素	轮状镰刀菌、多育镰刀菌等	玉米、小麦、大豆、坚果等	肾脏毒性、肝脏毒性、致癌性（2B类）
玉米赤霉烯酮	禾谷镰刀菌、黄色镰刀菌、木贼镰刀菌等	玉米、大米、小麦、大麦、燕麦、豆类等	生殖毒性、免疫毒性、细胞毒性、肝脏毒性、肾脏毒性、遗传毒性
展青霉素	扩展青霉、白色青霉、壳青霉、棒型青霉、土壤青霉等	苹果、梨、橘子、桃子、香蕉、葡萄、菠萝等水果及其产品	肾毒性、肠毒性、神经毒性、生殖毒性、免疫毒性、致畸性和致突变性

2.1.2.2 防控原则

控制真菌污染主要是为了防止食品发生霉变。首先是要做好田间控制，这是预防真菌污染的根本措施。具体措施包括培育抗霉病的作物品种、选用安全性高的防霉剂，在收获作物时及时去除霉变部分，以及在贮存期间要保持环境干燥等。特别是根据不同食品的安全水分限值严格控制水分含量，如玉米控制在12.5%以下，花生控制在8%以下，以防止霉变的发生。食品生产企业应按照规定对原料中的真菌毒素进行检测，确保其符合安全限量要求。在食品加工过程中，可以通过原料筛选、搓洗、紫外线照射等方法来减少真菌毒素的污染。消费者也应提高对霉变食物的防范意识和鉴别能力。例如，节菱孢感染霉变的甘蔗质软，瓤部比正常甘蔗色深，呈浅棕色，切开断面有红色丝状物，闻起来有轻度霉味和酒糟味，口感甜中带酸等。具有这些特征的甘蔗应当被丢弃，不宜食用。

2.1.3 病毒

2.1.3.1 种类和危害

病毒相对于细菌，体积更小，无细胞结构，基本结构由核酸与蛋白质组成，大多用电子显微镜才能观测到。病毒只能在活细胞中繁殖，在宿主细胞以外的环境中，病毒相对稳定。携带病毒的人员如厕后不洗手，排泄物中的病毒可通过接触而污染食品与水。病毒可通过携带病毒的人员传播至食品或食品接触表面，也可在人与人之间传播。病毒可以在冷藏、冷冻温度下存活。虽然病毒无法在食品中生长繁殖，但可以存活一段时间，只要摄入少量被病毒污染的食品，病毒就可能在人体内复制繁殖。病毒污染的食品在外观、理化性质上没有明显变化，不容易提前发现污染情况，因此，食源性病毒更容易造成突发公共卫生事件。常见食源性病毒有甲型肝炎病毒、诺如病毒、轮状病毒等，主要来自人畜粪便、感染病毒的从业人员等。我国食源性肝炎病毒污染较为严重，有显著的流行病学意义。

甲型肝炎病毒可以引起甲型肝炎，症状一般有发热、全身不适、厌食、恶心和腹痛等，潜伏期15～30天，隐性感染比临床发病更为普遍。该病毒的载体为被粪便污染的食品，特别是甲壳类食品如毛蚶、牡蛎、蛤、贻贝等被认为是最主要的甲型肝炎病毒携带者。1988年春上海市曾发生甲型肝炎流行，截至3月18日超过29万人患病，原因是居民生食了被甲型肝炎病毒污染的毛蚶。另外，患有甲型肝炎的从业人员违规上岗，在食品加工时未采取必要的预防措施也会造成食源性传播。

诺如病毒具有较强的环境耐受性，食物经60℃加热30 min，仍能保持较强的传染性，10～100个病毒颗粒就能引起人体感染，是非细菌性急性胃肠炎的主要病原体之一。诺如病毒引起的感染性腹泻在全世界范围内均有流行，全年内均可发生感染，寒冷季节呈现高发，具有发病急、传播速度快、涉及范围广等特点。诺如病毒传播途径以粪-口为主，也可通过接触或空气传播，常在学校、托幼机构、养老院、医院及社区等处暴发流行。诺如病毒感染后主要症状是腹泻、呕吐、发热等，患者通常1～3天即可痊愈，但抵抗力弱的老年人在感染病毒后病情容易恶化。近年来，诺如病毒在我国已成为感染性腹泻暴发的优势病原体，尤其在学校、幼儿园等人群聚集区域，诺如病毒感染引起的暴发数量大幅增加。

轮状病毒是病毒性胃肠炎的主要病原体，也是导致婴幼儿死亡的主要原因。轮状病毒在环境中相当稳定，在粪便中可存活数天到数周。轮状病毒存在于肠道内，通过粪便排出体外，污染土壤、食品和水源，主要经过粪-口途径传播。在人群密集场所，轮状病毒主要通过带毒者的手造成食品污染而传播，在儿童及老年人病房、幼儿园和家庭中均可发生。人体被感染后可发生严重腹泻，潜伏期为 24～72 h，发病突然，可出现发热、腹泻、呕吐和脱水等症状，一般为自限性，可完全恢复健康。当婴儿发生营养不良或已经脱水时，若治疗不及时，可能会导致婴儿的死亡。

引起食源性疾病的重要病毒见表2-3。

表 2-3 引起食源性疾病的重要病毒

病毒	来源	典型症状	主要防控措施
甲型肝炎病毒	被污染的食物（如毛蚶等甲壳类水产品）、水、餐具，患者或携带者	发热、疲乏和食欲不振、肝功能损害	不生食毛蚶等甲壳类水产品；加强饮用水消毒等
诺如病毒	被污染食物（如牡蛎）、水和患者的分泌物、生食的直接入口食品，病人或携带者	恶心、呕吐、腹痛、腹泻、痉挛、发热	严格洗手消毒；加强环境卫生和食品接触工用具消毒等
轮状病毒	被粪便污染的食物以及饮用水，患者或携带者	发热、腹泻、呕吐和脱水等症状，一般为自限性。婴儿和老人等免疫力低下者感染后可出现严重腹泻	加强对环境和食品的清洗消毒；食品要烧熟煮透等

2.1.3.2 防控原则

目前，对于病毒引起的食源性疾病，尚缺乏有效的治疗方法。因此，避免接触污染源、切断污染途径是预防和控制食源性病毒传播的重要手段。一是减少生食或半生食水产品的习惯。二是加强对食品的清洗和消毒。例如，通过清洗新鲜蔬菜水果去除其表面的病毒污染；对于甲型肝炎病毒，可以采用高温消毒的方法，将食品加热至100℃并持续5 min即可杀灭病毒。三是紫外线照射，紫外线照射也可以降低病毒传染性,但是其效果取决于食物表面病毒的存在度、病毒类型及食物基质。四是保持良好的个人和环境卫生,严格执行卫生操作规范,做好水源的有效消毒。

如果已经出现病毒感染的病例,应采取以下措施以防止病毒的进一步传播:一是及时掩闭并对病人的呕吐物、排泄物进行严格消毒;二是严格消毒病人接触过的场所和物品,包括教室、宿舍、车辆、厕所、衣物、地板、桌椅、餐具等;三是及时对病人进行治疗并隔离。

2.1.4 寄生虫

2.1.4.1 种类和危害

世界卫生组织指出,全世界约 7% 的食源性疾病是由寄生虫引起的,表明食源性寄生虫病对人类健康构成重大威胁。食源性寄生虫包括原虫、吸虫、绦虫、线虫等,寄生在特定的宿主或寄主体内,或附着于体外以获取维持其生存、发育或者繁殖所需的营养。食源性寄生虫病是指因生食或半生食含有感染期寄生虫的食物而感染的疾病,其流行具有明显的地域性特点,与特定人群的生活方式和饮食习惯有着密切的联系,尤其是与当地人所喜食的生鲜食物种类有关。食源性寄生虫病的传播途径均为经口传播。寄生虫可寄生在禽畜、水产、软体动物、爬行动物、水生植物等多类动植物中,部分寄生虫如隐孢子虫等也可在水中生存一段时间。食源性寄生虫进入人体后,可寄生在人体各个器官并造成相应危害。例如,淡水鱼中的华支睾吸虫可引起胆道的病理改变,福寿螺中的广州管圆线虫可侵犯中枢神经系统,海水鱼中的异尖线虫可引起胃肠疾病。

2.1.4.2 防控原则

为了有效预防和控制食源性寄生虫病,可以采取以下措施。一是控制传染源。饮用水源要远离粪便污染的区域,选用食品时要选择经卫生检验检疫合格的动物性产品。食品贮存环境要定期进行"除四害"工作,以控制和消灭可能的传播媒介。低温冷冻(如 -20℃下冷冻 7 d 或 -35℃下冷冻 15 h)或彻底加热食品均能有效杀灭寄生虫。二是切断传播途径。避免生食或半生食海鲜、水产及畜禽肉,不饮用未经处理的生水,不吃不洁的生鲜蔬菜。食品加工器具要生熟分开,防止交叉感染等。三是保护易感人群。通过积极的宣传教育措施,提高易感人群的风险预防意识,培养良好的饮食卫生习惯,从而预防食源性寄生虫病的发生。

引起食源性疾病的重要寄生虫见表 2-4。

表 2-4　引起食源性疾病的重要寄生虫

寄生虫	来源	典型症状	主要防控措施
旋毛虫	受到旋毛虫污染的猪和其他畜类动物	首先出现便稀或水样便,可伴有腹痛或呕吐,其次出现中毒和过敏性症状,最后出现肌痛、乏力、消瘦	肉品冷冻或彻底煮熟食品,不生食或半生食畜肉
肺吸虫	生或不熟的淡水蟹、虾	起病多缓慢,有轻度发热、盗汗、疲乏、食欲不振、咳嗽、胸痛及咳棕红色果酱样痰,腹痛、腹泻、恶心、呕吐、排棕褐色黏稠脓血便	水产冷冻或彻底加热,不生食或半生食淡水产品
肝吸虫	生或不熟的肉、淡水鱼、虾	腹泻、腹胀、肝肿大、食欲差	水产冷冻或彻底加热,不生食或半生食淡水产品
姜片虫	生的荸荠、菱角、藕等水生植物	腹痛、腹泻、食欲减退、恶心、呕吐,患者便量增多,有腥臭,也可呈腹泻和便秘交错	不生食水生植物
蛔虫	被蛔虫卵污染的蔬菜、瓜果或水源	食欲不振、恶心、呕吐、低热、间歇性脐周绞痛,有的可出现荨麻疹、营养不良,严重的可发生肠穿孔	生食瓜果必须严格清洗消毒,饭前便后要洗手
广州管圆线虫	生或半生的螺、虾、蟹等小水产	呕吐、腹痛、腹泻、皮疹,严重的可发生脑膜炎、脑脊髓膜炎、肺出血	避免生食或半生食螺、虾、蟹等小水产

2.1.5　有毒动植物

人体摄入含有某种有毒成分的动植物可引起食物中毒,常见的有河鲀中毒、高组胺鱼类中毒、豆浆中毒等。

河鲀食物中毒。中毒原因为误食河鲀或河鲀在加工处理时未去除有毒部位。主要症状表现为在食用后 0.5~3 h 内发病,出现腹部不适、唇舌和指端麻木、四肢乏力,继而麻痹甚至瘫痪、血压下降、昏迷,最后因呼吸麻痹而死亡。预防方法是不食用生鲜河鲀和河鲀干制品(包括生制和熟制)。2016 年 9 月,原农业部和原国家食品药品监督管理总局下发通知,有条件放开养殖红鳍东方鲀和养殖暗纹东方鲀加工经营。该通知规定,销售的养殖河鲀必须来自经农业部备案的养殖基地,经具备条件的农产品加工企业去除有毒部位和河鲀毒素后包装上市的河鲀制品,包装上应按照要求标示相关信息。禁止经营野生河鲀以及养殖河鲀活鱼和未经加工的整鱼。

青皮红肉鱼引起的食物中毒。中毒原因为食用了不新鲜的青皮红肉鱼(如青占鱼、秋刀鱼、金枪鱼等),这些鱼中含有高组胺,可引起急性过敏反应等。主要症状表现为在食用后数分钟至数小时内发病,出现面部、胸部乃至全身皮肤潮红,眼结膜充血,并伴有头痛、头晕、心跳呼吸加快等,皮肤可出现斑疹或荨麻疹。预防方法是采购新鲜的鱼,若发现鱼眼变红、色泽不新鲜、鱼体无弹性,则不要购买。运输、储存鱼类都要保持低温冷藏。

未煮熟豆浆引起的食物中毒。中毒原因为豆浆未经彻底煮沸，其中的皂素、抗胰蛋白酶等有毒物质未被彻底破坏。主要症状表现为食用后 30 min 至 1 h 内，出现胃部不适、恶心、呕吐、腹胀、腹泻、头晕、无力等中毒症状。预防方法是生豆浆烧煮时将上涌泡沫除净，煮沸后再以文火维持沸腾 5 min 左右。需要特别提醒的是，当豆浆烧煮到 80 ℃时，会有许多泡沫上浮，这是"假沸"现象，应将上涌的泡沫除净后继续加热。

2.2 化学性风险

2.2.1 重金属

2.2.1.1 种类和危害

化学污染物是指食品从生产（包括农作物种植、动物饲养）、加工、包装、贮存、运输、销售直至食用等过程中产生的或由环境污染带入的、非有意加入的化学性危害物质。其中，重金属是一种重要的环境污染物，是指如铅、镉、汞、锡、镍、铬等密度大于 4.5 g/cm^3 的金属。砷由于在化学属性上同重金属相似，在食品安全领域也被纳入重金属范畴进行管理。重金属污染环境后，一般很难被微生物降解，具有毒性高、蓄积性强、半衰期长等特性，在自然界通过生态循环迁移到食品中，对人体危害的隐蔽性高，不易在短时间内被发现，当蓄积达到人体安全限值以上就会对人体产生危害。重金属长期过量暴露可导致人体多个组织系统的慢性中毒，甚至具有致癌、致畸和致突变作用。影响食品安全的重金属铅、镉、汞和砷等，已被联合国开发计划署（United Nations Development Programme，UNDP）、联合国粮食及农业组织（Food and Agriculture Organization of the United Nations，FAO）和世界卫生组织（World Health Organization，WHO）列为全球食物污染物监测计划中的重要项目，也是我国重点食品污染物监测项目。食品中重金属的来源主要包括农作物对环境（土壤、空气、水）中重金属的富集，以及食品加工、储存、运输、销售过程中的污染。

例如，随着工业现代化和城市化的不断发展，重金属镉的污染越来越受到关注。重金属镉广泛分布在自然界，人体可通过食品、水、空气等途径接触镉，其中膳食摄入是非职业人群镉暴露的主要途径。镉通过食物链在人体中长期蓄积，进而对人体的肾脏、肝、呼吸系统、消化系统、骨骼和免疫系统等造成一系列的损伤，同时具有致癌、致畸和致突变作用。1993 年，镉被 IARC 修订为 1 类致癌物。20 世纪 50 年代，在日本富山县神通川流域出现"痛痛病"，就是因为当地居民饮用了镉污染严重的神通川河水，食用了神通川河水灌溉的农产品而发病。该病临床表现为身体萎缩、骨骼软化、畸形，容易发生骨折，严重时在极度疼痛中死去。

2.2.1.2 防控原则

食品中重金属污染风险的防控原则包括以下几点。 一是加强环境重金属污染的综合治理，减少工业企业、交通运输、垃圾焚烧等对空气、土壤、水体的污染，减少重金属的环境污染来源。 二是科学制定农业种植、养殖的指导意见，在重金属污染区调整农业种植结构，强化品种选育，以减少农作物对重金属的吸收。 对于农用地土壤中重金属含量超过风险管制值的情况，原则上应当采取禁止种植、退耕还林等严格的防控措施。 三是加强食品安全风险监测，通过对环境和食品中重金属含量的监测，及时发现重金属污染的来源和程度，进行污染溯源和靶向性治理。

2.2.2 农药残留

2.2.2.1 种类和危害

农药是指用于预防、消灭或者控制危害农业、林业的病、虫、草和其他有害生物以及有目的地调节植物、昆虫生长的物质。 按急性毒性大小，农药可分为剧毒性、高毒性、中等毒性和低毒性农药；按残留特性，可分为高残留、中残留、低残留农药；按化学组成及结构，可分为有机氯类、有机磷类、氨基甲酸酯类、拟除虫菊酯类等；按照使用功能可分为除草剂、杀虫剂、杀菌剂、杀鼠剂、杀螨剂、植物生长调节剂等。 食品中农药残留的来源包括施用农药的直接污染、环境的间接污染和食物链的生物富集三个途径。

有机氯类农药不易降解，脂溶性强，生物富集作用强，是一类高残留性的中高毒性农药，施用后可长期残留于环境中，有一定的致畸、致癌和致突变作用，可导致肝脏病变、神经系统的损害和癌症发生率上升等。 目前已有部分有机氯农药被禁止使用，包括"六六六"、艾氏剂、氯丹等持久性有机环境污染物。

有机磷类农药是目前使用量最大的农药，主要作为杀虫剂使用。 大部分有机磷类农药属于低残留性农药，在环境中易于降解，在生物体内蓄积性较低。 但是，该类农药毒性差异较大，部分有机磷类农药具有剧毒性，如甲胺磷可通过抑制体内胆碱酯酶活性，导致神经传导功能紊乱。 乐果则具有迟发性神经毒性，在急性中毒后的第二周出现神经中毒症状。

氨基甲酸酯类农药主要被用作杀虫剂或除草剂，对虫害选择性强，残留性低，对人体的毒性中等或较低，急性中毒机理与有机磷类农药类似，通过胆碱酯酶抑制导致胆碱能神经兴奋造成相应的症状，但抑制作用有较大的可逆性。 该类农药的部分品种长期暴露具有致畸、致癌和致突变作用。

拟除虫菊酯类农药多属于中低毒性农药，是一类模拟除虫菊所含天然除虫菊素而合成的仿生农药，主要被用作杀虫剂和杀螨剂，在生物体内的蓄积性低，慢性中毒情况少见，在环境中可被光解、水解或氧化，对人畜较为安全，但对皮肤有一定的刺激和致敏作用。

新烟碱类农药是继有机磷类、氨基甲酸酯类、拟除虫菊酯类杀虫剂之后的新一代杀虫剂，随着高毒农药在全球市场的退出，新烟碱类杀虫剂逐渐成为防治农作物害虫最有效的一类杀虫剂之一。但由于部分新烟碱类农药对蜜蜂和蚯蚓的毒性较强，以及存在的农药抗性等原因，其进一步发展与应用受到了限制。

2.2.2.2 防控原则

一是选择抗病虫害的农作物品种进行培育和种植，采取病虫草害综合治理措施，从源头上减少农药的使用。二是严格按照农药登记要求和国家标准合理使用农药，严禁超范围、超限量、违反安全间隔期规定使用农药。严禁将剧毒、高毒农药用于蔬菜、瓜果、茶叶和中草药材等国家规定的农作物。三是采用合理的加工处理方式有效减少农药残留。例如，通过洗涤、剥皮、去壳等方法去除食用农产品表面的农药残留，通过研磨、发酵、过滤、稀释和澄清等工艺降低农药残留，通过加热、烫漂等方式加快食品中热不稳定农药的分解。

2.2.3 兽药残留

2.2.3.1 种类和危害

兽药是指用于预防、治疗、诊断动物疾病或者有目的地调节动物生理机能的物质。为了保持动物健康和经济效益，直接施用或通过饲料添加兽药来改善动物营养、防控动物病害已经成为普遍做法。若用药频率和剂量不当，则容易造成食品动物兽药及其代谢物等的残留。常见的兽药种类为治疗用兽药、预防用兽药、促生长兽药以及畜牧管理用兽药等。兽药从具体功能上可分为抗菌剂、抗寄生虫药和激素类药物等。兽药残留对人体的危害包括急性中毒、慢性中毒、过敏症状和致病菌耐药性。

治疗用兽药是指用来控制所饲养动物传染性疾病的药物，包括治疗致病菌、真菌和寄生虫引起的疾病。治疗用兽药通常采用动物肌肉注射的方法，一般是间断的个体用药。当大批量动物感染时，也可以将药物加入饲料中或混入饮用水中供患病动物服用。

预防用兽药主要用于预防大规模动物饲养过程中疾病流行，用药方法是通过饮用水、饲料等向动物喂饲药物或用药物浸泡动物。预防性用药有别于治疗目的，通常是持续地、普遍地在饲料和水中添加，但是较难控制每一头饲养动物的摄入剂量，容易导致某一动物个体药物残留超标。

促生长兽药可分为同化激素类和抗菌剂药物两大类。同化激素类促生长剂可加快动物新陈代谢，发挥促生长的作用。抗菌剂通过抑制动物肠道内存在的某些细菌活性，改变动物肠道内微生物菌群，提高饲料转化率和营养成分吸收率，促使动物体重加快增长。抗菌剂使用不当易造成致病菌耐药性。

畜牧管理用兽药包括生育调节剂和镇静剂等。动物养殖场可以使用生育调节剂控制动物的生殖分娩，适量使用生育调节剂还可增加奶牛产奶量。镇静剂作为降低动物兴奋和紧张情绪的药物，可以减少动物被运送到屠宰场过程中因紧张而发生的攻击行为。

2.2.3.2 防控原则

一是养殖企业应推广良好的养殖规范，通过改善动物饲养环境的卫生条件，尽量减少兽药的使用。二是提升畜牧业饲养管理水平，通过改善动物营养，增强畜禽的机体抵抗力，减少动物疾病的发生率。三是养殖从业人员应熟悉我国允许使用的兽药和饲料添加剂，以及兽药使用的方式、对象、剂量。严禁使用我国明令禁止的兽药，对允许使用的兽药，要严格遵守使用范围、使用剂量、休药期和残留限量的规定。四是加强治疗性用药和预防性用药的合理使用，限制或禁止使用人畜共用的抗菌药物。

2.2.4 持久性有机污染物

2.2.4.1 种类和危害

持久性有机污染物（Persistent Organic Pollutants，POPs）是指人类合成的能持久存在于环境中，通过生物链和食物链传递和蓄积，并对人类健康造成有害影响的化学物质。POPs 具备高毒性、持久性、生物蓄积性、远距离迁移性，而对位于食物链顶端的人类来说，这些有害物质的毒性比其最初阶段放大了成千上万倍。

为了推动 POPs 的淘汰和削减，保护人类健康和环境免受 POPs 的危害，在联合国环境规划署（United Nations Environment Programme，UNEP）主持下，2001 年 5 月 23 日，包括中国在内的 92 个国家和区域经济一体化组织签署了《关于持久性有机污染物的斯德哥尔摩公约》，即 POPs 公约。

POPs 公约首批持久性有机污染物分为有机氯杀虫剂、工业化学品和非故意生产的副产物三类。其中，第一类有机杀虫剂如滴滴涕（Dichloro-Diphenyl-Trichloroethane，DDT），曾用作农药杀虫剂，用于防治蚊蝇传播的疾病，1942 年开始生产，目前已被很多国家禁止或限制使用。第二类工业化学品如多氯联苯（Polychlorinated Biphenyls，

PCBs），可用作电器设备如变压器、电容器、充液高压电缆、荧光照明整流器以及油漆和塑料中，是一种热交换介质。第三类生产中副产物如二噁英和呋喃，其来源主要为不完全燃烧与热解，包括城市垃圾、医院废弃物、木材及废家具的焚烧，汽车尾气，有色金属生产、铸造和炼焦、发电、水泥、石灰、砖、陶瓷、玻璃等工业释放。

多环芳烃是通过有机物的不完全燃烧或热解产生的一类物质，具有全球性广泛分布的特点，通过生态循环进入食物链。其中，苯并[a]芘是多环芳烃的典型代表，在谷物、脂肪和油类食品中均有发现，其含量与农作物的源头环境污染有关，食物高温焙烤、油料干燥、食用油浸提等也会产生苯并[a]芘。苯并[a]芘具有致癌、致畸性、基因毒性和免疫毒性，已被IARC列为1类致癌物。

二噁英是指在结构、化学性质和毒性方面相近的一类多氯联苯类有机物，在自然环境中无处不在，可自然形成（如火山爆发）、燃烧生成（如废物焚化），以及在工业过程产生（如制造化学品）。二噁英类物质在环境中难以降解，具有很强的持久性和生物蓄积性，可通过食物链由植物到动物，再由动物到人类逐渐累积。人类接触二噁英的途径90%以上是通过食品，其中主要是肉制品和乳制品、鱼类和贝类。二噁英类物质是已知化合物中毒性最强的物质，可造成人体多系统毒性。1997年，IARC把二噁英中的一种物质列为致癌物。

2.2.4.2 防控原则

一是减少持久性有机污染物的使用和排放，例如禁止或减少有机氯农药的使用，降低二噁英的排放量等，同时，积极开发安全、高效的替代品，从源头上消除持久性有机污染物。二是完善持久性有机污染物的标准分析方法，持续开展对持久性有机污染物的监测，开发降低持久性有机污染物的新技术。三是强化宣传教育，通过各种食品安全宣传活动，普及持久性有机污染物的概念、生物蓄积性、毒性等基本知识，提高公众的自我防护意识。

2.2.5 加工有害物质

2.2.5.1 种类和危害

加工有害物质是指食品在生产加工过程中由于高温、油炸或特殊工艺而产生的对人体健康有害的物质，如丙烯酰胺、多环芳烃、氯丙醇酯等。丙烯酰胺是由富含碳水化合物的食品如炸薯条、炸薯片、谷物和面包等，经高温加工或油炸烹饪过程中发生美拉德反应而生成的。食品中的丙烯酰胺含量受食品原料、加工烹调方式等因素影响，其最佳生成温度在140~180℃之间，烘烤和油炸食品的时间越长、温度越高，生成的丙烯酰胺含量越高。丙烯酰胺具有潜在的神经毒性、遗传毒性和致癌性。

1994年，IARC把丙烯酰胺列为2A类致癌物。

氯丙醇酯是氯丙醇类化合物与脂肪酸的酯化产物，按照氯丙醇种类的不同分为3-氯-1,2-丙二醇酯（3-MCPDE）、2-氯-1,3-丙二醇酯（2-MCPDE）、1,3-二氯-2-丙醇酯（1,3-DCPE）和2,3-二氯-1-丙醇酯（2,3-DCPE）。食品中检出量较高的是3-MCPDE。近年来研究发现，在谷物、咖啡、鱼、肉制品、马铃薯、坚果和植物油等食品中都有3-MCPDE被检出。特别是在油脂精炼过程中会生成3-MCPDE及缩水甘油酯，后者水解后得到缩水甘油。3-MCPDE主要影响肾脏和睾丸，具有肾毒性、睾丸毒性、肝毒性、神经毒性和免疫毒性等。IARC将3-MCPDE、缩水甘油分别列为2B类和2A类致癌物。

2.2.5.2 防控原则

一是改进食品加工烹调方法，在煎、炸、烘、烤食品时，尽量避免高温和烹饪时间过长，提倡采用蒸、煮的烹饪方法。二是加强食品中有害物质的监测，例如，针对氯丙醇酯、丙烯酰胺、多环芳烃等物质，需要开展污染水平和膳食暴露评估研究，为限量标准的制定提供科学依据。三是改进生产加工工艺，例如，探索采用蒸汽蒸馏法、酶解法等降低食品中氯丙醇含量。四是均衡饮食，减少油炸食品的摄入量，避免油脂的反复加热使用。

2.2.6 食品添加剂

2.2.6.1 种类和危害

食品添加剂是指为改善食品品质和色、香、味以及因为防腐、保鲜和加工工艺的需要而加入食品中的人工合成或者天然物质，包括营养强化剂。目前允许使用的食品添加剂有2 300余种，按照功能可以分为23类，主要包括酸度调节剂、抗氧化剂、膨松剂、着色剂、防腐剂、甜味剂、漂白剂等。按照法规标准要求规范使用食品添加剂，不会对人体产生化学性危害。但在现实情况中，有个别生产经营者为掩盖食品腐败变质，或掩盖食品本身或加工中的质量缺陷，或以掺杂、掺假、伪造为目的使用食品添加剂，或为过分追求防腐、着色等效果而超范围、超限量使用食品添加剂，这种滥用食品添加剂的做法会对人体健康造成较大的风险。

2.2.6.2 防控原则

一是加大对食品添加剂使用的监管力度，对于食品安全违法犯罪行为给予严厉惩罚。二是强化企业自律意识，落实食品安全的主体责任。生产企业应按照《食品安全国家标准 食品添加剂使用标准》（GB 2760—2024）的规定，严格按照标准使用食品添加剂，禁止超范围、超量使用食品添加剂。三是加强对食品添加剂相关法规的宣传培训以及科学知识的普及，增强消费者的安全消费意识，强化社会监督氛围。

2.2.7 非食用物质

2.2.7.1 种类和危害

当前，我国个别食品生产经营者由于法律意识淡薄、诚信意识缺失，为了降低经营成本、增加产品吸引力、延长保质期，甚至为了以次充好、以假充真等目的，违反国家法律法规和食品安全标准，擅自在食品中添加一些非食品级物质。应当注意的是，不能将非食用物质与食品添加剂混淆。非食用物质不属于传统上认为的食品原料、不属于批准使用的新资源食品、不属于卫生行政部门公布的食药两用物质，不作为普通食品管理，也未列入我国食品添加剂、营养强化剂公告中的新品种名单。卫生行政部门曾公布过 6 批食品中可能违法添加的非食用物质名单，包括苏丹红、三聚氰胺、罂粟壳、革皮水解物、工业明胶、甲醛等 64 种。非食用物质有时通过常规检测方法不易被发现和追溯，对人体健康造成严重隐患。

2.2.7.2 防控原则

一是监管部门要严厉打击在食品中非法添加非食用物质的行为，及时公布重大典型案件的查处结果。二是完善食品检测技术，例如：研发食品中非食用物质的快速检测方法；利用高分辨率质谱技术构建非法添加物的多目标筛查数据库，实现非法添加物的非定向筛查等。三是推进食品生产经营企业诚信体系建设，督促生产经营者落实食品安全主体责任，强化食品生产经营者的守法意识，提高食品安全管理水平。四是充分发挥各类媒体作用，向公众普及食品中违法添加非食用物质的危害，增强消费者的自我保护意识。

2.3 物理性风险

2.3.1 放射性核素

2.3.1.1 种类和危害

放射性污染来源于自然环境和人类的生产与生活，可分为天然放射性核素污染和人工放射性核素污染。通常情况下，天然放射性核素本底放射对环境污染的贡献率远大于人工放射性核素。绝大多数食品中都含有天然放射性辐射本底剂量，但通过食物摄入的本底辐射剂量对人体健康不会造成影响。随着核电站建设的快速发展，人们接触人工放射性核素的机会大大增加。放射性核素暴露途径除了较为罕见的核电站泄漏事故外，还包括较为常见的核电站正常排污、油矿开采、稀土提纯等生产实践。另外，人工放射性核素在能源、食品、医疗、科学研究等方面广泛应用，这些放射性核素相关的废物排放以及核素的意外泄漏都可能导致食品和食品生产地区辐射水平的上升，造成食品外源性的放射性污染，特别是意外核泄漏。例如，1986 年苏联切尔诺贝利核电站事故和 2011 年日本福岛核电站事故发生后，在事故发生及其周边地区，泄漏的人工放射性核素使环境和食品中辐射剂量急剧上升，超过了规定安全限量标准。国际原子能机构（International Atomic Energy Agency，IAEA）发布的《国际辐射防护和辐射源安全的基本安全标准》规定：食品、饲料和饮用水等商品中放射性核素个人年有效辐射剂量的参考水平值不超过 1 mSv。

此外，环境中放射性物质被生物富集，使某些动物和植物特别是一些水生生物体内的放射性核素比环境值异常增高，并通过食物链传递蓄积。当人体摄入含有较大辐射剂量的食品后，可在机体组织内形成内照射，造成人体免疫力下降及多系统损害，并可能造成致畸、致癌、致突变后果。

需要注意的是，不能将辐照技术与放射性核素污染混淆。辐照食品是指以辐射加工技术为基础，运用 X 射线、γ 射线或高速电子束等电离辐射产生的高能射线对食品进行加工处理，达到杀虫、杀菌、抑制生理过程、提高食品卫生质量、保持营养品质与风味、延长货架期的作用。辐照作为一种冷杀菌技术在国内外食品工业中广泛应用。当辐照处理食品时，食品本身不直接接触放射源，不会沾染放射性物质。FAO、IAEA 以及 WHO 等国际组织多次提出，经 10 kGy 以下剂量辐照食品是安全的。食品辐照所使用的放射源一般为 ^{137}Cs 和 ^{60}Co，通常将放射源存放于密封的水井中以对其进行屏蔽。按照我国国家标准，该水井中的水吸收剂量超过 10 kGy 时，不得排放到自然环境中。相对于其他食品工艺，辐照工艺一般并不会带来更多的营养损失。食品经过辐照后，易发生电离而产生羟基自由基，可以将羟基自由基含量作为辐照食品的监测指标。我国对食品辐照加工实行许可制度，若按照我国法规标准规定进行食品辐照，则不会增加食品安全风险。目前公众对辐照食品所表现的恐惧，更多的是由于对辐照技术不了解，需要进一步加强宣传解读。

2.3.1.2　防控原则

食品生产企业应远离核电站、化工厂、科研机构等可能排放放射性废物的单位。专业机构应加强环境和食品中放射性核素的动态监测和评估。食品经营者应密切关注进口食品原产地的放射性核素污染情况，根据出入境风险预警决定是否暂停食品进口。

2.3.2　物理性杂质

2.3.2.1　种类和危害

物理性杂质主要指食品生产和加工过程中带来的非预期的杂物和异物，包括金属、机械碎屑、玻璃、首饰、碎石子、头发、蟑螂残体等。例如，粮食收割时混入土壤、杂草等；生产车间洁净度不佳、密闭性不好，造成废纸、烟头、个人物品和杂物被带入生产区域；动物在宰杀时血渍、毛发及粪便对畜肉的污染；食品加工过程中设备的老化或故障引起加工管道中金属颗粒或碎屑混入成品中；流水线员工未穿戴防护用品，导致毛发、指甲、随身佩戴饰品等对食品造成污染。此外，杂物污染还包括昆虫等动物的毛发、粪便以及尸体等对食品造成的污染。与一般的食品混入物理性杂质不同，食品掺杂是指生产经营者故意向食品中加入杂物以达到非法牟利目的的行为。近年来，由于掺杂而引发的食品安全问题频频出现，涉及的食品种类和杂物种类众多，如小麦粉中掺入滑石粉、粮食中掺入砂石、糯米中掺入大米、肉中注水等，此类情况值得监管部门关注。

2.3.2.2 防控原则

一是食品企业和从业人员应加强食品在生产、储存、运输、销售全过程管理，严格执行良好操作规范，防止杂质混入食品。二是食品企业应提升加工过程自动化程度，采用多重筛选方式解决杂物混入的问题。在出厂检验环节，可以增设人工检视或电子检视。三是在储存和运输环节，严格做好二次污染防范，定期检查和清理杂物，防止病媒生物对食品造成污染。四是加强对生产经营者的法治教育和诚信教育，一旦发现掺杂掺假行为，则严厉查处。

参考文献

[1] 国家食品药品监督管理总局高级研修学院.餐饮服务单位食品安全管理人员培训教材［M］.天津：天津科学技术出版社，2012.
[2] 顾振华，许瑾.上海市食品从业人员食品安全知识培训教程（食品生产分册）［M］.上海：华东理工大学出版社，2019.

第 3 章
食品安全风险识别

3.1 食品安全抽检监测

3.1.1 食品安全抽检监测概况

食品安全问题有时难以通过感官被发现,特别是一些化学污染物、生物毒素以及早期未达到腐败变质程度的微生物污染,这时,只有通过食品安全抽检监测才能及时发现食品安全危害。食品安全抽检监测可以理解为食品安全抽样检验和风险监测的简称,它是《食品安全法》确定的一项基本制度,是食品安全监管部门识别食品安全风险、排查食品安全隐患的重要措施。2019年5月发布的《中央意见》要求完善以问题为导向的食品安全抽检监测机制,到2020年,我国农产品和食品抽检量达到4批次/千人,食品抽检合格率稳定在98%以上。我国将服务于食品安全监管的抽检监测主要分为风险监测、监督抽检、评价性抽检和快速检测四类。

食品安全风险监测是我国《食品安全法》确立的一项基础性制度,也是体现预防为主、风险管理这一食品安全管理原则的主要措施之一。食品安全风险监测是指系统持续收集食源性疾病、食品污染以及食品中有害因素的监测数据及相关信息,并综合分析、及时报告和通报的活动。食品安全风险监测主要发挥着四个方面的作用:一是全面了解食品污染状况及趋势;二是发现食品安全隐患,确定需重点监管的食品、项目和环节等;三是为食品安全风险评估、标准制定与修订、风险预警交流提供基础数据;四是了解食源性疾病发生的特征和规律,以便早期识别和防控食源性疾病。

食品安全监督抽检是指食品安全监管部门按照法定程序和食品安全标准等规定，以排查风险为目的，对食品开展抽样、检验、复检和处理等的活动。监督抽检作为日常食品安全监管的重要技术手段，注重问题导向和目标导向，常用于检查评价食品是否符合食品安全国家标准，是及时识别食品安全隐患、处置食品安全问题、防控食品安全风险、惩治违法犯罪行为的重要技术支撑，是督促食品生产经营者加强质量安全管理、严格落实主体责任的硬性约束。

评价性抽检是我国近年来开展食品安全抽检监测工作的一种新探索，是指依据法定程序和食品安全标准等规定，以评价市场上食品安全总体状况为目的开展的抽样检验活动。相对于监督抽检，评价性抽检更加体现针对性和靶向性，更加注重科学性和客观性，更能准确地反映一个地区的食品安全综合保障水平。通过评价性抽检可以科学研判食品安全整体形势，为监管执法和监督抽检提供工作导向，为食品安全科学监管和精准监管提供支持。

与传统的实验室检测方法相比，食品安全快速检测能够在较短时间内出具食品安全结果的初步筛检方法，非检验专业人员也容易进行操作。作为监督抽检的重要补充，食品安全监管部门使用的快速检测方法必须事先经过相关部门认定。快速检测主要应用于对一些短保质期食品、食用农产品、含非法添加物质的食品、可疑中毒食品、重大活动供应食品等的检测，以提高问题食品的识别效率。

各类食品安全抽检监测比较见表3-1。

表3-1 各类食品安全抽检监测比较

比较内容	风险监测[1]	监督抽检	评价性抽检[2]	快速检测
主要目的	为政府提供决策依据和技术咨询	及时发现问题，查处违法行为	科学客观评价食品安全状况	快速筛查问题，及时防控风险
主要特征	系统性、连续性覆盖食品链全程	按照法定程序和国家标准执行	考虑食物消费、产业特点、人口结构等	快速、灵敏、便捷、经济
检测方法	国家风险监测工作手册方法	国家标准或补充检验方法	国家标准或补充检验方法	国家市场监督管理总局批准的快速检测方法
结果应用	开展风险评估和标准制定等	针对不合格食品应当给予行政处罚	示范城市创建或地方绩效考核参考	作为初筛结果，提高问题发现效率
信息公示	没有要求监测结果信息公示	依法公示抽检结果和不合格食品核查处置	没有要求抽检结果信息公示	农产品批发市场要在醒目位置公示

注：1. 本表风险监测指《中华人民共和国食品安全法》规定的概念，而不是国家市场监督管理总局《食品安全抽样检验管理办法》中的相应概念。
2. 我国评价性抽检目前正处于探索阶段，相关内容和要求还会被调整完善。

3.1.2 食品安全风险监测

3.1.2.1 风险监测的种类

一是食源性疾病监测。食源性疾病是指食品中致病因素进入人体引起的感染性、中毒性等疾病,具有暴发性、散发性、地区性和季节性特征,发病率居于各类人体疾病总发病率前列,是全球范围内日益严重的食品安全和公共卫生问题。食源性疾病监测主要由医疗卫生机构、疾病预防控制机构承担,通过食源性疾病报告、调查、样品检测等收集人群食源性疾病发病信息和相关影响因素信息。

2001年,我国开始建立食源性疾病监测网,2010年全面启动食源性疾病监测工作,对食品中的主要致病菌,如沙门氏菌、大肠埃希菌O157∶H7、单增李斯特菌和空肠弯曲菌进行连续主动监测。目前,我国已针对食品中主要致病菌引发的食源性疾病进行连续主动监测,并构建和部署了食源性疾病(病例)监测报告系统、食源性疾病分子溯源网络和食源性疾病暴发报告信息系统。

食源性疾病(病例)监测报告系统由遍布全国的哨点医院构成。当哨点医院发现接收的病人属于食源性疾病病人或者疑似病人时,就会对症状、可疑食品、就餐史等相关信息进行询问和记录。食源性疾病分子溯源网络主要由全国省级疾控中心和部分地级疾控中心构成,通过比对分析,找到不同病例之间、病例和食品之间的关联,追溯污染源。食源性疾病暴发报告信息系统由全国省、市、县三级疾病预防控制机构构成,通过对已经发现的暴发事件进行调查和归因分析,为政府制定、调整食品安全防控策略提供依据。

根据《国家卫生健康委关于印发食源性疾病监测报告工作规范(试行)的通知》中的相关规定,食源性疾病报告目录主要包括12种细菌性、1种病毒性、5种寄生虫性、5种化学性、7种有毒动植物性、3种真菌性以及2种其他需要报告的食源性疾病(表3-2)。

表3-2 我国食源性疾病报告名录

食源性疾病种类	食源性疾病名称
细菌性	非伤寒沙门氏菌病、致泻性大肠埃希氏菌病、肉毒毒素中毒、葡萄球菌肠毒素中毒、副溶血性弧菌病、米酵菌酸中毒、蜡样芽孢杆菌病、弯曲菌病、单核细胞增生李斯特菌病、克罗诺杆菌病、志贺氏菌病、产气荚膜梭菌病
病毒性	诺如病毒病
寄生虫性	广州管圆线虫病、旋毛虫病、华支睾吸虫病(肝吸虫病)、并殖吸虫病(肺吸虫病)、绦虫病
化学性	农药中毒(有机磷、氨基甲酸酯)、亚硝酸盐中毒、瘦肉精中毒、甲醇中毒、杀鼠剂中毒(抗凝血性、致惊厥性)

续表

食源性疾病种类	食源性疾病名称
有毒动植物性	菜豆中毒、桐油中毒、发芽马铃薯中毒、河鲀毒素中毒、贝类毒素中毒、组胺中毒、乌头碱中毒
真菌性	毒蘑菇中毒、霉变甘蔗中毒、脱氧雪腐镰刀菌烯醇中毒
其他	医疗机构认为需要报告的其他食源性疾病、食源性聚集性病例（包括但不限于以上病种）

二是食品污染监测。在食品生产、加工、包装、储存、运输、销售等过程中，因非故意原因进入食品的外来污染物，包括生物性污染（如致病菌、病毒和寄生虫等）、化学性污染（如重金属、农药残留、兽药残留等）和物理性污染（如毛发、碎石子、玻璃等）三大类纳入风险监测范畴。近年来，随着核工业的发展，放射性核素在能源、医疗、科研等方面利用广泛，以及自然灾害导致的核泄漏事件，放射性废核素污染日益得到重视，也被作为物理性污染纳入常规监测。

三是食品中有害因素监测。食品有害因素是指在食品生产、流通和餐饮服务环节，除了食品污染以外的其他途径进入食品并对人体健康造成不良影响的因素，包括食物本底存在的有害物，如野生河鲀中存在的河鲀毒素；也包括食品加工过程中产生的有害物质，如油脂精炼过程中产生的氯丙醇酯等。

3.1.2.2 风险监测的组织实施

一是制定风险监测计划。根据《食品安全法》规定，国务院卫生行政部门会同国务院食品安全监督管理等部门，制定、实施国家食品安全风险监测计划。国家食品安全风险监测计划应当根据食品安全风险评估、食品安全标准制定与修订、食品安全监督管理等工作的需要制定。食品安全风险监测应包括食品、食品添加剂和食品相关产品，覆盖从农田到餐桌全过程、从实验室到医院全环节。"十三五"期间，食品安全风险监测评估体系不断健全，食品污染物和有害因素监测点基本覆盖所有县（区）级行政区域。

食品安全风险监测计划应当将以下情况作为优先监测内容：①健康危害较大、风险程度较高以及风险水平呈上升趋势的；②易于对婴幼儿、孕产妇等重点人群造成健康影响的；③以往在国内导致食品安全事故或者受到消费者关注的；④已在国外导致健康危害并有证据表明可能在国内存在的；⑤新发现的可能影响食品安全的食品污染和有害因素等。

二是细化风险监测方案。我国幅员辽阔，经济社会发展程度不一，饮食文化千差万别，特别是城市食品产业、供应和消费与农村地区有较大不同，因此，各地应该结合本地区人口特征、食品产业状况、食品消费结构、预期保护水平以及经费支撑能力等制定食品安全风险监测方案。例如，上海市食品安全风险监测方案在完成国家食品安全风险监测计划规定内容的同时，强化监测的代表性和连续性，综合考虑监测点所在区域的人口数量、地域特点、食品产业和消费结构等因素，突出监测食品类别和监测项目组合的科学性和针对性。目前，上海市监测采样点已覆盖所有辖区、街镇，全面覆盖食用农产品种植养殖、禽畜屠宰、食品生产、食品流通、餐饮服务各环节，特别是在紧盯大宗食品来源主渠道和集散地的同时，兼顾学校周边、城乡接合部、农村、粮库、仓库、冷库、中央厨房和网购食品，有效覆盖本市居民各类日常消费的食品和季节性消费的食品。

三是规范开展风险监测。风险监测技术机构具备食品检验机构资质认定条件和按照规范进行检验的能力，会合理配置人员、仪器、设备、车辆等，按照风险监测计划和方案要求，完成规定的监测任务。食品安全风险监测工作人员有权进入相关食用农产品种植养殖、食品生产经营场所采集样品，收集相关数据。风险监测技术机构对样品进行检验时，原则上可以采用比国家标准更为先进的、灵敏的检验方法，以获得更加准确的定量数据。

根据《2023年上海市食品安全状况报告》，上海市卫生健康委会同相关部门在全市组织完成32 284件样品832 652项次食品污染物及有害因素监测，监测项次符合率为99.8%，监测项次符合率由高到低依次为非食用物质、农兽药残留、食品添加剂、微生物、激素抗生素、重金属。食品污染物及有害因素监测结果显示，粮、油、果蔬、乳等大宗日常消费品的合格率均处于较高水平。食品污染物及有害因素监测发现的主要问题包括：鲜蛋中有恩诺沙星等抗生素；水产品中有丁香酚、药物残留以及重金属；新鲜蔬果中有噻虫胺等农药残留；鸽子、鸡肉等畜禽肉和内脏中有恩诺沙星等药物残留；预包装冷藏熟肉制品中有单增李斯特菌。上海市卫生健康委和市疾病预防控制机构在29家哨点医院开展食源性疾病致病微生物监测，采集生物样本5 849例，致病微生物检出阳性率排位前五位的病毒或致病菌依次是诺如病毒、肠致泻性大肠埃希氏菌、弯曲菌、沙门氏菌、副溶血性弧菌。

四是开展风险监测的结果处置。由于风险监测不同于监督抽检，一般没有遵循法定抽样程序和采取标准检验方法，因此，发现的问题食品尚不能作为执法机关对相关人做出行政强制、行政处罚等的直接依据。卫生健康部门应当会同食品安全监管部门针对风险监测发现的问题食品，组织相关专家进行调查和分析研判，认为对身体健康和生命安全造成风险的，应及时告知生产经营者进行自查整改。同时，对存在食品安全隐患的食品生产经营者开展监督检查、线索核查、执法调查、责任追究等。

即使食品安全风险监测结果并未有确凿证据证实存在食品安全问题，只是表明可能存在食品安全隐患，也应当启动通报和调查程序以防患于未然。如 2012 年 6 月，国家食品安全风险监测发现某著名乳粉企业生产的婴幼儿配方乳粉产品汞含量异常，尽管我国没有婴幼儿配方乳粉汞限量标准，不能将该产品判定为不合格产品，但考虑到汞的毒性、消费人群的敏感性、产品覆盖的广泛性，经综合研判认为涉事产品有较大的健康风险，需要立即采取风险控制措施。涉事企业收到上述信息后，紧急召回涉事乳粉产品，并立即对所有产品进行排查、自检、送检，积极查验原因，待妥善处理并确保食品安全后，才恢复产品的常态化生产。

3.1.3　食品安全监督抽检

3.1.3.1　监督抽检的原则和重点

监督抽检工作必须按照法律法规和标准规定的程序和要求进行，遵循以下主要原则。一是合法性，承担抽检的机构和人员的资质、采用的操作规程、检验结果的评判方法、检验报告的出具形式等必须符合有关法律法规、规章标准和技术规范等要求。二是客观性，抽检的样品能真实反映其内在质量安全属性，所检测的污染物和有害因素没有在采用过程中受到外来污染和人为污染，检测结果能客观反映样品在抽样时的真实情况。三是代表性，被抽检的个体样品能真实反映其所代表的整体产品的质量安全水平。四是典型性，在食物中毒、食品污染等食品安全事故调查中，需要第一时间对典型样品或食品的典型部位进行采样检测，充分说明被测样品、场所和环境是否受到污染或者产品是否存在掺假、掺杂等。

监督抽检应以问题为导向，尽可能发现不合格食品以消除隐患，同时要考虑对婴幼儿等敏感人群的保护。因此，在制定食品安全监督抽检计划时，应针对食品安全问题突出的场所、食品类别和项目等，确定各类食品和项目的抽检场所、频次和数量等。监督抽检工作计划的重点为：一是风险程度高以及风险呈上升趋势的食品；二是流通范围广、消费量大、消费者投诉举报多的食品；三是在风险监测、监督检查、专项整治、案件稽查、事故调查及应急处置等工作中表明存在较大隐患的食品；四是专供婴幼儿、孕妇、老年人等特定人群食用的主辅食品；五是学校、托幼机构食堂、旅游景区餐饮服务单位、中央厨房、集体用餐配送单位经营的食品；等等。

3.1.3.2　监督抽检的程序和要求

执行监督抽检要体现公平、公正和公开。一是承担抽样任务的机构不得提前通知被抽样的食品生产经营者。现场抽样人员不得少于 2 人，被抽检者对监督抽检有异议的，可按有关规定提出异议。二是实施"抽""检"分离。食品安全监管部门负责抽样任务，也可委托专业执法机构或检验机构承担抽样任务。检验任务必须由依法取得资质认定的食品检验机构负责。抽样人员与检验人员不得为同一人。三是原则上实施"双随机，一公开"抽样。即随机选择执行抽样的专业机构（人员）和被抽样的食品生产经营者（食品）。四是监督抽检结果和不合格食品核查处置等信息应及时向社会公示。五是案件稽查、事故调查、应急处置中的抽样，不受抽样数量、抽样地点、被抽样单位是否具备合法资质等限制。

监督抽检在程序上和技术上有严格要求。一是采集样品的种类、数量和来源等应按照抽检计划的规定进行，不得由被抽样单位自行提供样品。二是采集的样品需在保质期内，确保样品包装完整、无破损、未被污染。涉及散装食品微生物检验的样品，需要严格做到无菌采样，并及时送检。三是抽样人员应当保存购物票据，并对抽样场所、贮存环境、样品信息等通过拍照或者录像等方式留存证据。四是对有特殊贮存和运输要求的样品，抽样人员应当采取相应措施，保证样品贮存、运输过程符合国家相关规定和包装标志的要求。五是样品应严密包装，避免交叉污染。严格按照食品本身属性，或者其包装注明的储运条件进行贮藏运输。

3.1.3.3 监督抽检的样品检验

食品安全监督抽检应当采用食品安全标准规定的检验项目和检验方法。没有食品安全标准的，应当采用依照法律法规制定的临时限量值、临时检验方法或者补充检验方法。市场监管部门在开展案件稽查、事故调查、应急处置等工作时，在没有前述规定的检验方法的情况下，可以采用其他检验方法分析查找食品安全问题的原因，所采用的方法应当遵循技术手段先进的原则，并取得国家或者省级市场监管部门同意。检验结论表明样品不合格的，检验机构和监管部门应及时向食品生产经营者通报。特别是当不合格食品可能会对人的身体健康和生命安全造成严重危害时，如在乳制品中检出非食用物质三聚氰胺、在即食糕点中检出致病性沙门氏菌、在花生油中检出黄曲霉毒素 B_1 严重超标、在酱卤肉中检出高残留的亚硝酸盐等，应当在确认结果后立即报告或者通报。

判定食品中检出的某种物质属于人为添加还是本底污染，关系到后续的产品定性、风险防控和案件办理。如监督抽检发现某品牌面粉检出铝（Al）含量为 10 mg/kg（干样品，以 Al 计），根据我国《食品安全国家标准 食品添加剂使用标准》（GB 2760—2024）规定，不得人为在面粉中添加含铝添加剂，但考虑到铝元素在自然界和食品中广泛存在，仅凭上述铝含量还难以判定其是本底残留还是人为添加，这就需要执法人员对产品原料和工艺进行全面、系统检查，比如，企业是否采购过含铝食品添加剂，是否有添加含铝添加剂的生产记录等，而不能仅根据面粉检出铝就判定为不合格，需要执法人员查实存在人为添加含铝添加剂的确凿证据。当然，如果面粉铝检出值明显大于本底值，企业违规添加的可能性就很大。

3.1.3.4　监督抽检的核查处置

食品生产经营者收到监督抽检不合格检验结论后，应落实食品安全第一责任人职责，立即采取封存不合格食品、暂停生产和经营不合格食品、通知相关生产经营者和消费者、召回已上市销售的不合格食品等风险控制措施，排查不合格原因并进行整改，积极配合市场监管部门的调查处理，不得拒绝、逃避，防范不合格食品扩散带来的风险。食品生产经营者对不合格原因的排查整改应当体现全面性和精准性，应着重从原辅料质量控制、生产经营过程控制、环境清洁消毒、食品添加剂使用、产品出厂检验等环节查找整改。

监管部门对于不合格食品应当及时启动核查处置工作，督促食品生产经营者履行法定义务，依法开展调查处理和风险防控。对食品生产经营者开展的原因排查和问题整改给予必要的行政指导，责令其限期提供整改报告，并对不合格产品的召回和整改情况进行评估和复核。对抽检不合格的食品生产经营情况进行调查取证，符合立案条件的依法给予立案查处，确保食品安全监管责任有效落实。

3.1.3.5　监督抽检的信息发布

各级市场监管部门依法组织开展食品安全监督抽检，并通过政府网站及官方媒体等定期公布监督抽检结果、风险控制措施和不合格食品核查处置信息，便于公众提高食品安全认知水平和安全消费水平。当食品安全监督抽检信息对公共利益可能产生重大影响时，应当在信息公布前加强分析研判，加强对不合格指标的科学解读，提出科学合理的风险预警和消费提示。

目前，由于食品消费量大、消费人群众多，仍存在消费者获取食品安全信息不便利等问题。为方便消费者现场了解食品抽检结果，增强消费者的感知度，推动食品生产经营者履行食品安全主体责任，采用抽检结果现场公示的方法，将更好地发挥作用。根据法律规定，食品经营者收到监督抽检不合格的检验结论后，应当按照规定在被抽检经营场所显著位置，采用电子屏、宣传栏、公告牌等形式，公示相关不合格产品信息、相关风险防控措施、核查处置情况和销售者承诺等，不得公示其他误导消费者的信息。

3.1.4　食品安全评价性抽检

3.1.4.1　评价性抽检的背景

评价性抽检合格率作为一个国家和地区食品安全水平"晴雨表"，需要通过全国统一的客观、科学、公正、透明的食品安全状况评价体系来获得。各部门各地区在贯彻落实《中央意见》、制定食品安全规划时，一般会设置食品抽检合格率的工作目标。

但是，由于各部门各地区抽检的食品种类、检验项目、样品来源、样品构成等不同，难以对食品抽检合格率进行平行对比，且难以科学反映食品安全状况、食品安全监管效果和社会综合治理成效，影响了地区乃至国家对食品安全水平的客观、真实评价。

作为近年来发展起来的一种新的抽检方式，评价性抽检目前仍在不断研究、探索和完善之中，国家还没有发布评价性抽检的具体程序和内容要求。《食品安全抽样检验管理办法》规定，评价性抽检所使用的检验方法、判定依据同监督抽检一样，需要符合食品安全相关标准要求，可以对样品检验结果作出合规判定。不合格产品应参照监督抽检方式进行社会公示和后续处置。考虑到评价性抽检是对市场上食品总体安全状况进行评估、客观反映食品安全状况的重要手段，需要建立一套完备、科学、严谨的评价性抽检标准和规则。

3.1.4.2 评价性抽检的要求

要实现评价性抽检的预期目标，就必须在抽检方案设计、样品采集、项目检验、结果统计等方面按照一定的规则执行。在评价性抽检方案设计上，要根据居民各类食品膳食摄入量等因素科学合理地确定被评价的食品品种，根据食品安全标准中的重点指标确定检验项目，根据食品生产、流通和消费情况科学制定抽样食品样本量、样品来源区域和抽样比例等。在评价性抽检中，需要综合多个层次、多个角度、多个因素进行数学建模，以实现对食品安全状况科学、客观的评价。

3.1.4.3 评价性抽检结果的分析

不同食品种类、不同污染物对人体危害程度不同，食物中真菌毒素、有毒重金属超标所带来的危害一般比普通食品添加剂超标更为严重，在评价性抽检的结果分析模型中，要根据不同项目的危害程度加以区分并赋予不同权重。一是形成标化合格率。首先对不同食品各类项目的合格率进行分层分类统计，从不同维度全面反映食品安全总体状况。其次，根据不同食品的品类构成、来源构成、项目构成等要素，将其合格率赋予不同权重后进行标准化转化，形成在时间、区域、行业等方面具有一定可比性的标化合格率。二是开展食品安全综合风险指数评价。例如，可以充分考虑居民食物消费量、污染物危害程度、抽检不合格率等方面的因素，建立可以用于比较不同时间、不同区域、不同行业食品安全水平的综合风险指数评价模型。其中，污染物危害程度可通过综合毒性分级指标、每日或每周允许摄入量和特殊毒性作用（如致畸性、致癌性、致突变性和生殖发育毒性）等进行赋值和分级（如划分为5个等级），综合风险指数越高，食品安全状况就越差。

3.1.5 食品安全快速检测

3.1.5.1 快速检测的背景

我国食品行业规模巨大,食品品种繁多,食品生产经营企业大多是 10 人以下的小型企业。特别是作为食品原料的食用农产品,其种植养殖及初加工的主体呈现小、杂、散的特点。将数量巨大的食品样品都送到专业实验室检测是不现实的,其原因是专业实验室需要配备大型昂贵仪器及专业人员,实验室设置数量有限。监督抽检所采用的实验室传统检测方法,尽管检测结果准确、可靠,但也存在一些不足之处,例如:检测周期较长,不能满足鲜奶、蛋糕等保质期较短食品的检测要求;检测费用较高,不适合对廉价的、检项较多的蔬菜、水果等进行检测;检测专业性强、操作过程烦琐、企业难以规模化地掌握以履行食品安全自检责任。

3.1.5.2 快速检测的分类

食品安全快速检测一般分为实验室快速检测和现场快速检测。实验室快速检测着重于更新仪器设备、采用先进方法、改变样品前处理方式等以实现多组分、大通量、高效率的可疑样品筛检目的。现场快速检测着重于将实验室标准检测方法进行合理的优化改进,化繁就简,尽量利用各种手段,甚至在损失一定准确性的前提下,提高样品在现场检测时的便捷程度。

食品安全快速检测还可以分为定性快速检测、半定量快速检测和定量快速检测。定性快速检测的结果可以直接用于样品是否合格的判定,常用于非食用物质、禁用物质(如罂粟成分、"瘦肉精"等)的筛检,通常可以在现场完成快速检测。定量和半定量快速检测常用于国家标准中允许使用或天然存在但有限量要求的项目,如食品添加剂、重金属等。

由于受到检测技术和环境条件的限制,目前能够开展快速检测尤其是现场快速检测的食品种类和项目还比较有限。应用范围主要包括重大活动保障、食物中毒病因筛查、掺杂掺假专项整治、食品企业危害分析关键控制点(HACCP)体系等方面。对于快速检测呈阳性以及检测结果接近指标限量值的,应进行现场复测,尽量排除偶然误差,最终结果还是以实验室出具的检验结果为准。

3.1.5.3 快速检测产品的性能评价

1. 技术性指标

一是灵敏性。灵敏性指快速检测方法对样品不合格项目的检出能力,是快速检测方法首要考虑的技术性指标。快速检测方法只有达到一定的灵敏度,才能保证不合格项目被发现而不漏检。二是特异性。特异性指快速检测方法对样品合格项目的确认能力。快速检测方法只有达到一定的特异度,才能保证合格项目不被错判为不合格项目。三是稳定性。稳定性指快速检测方法对样品的检测结果稳定，重现性好，体现在不同时间、不同地点、不同人员对同一样品快速检测结果有较好的一致性。

2. 操作性指标

一是便捷性。便捷性指从样品制备到实验操作，再到结果判读的整个过程，非专业工作人员能够方便操作并快速完成结果判读。二是经济性。由于快速检测经常针对大量样本进行，因此，单件快速检测的成本不能太高，否则，使用单位难以承受长期性或广泛性筛检经费支出。三是适用性。原则上，一种快速检测方法可以通过不同的食品前处理方式，对尽可能多的食品种类进行某一项目的筛检，以体现快速检测方法的普适性。

3.1.5.4　快速检测的工作要求

食品安全快速检测主要适用于需要短时间内显示结果的项目，如禁限用农兽药和饲料、动物饮用水中的禁用药物、非法添加物质、生物毒素等，检测主要针对食用农产品、散装食品、餐饮食品、现场制售食品，对于预包装食品原则上以常规实验室检验为主。食品安全监管部门在日常监管、专项整治、活动保障等的现场检查工作中，可以根据实际情况使用快检方法进行抽查检测。但是，食品快检不能替代食品检验机构利用常规实验室仪器设备开展的食品检验。

对于现场快检结果呈阳性的，被抽查食用农产品经营者应暂停销售相关产品，食品监管部门应当及时跟进监督检查和抽样检验，防控风险。被抽查食用农产品经营者对快检结果无异议的，食品安全监管部门应当依法处置；对快检结果有异议的，可以自收到或应当收到检测结果时起4 h内申请复检。复检不得采用快检方法。在餐饮服务环节如发现快速检测样本为阳性的，应尽快停止可疑食品的进货、加工和供应，及时查找原因并报告监管部门。

 典型案例

上海市食品安全快速检测体系

自2004年起，上海市食品安全监管部门为提高监管执法的专业能力和效率，开展食品安全快速检测方法研究和应用，加强食品安全快速检测技术评价，形成了一批灵敏、准确、便捷、可靠的食品安全快速检测方法，科学制定食品安全快速检测标准和规范，逐渐形成简易实验室、快速检测车、快速检测仪器、快速检测试剂四位一体的快速检测工作体系。将快速检测纳入食品安全监管机构基层标准化建设规范，并作为监督员的一项基本技能进行考核，每年开展食品安全监督员规范化培训、定期组织食品安全快速检测技能演练和竞赛。2023年，全市食品安全监管部门共组织开展133万项次快速检测,快速检测呈阳性3 800多项次。快速检测的全面开展为食品生产经营过程卫生评价、食物中毒原因快速筛查、重大活动食品安全保障、食品非法添加的执法办案等提供了重要的技术手段。上海市食品安全基层监管机构开展的主要快速检测项目见表3-3。

表3-3 上海市食品安全基层监管机构主要快速检测项目

检测类别	检测对象	检测指标	检测品种	方法类型	检测方法	检测时长
生产经营过程卫生	环节	三磷酸腺苷(ATP)	手面、餐饮具等	仪器法	荧光光度法	2 min
	食用油	极性组分	煎炸油	仪器法	电导测定法	2 min
	消毒液	有效氯	含氯消毒液	试纸法	碘化钾显色法	2 min
食品品质质量指标	食用油	酸价	植物油	试纸法	显色反应法	3 min
	食用油	过氧化值	植物油	试纸法	显色反应法	3 min
	食用盐	碘含量	加碘盐	试剂法	玫瑰红比色法	3 min
	饮用水	电导率	纯净水	仪器法	电导测定法	3 min
污染物和有害因素	水发产品	甲醛	牛百叶、豆制品等	试剂法	氨基甲基噻唑(AHMT)显色法	5 min
	干制蔬菜	二氧化硫	金针菇、黄花菜等	试剂法	碘试剂滴定法	10 min
	液态食品	砷	饮料等	试剂法	检砷管法	10 min
食物中毒指标	蔬菜水果	有机磷农药	叶类蔬菜等	仪器法	胆碱酯酶抑制法	5 min
	食用盐	亚硝酸盐	食用盐	试剂法	重氮偶联显色法	3 min
	酒类	甲醇	白酒	仪器法	旋光法	10 min
	肉及肉制品	瘦肉精	畜肉	试剂法	免疫胶体金法	10 min
非法添加掺杂掺假	肉制品等	硼砂	肉丸、粉丝等	仪器法	姜黄素显色法	30 min
	面制品	硫酸铝钾	面粉、油条等	试剂法	铬天青显色法	30 min
	食用菌	荧光增白剂	蘑菇等	仪器法	紫外照射法	3 min
	餐饮食品	吗啡	火锅汤(底料)	试剂法	免疫胶体金法	10 min
	保健食品	酚酞	减肥类	试剂法	碱性试液显色法	3 min
	保健食品	西地那非	壮阳、抗疲劳类	试剂法	三硝基苯酚显色法	3 min

3.2 食品安全行政检查

3.2.1 行政检查概况

3.2.1.1 行政检查分类

食品安全行政检查是指市场监督管理部门依法对食品生产经营者在生产经营过程中是否遵守食品安全法律法规、规章及标准、技术规范的情况进行检查的活动。 市场监督管理部门综合考虑食品类别、企业规模、管理水平、食品安全状况、风险等级、信用档案记录等因素，编制年度监督检查计划。食品安全行政检查根据检查方式分为日常监督检查、飞行检查、体系检查。

日常监督检查要求根据本行政区域内食品类别、企业规模、管理水平、食品安全状况、风险等级、信用档案记录等因素，事先制定年度监督检查计划，而后根据计划开展常规性检查。

飞行检查一般有两种情况：一是根据监督管理工作需要，如突击检查食品企业食品添加剂使用情况；二是发现某个企业或一个行业的问题线索或风险隐患而启动检查，检查前不预先告知检查对象。

体系检查是一种针对企业质量管理体系执行情况而开展的系统性监督检查，目的是通过检查从企业系统管理上发现潜在风险隐患，提出整改措施建议。体系检查的重点对象包括特殊食品生产企业、高风险食品生产企业，以及连锁超市、连锁餐饮等大型食品经营企业。

3.2.1.2　行政检查权力

食品安全行政检查有以下法定权力：

（1）现场检查。进入生产经营场所对场所环境、设施设备、食品生产加工过程、包装标签等进行检查。

（2）抽样检验。可以根据需要采集食品、食品添加剂、食品相关产品和餐用具、设备设施环境等样本进行检验。

（3）收集证据材料。查阅、复制有关合同、票据、账簿以及其他有关资料。

（4）采取强制措施。一是查封、扣押有证据证明不符合食品安全标准或者有证据证明存在安全隐患以及用于违法生产经营的食品、食品添加剂、食品相关产品；二是查封违法从事生产经营活动的场所。

3.2.1.3　风险等级划分

市场监督管理部门结合食品生产经营者的食品类别（婴幼儿食品、乳品、餐饮食品等）、业态规模（大、中、小）、风险控制能力（如获得政府质量奖情况、体系认证情况、视频监控管理情况等）、信用状况（如产品销售情况、责任约谈情况、问题整改情况等）、监督检查情况（包括现场检查情况、抽检监测情况、食品召回情况等），将食品生产经营者的风险从低到高划分为A级、B级、C级、D级四个等级，再根据食品生产经营者风险等级确定行政检查频次，见表3-4。

表 3-4　不同检查类别食品生产经营者行政检查频次

检查类别	检查对象	检查频次
日常检查	所有食品生产经营者	每两年至少进行一次，覆盖全部检查要点
重点检查	特殊食品生产者，风险等级为 C 级、D 级的食品生产者，风险等级为 D 级的食品经营者以及中央厨房、集体用餐配送单位	根据实际情况增加日常监督检查频次
飞行检查	食品安全抽样检验等发现问题线索的食品生产经营者	不定期
体系检查	特殊食品、高风险大宗消费食品生产企业和大型食品经营企业	不定期

3.2.1.4　行政检查程序

市场监督管理部门对食品生产经营者实施行政检查时，应由至少 2 名监督检查人员参加。对于专业性较强的，还可根据需要聘请相关领域专业技术人员担任观察员参加监督检查。食品生产经营者应当配合监督检查工作：一是按照检查人员的要求，开放食品生产经营场所；二是回答检查人员的相关询问；三是提供与食品生产经营相关的合同、票据、账簿，以及前期监督检查结果和整改情况等其他有关资料；四是配合做好现场检查和食品抽样检验，并为检查人员提供必要的工作条件。

检查人员在开展食品安全监督检查时，应对监督检查情况如实记录。除飞行检查外，检查应当覆盖各食品生产经营场所和环节。检查措施包括：①抽样检验；②对企业负责人、食品安全总监、食品安全员等食品安全管理人员，随机抽查食品安全知识并考核；③对发现的问题进行记录，拍照录像，收集资料；④可以视情依法采取证据保全或者行政强制措施等。

3.2.1.5　检查问题处理

对监督检查情况进行综合判定，根据发现问题的轻重程度进行分类处置：

（1）存在发生食品安全事故潜在风险的，食品生产经营者应当立即停止生产经营活动。

（2）重点检查项目不符合标准且影响食品安全的，应当依法进行调查处理。

（3）一般检查项目不符合标准，但情节轻微且不影响食品安全的，应当当场责令其整改；一般检查项目不符合标准，且影响食品安全的，应当依法进行调查处理。

监督检查结果纳入食品生产经营者信用管理：一是将食品生产经营者信用情况与食品类别、业态规模、风险控制能力、监督检查结果一并考虑，并赋予一定权重；二是记入食品生产经营者食品安全信用档案，包括监督检查结果、责任约谈、问题整改情况、行政处罚等；三是对存在严重违法失信行为的食品生产经营者实施联合惩戒，将食品安全信用状况与准入、融资、信贷、征信等相衔接。

3.2.2 食品生产环节行政检查

食品生产企业行政检查重点内容包括：一是资质资料检查，包括食品生产许可证、注册备案证明等；二是生产环境条件检查；三是过程控制检查，包括进货查验、生产过程控制、贮存及交付控制、不合格食品管理和食品召回等；四是产品质量安全检查，包括产品检验、标签和说明书等；五是食品安全管理检查，包括食品安全自查、从业人员管理、信息记录和追溯、食品安全事故处置等。

此外，对委托生产食品进行行政检查的，要将委托方对受托方生产行为的监督情况作为检查内容，如委托方和受托方签订书面协议情况、食品安全责任落实情况等。对于特殊食品生产企业的行政检查，除以上内容外，还应包括注册备案要求执行、保健食品原料前处理情况、生产质量管理体系运行和原辅料管理情况等。食品生产企业行政检查要点见表3-5。

表3-5 食品生产行政检查要点表

检查项目	项目序号	行政检查内容
1. 食品生产者资质	1.1*	具有合法主体资质，生产许可证在有效期内
	1.2*	生产的食品、食品添加剂在许可范围内
	T.1*	实际生产的特殊食品按规定注册或备案，注册证书或备案凭证符合要求
2. 生产环境条件（厂区、车间、设施、设备）	2.1	厂区无扬尘、无积水，厂区、车间卫生整洁
	2.2*	厂区、车间与有毒、有害场所及其他污染源保持规定的距离或具备有效防范措施
	2.3	设备布局和工艺流程、主要生产设备设施与准予食品生产许可时保持一致
	2.4	卫生间保持清洁，未与食品生产、包装或贮存等区域直接连通
	2.5	有洗手、干手、消毒等卫生设备设施，满足正常使用
	2.6	通风、防尘、排水、照明、温控等设备设施正常运行，存放垃圾、废弃物的设备设施标识清晰，有效防护
	2.7	车间内使用的洗涤剂、消毒剂等化学品明显标识、分类贮存，与食品原料、半成品、成品、包装材料等分隔放置，并有相应的使用记录
	2.8	生产设备设施定期维护保养，并有相应的记录
	2.9	监控设备（如压力表、温度计）定期检定或校准、维护并有相关记录
	2.10	定期检查防鼠、防蝇、防虫害装置的使用情况并有相应检查记录，生产场所无虫害迹象
	2.11	准清洁作业区、清洁作业区设置合理并有效分割。有空气净化要求的，应当符合相应要求，并对空气洁净度、压差、换气次数、温度、湿度等进行监测及记录

续表

检查项目	项目序号	行政检查内容
3. 进货查验	3.1*	查验食品原料、食品添加剂、食品相关产品供货者的许可证、产品合格证明等文件；供货者无法提供有效合格证明文件的，应有检验记录
	3.2*	进货查验记录及证明材料真实、完整，记录和凭证保存期限符合要求
	3.3	建立和保存食品原料、食品添加剂、食品相关产品的贮存、保管记录、领用出库和退库记录
	T.2*	生产特殊食品使用的原料、食品添加剂与注册或备案的技术要求一致
4. 生产过程控制	4.1*	使用的食品原料、食品添加剂、食品相关产品的品种与索证索票、进货查验记录内容一致
	4.2*	建立和保存生产投料记录，包括投料品名、生产日期或批号、使用数量等
	4.3*	未发现使用非食品原料、食品添加剂以外的化学物质、回收食品、超过保质期与不符合食品安全标准的食品原料和食品添加剂投入生产
	4.4*	未发现超范围、超限量使用食品添加剂的情况
	4.5*	生产或使用的新食品原料，限定于国务院卫生行政部门公告的新食品原料范围内
	4.6*	未发现使用药品生产食品，未发现仅用于保健食品的原料生产保健食品以外的食品
	4.7	生产记录中的生产工艺和参数与准予食品生产许可时保持一致
	4.8	建立和保存生产加工过程关键控制点的控制情况记录
	4.9	生产现场未发现人流、物流交叉污染
	4.10	未发现待加工食品与直接入口食品、原料与成品交叉污染
	4.11	有温湿度等生产环境监测要求的，定期进行监测并记录
	4.12	工作人员穿戴工作衣帽，洗手消毒后进入生产车间。生产车间内未发现与生产无关的个人用品或者其他与生产不相关的物品
	4.13	食品生产加工用水的水质符合规定要求并有检测报告，与其他不与食品接触的用水以完全分离的管路输送
	4.14	食品添加剂生产使用的原料和生产工艺符合产品标准规定。复配食品添加剂配方发生变化的，按规定报告
	T.3*	按照经特殊食品注册或备案的产品配方、生产工艺等技术要求组织生产
	T.4*	批生产记录真实、完整、可追溯，批生产记录中的生产工艺和参数等与工艺规程和有关制度要求一致
	T.5	原料、食品添加剂实际使用量与注册或备案的配方和批生产记录中的使用量一致
	T.6	保健食品原料提取物或原料前处理符合要求
5. 委托生产	5.1*	委托方、受托方具有有效证照，委托生产的食品、食品添加剂符合法律、法规、食品安全标准等规定
	5.2	签订委托生产合同，约定委托生产的食品品种、委托期限等内容
	5.3	有委托方对受托方生产行为进行监督的记录
	5.4	委托生产的食品标签清晰标注委托方、受托方的名称、地址、联系方式等信息
	T.7	委托方持有保健食品注册证书或注册转备案凭证，受托方具备相应的生产能力且能完成生产委托品种的全部生产过程

续表

检查项目	项目序号	行政检查内容
6. 产品检验	6.1	企业自检的，具备与所检项目适应的检验室和检验能力，有检验相关设备及化学试剂，检验仪器按期检定或校准
	6.2	企业不能自检的，委托有资质的检验机构进行检验
	6.3*	有与生产产品相应的食品安全标准文本，按照食品安全标准规定进行检验
	6.4*	建立和保存原始检验数据和检验报告记录，检验记录真实、完整，保存期限符合规定要求
	6.5	按规定时限保存检验留存样品并记录留样情况
	T.8*	对出厂的婴幼儿配方食品、特殊医学用途婴儿配方食品等按照要求逐批进行全项目检验，每年对全项目检验能力进行验证
7. 贮存及交付控制	7.1	食品原料、食品相关产品的贮存有专人管理，贮存条件符合要求
	7.2	食品添加剂专库或专区贮存，明显标识，专人管理
	7.3	不合格品在划定区域存放，具有明显标识
	7.4	根据产品特点建立和执行相适应的贮存、运输及交付控制制度和记录
	7.5	仓库温湿度符合要求
	7.6*	有出厂记录，如实记录食品的名称、规格、数量、生产日期或者生产批号、检验合格证明、销售日期以及购货者名称、地址、联系方式等内容
8. 不合格食品管理和食品召回	8.1	建立和保存不合格品的处置记录，不合格品的批次、数量应与记录一致
	8.2*	实施不安全食品的召回，召回和处理情况向所在地市场监管部门报告
	8.3	有召回计划、公告等相应记录，召回食品有处置记录
	8.4*	有召回食品无害化处理、销毁等措施，未发现召回食品再次流入市场（对因标签存在瑕疵实施召回的除外）
9. 标签和说明书	9.1*	预包装食品的包装有标签，标签标注的事项完整、真实
	9.2*	未发现标注虚假生产日期或批号的情况
	9.3*	未发现转基因食品、辐照食品未按规定标识
	9.4*	食品添加剂标签载明"食品添加剂"字样，并标明贮存条件、生产者名称和地址、食品添加剂的使用范围、用量和使用方法
	9.5*	未发现食品、食品添加剂的标签、说明书涉及疾病预防、治疗功能，未发现保健食品之外的食品标签、说明书涉及保健功能
	T.9*	特殊食品标签、说明书内容与注册或备案的内容要求一致，符合相关法律法规要求
10. 食品安全自查	10.1	建立食品安全自查制度，并定期对食品安全状况进行检查评价
	10.2*	对自查发现食品安全问题，立即采取整改、停止生产等措施，并按规定向所在地市场监督管理部门报告
	T.10*	定期对生产质量管理体系的运行情况进行自查，保证其有效运行，并向所在地县级人民政府市场监督管理部门提交自查报告，自查发现问题整改率达100%
11. 从业人员管理	11.1*	建立企业主要负责人全面负责食品安全工作制度，配备食品安全管理人员、食品安全专业技术人员
	11.2	有食品安全管理人员、食品安全专业技术人员培训和考核记录，未发现考核不合格人员上岗

续表

检查项目	项目序号	行政检查内容
11. 从业人员管理	11.3*	未发现聘用禁止从事食品安全管理的人员
	11.4	企业负责人在企业内部制度制定、过程控制、安全培训、安全检查以及食品安全事件或事故调查等环节履行了岗位职责并有记录
	11.5*	建立并执行从业人员健康管理制度,从事接触直接入口食品工作的人员具备有效健康证明,符合相关规定
	11.6	有从业人员食品安全知识培训制度,并有相关培训记录
12. 信息记录和追溯	12.1	建立并实施食品安全追溯制度,并有相应记录
	12.2	未发现食品安全追溯信息记录不真实、不准确等情况
	12.3	建立信息化食品安全追溯体系的,电子记录信息与纸质记录信息保持一致
13. 食品安全事故处置	13.1	有定期排查食品安全风险隐患的记录
	13.2	有食品安全处治方案,并定期检查食品安全防范措施落实情况,及时消除食品安全隐患
	13.3*	发生食品安全事故的,对导致或者可能导致食品安全事故的食品及原料、工具、设备、设施等,立即采取封存等控制措施,并向事故发生地市场监督管理部门报告
14. 前期监督检查发现问题整改情况	14.1	对前期监督检查发现的问题完成整改

注:重点项(*)34项,一般项45项,共79项。其中,特殊食品专用检查项目(T)中,重点项(*)7项,一般项3项,共10项;食品通用检查项目中,重点项(*)27项,一般项42项,共69项。

3.2.3 食品销售环节行政检查

3.2.3.1 一般食品销售单位

一般食品销售单位行政检查重点内容包括:食品销售者资质、一般规定执行、禁止性规定执行、经营场所环境卫生、经营过程控制、进货查验、食品贮存、食品召回、温度控制及记录、过期及其他不符合食品安全标准的食品处置、标签和说明书、食品安全自查、从业人员管理、食品安全事故处置、进口食品销售、食用农产品销售、网络食品销售等情况。特殊食品销售环节监督检查要点,除以上内容外,还应当包括禁止混放要求的落实、标签和说明书核对等情况。一般食品销售单位行政检查要点详见表3-6。

表3-6 一般食品销售单位行政检查要点表

检查项目	序号	检查内容
1. 食品安全自查	1.1*	具有食品安全自查制度
	1.2*	按照自查制度规定,定期对食品安全状况进行检查评价
	1.3*	经营条件发生变化或自查发现问题,不符合食品安全要求的,立即采取措施整改
	1.4*	自查发现食品安全事故潜在风险时,立即停止经营活动,并向所在地县级市场监管部门报告

续表

检查项目	序号	检查内容
2. 食品安全追溯体系	2.1*	具有食品安全追溯体系，按照法律法规规定如实记录并保存进货查验、食品销售等信息，保证食品可追溯
3. 许可及备案	3.1	食品经营许可证合法有效
	3.2	仅销售预包装食品的食品经营者依法进行备案
	3.3	实际经营事项与仅销售预包装食品备案信息采集表中相关内容相符
	3.4	在经营场所显著位置公示食品经营许可证正本，或以电子形式公示
	3.5	通过第三方平台进行交易的食品销售者在其经营活动主页面显著位置公示食品经营许可证（或仅销售预包装食品备案信息采集表）；通过自建网站交易的食品销售者在其网站首页显著位置公示食品经营许可证（或仅销售预包装食品备案信息采集表）
	3.6	未发现法律法规规定的禁止性行为： ① 伪造、涂改、倒卖、出租、出借、转让许可证或备案编号； ② 未获得许可或取得备案，开展食品销售活动； ③ 超出许可经营项目范围开展销售活动
4. 场所及布局	4.1	与有毒、有害场所以及其他污染源保持规定的距离
	4.2	具有与销售的食品品种、数量相适应的贮存、销售等场所
	4.3	保持场所环境整洁卫生
	4.4*	具有合理的设备布局和工艺流程，避免食品接触有毒物、不洁物，防止交叉污染
	4.5*	进口冷链食品应当专用通道进货、专区存放、专区销售，不得与其他食品混放贮存和销售
5. 设施设备	5.1	具有与销售的食品品种、数量相适应的设施设备，配备相应的消毒、更衣、盥洗、采光、照明、通风、防腐、防尘、防蝇、防鼠、防虫、洗涤以及处理废水、存放垃圾和废弃物的设施设备
	5.2	用水应当符合国家规定的生活饮用水卫生标准
	5.3	使用的洗涤剂、消毒剂应当对人体安全、无害
6. 禁止销售的食品	6.1*	未发现法律法规禁止销售的食品： ① 用非食品原料生产的食品或者添加食品添加剂以外的化学物质和其他可能危害人体健康物质的食品，或者用回收食品作为原料生产的食品； ② 致病性微生物，农药残留、兽药残留、生物毒素、重金属等污染物质以及其他危害人体健康的物质含量超过食品安全标准限量的食品、食品添加剂、食品相关产品； ③ 用超过保质期的食品原料、食品添加剂生产的食品、食品添加剂； ④ 超范围、超限量使用食品添加剂的食品； ⑤ 营养成分不符合食品安全标准的专供婴幼儿和其他特定人群的主辅食品； ⑥ 腐败变质、油脂酸败、霉变生虫、污秽不洁、混有异物、掺假掺杂或者感官性状异常的食品、食品添加剂； ⑦ 病死、毒死或者死因不明的禽、畜、兽、水产动物肉类及其制品； ⑧ 未按规定进行检疫或者检疫不合格的肉类，或者未经检验或者检验不合格的肉类制品； ⑨ 被包装材料、容器、运输工具等污染的食品、食品添加剂； ⑩ 标注虚假生产日期、保质期或者超过保质期的食品、食品添加剂； ⑪ 无标签的预包装食品、食品添加剂； ⑫ 国家为防病等特殊需要明令禁止生产经营的食品； ⑬ 其他不符合法律法规或者食品安全标准的食品、食品添加剂、食品相关产品

续表

检查项目	序号	检查内容
7. 食品安全管理制度	7.1	具有食品安全管理制度
	7.2*	对职工开展食品安全知识培训
	7.3	加强食品检验工作
8. 人员管理	8.1	企业主要负责人落实企业食品安全管理制度，对本企业的食品安全工作全面负责
	8.2	配备食品安全管理人员，对其开展培训和考核
	8.3	食品安全管理人员经考核并具备食品安全管理能力
	8.4	食品安全管理人员接受食品安全监管部门监督抽查考核，考核情况公布
	8.5	具有从业人员健康管理制度
	8.6*	从事接触直接入口食品工作的人员应当每年进行健康体检，取得健康证明后方可上岗工作
	8.7*	患有国务院卫生行政部门规定的有碍食品安全疾病的人员，未从事接触直接入口食品的工作
	8.8	未发现法律法规规定的禁止从业行为： ① 被吊销许可证的食品生产经营者及其法定代表人、直接负责的主管人员和其他直接责任人员自处罚决定作出之日起五年内申请食品经营许可，或者从事食品销售管理工作、担任食品销售企业食品安全管理人员； ② 因食品安全犯罪被判处有期徒刑以上刑罚的，从事食品销售管理工作，担任食品销售企业食品安全管理人员
9. 标签、说明书	9.1*	预包装食品包装上有标签。标签标明的内容符合法律法规以及食品安全标准规定的各类事项
	9.2*	食品添加剂有标签、说明书和包装。标签上载明"食品添加剂"字样。提供给消费者直接使用的食品添加剂，标签上还注明"零售"字样。标签、说明书的内容还符合法律法规以及食品安全标准规定的其他事项
	9.3*	进口预包装食品、食品添加剂有中文标签；依法应当有说明书的，还有中文说明书。标签、说明书标示原产国名或地区区名（如香港、澳门、台湾），以及在中国依法登记注册的代理商、进口商或经销者的名称、地址和联系方式，可不标示生产者的名称、地址和联系方式，符合我国法律、行政法规的规定和食品安全国家标准的要求
	9.4	标签、说明书清楚、明显，生产日期、保质期等事项显著标注，容易辨识。转基因食品按照规定显著标示
	9.5*	未发现法律法规规定的禁止行为： ① 标签、说明书有虚假内容，涉及疾病预防、治疗功能； ② 食品和食品添加剂与其标签、说明书的内容不符； ③ 对保健食品之外的其他食品，声称具有保健功能； ④ 进口的预包装食品没有中文标签、中文说明书或者标签、说明书不符合法律法规标准相关规定
10. 温度全程控制	10.1*	具有冷藏冷冻食品全程温度记录制度
	10.2	配备与冷藏冷冻食品品种、数量相适应的冷藏冷冻设施设备
	10.3*	按照标签标示或相关标准的温度、湿度等要求销售、贮存、运输冷藏冷冻食品及其他有温度、湿度等要求的食品

续表

检查项目	序号	检查内容
11. 购销过程控制	11.1*	查验食品供货者的许可证（或备案信息采集表）和食品出厂检验合格证或者其他合格证明。记录和凭证保存期限不得少于产品保质期满后六个月；没有明确保质期的，保存期限不得少于两年
	11.2*	查验食品添加剂供货者的生产许可证和产品合格证明文件，记录所采购食品添加剂的名称、规格、数量、生产日期或者生产批号、保质期、进货日期以及供货者名称、地址、联系方式等内容，并保存相关凭证。记录和凭证保存期限不得少于产品保质期满后六个月；没有明确保质期的，保存期限不得少于两年
	11.3*	具有食品进货查验记录制度
	11.4*	记录所采购食品的名称、规格、数量、生产日期或者生产批号、保质期、进货日期以及供货者名称、地址、联系方式等内容，并保存相关凭证。记录和凭证保存期限不得少于产品保质期满后六个月；没有明确保质期的，保存期限不得少于两年
	11.5*	具有食品销售记录制度
	11.6*	记录食品的名称、规格、数量、生产日期或者生产批号、保质期、销售日期以及购货者名称、地址、联系方式等内容，并保存相关凭证。记录和凭证保存期限不得少于产品保质期满后六个月；没有明确保质期的，保存期限不得少于两年
	11.7	销售的无包装直接入口食品，使用无毒、清洁的包装材料、容器、售货工具和设备，配备有效的防虫、防蝇、防鼠设施
	11.8*	销售的散装食品，在容器、外包装上标明食品的名称、成分或配料表、生产日期或者生产批号、保质期以及生产经营者名称、地址、联系方式等内容
	11.9*	销售的散装食品标注的生产日期与生产者在出厂时标注的生产日期一致
	11.10	包装或分装食品的包装材料和容器无毒、无害、无异味，并符合国家相关法律法规及标准的要求
	11.11*	包装或分装的食品，未更改原有的生产日期，未延长保质期
	11.12	食品与非食品、生食与熟食的盛放容器未混用
	11.13*	普通食品未与特殊食品、药品混放销售
	11.14	临近保质期的食品分类管理，作特别标示或者集中陈列出售
	11.15	在销售场所显著位置设置不向未成年人销售酒的标志
	11.16	未向未成年人销售酒
	11.17*	经营场所食品广告或宣传的内容真实合法。未发现含有虚假内容，未发现涉及疾病预防、治疗功能
	11.18	未发现利用包括会议、讲座、健康咨询在内的任何方式对食品进行虚假宣传；未发现编造、散布虚假食品安全信息
12. 贮存过程控制	12.1	经营场所外设置仓库（包括自有和租赁）的，向发证地市场监管部门报告，副本上载明仓库具体地址。外设仓库地址发生变化的，在变化后10个工作日内向原发证的市场监管部门报告
	12.2	贮存食品的容器、工具和设备安全、无害，保持清洁，防止食品污染，并符合保证食品安全所需的温度、湿度等特殊要求
	12.3*	在散装食品贮存位置标明食品的名称、生产日期或者生产批号、保质期、生产者名称及联系方式等内容

续表

检查项目	序号	检查内容
12. 贮存过程控制	12.4*	按照保证食品安全的要求贮存食品，定期检查库存食品，及时清理变质或者超过保质期的食品
	12.5*	食品与非食品、生食与熟食的贮存容器未混用
	12.6*	未发现食品与有毒、有害物品一同贮存
	12.7*	委托贮存食品的，选择具有合法资质的贮存服务提供者，审核其食品安全保障能力，监督其按照保证食品安全的要求贮存食品。委托非食品生产经营者贮存有温度、湿度等特殊要求食品的，审查其备案情况
	12.8*	接受委托贮存食品的，留存委托方的食品生产经营许可证复印件（或仅销售预包装食品备案信息采集表）。如实记录委托方的名称、统一社会信用代码、地址、联系方式以及委托贮存的冷藏冷冻食品名称、数量、时间等内容。记录和相关凭证的保存期限不得少于贮存结束后两年
13. 运输过程控制	13.1	运输和装卸食品的容器、工具和设备安全、无害、保持清洁，防止食品污染
	13.2*	未发现食品与有毒、有害物品一同运输
	13.3*	委托运输食品的，选择具有合法资质的运输服务提供者，查验其食品安全保障能力，监督其按照保证食品安全的要求运输食品
14. 食品召回	14.1	销售者发现销售的食品不符合食品安全标准或者有证据证明可能危害人体健康后，立即停止经营，通知相关食品生产经营者和消费者，并记录停止经营和通知情况。食品生产者认为需要召回的，配合生产者立即召回。由于食品销售者的原因造成其经营的食品有上述情形的，由食品销售者召回
	14.2	对召回的食品采取无害化处理、销毁等措施，防止其再次流入市场
	14.3	对因标签、标志或者说明书不符合食品安全标准而被召回的食品，食品生产者在采取补救措施且能保证食品安全的情况下可以继续销售；销售时向消费者明示补救措施
	14.4	食品召回和处理情况向所在地县级市场监管部门报告；需要对召回的食品进行无害化处理、销毁的，提前报告时间、地点
15. 委托生产	15.1	委托取得食品生产许可、食品添加剂生产许可的生产者生产，审查其生产资质，留存相关证明文件
	15.2	对委托生产者生产行为进行监督，对委托生产的食品、食品添加剂的安全负责
16. 食品安全事故处置	16.1	具有食品安全事故处置方案
	16.2	定期检查本企业各项食品安全防范措施的落实情况，及时消除事故隐患
17. 其他	17.1*	检查结果对消费者有重要影响的，在经营场所醒目位置张贴或者公开展示监督检查结果记录表，并保持至下次监督检查
	17.2	监督检查结果、市场监管部门约谈经营者情况和经营者整改情况记入食品经营者食品安全信用档案。对存在严重违法失信行为的，按照规定实施联合惩戒
	17.3	检查结果信息形成后20个工作日内向社会公开
18. 食用农产品	18.1	具有食用农产品进货查验记录制度
	18.2	如实记录所采购的食用农产品的名称、数量、进货日期以及供货者名称、地址、联系方式等内容，并保存相关凭证。记录和凭证保存期限不得少于六个月
	18.3*	经营的肉类按规定具有检疫合格证明和肉品品质检验合格证明

续表

检查项目	序号	检查内容
19. 特殊食品	19.1*	销售特殊食品查验并保存供货者的许可资质、产品注册证书或者备案凭证、出厂检验合格证或者产品检验报告、进口产品检验检疫证明或入境货物检验检疫证明等材料。进货和销售记录能满足查验和追溯要求。注册或者备案凭证应与实际商品相符,且在有效期内
	19.2*	特殊食品的标签、说明书应当与注册或备案的内容相一致。保健食品的标签、说明书载明适宜人群、不适宜人群、功效成分或者标志性成分及其含量,不得涉及疾病预防、治疗功能等,并声明"本品不能代替药物"
	19.3*	进口特殊食品应该有中文标签且必须印制在最小销售包装上,不得加贴
	19.4*	特殊食品不得与普通食品、药品混放销售。特殊食品设专柜(或专区)销售,并在专柜(或专区)显著位置设立提示牌,分别标明"保健食品销售专柜(或专区)""特殊医学用途配方食品销售专柜(或专区)""婴幼儿配方乳粉销售专柜(或专区)"字样,提示牌为绿底白字(黑体)
	19.5*	医疗机构和药品零售企业之外的经营者未销售特定全营养配方食品
	19.6	保健食品标签设置警示用语区,标注"保健食品不是药物,不能代替药物治疗疾病"警示用语。保健食品经营者在经营保健食品的场所、网络平台等显要位置标注"保健食品不是药物,不能代替药物治疗疾病"等消费提示信息
	19.7	对距离保质期不足一个月的婴幼儿配方乳粉采取醒目提示或者提前下架等措施
	19.8*	未发现通过健康咨询、宣传资料等任何方式虚假夸大宣传特殊食品
	19.9*	不得宣传声称婴儿配方食品全部或者部分替代母乳
	19.10*	保健食品、特殊医学用途配方食品的广告应经广告审查部门审查批准,取得广告批准文件,并与批准内容相一致
	19.11	不得对0~12个月龄婴儿食用的婴儿配方食品进行广告宣传
	19.12*	网络销售特殊食品的销售主页相关信息应当与产品注册证书或备案凭证、广告审查批准等信息相一致,销售页面刊载内容不得涉及疾病预防、治疗功能等禁止标志内容
	19.13*	网络销售保健食品的页面在显著位置标明"本品不能代替药物"。网络销售特殊医学用途配方食品,销售页面应显著标示"请在医生或者临床营养师指导下使用;不适用于非目标人群使用;本品禁止用于肠外营养支持和静脉注射"等提示用语
	19.14*	特定全营养配方食品不得进行网络交易

注:标* 为重点项。

3.2.3.2 集中交易市场开办者、展销会举办者等行政检查要点

集中交易市场开办者、展销会举办者等行政检查重点内容包括举办前报告、入场食品经营者的资质审查、食品安全管理责任明确、经营环境和条件检查等。对温度、湿度有特殊要求的,承担食品贮存业务的非食品生产经营者的监督检查要点还应当包括贮存业务备案、信息记录和追溯、食品安全要求落实等。集中交易市场开办者、展销会举办者等监督检查要点详见表3-7。

表 3-7　集中交易市场开办者、展销会举办者等行政检查要点表

检查项目	序号	检查内容
1. 集中交易市场开办者、柜台出租者和展销会举办者	1.1	食品集中交易市场开办者、食品展销会举办者在市场开业或者展销会举办前向所在地县级市场监管部门书面报告
	1.2	食品集中交易市场的开办者、柜台出租者和展销会举办者,审查入场食品经营者的许可证(或仅销售预包装食品备案信息采集表),明确其食品安全管理责任
	1.3*	定期对入场食品经营者经营环境和条件进行检查
	1.4	发现入场食品经营者有违反食品安全法规定的行为,及时制止并立即报告所在地县级市场监管部门
	1.5	食用农产品批发市场配备检验设备和检验人员或者委托符合食品安全法规定的食品检验机构,对进入该批发市场销售的食用农产品进行抽样检验
	1.6	食用农产品批发市场开办者发现不符合食品安全标准的食用农产品时,要求销售者立即停止销售,并向市场监管部门报告
2. 网络食品交易第三方平台提供者	2.1	在通信主管部门批准后 30 个工作日内向所在地省级市场监管部门备案并取得备案号
	2.2	具有食品安全相关制度,明确入网食品销售者食品安全管理责任,并在网络平台公开
	2.3*	设置专门的网络食品安全管理机构或者指定专职食品安全管理人员
	2.4*	建立入网食品销售者档案,对入网食品销售者进行实名登记,并对其食品经营许可证或仅销售预包装食品备案信息采集表等材料进行审查
	2.5*	对平台上的食品经营行为及信息进行检查。发现存在食品安全违法行为及时制止,并向所在地县级市场监管部门报告
3. 从事食品贮存业务的非食品生产经营者	3.1	从事冷藏冷冻食品贮存业务的,自取得营业执照之日起 30 个工作日内向所在地县级市场监管部门备案
	3.2*	保证食品贮存条件符合食品安全的要求,加强食品贮存过程管理
	3.3*	留存委托方的食品生产经营许可证复印件(或仅销售预包装食品备案信息采集表)。如实记录委托方的名称、统一社会信用代码、地址、联系方式以及委托贮存的冷藏冷冻食品名称、数量、时间等内容。记录和相关凭证的保存期限不得少于贮存结束后两年
	3.4	场所环境及设施设备等符合相关要求,具体见食品通用检查相关项目

注:标* 为重点项。

3.2.4　餐饮服务环节行政检查

餐饮服务环节重点行政检查内容包括:餐饮服务提供者资质、从业人员健康管理、原料控制、加工制作过程、食品添加剂使用管理、场所和设备设施清洁维护、餐饮具清洗消毒、食品安全事故处置等情况。此外,餐饮服务环节要求强化对学校等集中用餐单位供餐食品安全的监督检查。餐饮服务环节行政检查要点详见表 3-8。

表 3-8 餐饮服务环节行政检查要点表

检查项目	序号	检查内容
1. 餐饮服务提供者资质	1.1*	食品经营许可证合法有效、与经营场所（实体门店）地址一致
	1.2	未超出许可经营项目开展餐饮服务活动
2. 信息公示	2.1	在经营场所的显著位置悬挂或者摆放食品经营许可证正本，或以电子形式公示
	2.2	曾开展过日常监督检查的餐饮服务提供者，按规定在经营场所醒目位置张贴或者公开展示对消费者有重要影响的监督检查结果记录表
	2.3	公示从事接触直接入口食品工作的从业人员的有效健康证明
	2.4	入网餐饮服务提供者在线上经营活动主页面公示餐饮服务提供者名称、地址、食品经营许可证等信息，公示信息真实，及时更新
3. 从业人员健康管理	3.1	制定从业人员健康管理制度
	3.2	餐饮服务企业对各岗位从业人员进行相应的食品安全知识培训，做好培训记录
	3.3*	有每日健康检查（晨检）记录。从事接触直接入口食品工作的从业人员持有有效的健康证明，未患有碍食品安全病症或手部有伤口
	3.4	在岗从业人员保持良好个人卫生，手部清洁，无留长指甲、涂指甲油、饰物外露等情形
	3.5	在岗从业人员穿戴洁净的工作衣帽。专间、专用操作区和其他操作区的从业人员工作服有明显区分
	3.6	专间及专用操作区内的从业人员操作时，佩戴清洁的口罩，口罩遮住口鼻
4. 原料控制（含食品添加剂、食品相关产品）	4.1	随机抽查的餐饮服务提供者的食品、食品添加剂、食品相关产品有进货查验记录和合格证明文件
	4.2	食品贮存区不存在食品与非食品混放情形，未存放有毒有害物质；食品贮存符合分类、分架、离墙、离地、有标识等要求
	4.3*	需冷冻（藏）的食品原料、半成品和成品及时按要求进行冷冻（藏）。冷冻（藏）设施中的食品不存在原料、半成品、成品混放等情形；冷冻（藏）设施设有可正确显示内部温度的测温装置，冷冻（藏）温度符合要求
	4.4*	现场未查见无标签标识、无法说明来源以及其他明令禁止生产经营的物质
	4.5	特定餐饮服务提供者建立供货者评价和退出机制，自行或委托第三方机构定期对供货者食品安全状况进行现场评价
	4.6	在加工间和贮存设施内随机抽查的食品原料感官性状无异常、食品包装和标签标识符合要求。未采购、贮存、使用散装食盐
	4.7	对变质、超过保质期或者回收的食品加以显著标示或者单独存放在有明确标识的场所，及时进行无害化处理、销毁等，并如实记录
	4.8*	食品加工用水水质符合生活饮用水卫生标准。加工制作现榨果蔬汁和食用冰等直接入口食品的用水通过净水设施处理，或使用预包装饮用水、煮沸冷却后的生活饮用水

续表

检查项目	序号	检查内容
5. 加工制作过程	5.1	具有与其加工制作的食品品种、数量相适应的加工场所及设施设备等
	5.2*	原料、半成品、成品及其盛放容器和加工制作工具区分标识明显、分开放置和使用；防止食品交叉污染的措施有效
	5.3*	不存在《食品安全法》等法律法规禁止的行为
	5.4	食品原料洗净后使用。各类水池有明显标识标明用途，分类清洗动物性食品、植物性食品和水产品。未经清洁的禽蛋使用前需清洁外壳
	5.5	盛放调味料的容器保持清洁，加盖存放。煎炸油的色泽、气味、状态无异常，必要时进行检测。油炸类食品、烧烤类食品、火锅类食品、糕点类食品、自制饮品等加工过程符合要求
	5.6*	专间及专用操作区的标识、设施、人员及操作符合要求
	5.7	学校（含托幼机构）食堂、养老机构食堂、医疗机构食堂、建筑工地食堂等集中用餐单位的食堂以及中央厨房、集体用餐配送单位、一次性集体聚餐人数超过100人或为重大活动供餐的餐饮服务提供者，按规定留样
	5.8*	中小学、幼儿园食堂未制售冷荤类食品、生食类食品、裱花蛋糕，未加工制作四季豆、鲜黄花菜、野生蘑菇、发芽土豆等高风险食品，未设置酒类销售点
6. 食品添加剂使用管理	6.1	食品添加剂存放、使用、管理符合要求
	6.2*	未采购、贮存、使用亚硝酸盐等国家禁止在餐饮业使用的品种
7. 备餐、供餐与配送	7.1*	备餐场所、备餐人员个人卫生、盛装食品成品的容器和分派菜肴整理造型的工具、菜肴围边和盘花符合要求。食品存放温度和时间符合要求
	7.2	采取有效措施，防止供餐过程中食品受到污染。学校食堂就餐区或者就餐区附近应当设置供用餐者清洗手部以及餐具、饮具的用水设施
	7.3	具备符合贮存、运输要求的设施设备。食品的传送电梯、配送车辆、存放食品的车厢或配送箱（包）、与食品直接接触的配送容器符合要求。食品配送过程符合要求
	7.4	中央厨房配送过程中，食品的包装或盛放符合要求，包装或盛放容器上标注的信息符合要求
	7.5	集体用餐配送单位配送过程中，食品的盛放容器密闭，食品容器上标注的信息符合要求
	7.6	外卖送餐人员保持个人卫生、配送箱（包）保持清洁。配送箱（包）中，直接入口食品和非直接入口食品、需低温保存的食品和热食品分隔放置，并保证食品温度符合食品安全要求
8. 场所和设备设施清洁维护	8.1	未在餐饮经营场所内饲养、暂养和宰杀畜禽；场所及设施设备布局合理
	8.2	保持餐饮经营场所环境清洁，墙壁、天花板、门窗、地面、排水沟、操作台、食品加工用具等无破损、霉斑、积油、积水、污垢等
	8.3*	冷冻（藏）、保温、陈列、采光、通风、洗手、消毒、三防等设施设备能正常使用。特定餐饮服务提供者具有设施设备维护记录
	8.4*	有害生物防治措施有效，不存在明显的有害生物活动迹象。餐饮服务企业、中央厨房、集体用餐配送单位、学校（含托幼机构）食堂、养老机构食堂、医疗机构食堂有定期除虫灭害记录
	8.5	卫生间设置位置符合要求，能够保持清洁
	8.6	餐厨废弃物的存放及清理符合要求

续表

检查项目	序号	检查内容
9. 餐饮具清洗消毒	9.1	餐用具清洗水池专用，有明显标识，满足清洗需要。使用的洗涤剂符合食品安全国家标准，包装标识齐全
	9.2*	采用物理消毒的，消毒设施（包括一体化洗碗消毒机）运转正常并能满足消毒需要。采用化学消毒的，使用的消毒剂为正规产品，消毒液使用、配制等符合要求
	9.3	保洁设施符合相关要求，保洁设施内存放的餐饮具保持清洁
	9.4*	使用集中清洗消毒餐饮具的，查验、留存集中消毒服务单位的营业执照复印件和消毒合格证明。餐饮具包装无破损、标识符合要求、在使用期限内
	9.5*	未发现使用未经清洗消毒的餐饮具、重复使用一次性餐饮具
10. 食品安全管理	10.1	建立并不断完善健全食品安全管理制度，特定餐饮服务提供者制定加工操作规程。中央厨房、集体用餐配送单位、连锁餐饮企业总部、网络餐饮服务第三方平台提供者设立食品安全管理机构
	10.2	餐饮服务企业、网络餐饮服务第三方平台提供者、学校（含托幼机构）食堂、养老机构食堂、医疗机构食堂配备专职或兼职食品安全管理人员，留存食品安全管理人员任职文件等证明资料
	10.3*	随机对食品安全管理人员抽查考核食品安全知识，结果符合要求
	10.4	餐饮服务企业、网络餐饮服务第三方平台提供者、学校（含托幼机构）食堂、养老机构食堂、医疗机构食堂有食品安全事故处置方案
	10.5*	建立食品安全自查制度，定期对食品安全状况进行检查评价，有食品安全自查记录，自查频次和内容符合相关规定。自查内容真实反映管理现状，及时整改发现的问题
	10.6	中央厨房和集体用餐配送单位自行或委托具有资质的第三方机构定期对大宗食品原料、加工制作环境进行检验检测，有检验检测结果记录
11. 制止餐饮浪费	11.1	主动对消费者进行防止食品浪费提示提醒
	11.2	未发现诱导、误导消费者超量点餐造成明显浪费
	11.3*	未发现经营过程中存在严重浪费

注：标* 为重点项。

3.3 食品安全舆情监测

3.3.1 食品安全舆情监测概况

食品安全涉及公众健康，受到社会高度关注。食品安全舆情热度常常位列各类舆情的前列。城市网络覆盖面广、新媒体高度发达，对于食品安全舆情，公众敏感度高、参与意愿强。做好食品安全舆情监测是早期识别食品安全风险隐患的重要途径，是防止各类食品安全事故发生、降低负面舆情社会影响的重要基础。互联网平台是食品安全舆情的主要来源，包括门户网站、论坛、博客、微博、微信、抖音、快手等。这类媒体信息即时性强、信息量大、传播范围广、互动性强，引发的舆情影响大。传统媒体如广播、电视、报刊等权威性强，但受众的广度和即时性不如现代互联网媒体。

食品安全舆情是指以食品安全为核心议题，在特定的社会空间内，通过不同传播渠道形成的公众态度、意见、情绪和行为的总和。食品安全舆情监测是指对社会公众关注的食品安全相关舆情信息进行持续收集、跟踪、分析和评估的过程。通过对舆情信息来源权威度、信息传播广泛度、网民评论互动度等进行分析，识别食品安全热点和敏感话题，分析公众观点、态度和倾向性，了解舆情所反映的食品安全问题的来源、特征、趋势走向和社会影响等，为政府部门积极妥善应对舆情，回应公众关切，及时发现和防控食品安全隐患提供决策支持。

食品安全舆情监测及应对涉及公共管理学、社会学、心理学、传播学、行政学以及食品学等多学科的交叉，监测与应对的基本策略是：制定预案，分级响应；客观公正，科学合理；快速反应，及时报告；综合判断，灵活处置。面对食品安全突发事件，食品安全管理部门官方媒体应坚持第一时间原则、公开透明原则、第三方原则、坦诚原则、情感原则、口径一致原则和留有余地原则。

3.3.2 食品安全舆情监测方法

3.3.2.1 新媒体监测方法

互联网快速发展背景下的新媒体信息量大，仅依靠人工方法难以对海量的食品安全信息进行收集和处理，随着人工智能的发展，智能化的网络舆情监测分析系统可以通过现代信息技术，高速、自动、精准采集页面，及时对网络舆情进行抓取、汇聚和筛选，对热点话题、敏感话题进行识别和定位，对事态发展进行倾向性和趋势分析，对受众情绪和反应进行感知判断。现代信息技术与专业人员判断相结合，形成舆情监测分析报告。

3.3.2.2 传统媒体监测方法

报刊、广播、电视等传统媒体上的舆情信息具有一定的权威性，民众的认可度也比较高，可以主动对传统媒体上的舆情信息进行监测、汇集、分析等。在可能或已经发生食品安全突发事件时，监管部门应及时开展调查与访谈，关注报刊、广播、电视等媒体，举行各种会议，接受群众信访，广泛收集舆情信息，并进行比较、鉴别、筛选、归纳、分类、总结，拓展舆情分析的深度，从中挖掘有价值的信息。

3.3.2.3 舆情监测与应对的基本流程

一是开展舆情监测，收集舆情信息及利益相关方诉求。二是开展舆情研判，内容包括舆情定性、分析舆情敏感因素、传播特征及趋势、可能存在的炒作或恶意竞争因素等。对筛选出的重点舆情可进行技术分析，提出应对建议，必要时召集相关领域专家进行专题研究。三是拟定有针对性的风险交流口径，并通过适宜的形式、时机和渠道发布信息。四是根据综合风险研判结果，对现实世界中的食品安全风险因素进行控制和管理，视情发布食品安全风险预警和消费提示。五是跟踪舆论反应，适时对应对措施进行调整和修正。

3.3.3 食品安全舆情特征表现

舆情是公众对食品安全事件不同意见的总和，因此对于舆情信息的评价可以分为正面舆情和负面舆情。当前随着互联网技术应用场景的快速发展，网络平台日益多元化，网络舆情也随之呈现爆发式生成，各类舆情信息充斥在社会网络群体中，产生强烈社会影响力。食品安全作为一个公共领域的民生问题，非常容易被全社会关注，食品安全舆情事件时常发生。

食品安全舆情不仅可以反映食品安全传统风险信息，如食源性疾病、食品污染、非法添加等，更为明显的是以食品为载体向外延伸的社会风险，包括公众和社会的情绪焦虑、部分群体的利益诉求受阻、管理政策不透明不公开等，容易引起社会层面群体性的负面影响，进而影响食品产业的发展。专业机构可以立足以下食品安全舆情特点，进行食品安全风险识别和应对。

一是总体上我国食品供应体系呈现出"链长、点多、面广"的特点，食品安全风险来源途径复杂，由此所引发的网络舆情所涉及的主体、环节等多样，关系到的利益群体庞大，具有广泛的社会关注度和影响力。

二是由于食品安全的专业性和复杂性，缺乏专业背景和经验的公众对食品安全风险的掌握情况及理解程度往往与政府部门相关人员、专家学者等不同，多数公众对于媒体上或传言中不真实、不科学的"新闻"往往采取"宁可信其有"的态度，食品安全舆情更偏向于负面舆情，需要专业监测人员对舆情去伪存真，找出真相。

三是食品安全舆情事件发生后，由于其波及面广、正负向意见多元，尤其随着传播力度和广度的增加，负面舆情信息往往占据优势，使普通公众愈加难以分辨。通常，公众更会偏向给予食品安全以负面的评价，产生明显的态度倾向性和问题关联性，影响后续公众阅读食品安全相关信息的态度倾向及购买行为，加剧公众对舆情相关食品甚至行业的抵触和不信任。

3.3.4 食品安全舆情事件应对

3.3.4.1 食品安全舆情等级

根据已发生舆情的关注度、传播情况、影响程度等因素，可将舆情由低到高分为四个等级，分别是一般舆情、敏感舆情、重大舆情和特别重大舆情。一般舆情，指公众关注度相对较低，或传播范围和传播速度有限，可能对人民群众生产生活和市场监管工作造成较小负面影响的舆情。敏感舆情，指有一定的公众关注度，传播范围较广、传播速度较快，可能对人民群众生产生活和市场监管工作造成一定负面影响的舆情。重大舆情，指公众关注度高，传播范围广、传播速度快，可能对人民群众生产生活和市场监管工作造成较大负面影响的舆情。特别重大舆情，指公众关注度极高、迅速波及全社会，涉及特别重大事项或重大突发事件，已对人民群众生产生活和市场监管工作造成严重的负面影响，须立即采取措施予以处置的舆情。

3.3.4.2　舆情应对的总体要求

一是要及时、如实反映事件的进展情况，保持与公众风险交流渠道畅通。在每个交流的关键环节，能及时、坦诚地说明舆情事件中涉及的潜在安全风险及其不确定性，尽可能采用定量及定性相结合的方式，传递舆情事件最新进展，并强调政府部门在识别和防控风险上采取的措施。

二是要通过各类媒体广泛宣传报道，牢牢抓住舆论高地。提前考虑全面利益相关者尤其是公众最希望了解到的信息，设计信息交流时要把最重要的信息放在最首要的位置。组织开展相关的媒体报道会，及时引导媒体舆论，使报道内容客观、合理，用词应为公众容易理解的，以不产生歧义。

三是对于波及范围较广的食品安全舆情事件，要及时发挥食品安全协调机构的作用，做好部门之间的联动合作，在跨部门、跨区域的一系列行动上做到统一、对外口径一致，共同遏制舆情事件带来的二次舆论等社会影响，减少由于食品安全舆情事件所引发的其他社会问题。

3.3.4.3　新媒体背景下的网络谣言应对

近年来，迅猛增长的新媒体平台成为食品安全虚假信息的集中爆发地。在这些新媒体渠道中，关于食品安全的误导性信息展现出若干新的特点：

（1）发布门槛低。任何人只需通过手机简单操作就能轻松转发食品安全相关的虚假信息。

（2）传播范围广。谣言通过新媒体迅速广泛传播，并且随着多次分享，谣言内容变异增多，潜在危害难以估量。

（3）监管执法难。例如，针对微信朋友圈这类半封闭的具有私域性质的社交空间，外界监管力量难以有效介入。

（4）经济影响大。一段在微信、微博上迅速流传的虚假视频，可能会给食品公司或行业带来巨大的经济损失。

显然，新媒体背景下的食品安全网络谣言已对社会秩序构成了严重威胁，对食品安全网络谣言的有效治理刻不容缓。

当前，新媒体平台是食品安全谣言传播的主要渠道，基于新媒体平台开展协同共治是谣言治理的核心。主要应对措施包括以下几个方面：

（1）政府部门应牵头构建食品安全谣言的协同防范、分析预警与全程追踪机制。充分利用新媒体平台的区块链技术、大数据分析技术、人工智能技术等，在谣言潜伏期识别谣言风险，遏制谣言的产生；在谣言爆发期追踪和阻断谣言的传播通道；在谣言的反复期联合新媒体平台共同发布官方权威辟谣信息。

（2）增强公众对政府官方媒体的信任力，利用新媒体的优势，使用多个政府官方新媒体账号和电子政务渠道，加强食品安全政策法规、监管执法、抽检检测信息的日常发布、日常科普推文和紧急辟谣的权威发布，提升公众对食品安全信息的辨别力。

（3）实行连带责任制，在新媒体用户所发布的内容被认定为谣言后，不仅要责令新媒体平台对用户进行内容删除、账号封禁等处罚，同时也要追究新媒体平台审核不严格的责任。

（4）构建新媒体企业信用信息库并进行信用等级划分，将网络风气较差、管理不力、审核不严、产生或参与传播谣言的新媒体平台列入低信用或失信企业名单进行重点监管，必要时采取约谈、下架、整改和处罚等措施。

（5）完善食品安全谣言治理的法律法规体系，健全造谣者、传谣者的责任主体认定和处罚标准，通过严厉处罚净化自媒体舆论环境，减轻公众对食品安全问题的恐慌和不信任感。

 典型案例

"塑料紫菜"舆情及应对

2017年2月16日开始，一段声称紫菜可能是塑料冒充的视频在网上流传。一时间，"紫菜竟然是废旧黑塑料袋做的？"等骇人听闻的字眼在各大微信公众号、朋友圈、微博等平台疯传，引发网友恐慌情绪，负面影响开始显现。

2月21日，作为紫菜生产集中地的福建晋江的紫菜加工行业发表声明称紫菜符合标准，相关信息为谣言；2月27日，在国务院新闻办公室发布会上，时任国家食药监总局局长毕井泉表示，网上盛传"紫菜是用塑料制成的"是谣言。尽管多方辟谣，但这一传言还是不断发酵，2月17日至3月28日，黑龙江、广西、甘肃等地出现多家超市紫菜下架、经销商退货等情况。

经过多方联合辟谣的努力，"塑料紫菜"作为成功打击网络谣言的案例在4月17日的央视《新闻联播》播出。但随着5月25日"棉花肉松"谣言的传播，"塑料紫菜"谣言再次被提及。6月6日，新华社报道公安部门抓获了18名制造、传播"塑料紫菜"谣言以及实施敲诈勒索的违法犯罪人员。11月30日，晋江法院宣判，至此，由该谣言导致的舆情事件告一段落。

根据中国健康传媒集团食品药品舆情监测中心的监测数据，网络媒体和主流媒体的相互作用共同促成了这次舆情发酵，但就推动谣言发展到顶峰的作用而言，以微博、微信为代表的网络媒体还是占据了主要地位。

3.3.4.4 重大食品安全事件的舆情应对

重大食品安全事件通常会导致大范围的舆情波动、社会恐慌等衍生事件，对公众心理、市场秩序和社会稳定产生较大的负面影响。过去发生的日本"雪印牛奶中毒"事件（2000年），美国"疯牛病"事件（2003年），中国"三聚氰胺奶粉"事件（2008年），印度"假酒中毒"事件（2011年），欧洲"马肉风波"事件（2013年）等重大食品安全事件对公众心理造成了巨大冲击，引发了广泛的社会恐慌，也使得公众对政府监管部门产生了强烈的不满。

与普通食品安全舆情相比，重大食品安全舆情具有以下特征：

（1）"燃点"更低。公众对舆情所反映的食品安全问题表现出低容忍甚至零容忍的态度，容易引发公众对食品安全的极度担忧和强烈情绪表达。

（2）传播更快。在新媒体时代，微博、微信、论坛等在传播舆情时相互交织，快速形成舆情浪潮，引发全国性的关注和热议。

（3）影响更久。重大食品安全事件一旦成为舆论焦点，其影响将持久存在，虽然热度会有波动，但整体上不会迅速消退，而成为公众心中挥之不去的担忧。

（4）强否定性。一旦发生重大的食品安全事件，舆论往往倾向于对涉事产品或企业进行严厉批评和全面否定，甚至会拓展到对整个行业的全面否定，其原因包括公众对食品安全的极端敏感性、零容忍态度，以及信息不对称和媒体对事件的放大效应等。

对于重大食品安全事件所导致的舆情、社会恐慌等衍生事件，可以采取以下应对策略：

（1）建立快速响应机制。一是成立应急指挥部，一旦发生重大食品安全事件，立即成立由政府、监管部门、行业主管部门及专家组成的应急团队，负责统一指挥和协调舆情应对工作。二是实时信息搜集，实施24 h信息监控，搜集舆情动态，分析研判公众关注焦点和情绪走向。三是及时公开信息，以"快报事实、慎报原因"为原则，通过新闻发布会、官方网站、社交媒体等多种渠道，及时、透明地发布食品安全事件的调查进展、处理结果和防范措施。

（2）及时进行舆情引导与风险交流。一是主动发声，针对不实信息和不必要的恐慌，政府、相关部门和专业机构应主动发声，用事实和数据说话，稳定公众情绪。二是与主流媒体合作，发布权威信息，引导正确舆论方向，避免谣言和误解的扩散。三是组织专家解读，对食品安全事件进行科学、客观解读，普及相关知识，减少公众的恐慌情绪，指导公众规避风险。

（3）缓解社会恐慌。一是心理干预，针对受影响较大的群体，提供心理咨询服务，帮助其恢复正常生活秩序。二是社区支持，发动社区力量，开展食品安全知识普及活动，增强居民的自助与互助能力。三是保障供应，确保市场食品供应充足，价格稳定，避免因恐慌抢购引发的市场动荡。

（4）加强监管执法。一是依法严厉查处，对食品安全事件中的违法行为依法查处，严惩责任人。二是加强监督执法，食品安全监管部门应加大监督力度，对食品生产、流通、销售等环节进行严格检查。三是完善法规标准，根据事件暴露出的突出问题，及时修订和完善相关法律法规，提高食品安全标准水平。

 典型案例

上海福喜食品事件舆情应对

2014年7月20日晚，上海卫视播放新闻《过期重回锅次品再加工 上海福喜食品向知名快餐企业供应劣质原料》，曝光了上海福喜食品有限公司通过使用过期食品回锅重做、更改保质期标印等手段加工过期劣质肉类，再将生产的肉制品销售给肯德基、麦当劳等大部分快餐连锁企业。福喜客户有近150家，包括肯德基、麦当劳、德克士、必胜客等知名快餐连锁企业，覆盖北京、上海、广东、浙江、福建等20多地。上海市食药监局连夜出击跟进调查，要求上海肯德基、麦当劳的问题产品全部下架。

7月21日，上海市食药监局继20日晚在其官方微博（@上海食药监）发布信息，表示已对相关企业进行查处后，又发布通告称上海福喜食品已被查封，监管部门责令下游企业立即封存相关食品原料。同日，国家食药监总局发文表示，部署各地彻查上海福喜食品有限公司问题食品，并要求各地食药监管部门对上海福喜的投资方欧喜投资（中国）有限公司在河北、山东、河南、广东、云南等地投资设立的所有食品生产企业立即开展全面彻查。

上海市食药监局和市公安局等部门随即成立了"720"联合办案指挥部，初步调查表明，上海福喜食品公司涉嫌存在利用回收食品生产经营食品、篡改生产日期和保质期等违法行为。麦当劳、汉堡王、百胜集团等相继宣布停止与福喜中国、福喜全球的合作。8月3日，上海福喜6名涉案人员被刑拘。8月29日，上海检方宣布，上海福喜6名高管因涉嫌生产、销售伪劣产品罪被批准逮捕。

在这次事件中，政府监管部门以很高的效率和透明度赢得了舆论支持。首先，在7月20日媒体曝光后1h，上海市食药监局负责人即带队到达现场，初期进厂受阻，反而暴露了涉事企业做贼心虚，使监管部门获得了更大的舆论支持。20日晚事件曝光后，上海市食药监局于一周内连续发布6篇新闻通稿，联合公安等部门，采取查封、约谈、下架相关产品、刑拘相关负责人多种举措，并及时通报事件最新进展和处置结果。26日上午，上海市食药监局举行新闻发布会，公布上海市食药监局、公安局查处福喜事件的最新进展，确认了媒体报道的真实性。其次，官方微博快速果断，第一时间回应媒体曝光问题。7月20日晚22:38，在媒体曝光福喜问题肉事件后的4h内，上海市食药监局官方微博（@上海食药监）发布首条微博，表示已"会同公安部门连夜查处上海卫视曝光的上海福喜有限公司涉嫌用过期原料生产加工食品"。此外，上海市食药监局还通过上海市新闻办公室的官方微博（@上海发布）公布事件最新进展。再次，高层重视，部署彻查，主动反思政府监管责任。7月21日晚，@上海发布微博表示，市委、市政府对福喜食品事件高度重视，批示要求食药监等部门共同彻查，查处情况必须及时向社会公布。在7月22日市政府例行新闻发布会上，新闻发言人就福喜食品事件表示，公安部门已介入调查，上海市食药监局已对22家下游企业紧急约谈。7月23日，上海市食药监局接受《21世纪经济报道》专访，表示在调查此事件的同时，将认真反思政府监管责任。7月26日，上海市政府主持召开专题会议，听取有关事件查处情况汇报，指出"在上海，不管什么企业，只要违法，都必须依法严惩"。与此同时，全国其他各地方局积极配合，口径一致，发布各地对事件的处置情况，回应媒体和公众对福喜问题食品流向的关注，取得了良好的舆情应对和引导效果。

3.4 食品安全投诉举报

3.4.1 食品安全投诉举报概况

3.4.1.1 基本概念

《食品安全法》规定，县级以上人民政府的食品安全监督管理等部门应当公布本部门的电子邮件地址或者电话，接受咨询、投诉、举报。接到的咨询、投诉、举报，对属于本部门职责的,应当受理并在法定期限内及时答复、核实、处理。对查证属实的举报,给予举报人奖励。2019 年 11 月,为更好落实法律法规对投诉举报的规定,《市场监督管理投诉举报处理暂行办法》(国家市场监督管理总局令第 20 号)发布,对投诉举报的定义、具体管辖、处理原则,举报电话等举报途径,处理时限,线索提供,委托检验鉴定,奖励,保密条款等进行了详细的规定。

投诉是指消费者为生活消费需要购买、使用商品或者接受服务,与经营者发生消费者权益争议,请求市场监管部门解决该争议的行为,通俗地说就是消费者要求市场监管部门解决修理、更换、退货、退款、赔偿损失等自身的民事诉求。举报则是自然人、法人或者其他组织向市场监管部门反映经营者涉嫌违反市场监管法律法规、规章线索的行为,即任何人都可以要求市场监管部门查处违法行为。

食品安全投诉举报是消费者维护自身权益的有效途径,也是食品监管部门获取违法线索、打击食品违法犯罪、规范市场经营者合法经营的基本渠道。随着群众食品安全意识和维权意识增强,食品投诉举报逐渐增加,已经成为社会共治的重要组成部分。特别是城市居民维权意识强,投诉举报信息量大,通过对投诉举报平台大数据动态监测分析,有利于进一步实现基于群众诉求的风险隐患发现,提升食品安全动态监管、精准监管和有效监管水平。

3.4.1.2 基本原则

市场监管部门处理投诉举报应当遵循公正、高效的原则,做到依据正确、程序合法。按照规定的程序对公民、法人或其他组织的投诉举报事项进行受理、调解、核查、告知等,对投诉举报信息进行统计、分析、应用,定期公布投诉举报统计分析报告,依法公示消费投诉信息。

在投诉举报的处置方面,投诉对应行政调解程序,举报对应行政执法程序。当然,公众可以同时主张民事诉求和查处违法行为,投诉材料客观上也可能包含违法线索,市场监管部门应按照法定程序区分处理,全面履行市场监管和消费维权职能,既不能仅仅解决消费者民事诉求而免除经营者行政责任,也不能仅仅查处经营者违法行为而免除其民事责任。鼓励建立应用第三方监督机制,包括公众社会监督和媒体舆论监督机制、在线消费纠纷解决机制、第三方争议解决机制等方式与经营者协商解决消费者权益争议,促使消费争议源头化解。

3.4.2 食品安全投诉处理程序

3.4.2.1 投诉要件

消费者通过市场监管部门公布的接收投诉举报的电话、传真、互联网址、邮寄地址、窗口等渠道进行投诉。投诉需要提供投诉人和被投诉人的基本信息，具体的投诉请求以及消费者权益争议事实。消费者也可委托他人代为投诉。

3.4.2.2 投诉管辖

投诉对应行政调解程序，从便于掌握实际情况、组织双方调解、尊重消费者意愿等因素出发，投诉由被投诉人实际经营地或者住所地县级市场监管部门处理。对电子商务平台经营者以及通过自建网站、其他网络服务销售商品或者提供服务的电子商务经营者的投诉，由其住所地县级市场监管部门处理。对平台内经营者的投诉，由其实际经营地或者平台经营者住所地县级市场监管部门处理。

对同一投诉，两个以上市场监管部门均有权处理的，由先收到投诉的市场监管部门处理。上级市场监管部门认为有必要的，可以处理下级市场监管部门收到的投诉。下级市场监管部门认为需要由上级市场监管部门处理本行政机关收到的投诉的，可以报请上级市场监管部门决定。

3.4.2.3 投诉受理

具有处理权限的市场监管部门，应当自收到投诉之日起七个工作日内作出受理或者不予受理的决定，并告知投诉人。对于投诉事项不属于市场监管部门职责，不是为生活消费需要购买、使用商品或者接受服务，或者不能证明与被投诉人之间存在消费者权益争议的、超过法定投诉时限的、不按规定提供相关材料的等情形，市场监管部门不予受理。

3.4.2.4 调解处置

市场监管部门经投诉人和被投诉人同意，采用调解的方式处理投诉。鼓励投诉人和被投诉人平等协商，自行和解。可以委托消费者协会或者依法成立的其他调解组织等单位代为调解。需要进行检定、检验、检测、鉴定的，由投诉人和被投诉人协商一致，共同委托具备相应条件的技术机构承担。

市场监管部门在调解中发现涉嫌违反市场监管法律法规、规章线索的，应当予以核查并依法予以处理，对消费者权益争议的调解不免除经营者依法应当承担的其他法律责任。

3.4.3 食品安全举报处理程序

3.4.3.1 举报要件

举报人应当提供涉嫌违反市场监管法律法规、规章的具体线索，对举报内容的真实性负责。举报人采取非书面方式进行举报的，市场监管部门工作人员应当进行记录。鼓励经营者内部人员依法举报经营者涉嫌违反市场监管法律法规、规章的行为。

3.4.3.2 举报管辖

举报由被举报行为发生地的县级以上市场监管部门处理。 对电子商务平台经营者和通过自建网站、其他网络服务销售商品或者提供服务的电子商务经营者的举报，由其住所地县级以上市场监管部门处理。 对平台内经营者的举报，由其实际经营地县级以上市场监管部门处理。 电子商务平台经营者住所地县级以上市场监管部门先行收到举报的，也可以予以处理。

对利用广播、电影、电视、报纸、期刊、互联网等大众传播媒介发布违法广告的举报，由广告发布者所在地市场监管部门处理。 广告发布者所在地市场监管部门处理对异地广告主、广告经营者的举报有困难的，可以将对广告主、广告经营者的举报移送广告主、广告经营者所在地市场监管部门处理。 对互联网广告的举报，广告主所在地、广告经营者所在地市场监管部门先行收到举报的，也可以予以处理。

3.4.3.3 处理和告知

市场监管部门应当按照市场监管行政处罚等有关规定处理举报。 经核查，符合立案条件的，应当予以立案。 举报人实名举报的，有处理权限的市场监管部门还应当自作出是否立案决定之日起五个工作日内告知举报人。 对符合举报奖励条件的，应当予以奖励。 市场监管部门应当对举报人的信息予以保密。

3.4.4 食品安全投诉举报信息分析

3.4.4.1 分析统计

市场监管部门应当加强对本行政区域投诉举报信息的统计、分析、应用，定期公布投诉举报统计分析报告，依法公示消费投诉信息。

3.4.4.2 数据标准

市场监管部门应当畅通全国12315平台、12315专用电话等投诉举报接收渠道，实行统一的投诉举报数据标准和用户规则，实现全国投诉举报信息一体化。

3.4.4.3 数据安全

对投诉举报处理工作中获悉的国家秘密以及公开后可能危及国家安全、公共安全、经济安全、社会稳定的信息，市场监管部门应当严格保密。 其中，涉及商业秘密、个人隐私等信息，确需公开的，依照《中华人民共和国政府信息公开条例》等有关规定执行。

3.4.5 食品安全举报奖励制度

3.4.5.1 举报奖励背景

各级市场监管部门对自然人、法人和非法人组织以信函、传真、走访、网络、电话、电子邮件等方式，举报属于其监管职责范围内的食品（含食品添加剂）在生产经营过程中违法犯罪行为或者违法犯罪线索，经行政机关查证属实并立案查处后，根据举报人的申请，予以相应物质奖励及精神奖励。

近年来，各地纷纷开始建立食品违法行为举报奖励制度，引导并鼓励群众参与食品违法行为举报，这对于及时发现、控制和消除食品安全风险隐患，打击食品违法犯罪行为，构造食品安全社会共治格局发挥了较为明显的作用和制度效果。上海市人民政府于2020年9月印发修订后的《上海市食品安全举报奖励办法》，对举报奖励工作职责、奖励情形和标准、举报奖励的实施、奖励发放和监管等作出了明确的规定。

3.4.5.2 举报奖励情形

根据《上海市食品安全举报奖励办法》，凡举报表3-9中所列的食品安全违法行为，并经核实的，属于奖励范围。

表3-9 属于奖励范围的食品安全违法行为举报情形

序号	类别	违法行为
1	未经许可类	（1）未经获准定点屠宰而进行生猪及其他畜禽私屠滥宰的
		（2）未经许可从事食品、食品添加剂生产经营活动或者食品相关产品生产活动的
2	食品产品不符合食品安全标准类	（3）在食用农产品种植、养殖、收获、捕捞、加工、收购、运输过程中，使用违禁药物或者其他可能危害人体健康的物质的
		（4）生产经营用非食品原料生产加工的食品或者添加食品添加剂以外的化学物质和其他可能危害人体健康的物质生产的食品，或者用回收食品作为原料生产加工的食品的
		（5）生产经营营养成分不符合食品安全标准的专供婴幼儿和其他特定人群的主辅食品的
		（6）经营病死、毒死或者死因不明的禽、畜、兽、水产动物肉类，或者生产经营病死、毒死或者死因不明的禽、畜、兽、水产动物肉类制品的
		（7）经营未按照规定进行检疫或者检疫不合格的肉类，或者生产经营未经检验或者检验不合格的肉类制品的
		（8）生产经营国家和本市为防病和控制重大食品安全风险等特殊需要明令禁止生产经营的食品的
		（9）生产经营添加药品的食品的
		（10）生产经营致病性微生物，农药残留、兽药残留、生物毒素、重金属等污染物质以及其他危害人体健康的物质含量超过食品安全标准限量的食品、食品添加剂、食品相关产品的
		（11）使用超过保质期的食品原料、食品添加剂生产食品、食品添加剂或者经营上述食品、食品添加剂的
		（12）生产经营超范围、超限量使用食品添加剂的食品的
		（13）生产经营腐败变质、油脂酸败、霉变生虫、污秽不洁、混有异物、掺假掺杂或者感官性状异常的食品、食品添加剂的
		（14）生产经营以有毒有害动植物为原料的食品的

续表

序号	类别	违法行为
3	生产经营行为违反法律法规规定类	（15）生产经营未按照规定注册的保健食品、特殊医学用途配方食品、婴幼儿配方乳粉，或者未按注册的产品配方、生产工艺等技术要求组织生产的
		（16）以分装方式生产婴幼儿配方乳粉，或者同一企业以同一配方生产不同品牌的婴幼儿配方乳粉的
		（17）利用新的食品原料生产食品或者生产食品添加剂新品种，未通过安全性评估的
		（18）生产经营被包装材料、容器、运输工具等污染的食品、食品添加剂的
		（19）生产经营无标签的预包装食品、食品添加剂的
		（20）生产经营未按照规定显著标示的转基因食品的
		（21）食品生产经营者采购或者使用不符合食品安全标准的食品原料、食品添加剂的
		（22）食品、食品添加剂生产者未按照规定对采购的食品原料和生产的食品、食品添加剂进行检验的
		（23）学校、托幼机构、养老机构、建筑工地等集中用餐单位未按照规定履行食品安全管理责任的
		（24）提供虚假材料，进口不符合我国食品安全国家标准的食品、食品添加剂、食品相关产品的
		（25）集中交易市场的开办者、柜台出租者、展销会的举办者允许未依法取得许可的食品经营者进入市场销售食品，或者食用农产品批发市场未履行检验义务或发现不符合食品安全标准后未履行相关义务的
		（26）违法违规产生、收集、收运、加工、销售餐厨废弃物、废弃油脂，或者将餐厨废弃物、废弃油脂加工后作为食用油使用、销售的
		（27）假冒他人注册商标生产经营食品，伪造食品产地或者冒用他人厂名、厂址，伪造或者冒用食品生产许可标志或者其他产品标志生产经营食品的
		（28）生产食品相关产品新品种，未通过安全性评估，或者生产不符合食品安全标准的食品相关产品的
		（29）食品相关产品生产者未按照规定对生产的食品相关产品进行检验的
		（30）生产经营标注虚假生产日期、保质期或者超过保质期的食品、食品添加剂的
4	网络食品	（31）网络食品交易第三方平台提供者未对入网食品经营者进行实名登记、审查许可证，或者未履行报告、停止提供网络交易平台服务等义务的
5	广告	（32）广告中对食品作virtual虚假宣传，欺骗消费者，或者发布未取得批准文件、广告内容与批准文件不一致的保健食品广告的
6	其他	（33）其他具有严重社会危害性或造成重大影响的食品安全违法犯罪行为，举报经食品安全监管部门认定需要予以奖励的情形

3.4.5.3 举报奖励等级及标准

根据举报证据与违法事实查证结果分为三个奖励等级。食品安全监管部门按照举报案件罚没款金额，同时综合考虑涉案货值金额、奖励等级、社会影响程度等因素计算奖励金额，每起案件的举报奖励金额原则上不超过50万元。其中，对于举报符合表3-9中违法行为第（2）项至第（9）项的、举报未取得食品（食品添加剂）生产许可制售有毒有害或假冒伪劣食品的、举报其他涉及重大食品安全事件的，以及举报人举报所在企业食品安全重大违法犯罪行为的，可以按照相应幅度给予额外奖励。

 典型案例

食品安全投诉举报数据挖掘分析

投诉举报是发现食品安全风险隐患的重要线索来源和群众反映食品消费诉求的重要途径，与群众食品安全的安全感和满意度密切相关。上海市市场监督管理局高度重视食品安全投诉举报数据在风险识别上的作用，充分利用12315平台汇聚的10万多条各类投诉举报数据进行深度挖掘，采用大语言模型进行智能语义识别，结合人工评估和纠正的方法对历史数据进行了清理筛选和分类汇总，主动发现投诉举报在数量、类型、场所等方面变化背后的食品安全风险特征，为食品安全精准监管、靶向监管提供了技术支撑。具体发现的部分风险特征如下：

一是每年第一季度投诉举报数量最少，第三季度投诉举报数量最多，投诉举报情形多为食品腐败变质，这可能与上海市第三季度处于夏季，气温较高、湿度较大，致病微生物容易滋生而导致食品腐败变质有关。另外，夏季群众食品消费量上升，餐饮外卖频率增加也是导致投诉举报量上升的因素。

二是投诉举报情形经归类统计共计27种，占比居前五的情形分别为腐败变质、存在异物、存在病媒生物、环境卫生不佳及食品过期。其中，流通环节投诉举报居前三的情形分别为腐败变质、食品过期和存在病媒生物。餐饮环节居前三的情形分别为存在异物、环境卫生不佳和存在病媒生物。生产环节居前三的情形分别为腐败变质、存在异物和虚假宣传。群众投诉举报涉及的食品种类分为34大类，占比居前五的食品类别及相应问题分别为餐饮食品中存在异物、肉制品的腐败变质、糕点的腐败变质、食用农产品的腐败变质及乳制品的过保质期等。

3.5 企业食品安全自查

3.5.1 企业食品安全自查概况

《食品安全法》第四十七条规定，食品生产经营者应当建立食品安全自查制度，定期对食品安全状况进行检查评价。《中华人民共和国食品安全法实施条例》（以下简称《食品安全法实施条例》）第十九条规定，食品生产经营企业的主要负责人对本企业的食品安全工作全面负责，建立并落实本企业的食品安全责任制，加强供货者管理、进货查验和出厂检验、生产经营过程控制、食品安全自查等工作。

3.5.2 企业食品安全自查制度

根据《企业落实食品安全主体责任监督管理规定》，食品生产经营企业应当建立健全食品安全管理制度，落实食品安全责任制，依法配备与企业规模、食品类别、风险等级、管理水平、安全状况等相适应的食品安全总监、食品安全员等食品安全管理人员，明确企业主要负责人、食品安全总监、食品安全员等的岗位职责。其中，企业主要负责人对本企业食品安全工作全面负责，建立并落实食品安全主体责任的长效机制。食品安全总监是对食品安全负有直接管理责任的人员，直接对企业主要负责人负责，协助主要负责人做好食品安全管理工作。食品安全员从事食品安全管理具体工作，对本企业食品安全总监或企业主要负责人负责食品生产经营企业应当建立基于食品安全风险防控的动态管理机制，结合企业实际，落实自查要求，制定食品安全风险管控清单，建立健全日管控、周排查、月调度工作制度（图3-1）。其中，日管控制度是指食品安全员每日根据风险管控清单进行检查，形成"每日食品安全检查记录"，对发现的食品安全风险隐患，应当立即采取防范措施，按照程序及时上报食品安全总监或者企业主要负责人。周排查制度是指食品安全总监或者食品安全员每周至少组织1次风险隐患排查，分析研判食品安全管理情况，研究解决日管控中发现的问题，形

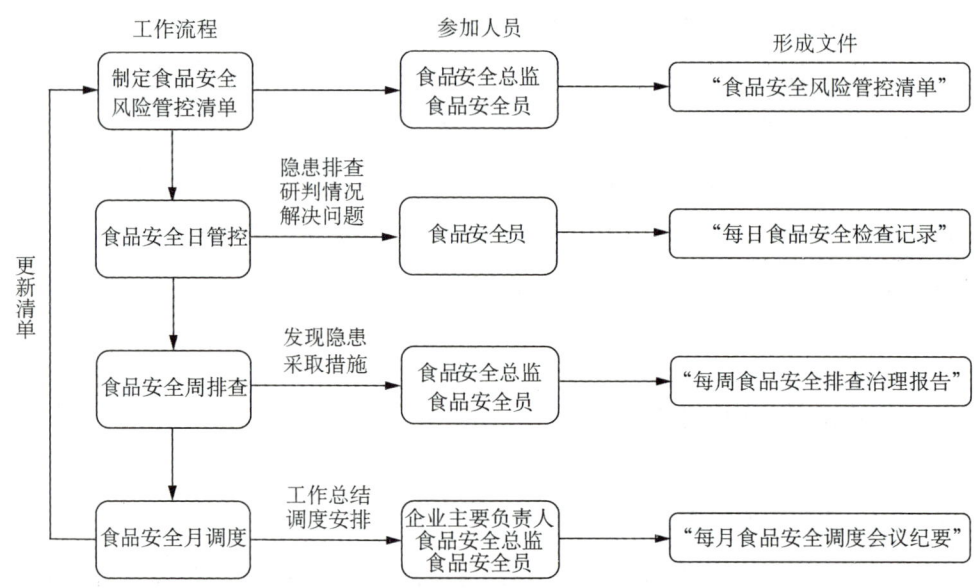

图3-1 食品安全日管控、周排查、月调度工作程序示例

成"每周食品安全排查治理报告"。月调度制度是指企业主要负责人每月至少听取1次食品安全总监管理工作情况汇报,对当月食品安全日常管理、风险隐患排查治理等情况进行工作总结,对下个月重点工作作出调度安排,形成"每月食品安全调度会议纪要"。

3.5.3 企业食品安全自查方法

食品生产经营企业应当建立食品安全自查制度,内容包括自查组织机构和人员、自查频次、自查内容、自查程序、结果评价、整改要求、记录和报告等。食品生产经营企业可自行开展食品安全自查工作,也可委托第三方审查评价机构进行自查,食品生产经营企业对自查和报告的结果负责。

企业自查包括常规自查和专项自查。其中,常规自查是指食品生产经营企业对其生产过程中执行法律法规、标准规范及管理制度等情况定期开展的全面性检查;专项自查是指食品生产经营企业获知食品安全风险信息后,对相关食品安全风险隐患有针对性地开展的专门性检查。鼓励食品生产经营企业主动向社会公示食品安全自查结果,公布食品安全状况,接受社会监督。

3.5.4 企业食品安全自查内容

食品安全检查可以从以下几个方面进行:①食品安全管理制度的建立落实情况,检查本企业的制度是否健全、完善,销售过程中每个环节是否按照要求进行操作;②设施、设备是否处于正常、安全的运行状态,食品贮存和运输是否符合要求;③从业人员是否具备相应的食品安全知识,在工作中是否遵守个人卫生操作制度;④食品进货查证验收、销售和现制现售过程相关记录是否完备;⑤销售和现制现售食品的标签是否符合规定;⑥检查从业人员在工作中是否严格遵守操作规范和食品安全管理制度;⑦是否存在、及时排除和报告相关食品安全隐患或者事故;⑧发现问题食品是否及时召回并妥善处理;⑨其他有关食品安全事项。

企业自查发现存在食品安全问题的,可以处理的应当立即采取措施进行处理,如发现安全隐患的,应当立即采取措施加以排除。对于不能当场处理的安全问题,如设施、设备不合格,经营条件发生变化等情况,影响到食品安全的,销售者应当立即采取整改措施。有发生食品安全事故潜在危险的,应当立即停止生产经营,并将这一情况向企业所在地的食品安全监管部门报告。

参考文献

［1］孟建，裴增雨.网络舆情的收集研判与有效沟通［M］.北京：五洲传播出版社，2013.
［2］陈华明.网络舆情治理理论与实务［M］.北京：中国社会科学出版社，2023.
［3］曾胜泉，文远竹，鲁钇山.网络舆情学［M］.广州：广东人民出版社，2021.
［4］汪剑，彭俏.新媒体环境下食品安全网络谣言治理［J］.食品与机械，2021，37（12）：67-70.
［5］郝芳樱，雷玲.浅析治理食品安全类谣言的对策：以"塑料紫菜"为例［J］.新闻研究导刊，2018，9（9）：79-80.

第 4 章
食品安全风险评估

4.1 食品安全风险评估概述

4.1.1 食品安全风险评估概念及发展

食品安全风险评估是根据食品安全风险监测和监督管理信息、科学数据以及其他有关信息，遵循科学、透明和个案处理的原则，运用科学方法，对食品、食品添加剂、食品相关产品中的生物性、化学性和物理性危害对人体健康造成不良影响的可能性及其程度进行定性或定量估计的过程，包括危害识别、危害特征描述、暴露评估和风险特征描述四个步骤。风险评估是解决国际食品贸易争端、制定食品安全标准、完善食品安全管控措施的必要技术手段，也为应对食品安全突发事件、预防食源性疾病、保障消费者健康提供科学依据。风险评估同风险管理和风险交流共同组成的食品安全风险分析框架及其工作原则，已经成为全球食品安全科学治理的共识。

尽管中国开展食品安全风险评估相关工作起步较晚，但近年来已经取得了显著的进展和成就。自 1959 年起，我国组织开展了 7 次全国性的居民营养健康状况调查，这些调查研究为及时了解居民膳食结构及健康状况、营养素摄入量，制定相关政策、引导农业及食品产业发展，指导居民建立健康生活方式等提供科学依据。自 20 世纪 70 年代起，我国牵头完成了食品中铅、镉、砷、汞、黄曲霉毒素 B_1 等污染物的流行病学及污染状况调查。20 世纪 80 年代，我国在开展风险评估的基础上制定了一些食品卫生标准，如食品中镉限量标准、铅限量标准等。近年来在我国发生了一些食品安全突发事件。如在 2008 年三鹿婴幼儿奶粉事件中，我国及时组织开展了三聚氰胺应急风险评估，制定乳与乳制品中三聚氰胺临时管理限量值，为政府及时掌握乳制品三聚氰胺的健康风险、开展应急处置提供了科学依据。在 2005 年辣椒酱污染苏丹红、油炸食品检出丙烯酰胺等事件中，也科学开展了苏丹红和丙烯酰胺的风险评估，并在风险评估基础上开展风险交流，积极引导消费者、媒体正确认识食品安全问题。2009 年 2 月公布的《食品安全法》规定，国家建立食品安全风险评估制度，首次在法律层面引入风险分析理念，推动了中国系统性建设食品安全风险评估体系。2009 年年底，我国成立首届国家食品安全风险评估专家委员会，承担国家食品安全风险评估工作。2010 年 1 月，原卫生部会同相关部门制定《食品安全风险评估管理规定》(试行)，进一步规范了我国食品安全风险评估工作，有效发挥风险评估对风险管理和风险交流的支持作用。2011 年 10 月，国家食品安全风险评估中心成立，填补了中国长期以来缺乏食品安全风险评估专业技术机构的空白。

4.1.2　食品安全风险评估组织机构

在食用农产品方面，国务院农业行政主管部门设立了由有关方面专家组成的农产品质量安全风险评估专家委员会，对可能影响农产品质量安全的潜在危害进行风险分析和评估。国务院卫生健康、市场监督管理等部门发现需要对农产品进行质量安全风险评估的，应当向国务院农业农村主管部门提出风险评估建议。农产品质量安全风险评估专家委员会由农业、食品、营养、生物、环境、医学、化工等领域的专家组成。国家农产品质量安全风险评估体系是以国家农产品质量安全风险评估机构为主导，以农业农村部专业性和区域性农产品质量安全风险评估实验室为主体，以各主产区农产品质量安全风险评估实验站和农产品生产基地质量安全风险评估国家观测点为基础，重点围绕蔬菜、水果、畜禽肉、鲜蛋、水产品等农产品，从农田到餐桌的每个环节进行跟踪调查、查找问题，针对隐患大、问题多的农产品及时开展质量安全风险评估。

在食品、食品添加剂和食品相关产品方面，国务院卫生行政部门负责组织开展食品安全风险评估工作，2020 年 1 月，按照多学科组成、代表性和独立评估等原则，成立由医学、农业、食品、营养、生物、环境等领域的 120 名专家组成的第二届国家食品安全风险评估专家委员会，下设顾问委员会和 4 个专业委员会，即化学危害分委会、生物危害分委会、产品安全分委会和风险监测分委会。国家食品安全风险评估专家委员会依照《食品安全法》及其实施条例、风险评估制度以及评估委员会章程开展工作。国家食品安全风险评估中心承担国家食品安全风险评估专家委员会秘书处工作，负责拟定风险评估计划和规划草案，研究建立并完善风险评估技术和方法，收集国家食品安全风险评估科学信息数据,构建和管理信息数据库,对相关风险评估技术机构进行指导培训和技术支持。省级卫生健康行政部门依照法律要求和部门职责规定,负责组建管理本级食品安全风险评估专家委员会,制定委员会章程,完善风险评估工作制度,统筹风险评估能力建设,组织实施辖区食品安全风险评估工作。

4.1.3　食品安全风险评估基础建设

自《食品安全法》实施以来,我国逐步完善了食品安全风险评估配套管理制度和技术规范,陆续发布了《食品安全风险评估工作指南》《食品安全风险评估技术指南》《食品安全应急风险评估指南》等10余项风险评估技术规范,为全国开展食品安全风险评估工作提供了科学指导。在食品安全风险评估工作中形成了一套风险评估建议收集、项目确定与实施、报告审议与发布的工作程序,使我国食品安全风险评估在立项时更有针对性,保证风险评估工作的规范实施和科学产出。近年来,我国持续开展风险评估技术研发与基础数据库构建工作,研发了毒性效应"分子指纹"、高通量检测技术等风险评估相关技术,构建了长期食物消费量模型和高端暴露膳食模型等。

科学、充分的食品安全风险监测数据是开展风险评估的基础。自2010年起,原卫生部在全国31个省份和新疆生产建设兵团全面启动风险监测工作,到2019年底已覆盖全国99%的区县级行政区域,监测食品种类从最初的15大类发展到2019年的30大类,既涵盖粮食、蔬菜、水果、肉及肉制品、水产及其制品、乳及乳制品等大宗食品,也包括坚果、食用菌等消费量少的食品,还包括食品添加剂和食品接触材料。监测指标从最初的150项增加到2019年的1011项,基本涵盖了当前食品中健康风险较大的指标。截至2020年,共收集食品污染数据达2400万条。

食物消费量调查是开展食品安全风险评估的又一基础。原国家卫计委从2014年开始,在全国21个省份设置48个调查点,调查包括油、盐、糖在内的24种食物的消费情况。到2020年,开展食品安全风险评估所需的食物消费量数据库已初步建立。在此之前,从1990年起,我国就开始组织开展中国总膳食研究。总膳食调查是国际公认的最经济、有效、可靠的方法,用以评估某个国家和地区不同人群膳食中化学危害物暴露量和营养素摄入量,以及相应的健康风险。至今为止,我国已经完成6次总膳食调查,为开展风险评估提供了翔实的数据。

除此之外,国家食品安全风险评估中心已建立包括1600多种食品中有毒有害物质的毒理学基础数据库,相关数据包括代谢、急性毒性、遗传毒性、生殖发育毒性、亚慢性毒性、慢性毒性、致癌性,以及人群资料、健康指导值等毒理学资料和国内外管理法规等，该数据库已经向相关领域专业工作者开放使用。

4.1.4　食品安全风险评估法定情形

《食品安全法》对于启动风险评估的情形进行了规定。具体包括：通过食品安全风险监测或者接到举报发现食品、食品添加剂、食品相关产品可能存在安全隐患的；为制定或者修订食品安全国家标准提供科学依据需要进行风险评估的；为确定监督管理的重点领域、重点品种需要进行风险评估的；发现新的可能危害食品安全因素的；需要判断某一因素是否构成食品安全隐患的等。

并非所有的食品安全问题都需要通过预先开展风险评估来解决，按照法律规定，下列情形不列入风险评估计划：违法添加或其他违反食品安全法律法规的行为导致食品安全隐患的；通过检验和产品安全性评估可以得出结论的；国际权威组织有明确资料对风险进行了科学描述且适于我国膳食暴露模式的；现有数据信息尚无法满足评估基本需求的等。如对于生猪养殖阶段非法添加"瘦肉精"，则无需开展风险评估，可以依法给予刑事打击。

开展风险评估需要充分的信息作为支撑。因此，食品安全监管部门向风险评估管理部门提出风险评估建议时，需提供下列信息资料：开展风险评估的目的和必要性；风险的可能来源和性质（包括危害因素名称、可能的污染环节、涉及食品种类、食用人群、风险涉及的地域范围等）；相关检验数据、管理措施和结论等信息；其他有关信息和资料（包括信息来源、获得时间、核实情况等）。实践上，食品监管部门在提出风险评估建议时，往往缺少相应的信息资料，这需要在具体评估事项中通过多方协作来共同解决。

4.1.5　食品安全风险评估结果应用

食品安全风险评估结果是制定、修订食品安全标准和实施食品安全监督管理的科学依据。风险评估结果公布后，风险评估专家委员会、承担风险评估项目的技术机构等应及时对风险评估结果进行解释和风险交流。经食品安全风险评估，得出食品、食品添加剂、食品相关产品不安全结论的，食品安全监督管理等部门应当依据各自职责立即向社会公告，告知消费者停止食用或者使用，并采取相应措施，确保该食品、食品添加剂、食品相关产品停止生产经营；需要制定、修订相关食品安全国家标准的，国务院卫生行政部门应当会同国务院食品安全监督管理部门立即进行制定、修订。

4.2 食品安全风险评估步骤

4.2.1 危害识别

4.2.1.1 危害识别的定义

食品安全危害可以发生在食物链的各个环节，并且可以通过多种途径污染食品，人食用了被污染的食品，可能对人体健康造成危害。食品危害按照其性质可以分为化学性危害、生物性危害以及物理性危害。化学性危害包括农药残留、兽药残留、重金属污染等。生物性危害包括细菌性危害、病毒性危害、寄生虫危害、真菌性危害等。物理性危害包括放射性物质和物理性杂质等。CAC将危害识别定义为确定食品中可能存在的对人体健康造成不良影响的生物性、化学性或物理性因素的过程。危害识别是风险评估过程中的第一步，是食品安全风险评估的基础，通过危害识别可以了解危害因素可能对人体健康产生不良影响的特征。

4.2.1.2 危害识别的内容

开展危害识别需要充分的科学数据。对于大多数有权威数据的危害因素，可以直接在WHO、FAO/WHO食品添加剂联合专家委员会（JECFA）、FAO/WHO微生物风险评估联席会议（JEMRA）、美国食品药品管理局（FDA）、美国国家环境保护局（EPA）、欧洲食品安全局（EFSA）等国际或区域权威机构发布的技术报告上获取。对于缺乏权威数据的危害因素，需要根据流行病学研究、动物实验研究、结构-活性关系研究等方法获取。针对有生物蓄积性的危害因素，可以用合适的生物标记物评估该物质的体内浓度。综合以上多种来源的数据，分析产生健康影响时的危害因素浓度、危害产生条件以及对动物或人体造成健康影响的程度，即通过阐述危害因素、危害作用和危害结局来共同形成完整的危害识别框架。

对于化学危害因素，危害识别应从危害因素的理化特性、吸收、分布、代谢、排泄、毒理学特性等方面进行描述。对于新的生物性危害因素，危害识别需要关注生物性危害的基本特征、来源、适宜的生长条件、影响其生长繁殖的环境因素等，阐述其对健康的不良影响，确认涉及的敏感个体和亚人群。

4.2.1.3 危害识别的方法

危害识别的主要方法包括危害因素的风险监测、监督抽检、动物实验、体外试验、结构-活性关系、食源性疾病监测和流行病学研究等。一般来说，流行病学数据难以获得，因此，动物实验数据往往是危害识别的主要依据，体外试验结果可以作为危害作用机制的补充资料。危害识别是一个系统过程，它涉及从观察和实验中识别毒性，评估对靶器官、组织和系统的有害影响，并在特定暴露情境下，对可能引发的健康危害进行科学评估和判断。

1. 动物实验

动物实验是食品安全风险评估中进行毒理学研究的主要方法和手段，目的是研究外源物质对人体损害的作用及机制。动物实验研究的主要内容是在实验动物体内进行毒理试验，探究外源因子（化学因子、生物因子和物理因子）对受试动物系统的毒性反应、严重程度、发生频率和毒性作用机制。在动物实验中，通常使用不同种属、不同性别的动物，多角度地发现可能的危害。由于现实情境中大多数食品污染物含量不高，因此，慢性毒理学资料至关重要，包括生殖发育毒性、神经毒性、免疫毒性、致癌性、致畸性、致突变等。急性毒理学实验对于确定某些农药和真菌毒素等化学物质在短时间、高剂量暴露下的毒性影响极为关键。

动物实验要遵循随机、重复和对照的设计原则。科学设计的动物实验可以提供以下几个方面的信息：一是毒物的吸收、分布、代谢、排泄情况；二是确定毒性效应指标、未观察到有害作用剂量或阈值剂量等；三是探讨毒性作用机制和影响因素；四是化学物的相互作用；五是代谢途径、活性代谢物以及参与代谢的酶等；六是慢性毒性发生的可能性及靶器官。

2. 体外试验

随着科技的发展，全世界每年有大量的新化合物进入人类的商品领域，利用传统的动物实验取得完整的资料已远远不能满足需求。此外，动物实验需要的周期长，干扰因素也较多，加上动物保护运动的兴起，对动物福利的要求也越来越高，利用动物实验进行危害识别的困难越来越大。随着分子生物学、细胞生物学、细胞组织器官培养等技术的发展，为通过体外试验进行危害识别提供了新的科学方法和工具。许多外源性毒性作用难以在人体或动物体内完成，可以在实验室利用体外试验进行。体外试验方法具有简单快速、试验条件易控制、标准化与仪器化程度高、能较好地解决物种差异等优点，目前已经得到广泛的应用。

体外试验的常见方法有微生物诱变试验、游离脏器灌流、组织薄皮培养、细胞及受体培养等。近年来，体外试验经历了由宏观到微观、由整体到细胞，进而到分子的演变。一些新发展的技术如基因重组、PCR 技术、DNA 测序技术、突变检测技术、荧光原位杂交技术、流式细胞技术、单细胞凝胶电泳等逐步应用于检测化学致癌物引起的 DNA 损伤、基因突变、加合物形成等食品毒理学研究中。体外试验需要严格遵循细胞培养规范，并且需要确定所用的细胞、组织和器官系统的来源和特征。目前，重复剂量染毒试验、致癌性试验、生殖发育毒性试验等体外毒理学试验提供了更全面的毒理学资料和更多元化的危害识别途径。

3. 结构-活性关系

物质毒性是由其化学结构决定的，对于不同结构的物质，毒性作用的靶器官和毒性效应不同，其毒性强度也不同。结构-活性关系亦即构效关系，是指化学物的生物学活性与其结构和官能团有关，可以利用已知结构的类似化学同系物的资料或用确定的靶点资料来预测未知化学物活性。根据大量现有化学物的毒性分析结果，利用结构-活性关系分析可预测一种新化学物的潜在毒性。结构-活性关系分析广泛应用于危害识别，如潜在的遗传毒性、生态毒性等。如果能同时预测化学物的人体摄入量，将有助于确定毒理学试验的设计方案。目前，这种方法已被成功应用于包装材料迁移物和香料成分等的安全性评价中。

利用结构-活性关系来预测一种新化学物的潜在毒性，一般要建立定量结构-活性相关（Quantitative Structure Activity Relationship，QSAR）模型。QSAR 模型可用于筛选、了解和预测化学物的活性，可估测化学物的理化特性及毒性，并可采用分级法优选化学物来进行下一步试验。定量构效关系方法包括二维定量构效关系方法（2D-QSAR）、三维定量构效关系方法（3D-QSAR）和分子全息定量构效关系（Holographic QSAR，HQSAR）等。随着构效关系理论和统计方法的进一步发展，三维结构信息被陆续引入定量构效关系研究中。QSAR 模型通过分析现有活性物质，以化合物的理化参数或结构参数等为自变量，生物活性为因变量，用数理统计方法建立起化合物的化学结构与生物活性之间的定量关系，解释分子结构的变化所引起化合物理化参数或结构参数的改变，从而导致化合物生物活性的改变，推测其可能的生物学作用机理，然后根据新化合物的结构数据预测其活性或改变现有化合物的结构以提高其活性。在危害识别中，当毒理学研究试验数据不全或不容易获得时，此类方法可替代毒理学试验研究，有效预测化合物毒性以及作用机理。

4. 流行病学研究

动物实验和体外试验的结果均不能直接反映暴露人体后的真实反应情况，而流行病学研究可以获得危害对人体损害作用的直接数据。流行病学是一门研究特定人群疾病、健康状况的分布及其决定因素，并探讨防控疾病及促进健康的策略和措施的科学。流行病学的研究方法主要包括描述性流行病学、分析性流行病学和实验流行病学。描述性流行病学主要描述人群中疾病或健康状况及事件的分布特征，提出病因假说；分析性流行病学主要研究疾病与因素的关联，验证病因假说；实验流行病学则通过现场实验或社区干预试验来验证病因和防治措施。

流行病学在食品安全危害识别中的应用主要体现在以下几个方面：一是监测食源性疾病，流行病学通过监测食源性疾病的发生和流行趋势，识别食品中可能存在的危害因素。通过收集和分析病例报告、疫情数据等信息，流行病学可以确定哪些食品与食源性疾病的发生有关，从而识别出潜在的食品安全危害。二是分析病因和传播途径，流行病学通过调查和分析病例的病史、饮食史、暴露史等信息，确定疾病的病因和传播途径，这有助于识别食品中可能存在的生物性、化学性或物理性危害因素，以及它们在食品链中的传播途径和方式。三是评估危害因素对人体健康的影响，流行病学通过研究危害因素与疾病之间的关联程度、暴露剂量与疾病风险之间的关系等，评估危害因素对人体健康的影响程度和范围。需要注意的是，危害识别采用流行病学资料必须按照公认的标准程序进行，并充分考虑遗传易感性、年龄易感性、社会经济和营养状况等的影响。应用流行病学方法对已经发生的食品安全问题进行追踪，对案例进行核实诊断并定义，利用个案调查和描述性分析，查明暴露人群的流行病学特征和影响事故发生的相关因素，进而确定事故原因和性质，提出控制对策和建议。

 典型案例

金黄色葡萄球菌的危害识别

金黄色葡萄球菌是引发食源性疾病的主要原因之一，广泛分布在环境和食品中。食品在生产、加工及运输过程中都极易受其污染而引发食品安全问题，因此，对食品中金黄色葡萄球菌进行危害识别是一项重要的工作。金黄色葡萄球菌属于革兰氏阳性球菌，是葡萄球菌属的典型代表之一，有20%～30%的人携带此种病原菌，菌体直径约0.8 μm，小球形，常堆聚成葡萄串状，无芽孢，大多数无荚膜，最佳生长温度为35～40℃，产肠毒素温度为10～48℃，生长所需pH值为4.0～10.0。金黄色葡萄球菌能够耐低温、耐高渗、耐热，同时还具有较强的耐药性，对磺胺类药物敏感性低，但对于青霉素、红霉素等具有较强的敏感性。金黄色葡萄球菌常在奶、肉、蛋、鱼及其制品中生长繁殖。此外，在剩饭、油煎蛋及凉粉中也有相关食物中毒事件的报道。

金黄色葡萄球菌肠毒素是金黄色葡萄球菌在适宜的基质和环境条件下所分泌的外毒素，为一组可溶性单链蛋白。根据肠毒素的抗原性将其分为5个经典的血清型（肠毒素A、B、C、D、E）和新型肠毒素。大约80%的金黄色葡萄球菌食物中毒事件是由肠毒素A所致。2005—2014年，上海市食品安全监管部门接报的集体性食物中毒事件中有9起是由金黄色葡萄球菌引起，中毒人数243人，排在细菌性食物中毒第二位。我国2011—2016年期间食源性疾病监测数据分析表明，金黄色葡萄球菌引起的食源性疾病暴发总次数为314次，病例总数为5 196例，位列各种病原菌引起食源性疾病的前五位。

4.2.2 危害特征描述

4.2.2.1 危害特征描述的定义

2004年,国际化学品安全规划署(International Programme on Chemical Safety, IPCS)对危害特征描述的定义为:"对一种因素或状况引起潜在不良作用的固有特性进行的定性和定量描述,应包括剂量-反应评估及其伴随的不确定性。"我国《食品安全风险分析工作原则》(GB/T 23811—2009)对危害特征描述的定义为:"对食品中生物、化学和物理因素所产生的不良健康影响进行定性和(或)定量分析。"

危害特征描述主要解决以下问题:一是建立主要效应的剂量-反应关系;二是评估外剂量和内剂量;三是确定最敏感种属和品系;四是确定种属差异(定性和定量);五是描述作用方式和特征描述,或是描述主要特征机制;六是从高剂量外推到低剂量以及从实验动物外推到人。危害特征描述的核心内容是进行剂量-反应关系的评估。剂量-反应关系是指外源物作用于生物体时的剂量与所引起的生物学效应强度或发生率之间的关系,它反映毒理学研究中外源物毒性效应和暴露特征以及它们之间的关系,是确定安全暴露水平的基本依据。

4.2.2.2 危害特征描述的原则

对于化学性危害因素,危害特征描述应从危害因素与不同健康效应即毒性终点的关系、作用机制等方面进行定性或定量描述,通过直接采用国内外权威评估报告及数据,确定有阈值化学物的膳食健康指导值。当出现不同的健康指导值时,风险评估者应充分分析各个健康指导值的背景文献和推导过程,确定最合适的一个。对于有阈值但尚未建立健康指导值的化学因素,可利用文献资料或试验获得的未观察到不良作用剂量(No Observed Adverse Effect Level, NOAEL)、观察到不良作用的最低剂量(Lowest Observed Adverse Effect Level, LOAEL)或基准剂量下限(Benchmark Dose Lower Confidence Limit, BMDL)等毒理学剂量参数,科学考虑相应的不确定系数,推算出健康指导值。

对于微生物危害因素,危害特征描述需要考虑不同微生物亚型的致病能力,环境变化对微生物感染率和致病力的影响,宿主的易感性、免疫力、既往暴露史等。其中,微生物的剂量-反应关系可以直接采用国内外权威评估报告及数据,对于无法获得剂量-反应关系资料的微生物,可以根据专家意见确定危害特征描述需要考虑的重要因素(如感染力等),也可利用风险排序获得微生物或其所致疾病严重程度的特征。

4.2.2.3 剂量-反应关系

剂量-反应关系是危害特征描述的核心内容,可用于建立剂量-反应关系的资料类型，包括动物毒性研究、临床人体暴露研究以及流行病学数据。剂量-反应关系多数是基于动物实验的毒理学资料得出的。JECFA 和 JMPR 将毒理学或流行病学资料用于危害特征描述主要通过下列三种方式：一是制定健康指导值；二是确定剂量-反应关系曲线上特定点与人群暴露水平之间的暴露限值（Margin of Exposure，MOE）；三是开展人群特定暴露水平上健康影响的定量分析。

剂量-反应关系可用剂量-反应关系曲线表示，剂量-反应关系曲线包括对数曲线、S 形曲线和直线等。把外源物暴露的剂量作为横坐标（自变量）、以生物学的毒性效应作为纵坐标（因变量）作图，就可以得到剂量-反应关系曲线。只有对某种物质的剂量-反应关系曲线有足够的了解，才能预测暴露于已知或预期剂量水平时的健康风险。健康指导值或 MOE 的计算需要在剂量-反应关系曲线上确定 1 个参考点或分离点（Point of Departure，POD）。通过剂量-反应关系曲线获得的 NOAEL、LOAEL、BMDL 以及在最敏感种属中观察到的临界效应斜率等，所有这些指标都是风险评估的重要基础参数。

4.2.2.4 健康指导值

健康指导值（Health-Based Guidance Values，HBGV）是指在一定时期内（如终生或 24 h）人类摄入某种物质，未观察到健康危害的安全限值。HBGV 因用途与所针对物质的不同而表现为不同类型，例如，针对急性暴露通常为急性参考剂量（Acute Reference Dose，ARfD）；针对慢性暴露则通常为慢性参考剂量（Chronic Reference Dose，CRfD），常见的包括每日容许摄入量（Acceptable Daily Intake，ADI）和耐受摄入量（Tolerable Intake，TI）。TI 包括每日耐受摄入量（Tolerable Daily Intake，TDI）、暂定最大每日耐受摄入量（Provisional Maximum Tolerable Daily Intake，PMTDI）、暂定每周可耐受摄入量（Provisional Tolerable Weekly Intake，PTWI）、暂定每月可耐受摄入量（Provisional Tolerable Monthly Intake，PTMI）等。对于法律法规和标准允许使用的物质，如食品添加剂、农药和兽药等，健康指导值通常以 ADI 表示。TI 适用于食品中不可避免出现的化学物，如环境污染物、食品添加剂中的杂质、食品加工溶剂、食品加工过程中产生的物质、食品接触材料中迁移的物质、动物饲料添加剂或兽药制剂的非活性成分等。建立 HBGV 可为风险评估提供风险比较基准。

4.2.2.5 剂量-反应分析方法

1. 阈值法

阈值剂量（Threshold Dose，TD）是指诱发机体呈现某种生物效应的最低剂量，即引起超过机体自稳适应极限的最低剂量，也称最低可观察到有害作用剂量（LOAEL）。未观察到有害作用剂量（NOAEL）是指用敏感方法未能检出外源物毒性效应的最大剂量,即阈值剂量下不出现毒性效应的最高剂量,这个剂量是根据试验观察并经统计学处理而获得,也可简称为无作用剂量(NOEL)。在具体的实验研究中,比 NOAEL 高一档的剂量就是 LOAEL。应用不同物种品系的实验动物、接触时间、染毒方法和指标来观察有害效应,可得出不同的 LOAEL 和 NOAEL。一种化学物对每种效应都可有一个阈值,因此一种化学物可有多个阈值。某种效应对不同的个体可有不同的阈值。同一个体对某种效应的阈值也可随时间而改变。大多数非致癌化学物和非遗传毒性致癌物的毒性作用具有阈值剂量。

NOAEL 是在确定的暴露条件下,通过试验观察得到的不会对受试动物健康带来可观察的不良改变的最大剂量。以最大健康保护为原则,充分考虑动物之间差异以及物种之间差异,假设人类比试验动物敏感 10 倍,人种之间敏感性差异也是 10 倍,采用 100 倍作为不确定系数(Uncertainty Factor,UF),然后将 NOAEL 值除以 100 就得到 ADI 值。通常情况下,100 倍的不确定系数是风险评估机构均能接受的标准做法,一直被 FAO、WHO 及相关组织机构采用。某些情况下,UF 是可以变化的,需根据不同的情况设定不同的 UF。如资料不充分时,应使用较大的不确定系数。例如,WHO 在建立儿童三聚氰胺 TDI 时,首先默认 UF 为 100 来判定物种间和个体间的变异性,由于考虑到婴幼儿的敏感性,在 100 倍的 UF 上又额外添加了 1 倍,将 UF 设定为 200。因此,在条件允许的情况下,使用更具针对性的数值来替代简单的默认不确定系数,将会使风险评估过程更加科学、严谨。

2. 基准剂量法

基准剂量法(Benchmark Dose Method,BMD)通常指与对照组相比,达到预先确定的有害反应发生率的统计学置信区间的下限值,又可称为基准剂量可信区间下限值(BMDL)。如 $BMDL_{05}$ 就是指引起实验组动物中出现 5% 概率不良反应的 95% 统计学可信区间下限值,其中 5% 为发生不良反应的基准水平。BMD 法本质上并不是低剂量外推法,这个方法是将产生一个非零效应值或反应水平的暴露作为反应点(Point of Departure,POD)而进行风险评估。

与 NOAEL 一样,BMDL 通过使用 UF,对可接受暴露水平进行评估。将 BMDL 值除以 UF 可以得到 ADI 值。在基准剂量法中,虽然不需要确定 NOAEL,但需要提供等级剂量-反应关系,用于建立最佳模型。尽管相对于 NOAEL 法来说,BMDL 法利用更多的剂量-反应信息,具有一定的优势,但它只适用于符合模拟要求的数据。因此,BMDL 法并不能替代 NOAEL 法,应当作为一种额外的风险评估工具,它可能对某些特定的风险评估具有优势。

3. 无阈值法

对于没有阈值的化学物，如遗传毒性致癌物，不存在一个绝对没有致癌危险的低摄入量。遗传毒性致癌物风险评估的方法主要有四种，包括尽可能低作用水平（As Low As Reasonably Achievable, ALARA）、毒理学关注阈值（Threshold of Toxicological Concern, TTC）、低剂量外推（Low-Dose Extrapolation, LDE）以及暴露限值。

遗传毒性致癌物风险特征描述的定性方法主要是 ALARA，其优点在于灵活性强，它允许在没有精确剂量-反应数据的情况下，仍然采取措施减少暴露。但是，这并不意味着可以完全不考虑作用强度和人体摄入量。在实际应用中，通常会尽量收集这些信息来指导风险管理决策。因此，它并不是一个简单的定性方法，而是需要综合考虑多种因素，包括但不限于危害识别数据、作用强度、人体摄入量以及技术和社会经济因素。

TTC 是一个人体暴露阈值，对于任何未知毒性的化学物，当暴露量低于 TTC 时，经口终生暴露于该化学物，不会引起可预见的健康风险。目前共有 2 类 5 个经口 TTC，即遗传毒性致癌物 TTC [$0.0025\ \mu g/(kg\ bw)$] 和 4 个非致癌物 TTC [有机磷和氨基甲酸酯类物质、Cramer Ⅲ、Cramer Ⅱ 和 Cramer Ⅰ 的 TTC 分别为 $0.3\ \mu g/(kg\ bw)$、$1.5\ \mu g/(kg\ bw)$、$9\ \mu g/(kg\ bw)$ 和 $30\ \mu g/(kg\ bw)$]。1978 年，Cramer 提出了基于结构来预测化学物毒性。Cramer 分类法将有机化学物分为三个类别，即 Cramer Ⅰ 为低毒性，Cramer Ⅱ 为中等毒性，Cramer Ⅲ 为高毒性。这种分类法已被扩展到基于结构的毒理学关注阈值（TTC）方法，用于化学物毒性评估时，不同 Cramer 类别的化学物质有不同的阈值。

TTC 并非适用于所有的化学物，高潜能致癌物（黄曲霉毒素样化学物、氧偶氮类化学物、N-亚硝基化学物、联苯胺、肼）、无机物、金属及有机金属化合物、蛋白质、类固醇、已知或预知具有生物蓄积性的物质、纳米材料、放射性物质、具有未知化学结构的混合物等不能用 TTC 方法。对于具有遗传毒性警示结构的化学物，若没有动物致癌数据或没有得出剂量-反应关系数据，可使用 $0.0025\ \mu g/(kg\ bw)$ 的 TTC 进行筛选评估。若暴露量低于该值，对于任何毒性未知的遗传毒性警示结构化学物，其理论致癌风险在人群中低于 10^{-6} 的概率为 86%~97%，即健康风险可以接受。TTC 方法符合动物实验的 3R 原则，即替代（Replacement）、减少（Reduction）和优化（Refinement），这是国际上普遍认可和推广的动物实验伦理原则，旨在尽可能地减少动物实验对动物福利的影响，也有助于将有限的资源放到对人体健康有较大潜在危害的化合物毒性研究和评价上。

当致癌机制缺乏，或者剂量-反应关系曲线显示其在低剂量时有可能会呈线性时，通常会使用低剂量外推的方法，即利用动物实验的剂量-反应关系数据来推导与人类暴露相关的低剂量值。低剂量外推有时会高估实际的风险，但对大部分化学致癌物来说这种方法的估计是准确的。当有数据显示其剂量-反应关系曲线偏离线性时，需要考虑对这种方法进行适当修正。欧美国家常用的三种低剂量外推方法有线性化的多级模型（LMS）、导致10％肿瘤或相关非肿瘤发生率的基准剂量的下限值（LED_{10}）方法以及25％动物致癌剂量（T25）方法。低剂量外推结果通常表达为不同剂量带来的致癌风险或者某剂量带来的特定致癌风险（如 10^{-6}）。针对同一个动物实验的剂量-反应关系数据，使用不同的数学模型进行低剂量外推通常也会导致不同的结果，得出的能导致可接受致癌风险的暴露量通常会相差很大。低剂量外推常用的参考点有T25和引起10％基准反应对应的基准剂量低限值（$BMDL_{10}$）。低剂量外推获得的参考点，可用于计算终生致癌风险和推导最小效应水平（Derived Minimum Effect Level，DMEL），然后再进行后续的风险特征描述。

MOE 是未观察到不良作用水平或基准剂量下限值与理论的、预期的或估计的暴露剂量或浓度的比值。MOE 的计算公式为：

$$MOE = 剂量-反应曲线上的参考点 / 人体摄入量$$

计算 MOE 需要两个条件：剂量-反应关系曲线上的参考点及与其进行比较的人体摄入量。推荐使用 $BMDL_{10}$ 作为参考点。MOE 法可以适用于单个物质和暴露源，也可以适用于某种类别的化学物和集聚暴露。MOE 中涉及了人体摄入量的估计值，因此，可以为风险管理者提供更多的信息。MOE 的大小反映了风险的可能性，较小的 MOE 值表示存在较高的风险。

在致癌剂量-反应关系数据缺乏的情况下，若符合 TTC 适用范围，可以采用具有遗传毒性警示结构的阈值进行筛选评估。当来自动物实验的致癌数据可用时，可以优先采用 MOE 法，也可以采用低剂量外推法。

 典型案例

高氯酸盐的危害特征描述

2005年，美国国家研究委员会（National Research Council，NRC）以高氯酸盐抑制甲状腺对碘的吸收作为关键效应，确定高氯酸盐的未观察到不良作用剂量（NOAEL）为 0.007 mg/（kg bw），考虑个体差异，综合现有资料，基于对婴幼儿等敏感人群的充分保护，选择了10倍不确定系数，制定了高氯酸盐的每日参考剂量为 0.7 μg/（kg bw）。2005年，EPA 基于 NRC 推荐的确定的关键效应和每日参考剂量，制定了高氯酸盐的每日参考剂量为 0.7 μg/（kg bw）。2017年，EPA 基于药代动力学/

药效动力学（PBPK/PD）以及剂量-反应（BBDR）模型，整合现有的健康相关信息，再次对高氯酸盐对甲状腺激素产生的影响进行分析，最终确定高氯酸盐的 RfD 维持为 0.7 μg/(kg bw)。

2011 年，JECFA 以 T3、T4 和 TSH 等甲状腺相关激素水平作为关键效应，认为即使碘的吸收抑制达到 50%，仍然不会引起甲状腺及其上游调节激素水平的变化，因此选择 50% 基准剂量可信区间下限（$BMDL_{50}$）0.11 mg/(kg bw) 作为毒性作用终点。基于人群个体差异选择 10 倍不确定系数，获得暂定每日最大耐受摄入量（PMTDI）为 10 μg/(kg bw)。

2014 年，EFSA 以碘的吸收抑制为关键效应观察点，发现健康成人长期暴露于高氯酸盐，即使碘的吸收受到中度抑制，甲状腺相关激素水平也未发生变化，但甲状腺在组织学上已可发生增生或结节性甲状腺肿等改变，据此计算得到 $BMDL_{05}$ 为 0.0012 mg/(kg bw)。同时考虑高氯酸盐的敏感人群（如孕妇、胎儿、哺乳期妇女、新生儿和儿童）对碘摄取抑制的差异，采用 4 倍不确定系数，同时 EFSA 专家组认为造成 5% 的碘摄入抑制不会对任何一个暴露人群产生不利影响，因此不考虑毒代动力学种内差异之外的不确定因素，获得高氯酸盐的每日耐受摄入量（TDI）为 0.3 μg/(kg bw)。

4.2.3 暴露评估

4.2.3.1 暴露评估的概念

暴露评估是指以食物消费量数据和食品污染物浓度数据为基础，计算一种化学物或微生物经膳食途径的可能摄入量。开展暴露评估前必须明确膳食暴露评估的目的。不论毒理学结果的严重程度、食品化学物的类型、可能关注的特定人群或进行暴露评估的原因如何，都应选择最适宜的数据和方法，尽可能保证评估方法的科学性和一致性。暴露评估应该覆盖普通人群，以及易感人群或预期暴露水平明显不同于普通人群的关键人群（如婴幼儿、儿童、孕妇或老年人）。

4.2.3.2 暴露评估数据来源

1. 食品消费量数据

食物消费数据主要来自国家和地区食物生产、损失或使用情况的权威统计资料。FAO 依据成员国官方数据或通过国家食物生产和消费的统计信息，建立了一个包含超过 245 个国家和地区的膳食消费数据库（FAOSTAT）。WHO 基于 FAOSTAT 建立了全球环境监测系统/食品污染监测与评估计划（GEMS/FOOD），采用 17 区膳食分类表，将全球划分为 17 个不同区域，每个区域根据其地理位置、气候、文化、饮食习惯等因素进行划分，每个区域都有其特定的膳食类型和食品消费模式，这些数据和信息被用于监测和评估食品污染物的存在和分布情况。

一些国家和地区基于人群调查方法统计数据，建立膳食消费数据库，如美国农业部经济研究所和澳大利亚统计局。也有一些国家和地区基于个体调查方法获得数据，例如，许多欧洲国家的膳食消费调查，EFSA 的综合欧洲膳食消费数据集。我国的膳食消费数据《中国居民营养与健康状况调查报告》提供了包括 25 组食物的分组膳食数据。

膳食消费数据主要通过 24 h 膳食回顾调查、食物频率表等方法获得，若已有数据不能满足需要，可根据不同年龄、性别、民族、职业、地域、季节等消费特点，设专项调查进行膳食消费数据及目标人群个体体重数据的采集。

2. 食品中污染物浓度数据

食品中污染物浓度数据可来自常规监测、专项调查、总膳食研究、监管部门的抽检监测数据或科学文献中的数据等。我国卫生行政部门每年组织开展食品中污染物和有害因素的风险监测，收集了大量污染物浓度数据。我国市场监管部门每年组织开展食品安全监督抽检和评价性抽检，也获得了大量的污染物浓度数据，这些数据是开展膳食暴露评估的重要基础。

4.2.3.3 总膳食研究

总膳食研究（Total Diet Study，TDS）是用以评估一个国家或地区居民食物中化学污染物实际暴露量和营养素实际摄入量，以及这些物质摄入的健康风险，是国际公认的最经济、有效、可靠的膳食暴露评估方法。TDS 的浓度数据与其他通过监测获得的数据有所不同，因为 TDS 反映的是已加工制备完毕的用于正常消费的膳食中的化学物浓度。TDS 并非基于以前的食物成分数据，也不需要使用未加工食品的加工因子，因为估计的膳食暴露是基于食品的可食部分，例如，香蕉是去皮的，所有相关的化学物残留随香蕉皮一起去掉。TDS 同时考虑了烹调对不稳定化学物质的影响以及所形成的新化学物。TDS 所用的分析方法应该能够检测出食品中适当水平的化学物浓度。

我国从 1990 年开始实施 TDS 计划，已成功开展了 6 次（1990 年、1992 年、2000 年、2007 年、2013 年和 2016 年）。最近一次的 TDS 扩展至 24 个省级行政区域，按区域分为 4 组，覆盖了八成以上的全国人口，对食品中的 1 000 多种化合物进行了调查。TDS 包括我国食物消费量数据、食物加工因子、多种污染物的含量以及摄入量数据。由于 TDS 涉及的范围广泛，在资源有限的情况下，需对样品进行合并，样品的合并可以基于单个样品，也可以基于一类食品。这样的合并不会影响对总暴露的评估，但是会降低确定食品中化学物特定来源的能力。出于对资源的考虑，与针对每个食获得的监测数据（通常样本量为 30~50 倍或更多）相比，TDS 通常只有很少的针对单个食品或食品类别的平均浓度数据。

4.2.3.4 暴露评估方法

1. 点评估

点评估一般作为膳食暴露评估的保守方法，它是将人群的食物消费量设为固定值，乘以固定的污染物浓度，并将所有食物的暴露量进行累加的一种方法。点评估膳食暴露量模型分为急性暴露评估模型和慢性暴露评估模型。在化学物急性暴露评估中，食物消费量和污染物浓度通常均选用高端值（如 $P_{97.5}$）或最大值。而在慢性暴露评估中，食物消费量和污染物浓度可以分别选用平均值、中位数或 P_{95} 等百分位数的不同组合。点评估的计算如式（4-1）所示：

$$EXP = \sum_{i=1}^{n} \frac{F_i \cdot C_i}{W} \qquad (4-1)$$

式中　EXP——居民每日每公斤体重某个污染物的暴露量，mg/（kg bw）;
　　　F_i——第 i 种食品的每日消费量，kg/d;
　　　C_i——第 i 种食品中某个污染物的含量，mg/kg;
　　　W——居民的平均体质量，kg;
　　　n——居民消费食物的种类数。

2. 简单分布评估

简单分布评估是在假定某污染物在所有食品中均以平均残留水平存在，再考虑相应食品消费量的变异后进行的暴露评估。简单分布评估适合污染物的慢性膳食暴露评估。简单分布模型的计算如式（4-2）所示：

$$EXP = \sum_{i=1}^{n} \frac{F_i \cdot C_i}{W} \qquad (4-2)$$

式中　EXP——某个体每日每公斤体重某个污染物的暴露量，mg/（kg bw）;
　　　F_i——某个体第 i 种食品的每日消费量，kg/d;
　　　C_i——第 i 种食品中某个污染物的平均含量，mg/kg;
　　　W——某个体的体质量，kg;
　　　n——个体消费食物的种类数。

3. 概率评估

概率评估是将消费人群个体和污染物个体作为研究对象，通过对可获得的全部数据进行模拟抽样和计算，得到人群更符合实际的暴露量分布。概率评估的思想是通过蒙特卡罗（Monte Carlo）方法或拉丁超立方（Latin Hypercube）方法对输入量进行随机抽样并形成输入量的概率分布，再通过输入量之间的关系进行建模以获得暴露量的概率模型。其具体做法是分别将食品消费量和食品污染物浓度作为数据来源总体 A 和 B，在获得 A 和 B 两个总体独立分布特征和相应的总体参数后，通过专业软件（如@Risk）的模拟运算，计算污染物在人群中暴露水平的分布，从而得到有代表性的暴露量平均值、P_{50}、P_{95} 等。另外，在进行微生物暴露评估时，还需要考虑从生产到消费过程中微生物的消长变化，可通过构建特定模型预测不同环节、不同环境条件以及不同处理方法对微生物消长以及暴露水平的影响。概率评估的优点在于可以对评估的不确定性进行全面分析，是一种更精确的膳食暴露评估。

4.2.4 风险特征描述

4.2.4.1 风险特征描述的内涵

风险特征描述是根据危害识别、危害特征描述和暴露评估的结果，对特定人群发生不良健康影响或潜在健康损害效应的概率、严重程度所作的定性和（或）定量评估，包括评估过程中伴随的不确定性。风险特征描述有定性和定量两种，定性描述通常将风险表示为高、中、低等不同程度；定量描述以数值形式表示风险和不确定性的大小。风险特征描述的对象一般包括个体和人群。前者描述处于高风险的个体以及大部分个体的平均风险，后者可描述危害对总人群、亚人群（如将人群按地区、性别或年龄分层）、特殊人群（如高暴露人群和潜在易感人群）或风险管理所针对的特定目标人群的健康风险。

4.2.4.2 化学物风险特征描述

化学物风险特征描述通常是将膳食暴露水平与健康指导值（如 ADI、TDI、ARfD 等）进行比较，同时考虑被评估物质毒性程度、与其他化学物共同暴露并发生联合毒性的可能性、暴露时长及频率等因素，对潜在风险进行综合判断。如果待评估的化学物在目标人群中的膳食暴露量低于健康指导值，则一般认为健康风险不大。反之，则认为有健康风险，需作进一步的具体描述，特别考虑所采用的健康指导值的适用性，例如，风险特征描述是否同样对婴幼儿、孕妇等特殊人群具有保护性。对于无法制定健康指导值的化学物，可采用 MOE 方法进行风险描述，MOE 值越小就意味着致畸、致癌、致突变的风险越大。按照 JECFA 对遗传性致癌物与健康相关结局的 MOE 风险指数的规定，当 $MOE \geq 10\,000$ 时，健康风险不需要关注，值越大，越安全；当 $MOE < 10\,000$ 时，存在一定的健康风险。

4.2.4.3 微生物风险特征描述

对于微生物，通常是根据膳食暴露水平估计人群风险发生的概率，并根据剂量-反应关系估计危害对健康的影响程度。微生物危害主要通过两种机制导致人体疾病：病原体产生毒素造成的健康危害或活的病原体感染人体产生病理反应。对于第一种情况，可以确定阈值后进行定量风险评估。对于后一种情况，一般是对机体摄入某一食品产生损害的严重性和可能性进行定性评估。

4.2.4.4 累积暴露风险评估

1. 相对效能因子法

当食物中含有多种化学污染物时，作用位点和作用机理相同的污染物通常具有毒性加和的作用。针对具有共同作用机制的化合物，可采用相对效能因子法（Relative Potency Factor，RPF）对其暴露水平进行评估。RPF值一般通过指示化合物与各化合物毒性分离点之比获得，将混合物中各化合物乘以其毒效因子，转化成指示化合物的等量物，相加后即得到累积暴露量。例如，有机磷类农药均具有抑制胆碱酯酶的毒性，可以采用RPF法计算累积暴露量，如式（4-3）所示：

$$EXP = \sum_{i=1}^{n} EXP_i \cdot RPF_i \tag{4-3}$$

式中　EXP——有机磷农药的累积暴露量，mg/（kg bw）；

　　　EXP_i——第 i 种有机磷农药的暴露量，mg/（kg bw）；

　　　RPF_i——第 i 种农药相对于指示农药相对效能因子；

　　　n——农药的个数。

2. 危害指数法

危害指数（HI）法是各化学物暴露水平（EXP）与其参考值（RV）或健康指导值的比值，即危害商（Hazard Quotient，HQ）之和，计算公式如式（4-4）所示：

$$HI = \sum_{i=1}^{n} HQ_i = \sum_{i=1}^{n} \frac{EXP_i}{RV_i} \tag{4-4}$$

式中　HI——危害指数；

　　　RV_i——第 i 种化学物的参考值或健康指导值；

　　　EXP_i——第 i 种化学物的暴露量。

当 $HI<1$ 时，认为有害物质造成的累计健康风险可以被接受；当 $HI \geqslant 1$ 时，认为有害物质造成的累计健康风险不可以被接受。

4.3 食品安全风险评估应用

4.3.1 食品安全标准的制定

食品安全标准是指为了保证食品安全，对食品生产经营过程中影响食品安全的各种要素以及各关键环节所规定的统一技术要求。这些要求包括食品、食品添加剂、食品相关产品中的致病性微生物、农药残留、兽药残留、重金属、污染物质以及其他危害人体健康物质的限量规定；食品添加剂的品种、使用范围、用量；供婴幼儿和其他特定人群的主辅食品的营养成分要求等。制定食品安全标准必须科学合理，以食品安全风险评估结果为依据，科学确定食品中的安全指标和限量。

食品中污染物的限量值设定主要遵循以下原则：根据我国食品中污染物的监测结果，结合我国居民污染物的膳食暴露量及主要食品贡献率，将贡献率超过5%～10%的食品作为关注重点，特别是将超过5%健康指导值（如TDI、ADI等）的食品给予重点关注。食品中污染物限量值的设立对控制消费者的总膳食暴露量和健康保护具有重要意义，但不需要对食品中所有的污染物都设立限量值，一般通过管理手段能达到目的不设立限量值。

 典型案例

铝的风险评估促进食品含铝添加剂标准修订

铝是人体非必需微量元素，食品中使用的含铝添加剂是人类膳食铝暴露的主要来源。摄入过量的铝对人体有一定的危害，例如铝在一定剂量下具有神经毒性、生殖毒性、发育毒性等。2011年，JECFA制定了铝的PTWI为2 mg/（kg bw）。为了解我国居民通过食品摄入铝的健康风险，我国于2010年启动了中国居民膳食铝暴露风险评估项目，并于2012年正式发布评估报告。该次评估所用食品中铝含量数据来自2007—2009年全国食品污染物监测网和2010年加工食品中铝含量专项监测。食品消费量数据来自2002年中国居民营养与健康状况调查及2009年中国居民营养与健康状况监测。根据WHO逐级评估的原则，在筛选性评估和理论评估结果的基础上，采用确定性评估方法，对全人群、不同性别-年龄组人群、北方南方地区人群铝的膳食摄入量进行了评估。

风险评估结果显示，我国居民膳食铝的每周平均摄入量为1.795 mg/（kg bw），尚未超过PTWI；而每周摄入量$P_{97.5}$值为7.544 mg/（kg bw），是PTWI的3.8倍。其中，面粉、馒头、油条和面条对全人群膳食铝摄入的贡献率最高，贡献率分别为44%、24%、10%和7%。性别-年龄组的评估结果显示，全国14岁以下儿童的膳食铝平均摄入量超过PTWI。由于各地食物消费模式不同，我国北方地区全人群膳食铝的每周平均摄入量超过PTWI。

根据风险评估结果和建议，原国家卫生计划生育委员会立即启动含铝食品添加剂标准的修订工作，发布了《关于调整含铝食品添加剂使用规定的公告》（2014年第

8号),要求从2014年7月1日起,禁止将酸性磷酸铝钠、硅铝酸钠和辛烯基琥珀酸铝淀粉用于食品添加剂生产、经营和使用,膨化食品生产中不得使用含铝食品添加剂,小麦粉及其制品[除油炸面制品、面糊(如用于鱼和禽肉的拖面糊)、裹粉、煎炸粉外]生产中不得使用硫酸铝钾和硫酸铝铵。据估算,通过严格执行修订后的含铝食品添加剂使用标准,我国居民膳食铝摄入过高的风险将明显降低,北方地区居民和全国14岁以下儿童铝摄入量比标准修订前下降84.4%~86.0%,低于PTWI,风险可降至可接受水平。

4.3.2 食品安全公共政策的制定

风险评估可以为政策制定者提供科学、客观、全面的信息,帮助他们了解食品中存在的潜在危害和风险,以及这些风险可能对人体健康造成的影响。基于这些信息,政策制定者可以更加科学、合理地制定食品安全政策和标准,确保政策的针对性和有效性,帮助政府在食品安全问题上作出更加明智和果断的决策。

 典型案例

食盐加碘风险评估为我国居民碘缺乏病防控提供依据

近年来,甲状腺疾病包括甲状腺肿瘤和结节,发病率呈上升趋势。部分学者将其归咎于我国尤其是沿海地区居民的碘摄入过量,引起社会对我国全民食盐加碘政策的质疑。碘是人体必需微量元素之一,主要来源于膳食和饮用水。为了科学评价食盐加碘政策与甲状腺疾病增加的关系,2010年,我国开展了不同地区居民碘营养状况及健康风险评估。本次评估采用碘的监测数据和膳食调查数据,主要包括1995—2009年全国碘缺乏病监测数据、2002年中国居民营养与健康调查数据、2007年全国12省总膳食研究碘摄入量调查数据、2009年沿海地区居民碘营养状况和膳食摄入量调查数据等。

评估结果显示,我国自1995年实施的全民食盐加碘政策以来,碘缺乏病得到有效控制。我国除高水碘地区(不实施食盐加碘)外,绝大多数地区(包括沿海地区)居民的碘营养状况处于适宜和安全水平,食盐加碘并未造成我国居民的碘摄入过量,甚至部分地区的孕妇和乳母还存在碘不足问题。若在低水碘地区(低于150 g/L)取消加碘食盐供应,发生碘缺乏的风险很高。本次风险评估证实了我国全民食盐加碘政策在预防碘缺乏病中的贡献,也为继续推行"因地制宜、分类指导、科学补碘"的碘缺乏病防控策略提供了科学支持。

4.3.3　食品安全风险管理措施的制定

食品安全风险管理是食品安全风险分析的三个基本内容之一，其实质是一种精准化管理，其理念是不同的风险应有不同的监管措施，以确保监管力度与主体风险程度相适应。风险评估是实现风险管理目标的重要科学基础，根据风险评估结果选择和实施适当的措施，才能将风险程度和风险损失降低到可承受范围之内，用较小成本获得较大安全保障。风险管理是在咨询了利益相关方的前提下，综合考虑风险评估结果、保护消费者安全和促进公平贸易等，权衡管理政策改变的影响，并在需要时选择合适的防控措施的过程。

典型案例

基于铅的风险评估结果加强重点食品监管

铅是一种蓝灰色金属，存在于地壳中，被广泛应用于农业、工业生产及家庭活动中。铅对人体健康有多种负面影响，包括智力、记忆、语言、溶血性贫血、心血管、生殖、胎儿、癌症等。上海市结合居民膳食消费量调查和2020—2021年食品铅污染监测数据，采用点评估的方法对膳食暴露水平进行评估，并与铅的 PTWI ［25 μg/（kg bw）］进行比较。结果发现，上海市居民常食用的9类食品的铅检出率为56.8%，总超标率为0.2%。居民每周膳食铅暴露量均值为2.9 μg/（kg bw），远低于暂定铅的每周耐受摄入量PTWI，总体健康风险不大。

考虑到铅可以对人体多个系统造成损害，包括造血系统、神经系统和泌尿系统等，以及铅已被 IARC 列为2B类致癌物，即可能对人体有致癌作用的物质，特别是按照食品中污染物控制原则，无论是否制定污染物限量，食品生产和加工者均应采取控制措施，使食品中污染物的含量达到最低水平。因此，需要进一步确认居民膳食铅暴露的来源。进一步分析发现，居民膳食铅暴露贡献率前3位的食品为蔬菜、谷类和水产类，贡献率分别为30.7%、28.9%、11.1%。水产类及其制品中铅含量较其他各类食品高可能与该类食品铅的高富集性有关。这3类对人体铅暴露贡献率较大的食品，需要政府部门有针对性地加强综合监管，包括加强源头控制、优化生产工艺、完善储运管理、加强出厂检验，增强公众意识等，以尽量降低食品中铅的污染水平。

4.3.4 食品安全突发舆情事件的应对

食品安全问题社会关注度高、敏感性强、传播速度快,很容易引发公众的担忧和不满,形成舆情热点。 特别是在人口密集的城市,社交媒体高度发达,舆情很容易在短时间内迅速扩散,形成广泛的社会影响,甚至形成舆论风暴。 食品安全舆情一旦形成,容易在短时间内引发广泛关注和讨论,加上食品安全问题的复杂性和处理难度大,使得舆情难以在短时间内消散。 另外,由于城市人口密集,一些别有用心者借科学之名,通过造谣传递不实信息,给公众带来恐慌和误解,对政府和企业形象造成损害。 因此,政府部门应该高度关注舆情态势,采用科学方法对食品安全问题进行评估,积极开展风险交流,引导公众理性消费、安全消费。

 典型案例

反式脂肪酸风险评估为舆情应对提供依据

2010 年,多家主流媒体报道了反式脂肪酸的安全性,引起了公众的广泛关注。反式脂肪酸(Trans Fatty Acids,TFA)是碳链上含有一个或以上非共轭反式双键的不饱和脂肪酸及所有异构体的总称,是人体非必需脂肪酸。食品中的 TFA 主要有天然来源和加工来源,过量摄入 TFA 可增加心血管疾病的风险。为了解食品中反式脂肪酸含量和我国居民反式脂肪酸膳食摄入水平,我国于 2011 年启动了中国居民反式脂肪酸膳食摄入水平及其风险评估项目,并于 2012 年发布评估报告。

评估结果表明,我国大多数食品的反式脂肪酸含量很低,全国总人群的反式脂肪酸平均膳食摄入量(0.39 g/d)仅占膳食摄入能量的 0.16%,北京市和广州市的反式脂肪酸平均供能比为 0.30%,均远低于 WHO 建议的 1% 的健康指导值,表明我国居民膳食中反式脂肪酸的健康风险较低。但考虑到我国居民膳食的西化趋势,需进一步降低加工食品中的反式脂肪酸含量,引导消费者正确认识反式脂肪酸的危害,培养良好的饮食习惯。该风险评估即信息交流对消除公众对反式脂肪酸的恐惧起到了重要的作用。

4.3.5 社会关注食品安全问题的回应

食源性疾病多发是我国最大的食品安全问题。 食源性疾病是由于食品中的致病因素进入人体引起的感染性或中毒性疾病,这些致病因素可能包括细菌、病毒、寄生虫、化学物质或有毒动植物等,但主要由致病微生物污染引起,致病微生物污染可能发生在食品生产、加工、流通的任何一个环节，任何一个环节的失误都可能导致食品被污染，从而引发食源性疾病。食源性疾病可能对人体健康造成严重威胁，甚至可能导致死亡。由于人们每天都需要摄取食物，因此食源性疾病具有普遍性。根据文献及报道，中国每年每6.5人中就有一人发生食源性疾病，推算下来，全国每年将有超过2亿人遭受致病微生物引起的食品安全问题，已经成为全社会关注广泛的公共卫生问题。

 典型案例

通过鸡肉暴露于非伤寒沙门氏菌的风险评估

非伤寒沙门氏菌（Non-Typhoid Salmonella，NTS）是全球最常见的食源性致病菌之一。全球每年NTS导致的胃肠炎病例数为938万，每年死于NTS感染人数为15.5万人。NTS是世界各地从家禽中分离到的最常见病原菌，禽类产品中污染的NTS是导致人类食源性疾病的重要因素。许多国家为此制定了禽肉中NTS的限量标准。我国也组织开展了零售鸡肉中NTS污染对人群健康影响的风险评估。

该评估所用生鸡肉中NTS污染水平数据来自2010—2012年对我国部分省份整鸡样品中NTS污染的专项监测结果，鸡肉消费量数据来自2002年中国居民营养与健康状况调查结果。监测结果表明，我国1 595份零售整鸡中NTS污染阳性率为41.6%，值得高度关注。评估结果显示，我国居民每年通过生鸡肉厨房内交叉污染即食食品而罹患NTS食物中毒的风险为2.3×10^{-3}；如果我国人口按照13.7亿人计算，我国每年因为生鸡肉中NTS厨房内交叉污染即食食品而罹患NTS食物中毒的估计人数约为306.5万人。按照NTS食源性疾病病例中的36.7%~54.4%归因于生鸡肉计算和假设食源性NTS病例占全部来源的NTS病例的94%，推算我国每年NTS病例数为599万~865万人。但如果遵循食品处理和准备过程的良好操作规范，则可减少50%的鸡肉中非伤寒沙门氏菌污染。

我国零售环节有约半数整鸡样品中检出NTS污染，而且零售环节冷藏的鸡肉被NTS污染率显著高于现宰杀和冷冻的整鸡，未包装的生鸡肉高于包装的生鸡肉，提示零售环节本身存在NTS的污染或交叉污染，因此，加强零售环节生鸡肉储藏的过程管理，制定良好生产规范，降低生鸡肉中NTS污染或交叉污染的建议，以及加强相关的食品安全风险交流和健康教育工作，提高公众对厨房内食品安全的认识，减少错误的厨房内操作行为，是降低非伤寒沙门氏菌引起胃肠炎的重要措施。

4.3.6 风险评估在国际贸易中的应用

我国自加入世界贸易组织（WTO）以来，进出口食品贸易量成倍增长，进出口食品安全受到广泛关注。WTO/SPS 协定规定：各国需根据风险评估结果，确定本国适当的卫生措施及保护水平，各国不得主观、武断地以保护本国国民健康为理由而设立过于严格的卫生措施，从而阻碍贸易公平进行。WTO/SPS 协定为食品国际贸易建立了食品安全措施的基本规则。然而，一些国家的政府机构因各种原因采用比健康保护需要更为严格的标准，这可能被视为贸易壁垒。应对这些贸易壁垒必须以风险评估为基础，但由于风险评估内在的不确定性因素，同种风险进行不同评估可以产生不同结果，有时贸易保护主义策略是难以识别和消除的。食品安全风险评估对于促进食品产业发展和保障公平贸易等方面发挥着重要作用。

 典型案例

龙舌兰酒甲醇风险评估为解决国际贸易争端提供科学依据

龙舌兰酒（Tequila 100% Agave）是以仙人掌科植物龙舌兰根块为原料制成的一种蒸馏酒，主要产地为墨西哥。龙舌兰富含果胶，导致龙舌兰酒中甲醇含量较高。甲醇为一种毒性物质，人体一次性摄入大量甲醇可发生中毒反应，毒性主要表现为胃肠道刺激、代谢性酸中毒、中枢神经系统抑制以及视觉障碍等。墨西哥规定龙舌兰酒中甲醇限量为 3.0 g/L（100% 酒精计），高于我国《食品安全国家标准 蒸馏酒及其配制酒》（GB 2757—2012）中对甲醇含量的规定（2.0 g/L）。由于两国标准的差异，严重影响到墨西哥龙舌兰酒进入我国，并对中墨两国间其他商贸合作产生间接影响。

2013 年 4 月，针对墨西哥方在多种场合提出放宽龙舌兰酒中甲醇限量的诉求，我国对龙舌兰酒中 3.0 g/L 的甲醇限量标准重新进行风险评估。评估结果表明，假设龙舌兰酒的酒精度为 50%，即使一次性饮用 450 g 龙舌兰酒，通过龙舌兰酒一次性摄入的甲醇为 11.25 mg/（kg bw），低于 IPCS 提出的安全限值 [20 mg/（kg bw）]，急性暴露的健康风险较低。假设龙舌兰酒平均消费量以我国饮酒者白酒平均消费量 56.3 g/d 计（已折算成 100% 酒精），则通过龙舌兰酒平均每日摄入的甲醇为 1.69 mg/（kg bw），低于 EPA 推荐的每日参考剂量 [2 mg/（kg bw）]，慢性暴露的健康风险较低。2013 年，原国家卫计委依据风险评估结果，发布《关于龙舌兰酒按照进口尚无食品安全国家标准食品管理的公告》，允许甲醇含量低于 3.0 g/L 的墨西哥龙舌兰酒进入我国市场。该项风险评估工作为顺利解决中墨龙舌兰酒贸易争端提供了关键的科学依据。

4.3.7 风险评估在风险预警中的应用

食品安全风险预警是通过食品安全风险信息的收集、评估和通报，对可能发生的食品安全风险隐患做到早发现、早通报、早控制，以有效防止食品安全事故发生或蔓延及对消费者造成的危害及损失。风险预警的基础是对危害的认知、监测和评估，风险预警的能力同时体现出对食品安全问题的综合管理和掌控的水平。根据风险预警的特点，开展风险预警应当满足以下要求：一是应当以风险评估结果为基础；二是必须在风险评估结果基础上，综合分析相关的风险管理信息；三是必须以健康保护为必要性前提，即分析表明可能具有较高程度安全风险；四是职责法定，即预警的公布有别日常监管信息，应由法律授权的部门发布。任何组织、个人和媒体不得自行制作发布预警信息。

典型案例

预防织纹螺食物中毒的风险警示

织纹螺属于软体动物门，腹足纲，是织纹螺科的统称，广泛分布于包括我国在内的东南亚沿海。由于织纹螺味道鲜美，沿海居民普遍有食用织纹螺的习惯。但又由于织纹螺体内可能含有河鲀毒素，食用后会造成中毒乃至死亡，因此，食用织纹螺风险极大。河鲀毒素是一种剧毒的生物碱类天然神经毒素，性质稳定，在120℃加热60 min才会被破坏。河鲀毒素中毒潜伏期短，一般食用后0.5～3 h发病，轻度中毒时口唇、舌尖、手指会出现麻木感，重度中毒会全身麻木、呼吸困难甚至死亡，没有特效治疗药物，死亡率高，对人的致死剂量为0.5 mg。一般来说，有毒织纹螺与无毒织纹螺无法通过外观直接判别，特别是织纹螺体内河鲀毒素的含量及其变化具有较大的不确定性，除与其品种有关外，还与其生长季节、生活海域、产卵繁殖、赤潮发生等因素有关。

为保障公众身体健康和生命安全，我国规定，任何食品生产经营单位不得采购、加工和销售织纹螺。2014年10月，考虑到食用织纹螺现象的普遍存在以及风险的持续增高，原国家食品药品监督管理总局发布关于预防织纹螺食物中毒的风险警示：一是任何食品生产经营单位不得采购、加工和销售织纹螺；二是公众应增强自我保护意识，不购买和食用织纹螺。误食织纹螺后，如发生中毒症状的，应当立即自行催吐，并到医院就诊；三是若发现食品生产经营单位采购、加工和销售织纹螺的，应当及时拨打投诉电话向当地食品安全监管部门举报。

4.3.8 风险评估在风险交流中的应用

《食品安全法》规定，县级以上人民政府的食品安全监督管理部门和其他有关部门、食品安全风险评估专家委员会及其技术机构，应当按照科学、客观、及时、公开的原则，组织食品生产经营者、食品检验机构、认证机构、食品行业协会、消费者协会以及新闻媒体等，就食品安全风险评估信息和食品安全监督管理信息进行交流沟通。食品安全风险评估相关的风险交流内容包括：风险评估的原则、框架和管理体系；风险评估项目的立项背景、依据和必要性；风险评估的方法、模型等技术信息；风险评估项目的进展；风险评估的结果解释；食品安全风险管理的建议等。

 典型案例

不锈钢锅中锰超标的风险交流

2012年2月，多家媒体报道"苏泊尔不锈钢锅锰含量超出标准4倍""锰超标会对人体造成伤害，甚至引发帕金森病"。公众十分关注家庭使用不锈钢锅会摄入多少锰，这些锰是否会对健康造成影响。锰是人体必需的元素之一，大多数食品和饮水中都含有锰，胃肠道对锰的吸收率较低。国家食品安全风险评估中心在舆情报道后48 h内完成了市场采样、检测和风险评估。即使考虑最极端情形，不锈钢炊具中锰向食品中的平均迁移量为0.35 mg/kg，普通消费者因这种迁移而摄入的锰为1.05 mg。由于锰是食物的正常成分之一，公众每天可从食物和饮水中摄入7 mg左右的锰。因此，每天摄入锰的总量（8.05 mg）低于中国营养学会推荐的每天安全耐受摄入量（10.0 mg），不会造成健康风险，更不会引起帕金森病。国家食品安全风险评估中心召开媒体风险交流会，发布权威风险评估结果，让公众了解锰与健康的科学知识以及本次事件的真相。

4.4 食品安全风险综合分析与研判

4.4.1 食品安全风险综合分析与研判的法律要求

《食品安全法》规定：国务院食品安全监督管理部门应当会同国务院有关部门，根据食品安全风险评估结果、食品安全监督管理信息，对食品安全状况进行综合分析。对经综合分析表明可能具有较高程度安全风险的食品，国务院食品安全监督管理部门应当及时提出食品安全风险警示，并向社会公布。

为规范食品安全风险研判和风险预警工作，加强食品安全风险管理，提高食品安全风险防控能力,各地积极落实法律规定,开展食品安全综合分析和研判。例如,上海市食品药品安全委员会办公室(以下简称市食药安办)于2018年7月发布实施《上海市食品安全风险研判和风险预警工作制度》,进一步提升了食品安全信息交流、综合分析、研判预警和部门联动能力。

4.4.2 上海市食品安全风险综合分析与研判制度

4.4.2.1 职责分工

市食药安办负责本市食品安全风险综合分析与研判的组织管理工作,建立食品安全风险综合分析与研判工作领导小组,由市食药安办分管领导任组长,市卫健委和市农委等相关处室负责人为副组长,市食药安委其他相关成员单位相关处室负责人为组员。市食药安委各成员单位负责本部门职能范围内食品安全信息收集核实、评估研判及相关风险管理措施落实。

4.4.2.2 风险信息收集核实

食品安全风险信息收集是开展风险研判工作的基础,市食药安委成员单位及时对本部门工作中获取的风险信息进行收集。风险信息来源主要包括但不限于:风险监测、风险评估、食品安全监督抽检和日常监管工作信息,投诉举报和舆情监测信息,有关部门通报、行业企业和主要食品生产区域反映信息,国际组织、其他国家(地区)和境外相关机构通报,突发事件和科技文献等。

市食药安委成员单位收集食品安全风险信息后,应及时与相关部门及企业沟通、听取专家意见或召开专题会议研究核实,识别风险信息涉及的主要危害因素,描述其性质和进入食品链途径,初步分析食品安全风险性质。

4.4.2.3 风险信息的评估与研判

市食药安委成员单位收集核实风险信息后发现该风险信息涉及危害因素需进行风险评估的,应向市卫健委提出风险评估的建议,并提供风险来源、相关检验数据和结论等信息、资料,由市卫健委组织进行评估。评估内容包括对食品安全风险信息引发食品安全事故或人体健康损害的可能性、频次、后果、影响范围等进行评估。如条件许可,应严格按危害识别、危害特征描述、暴露评估和风险特征描述的风险评估程序进行定量评估;如事态紧急,可组织专家开展定性或半定量的风险评估。

市食药安委成员单位应依据风险评估结果和(或)专家意见,对收集的风险信息进行研判。参与风险研判主体包括食品安全相关部门、科研院所、食品行业协会、消费者协会等;风险研判内容包括引发风险的因素,风险发生的概率和时期,可能造成的危害、影响程度、严重程度,以及需要采取的防控措施;风险研判结果应采用严重风险、较高风险和一般风险对风险信息进行分级。

市食药安委成员单位对所收集食品安全风险信息评估研判后，确认属于严重风险或较高风险的，应填写食品安全风险信息汇总分析表，提交市食药安办组织综合分析。其中，严重风险应于确认后立即提交，较高风险可每季度汇总提交。一般风险原则上由各成员单位按规定处置。

4.4.2.4 风险信息综合分析

市食药安办负责食品安全风险信息综合分析会议的召集、组织工作，会同各市食药安委成员单位汇总、整理食品安全风险信息材料，必要时邀请区食药安办、相关单位和有关食品安全专家参与。食品安全风险信息综合分析会议主要内容：①通报上期食品安全风险预警措施落实情况、食品安全风险变化情况；②分析当期食品安全风险信息高风险因素及风险程度；③分析下阶段可能的食品安全高风险因素及风险程度；④确定严重风险和较高风险的风险预警处置措施，对承担风险预警处置工作的市食药安委成员单位及相应区食药安办发布风险预警处置任务函，指导和协调全市食品安全风险预警处置工作；⑤对于经分析暂不启动风险预警处置措施的，应要求相关单位加强持续监测并及时上报进展情况；⑥对严重风险或难以在会议上解决的重大问题，报请市食药安办主要领导召集专题会议进行研究。

市食药安办和市食药安委成员单位根据食品安全风险等级和职责分工，进行风险预警和消费提示，具体内容见本书第5.3.4节。

参考文献

[1] 杨大进,李宁.国家食品污染和有害因素监测发展设想[J].中国食品卫生杂志,2020,32(6)：593-597.

[2] 张倩男,李永宁,梁春来,等.食品毒理学数据库构建研究[J].中国食品卫生杂志,2022,34(5)：889-895.

[3] 赵丽云,郭齐雅,李淑娟,等.加强营养调查与监测,改善中国居民营养与健康状况[J].卫生研究,2019,48(4)：517-522.

[4] 谭彦君,陈子慧,蒋琦.食品安全风险评估：危害识别[J].华南预防医学,2013,39(2)：91-92,94.

[5] 宁钧宇,肖文,魏洪鑫,等.高氯酸盐的危害评估[J].毒理学杂志,2021,35(3)：198-206,214.

[6] 黄芮,陈子慧.食品安全风险评估：危害特征描述[J].华南预防医学,2013,39(3)：90-92.

[7] 黄欣悦,陈娟,马欣玥.食品中金黄色葡萄球菌定量风险评估的研究进展[J].食品工业科技,2021,42(22)：390-397.

[8] 郑雷军,邱从乾.2005—2014年上海市集体性食物中毒特点与防控措施分析[J].上海预防医学,2017,29(6)：453-456.

[9] LIU J, BAI L, LI W, et al. Trends of foodborne diseases in China: Lessons from laboratory-based surveillance since 2011 [J]. Frontiers of Medicine, 2018, 12 (1): 48-57.

[10] 肖潇,隋海霞.食品中遗传毒性致癌物风险评估方法研究[J].中国食品卫生杂志,2018,30(4)：425-429.

[11] 张峰祖,朴秀英.国内外农药膳食风险评估技术现状[J].现代农药,2023,22(4)：14-20,43.

[12] 宁喜斌.食品安全风险评估[M].北京：化学工业出版社,2017.

[13] 李敬光,张磊,吕冰,等.中国总膳食研究化学检测技术[M].北京:科学出版社,2023.
[14] 齐人杰,刘弘.上海市15岁及以上居民膳食铅的暴露风险评估[J].上海预防医学,2023,35(6):529-535.
[15] 任筑山,陈君石.中国的食品安全:过去、现在与未来[M].北京:中国科学技术出版社,2016.
[16] 国家食品安全风险评估专家委员会.中国居民膳食铝暴露风险评估[R].北京:国家食品安全风险评估专家委员会,2012.
[17] 国家食品安全风险评估专家委员会.中国食盐加碘和居民碘营养状况的风险评估[R].北京:国家食品安全风险评估专家委员会,2010.
[18] 国家食品安全风险评估专家委员会.中国居民反式脂肪酸膳食摄入水平及其风险评估[R].北京:国家食品安全风险评估专家委员会,2012.
[19] 国家食品安全风险评估中心.我国零售鸡肉中非伤寒沙门氏菌污染对人群健康影响的初步定量风险评估(摘要)[R/OL].https://www.cfsa.net.cn/UpLoadFiles/news/upload/2021/2021-05/e7a84115-a9ef-4434-b639-5fa73d486771.pdf.
[20] 周萍萍,刘飒娜,刘兆平,等.龙舌兰酒中甲醇的初步风险评估[J].中国食品卫生杂志,2015,27(3):315-318.
[21] 吴永宁,刘沛,孙金芳,等.膳食暴露评估技术与总膳食研究[M].北京:化学工业出版社,2019.
[22] 李颖.食品安全与监督管理[M].北京:人民卫生出版社,2019.
[23] 国家食品安全风险评估中心年鉴编写委员会.国家食品安全风险评估年鉴(2019卷)[M].北京:中国标准出版社,2020.

第 5 章
食品安全风险防控

5.1 食品安全风险防控基础

5.1.1 食品安全相关法律法规

当前,我国已经形成了以《中华人民共和国食品安全法》《中华人民共和国农产品质量安全法》等基本法律为核心,以国务院制定并颁布的《中华人民共和国食品安全法实施条例》等基本法规为重要组成部分,以食品安全标准等技术法规为重要支撑的食品安全法律法规体系。

5.1.1.1 《中华人民共和国食品安全法》

自 2009 年 6 月 1 日起,我国发布实施《中华人民共和国食品安全法》(以下简称《食品安全法》)。该法经两次修订、一次修正,形成了现行的 2021 年修正版《食品安全法》,此版共十章,一百五十四条。其内容体现了国际食品法典委员会提倡的、发达国家或国际组织普遍采用的成熟的食品安全治理理念。作为我国保障食品安全、维护人民身体健康和生命安全的重要法律,在食品安全管理方面体现了以下原则:一是预防为主原则,食品安全工作应当坚持以预防为主,通过科学的风险监测、评估和管理,采取有效的预防措施,防止食品安全事故的发生;二是全程控制原则,食品安全管理应当覆盖从农田到餐桌的全过程,包括食品生产、加工、流通、销售和消费等各个环节,确保全过程食品安全;三是风险管理原则,食品安全管理应当基于科学的风险评估,实施有效的风险管理措施,确保食品安全风险处于可接受的水平之内;四是透明公开原则,食品安全信息应当公开透明,以便公众了解和监督,食品安全监管部门应当及时、准确地发布食品安全信息,提升公众的食品安全意识和自我保护能力;五是责任追究原则,《食品安全法》明确了食品生产经营者、监管者和消费者的法律责任,强化了对违法行为的处罚,保障了法律的严肃性和权威性;六是社会共治原则,应当充分发挥政府、企业、社会组织和公众等各方作用,形成共同参与、共同治理的食品安全工作格局。

《食品安全法》的颁布实施,完善了统一权威的食品安全监管机制,将食品生产经营监管职责统一调整至食品安全监管部门,即市场监管部门,其他部门则按职责承担相关食品安全管理工作。落实食品安全"四个最严"要求,建立最严格的全过程监管制度,进一步明确食品企业经营者的主体责任,强调食品生产经营者对其生产经营的食品的安全负责。突出对网络食品交易的监管,对特殊食品(如保健食品、特殊医学用途配方食品、婴幼儿配方食品)实施严格的注册或备案管理。明确食品安全事故调查的主体是食品安全监管部门,在调查处理过程中,同级卫生行政、农业行政等部门应给予配合。而食品安全事故现场的卫生处理、事故相关因素的流行病学调查则由县级以上疾病预防控制机构负责。建立最严厉的处罚制度,对不法分子予以从严打击,对失职、渎职的地方政府和监管部门实施严肃问责。食品生产经营者和政府监管人员涉嫌犯罪的,依法移送司法部门处理。

5.1.1.2 《中华人民共和国农产品质量安全法》

《中华人民共和国农产品质量安全法》(以下简称《农产品质量安全法》)于2006年4月29日颁布,2018年第十三届全国人民代表大会常务委员会第六次会议对执法主体进行了修正,2022年第十三届全国人民代表大会常务委员会第三十六次会议进行了修订,并于2023年1月1日起正式施行。现行《农产品质量安全法》共八章,八十一条。主要修订内容如下:

一是明确农产品供应链质量安全各方责任。将种植养殖农户、农民专业合作社、农业生产企业及收储运等环节均纳入监管范围,并明确农产品生产经营者对其产品质量安全负主体责任;明确了农产品种植养殖新业态和农产品销售新形式,规定农产品销售网络平台和农产品冷链物流生产经营者应履行质量安全责任。二是强化农产品质量安全风险管理。加强农产品质量安全风险监测和评估,明确农产品质量安全标准的范围、内容,加强对重点区域、重点农产品品种的风险管理。三是农产品生产经营实施规范化管理,建立农产品质量安全管理制度,鼓励建立和实施危害分析及关键控制点体系,实施良好农业规范。四是建立农产品承诺达标合格证制度,规定农产品生产企业、农民专业合作社、从事农产品收购的单位或者个人根据实际情况开具承诺达标合格证,并承诺不使用禁用的农药、兽药及其他化合物。五是对部分食用农产品实施追溯管理。对列入农产品质量安全追溯名录的农产品,逐步实现原料来源明确、生产记录完整、产品流向确定等追溯目标。同时,农产品批发市场应当建立健全农产品承诺达标合格证的查验等制度,以解决农产品供应链索证索票难的问题。

5.1.1.3 《中华人民共和国食品安全法实施条例》

2009 年 7 月,国务院根据《食品安全法》制定了《中华人民共和国食品安全法实施条例》。2015 年 4 月,全国人大常委会对《食品安全法》进行了全面的修订。2019 年 10 月 11 日,国务院颁布了修订后的《食品安全法实施条例》,自 2019 年 12 月 1 日起正式实施,主要修订内容如下:

一是细化《食品安全法》的原则规定。细化了食品生产经营企业主要负责人的责任,要求主要负责人对本企业的食品安全工作全面负责,建立并落实本企业的食品安全责任制;细化了学校和托幼机构等集中用餐单位食品安全责任,要求集中用餐单位的食堂应当执行原料控制、餐具饮具清洗消毒、食品留样等制度,并定期开展食堂食品安全自查等。二是强化对违法违规行为的惩罚。提高违法成本,增设"处罚到人"制度,最高可处法定代表人及相关责任人年收入 10 倍的罚款;建立严重违法食品生产经营者"黑名单"制度,实施信用联合惩戒;健全食品安全行政执法与公安机关行政拘留衔接机制等。三是实化针对具体问题的监管举措。禁止利用会议、讲座、健康咨询等任何方式对食品进行虚假宣传;对特殊食品检验、销售、标签说明书、广告等管理作出细化规定;禁止发布没有法定资质的检验机构所出具的检验报告等。四是优化风险管理制度机制。坚持预防为主、源头治理,促进食品安全科学监管;完善农业投入品的风险评估制度;建立食品安全风险监测会商机制等。五是固化实践中行之有效的做法。建设食品安全职业化检查员队伍;对企业内部举报人给予重奖;制定并公布食品中非法添加物质名录、补充检验方法等,进一步提高监管工作效能等。

除了上述法律法规外,《中华人民共和国产品质量法》《中华人民共和国动物防疫法》《中华人民共和国消费者权益保护法》《中华人民共和国标准化法》《中华人民共和国进出口商品检验法》《中华人民共和国粮食安全保障法》等法律,以及《乳品质量安全监督管理条例》《生猪屠宰管理条例》《农药管理条例》《兽药管理条例》《无证无照经营查处办法》《粮食流通管理条例》等法规也在一定范围、一定程度上发挥了保障食品安全、保障公众权益、促进产业发展和维护社会稳定的作用。

5.1.1.4 国务院相关部门规章

国务院各部委和有行政管理职能的国务院直属机构,根据法律和国务院行政法规规定,在本部门权限范围内制定部门规章。作为食品安全的主要监管部门,国家市场监督管理总局自成立后除了制定《市场监督管理行政许可程序暂行规定》《市场监督管理行政处罚程序规定》《市场监督管理行政处罚听证办法》等程序性规章，以保证行政行为的公正、公开和合法外，还颁布了一系列与食品安全相关的实体性、专业性规章，如《食品生产许可管理办法》《食品经营许可和备案管理办法》《网络交易监督管理办法》《网络餐饮服务食品安全监督管理办法》《网络食品安全违法行为查处办法》《食品生产经营监督检查管理办法》《企业落实食品安全主体责任监督管理规定》《学校食品安全与营养健康管理规定》《药品、医疗器械、保健食品、特殊医学用途配方食品广告审查管理暂行办法》《保健食品原料目录与保健功能目录管理办法》《食盐质量安全监督管理办法》等。这些规章的实施在规范生产流程、保障产品质量、提高产业水平、促进公平竞争、预防食源性疾病和保障消费者权益等方面发挥了重要作用。

5.1.1.5 上海市相关法规规章

上海是一个常住人口超过 2 400 万的超大城市，庞大的食品产业和复杂的食品来源渠道给食品安全保障提出了新挑战。与此同时，食品新业态、新技术、新材料和新模式层出不穷，催生了新的食品安全风险，也对传统的监管模式提出了新挑战。为深入贯彻中央关于食品安全"四个最严"的要求，更有效地保障公众食品安全，《上海市食品安全条例》于 2017 年 1 月 20 日颁布，并自 2017 年 3 月 20 日起施行。这部被称为"史上最严"的食品安全地方性法规具有以下亮点：一是落实食品企业"全过程"食品安全管理工作责任，提出了较《食品安全法》更严格的食品安全企业标准；二是扩大了监管覆盖面，将农村集体聚餐、食品展销会、酒类生产、举办活动、餐饮配送均纳入监管范围；三是实施无证照餐饮备案制，进一步完善了食品摊贩及小餐饮店的管理措施；四是加强网络食品安全的监管工作，明确界定了网络食品交易第三方平台、入网食品经营者的准入标准和食品安全责任，规定了网络交易食品储存、运输和配送的要求。

《上海市食品安全条例》在完善食品安全监管体制方面，进一步强化了市、区食药安办综合管理、协调指导、监督考评和应急管理职责，明确乡、镇人民政府和街道办事处等基层建立食品安全综合协调机构，做好辖区内食品安全综合协调、隐患排查、信息报告、协助执法和宣传教育等工作。在强化食品源头管理方面，规定以食用农产品为原料，经清洗、切配、消毒等加工处理，生产供直接食用食品的，应当依法办理食品生产许可。从事生猪产品及牛羊等其他家畜产品批发、零售的应当办理食品经营许可。从事食品和食用农产品贮存、运输服务的经营者，应当依法向区市场监督管理部门备案。在强化企业主体责任方面，规定了食品安全信息追溯管理制度；高风险食品生产企业建立主要原料和食品供应商检查评价制度等。

为了进一步推动法律法规落地实施，取得食品安全治理成效，上海市政府制定了一系列具有地方特色的规章。一是《上海市餐厨废弃油脂处理管理办法》。该办法规范了上海市餐厨废弃油脂从收运到处置的全流程管理，将油水分离器设备、餐厨废弃油脂收运合同和记录纳入许可条件；以餐厨垃圾减量化、资源化利用水平的提升为目标，促使上海市餐厨废弃油脂管理手段向着精细化、信息化转变。二是《上海市食品安全信息追溯管理办法》。这是全国首部以地方规章形式确立的食品安全信息追溯制度，要求具有一定规模或具有较高风险的14类食品生产经营者，通过上海市统一的"上海市食品安全信息追溯平台"进行食品安全信息追溯。三是《上海市城市网格化管理办法》。城市网格化管理是指按照统一的工作标准，由区人民政府设立的专门机构委派网格监督员对责任网格内的部件和事件进行巡查，将发现的问题通过特定的城市管理信息系统传送至处置部门予以处置，并对处置情况实施监督和考评的工作模式。食品安全相关事件的巡查处置是城市网格化管理的重要内容之一。四是《上海市水产品监督管理办法》。上海市水产品主要由外地供应，是影响上海市食品安全的主要食品种类之一。《上海市水产品监督管理办法》明确了水产品生产经营者对其生产经营的水产品质量安全负责，提出建立源头治理和风险防范的机制，加强生产环节和经营环节的监管对接，建立水产品质量安全追溯制度，规范水产品贮存与运输，建立水产品质量、水域生态环境联动监测机制以及长三角执法协作机制等。

除了上述《上海市食品安全条例》和4部政府规章外，上海市颁布实施的《上海市清真食品管理条例》《上海市酒类商品产销管理条例》《上海市消费者权益保护条例》《上海市检验检测条例》，以及《上海市食用农产品安全监管暂行办法》《上海市生猪产品质量安全监督管理办法》《上海市集体用餐配送监督管理办法》《上海市盐业管理规定》等，共同构筑起上海市食品安全法治保障体系。

5.1.2 食品安全标准

5.1.2.1 基本概念

食品安全标准是食品安全法律法规体系的重要组成部分，是具有法律属性的技术性规范，是判断食品是否安全、生产经营行为是否合法的标尺，也是确保监管部门有效执法、市场主体规范经营、消费者健康免受不安全食品危害以及食品产业健康持续发展的重要保障。《食品安全法》规定，食品安全标准是强制执行的标准，除食品安全标准外，不得制定其他食品强制性标准。食品生产经营者应当依照法律法规和食品安全标准从事生产经营活动，保证食品安全。

食品安全标准的内容包括：食品和食品相关产品中的致病性微生物、农药残留、兽药残留、重金属、污染物质以及其他危害人体健康物质的限量规定；食品添加剂的品种、使用范围、用量；专供婴幼儿的主辅食品的营养成分要求；对与食品安全、营养有关的标签、标识、说明书的要求；食品生产经营过程的卫生要求；与食品安全有关的质量要求；食品检验方法与规程以及其他需要制定为食品安全标准的内容。

食品安全标准根据其适用范围、对象及发布机构的不同，分为国家标准、地方标准和企业标准。食品安全标准也可以根据其内容，分为通用标准、产品类标准、规范类标准以及检验方法类标准。食品安全通用标准（又称横向标准）是以食品中普遍存在的污染物、食品生产加工中普遍使用的食品添加剂等项目为主线的一类标准，包括食品中真菌毒素、污染物、致病菌的限量要求，食品添加剂和营养强化剂的使用要求以及预包装食品标签、营养标签等通用安全技术要求等，这些标准适用于所有食品类别。产品类标准（又称纵向标准）是以某种或某类食品为主线，对涉及某种或某类食品的安全以及与安全有关的质量要求等项目指标设定限量或其他要求的标准。通用标准与产品类标准的关系是普遍性与特殊性的关系，对于某种或某类食品而言，既要执行通用标准，也要执行产品类标准。

5.1.2.2 食品安全国家标准

截至 2024 年 4 月，国务院卫生行政部门会同相关部门制修订并发布食品安全国家标准 1420 项（不包括取代废止的 190 项），其中通用标准 14 项（表 5-1），食品产品标准 818 项，生产经营过程卫生规范 36 项，检验方法标准 551 项，共涉及 2 万多项食品安全指标，覆盖了我国主要食品类别、主要健康危害因素、特定消费人群以及生产到消费的全过程，基本构建起与国际接轨的、相对完善的食品安全标准框架体系（图 5-1）。

表 5-1 食品安全国家标准通用标准

序号	标准号	标准名称
1	GB 2760—2024	食品安全国家标准 食品添加剂使用标准
2	GB 2761—2017	食品安全国家标准 食品中真菌毒素限量
3	GB 2762—2022	食品安全国家标准 食品中污染物限量
4	GB 2763—2021	食品安全国家标准 食品中农药最大残留限量
5	GB 31650—2019	食品安全国家标准 食品中兽药最大残留限量
6	GB 14880—2012	食品安全国家标准 食品营养强化剂使用标准
7	GB 29921—2021	食品安全国家标准 预包装食品中致病菌限量
8	GB 31607—2021	食品安全国家标准 散装即食食品中致病菌限量
9	GB 7718—2011	食品安全国家标准 预包装食品标签通则
10	GB 28050—2011	食品安全国家标准 预包装食品营养标签通则

续表

序号	标准号	标准名称
11	GB 13432—2013	食品安全国家标准 预包装特殊膳食用食品标签
12	GB 29924—2013	食品安全国家标准 食品添加剂标识通则
13	GB 4806.1—2016	食品安全国家标准 食品接触材料及制品通用安全要求
14	GB 9685—2016	食品安全国家标准 食品接触材料及制品用添加剂使用标准

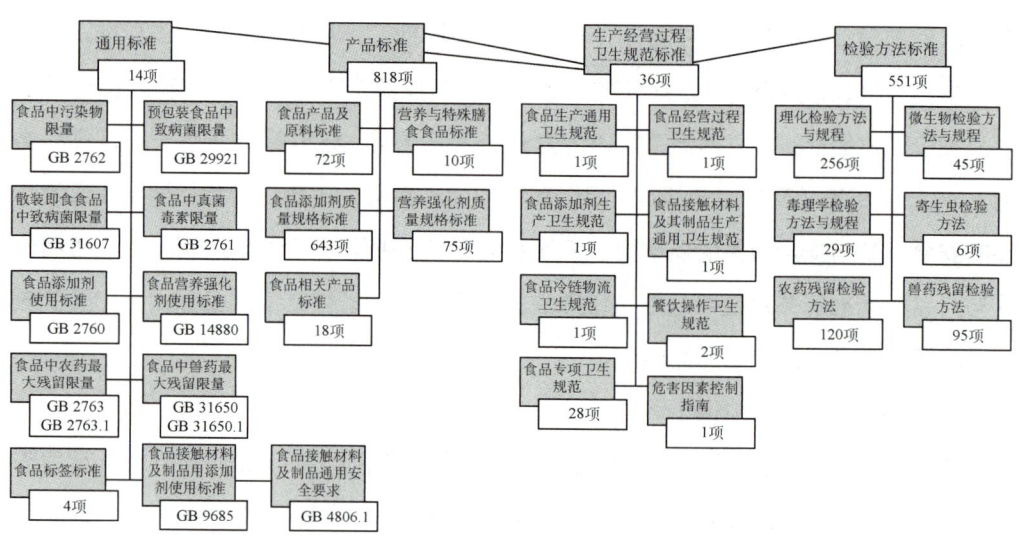

图 5-1　食品安全国家标准体系框架

5.1.2.3　食品安全地方标准

《食品安全法》规定，对地方特色食品，没有食品安全国家标准的，省级卫生行政部门可以制定并公布食品安全地方标准，并报国务院卫生行政部门备案。食品安全国家标准制定后，该地方标准即废止。食品安全地方标准属于强制执行的标准，也属于技术法规的范畴。地方标准不得与法律、法规和食品安全国家标准相矛盾。对于食品安全国家标准（包括通用标准）已经涵盖的食品，如特殊食品、食品添加剂、食品相关产品和农药兽药残留等，不得制定地方标准。

地方特色食品是指在部分地域有 30 年以上传统食用习惯的食品，包括采用地方特有的食品原料和传统工艺生产、涉及的食品安全指标或现有食品安全国家标准不能覆盖的食品。地方标准内容包括对地方特色食品的食品安全要求、与地方特色食品配套的检验方法和规程，以及对与地方特色食品配套的生产经营过程的监管。

上海市卫生行政部门根据《食品安全法》的规定，结合食品安全监管需求，制定了一系列食品安全地方标准。截至 2023 年 5 月底，上海市现行有效的食品安全地方标准共有 17 项，其中产品类标准 8 项，规范类标准 9 项（表 5-2）。

表 5-2 上海市食品安全地方标准

类别	序号	标准编号	标准名称
产品类标准	1	DB 31/2001—2012	食品安全地方标准 青团
	2	DB 31/2004—2012	食品安全地方标准 发酵肉制品
	3	DB 31/2006—2021	食品安全地方标准 糟卤
	4	DB 31/2007—2023	食品安全地方标准 现制饮料
	5	DB 31/2016—2021	食品安全地方标准 调理肉制品
	6	DB 31/2020—2013	食品安全地方标准 食用干制肉皮
	7	DB 31/2023—2023	食品安全地方标准 集体用餐配送膳食
	8	DB 31/2025—2021	食品安全地方标准 预包装冷藏膳食
规范类标准	1	DB 31/2008—2012	食品安全地方标准 中央厨房卫生规范
	2	DB 31/2009—2012	食品安全地方标准 餐饮服务团体膳食外卖卫生规范
	3	DB 31/2011—2021	食品安全地方标准 豆芽工业化生产卫生规范
	4	DB 31/2017—2013	食品安全地方标准 发酵肉制品生产卫生规范
	5	DB 31/2019—2013	食品安全地方标准 食品生产加工小作坊卫生规范
	6	DB 31/2024—2023	食品安全地方标准 集体用餐配送膳食生产配送卫生规范
	7	DB 31/2026—2021	食品安全地方标准 预包装冷藏膳食生产经营卫生规范
	8	DB 31/2027—2023	食品安全地方标准 即食食品现制现售卫生规范
	9	DB 31/2028—2019	食品安全地方标准 即食食品自动售卖（制售）卫生规范

5.1.2.4 食品企业标准

《食品安全法》规定，国家鼓励食品生产企业制定严于食品安全国家标准或者地方标准的企业标准，在该企业适用，并报生产企业所在的省、自治区、直辖市人民政府卫生行政部门备案。《上海市食品安全条例》规定，在没有食品安全国家标准或地方标准的情况下，上海市食品生产企业应当制定企业标准，作为组织生产的依据，并向社会公布。

5.1.2.5 食品团体标准

国家鼓励学会、协会、商会、联合会、产业技术联盟等社会团体协调相关市场主体共同制定满足市场和创新需要的团体标准，由该团体成员约定采用或者按照该团体规定供社会自愿采用。制定团体标准应当遵循开放、透明、公平的原则，保证各参与主体获取相关信息，反映各参与主体的共同需求，组织对标准相关事项进行调查、分析、实验和论证。国务院标准化行政主管部门会同国务院有关行政主管部门对团体标准的制定进行规范、引导和监督。团体标准的技术要求不得低于强制性国家标准的相关技术要求。国家鼓励社会团体制定高于推荐性标准相关技术要求的团体标准。

5.1.3 食品安全管理体系

5.1.3.1 基本概念

食品安全管理体系是一种以预防食品安全风险为基础的系统化管理方法，它包括组织内部为保障食品安全所采取的政策、制度、程序和过程。食品安全管理体系可以帮助食品生产和销售企业确保其产品的安全，从而保护消费者的健康，增强消费者对产品的信心，并满足相关法律法规的要求。食品安全认证是一种重要的质量保证手段，旨在确保食品从生产到消费的全过程符合特定的安全和质量标准。这种认证通常由第三方机构进行，以确保其独立性和客观性。所谓第三方，是指独立于生产者及消费者或买卖双方的专业机构。

《中华人民共和国产品质量法》规定，国家根据国际通用的质量管理标准，推行企业质量体系认证制度和产品质量认证制度。企业根据自愿原则向国务院市场监督管理部门认可的或者国务院市场监督管理部门授权的部门认可的认证机构申请企业质量体系认证和产品质量认证。但对于与人体健康和安全密切相关的部分食品生产企业，其特定的质量管理体系必须经过强制性认证。

《中华人民共和国认证认可条例》规定，认证是指由认证机构证明产品、服务、管理体系符合相关技术规范强制性要求或者标准的合格评定活动。认可是指由认可机构对认证机构、检查机构、实验室以及从事评审与审核等认证活动的人员的能力和执业资格，予以承认的合格评定活动。认可机构必须经国务院认证认可监督管理部门确认。从事认证活动的人员应当经认可机构考核、注册后从事相应的认证活动。认证认可范围及流程见图 5-2。

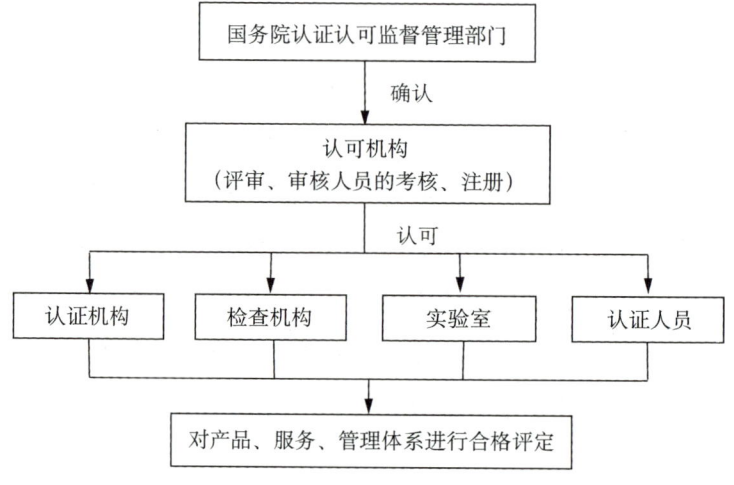

图 5-2 认证认可范围及流程图

5.1.3.2 主要食品安全管理体系

1. 食品安全标准操作程序（SSOP）

食品安全标准操作程序（Sanitation Standard Operation Procedures，SSOP）是指为了达到良好生产规范的要求，以消除食品加工过程中的危害因素为重点，确保生产加工的食品符合卫生要求而制定的指导文件。SSOP主要关注食品生产加工过程中的清洗、消毒和卫生保持等方面。它至少包括以下八个方面的内容：与食品接触或与食品接触物表面接触的水（冰）的安全；与食品接触的表面（包括设备、手套、工作服）的清洁度；防止发生交叉污染；手的清洗与消毒，厕所设施的维护与卫生保持；防止食品被污染物污染；有毒化学物质的标记、贮存和使用；雇员的健康与卫生控制；虫鼠害的防治。

SSOP的起源可以追溯到20世纪90年代，当时美国频繁暴发食源性疾病，促使美国农业部（United States Department of Agriculture，USDA）建立了涵盖生产、加工、运输、销售所有环节在内的肉禽产品生产安全措施，其中包括SSOP。SSOP作为良好生产规范和HACCP体系的基础程序和重要组成部分，对食品生产过程中的卫生控制起着至关重要的作用。它确保了食品生产环境的卫生条件，从而保障了食品的安全和质量。此外，SSOP的实施也有助于减少HACCP体系中的关键控制点数量，使食品企业能够更有效地专注于与食品或加工相关的危害控制。

2. 良好卫生规范（GHP）

良好卫生规范（Good Hygiene Practices，GHP）是所有食品卫生体系的基础，有助于生产安全、适用的食品。食品企业经营者必须了解可能影响其食品卫生的危害，并确保妥善处理此类危害以保护消费者健康。GHP是有效实施食品安全管理计划的基础，为食品企业经营者提供控制食品安全危害的系统。为确保食品的安全性和可食用性，本世纪以来各国普遍实行从"农田到餐桌"的全食物链管理措施，秉承"安全的食品是生产出来的而不是检测出来的"理念，要求处于食品链上每一环节的食品生产经营者都要采取有效的控制措施。

GHP作为解决食品安全问题的最基本、最重要的控制措施，可用于管理可能污染食品的多种危害源头，如在收获、制造、制备食品过程中处理食品的人员；从供货商采购的原材料及其他配料；对工作环境的清洁和维护活动；食品储存和展示，等等。食物链上的所有食品企业经营方均应知晓和了解与自身企业相关的危害和相应的控制措施。国际食品法典委员会以及许多国家和国际组织都制定了相关标准或指南性文件，旨在为食品企业经营者有效落实GHPs提供帮助。

3. 良好生产规范(GMP)

良好生产规范(Good Manufacturing Practice, GMP)属于一般性的食品质量保证体系,要求企业从原料、人员、设施设备、生产过程、包装运输、质量控制等方面按照国家有关法规达到卫生质量要求。这些要求旨在帮助企业改善企业卫生环境,防止产品在制造过程中受到污染或出现差错,及时发现生产过程中存在的问题,并加以改善。实施GMP的目的是确保产品的卫生质量、安全性和有效性,在提高产品卫生质量和安全水平的同时,增强消费者对产品的信心,提高市场竞争力。

4. 危害分析与关键点控制(HACCP)

危害分析与关键点控制(Hazard Analysis Critical Control Point, HACCP)是国际上共同认可和接受的一种食品安全保证体系,主要通过对食品生产过程中可能发生的生物性、化学性和物理性危害进行评估、鉴别、控制与纠正,将食品安全风险降低到最小或可接受的水平,以保证终端产品的质量。HACCP体系的设计、验证和实施原则见表5-3。

表 5-3 建立 HACCP 体系的七项原则

原则序号	原则内容
1	开展危害分析,确定控制措施
2	确定关键控制点
3	确定经确认的关键限值
4	建立一个系统来监测关键控制点的控制情况
5	在监测结果表明与某一关键限值相比出现偏差时,确定应采取的纠正行动
6	对HACCP进行验证,确立审核程序,确认HACCP体系在按预期正常运作
7	就符合以上原则及其应用要求的所有程序及记录建立存档

GHP和SSOP是建立HACCP的前提条件,是企业生产管理的"线"。HACCP体系直击生产控制的"安全"核心,可对关键控制点提供科学、系统的控制方法,充分发挥其控制质量安全的高效性和经济性,是企业生产管理的"点"。

《上海市食品安全条例》要求全市所有食品生产企业强制实施HACCP体系。为助力小微企业,提升食品生产企业整体质量安全控制水平,2020年1月,上海市市场监督管理局发布了《上海市小微型食品生产企业危害分析与关键控制点(HACCP)体系实施指南》(以下简称《实施指南》),引导和督促年营业收入小于2 000万元的小微企业参照《实施指南》建立并实施HACCP体系。至2020年6月,上海市已完成全市食品生产企业HACCP体系全覆盖。

5. 质量管理体系(ISO 9001)

ISO 9001是由国际标准化组织(International Organization for Standardization,

ISO)发布的一个有关质量管理体系的国际标准,该标准为组织提供了一套框架和要求,它规定了质量体系中各个环节(要素)的标准化实施规程和合格评定实施规程,以建立和维护一个有效的质量管理体系。ISO 9001 的设计和实施旨在帮助组织确保其产品和服务质量满足客户的需求,并符合适用的法律法规要求。ISO 9001 比 HACCP 覆盖的范围更广,具有广泛的适用性,适用于各种类型、不同规模和提供不同产品的组织。

ISO 9001 强调组织中的领导作用,突出全员参与和过程管理,倡导持续改进和基于事实的决策方法。它建立了一个较为完整且科学的结构模型,适合于各类组织实施质量管理。但 ISO 9001 只是提出了管理要求,侧重于宏观控制,对产品生产的各环节没有提出具体要求,不涉及具体的管理方法和手段,是企业生产管理的"面",主要为企业建立管理体系提供平台。

6. 食品安全管理体系(ISO 22000)

ISO 22000 是以 HACCP 原理为基础,在广泛吸收了质量管理体系(ISO 9001)的基本原则和过程方法的基础上制定的食品安全管理体系。ISO 22000 标准适用于食品链中各种规模和复杂程度的组织,包括饲料生产者、动物食品生产者、野生动植物收获者、农作物种植者、辅料生产者、食品生产者、零售商,以及提供食品、餐饮、清洁与消毒、运输、储存、分销服务的组织、设备、清洁剂、消毒剂、包装材料和其他食品接触材料的供应商等。

实施 ISO 22000 是为了使直接或间接参与食品链的组织能够规划、实施、运营、维护和更新食品安全管理体系,根据其预期用途提供安全的产品和服务;证明符合适用的食品安全要求的法律法规;评价和评估双方同意的客户食品安全要求,并证明符合这些要求;向食品链中的相关方有效沟通食品安全问题;确保组织遵守其规定的食品安全政策;向相关利益方证明合规性,等等。

5.1.4 食品安全许可备案

5.1.4.1 许可情形

国家对食品生产经营实行许可制度。从事食品(含食品添加剂)生产、食品销售或餐饮服务,应当依法取得许可。从事食品(含食品添加剂)生产的企业在获得市场监督管理部门颁发的食品生产许可证后,方可从事食品生产活动;从事食品经营(销售食用农产品的和仅销售预包装食品的除外)的企业在获得市场监督管理部门颁发的食品经营许可证后,方可从事食品经营活动。

市场监督管理部门按照国家有关工业产品生产许可证管理的规定,对直接接触食品的包装材料等具有较高风险的食品相关产品实施生产许可。另外,利用新的食品原料生产食品,或者生产食品添加剂新品种、食品相关产品新品种,应当向国务院卫生行政部门提交相关产品的安全性评估材料。 国务院卫生行政部门组织审查,对符合食品安全要求的,准予许可并以公告的形式公布。

5.1.4.2　备案情形

根据《食品安全法》的规定,销售食用农产品和仅销售预包装食品的,不需要取得许可。 仅销售预包装食品的,应当报所在地县级以上地方人民政府食品安全监督管理部门备案。 非食品生产经营者从事对温度、湿度等有特殊要求的食品贮存业务的,应当自取得营业执照之日起 30 个工作日内向所在地县级人民政府食品安全监督管理部门备案。

5.1.4.3　特殊食品

使用保健食品原料目录以外原料生产的保健食品和首次进口的保健食品应当经国务院食品安全监督管理部门注册。 首次进口的保健食品中属于补充维生素、矿物质等营养物质的,应当报国务院食品安全监督管理部门备案。 其他保健食品应当报省、自治区、直辖市人民政府食品安全监督管理部门备案。

婴幼儿配方乳粉的产品配方应当经国务院食品安全监督管理部门注册。 在注册时,应当提交配方研发报告和其他表明配方科学性、安全性的材料。 婴幼儿配方食品生产企业应当将食品原料、食品添加剂、产品配方及标签等事项向所在省、自治区、直辖市人民政府食品安全监督管理部门备案。

特殊医学用途配方食品应当经国务院食品安全监督管理部门注册。 在注册时,应当提交产品配方、生产工艺、标签、说明书以及表明产品安全性、营养充足性和特殊医学用途临床效果的材料。

5.1.5　食品安全培训考核

5.1.5.1　食品安全管理人员配备

根据《企业落实食品安全主体责任监督管理规定》相关内容,食品生产经营企业应当配备食品安全总监、食品安全员等食品安全管理人员,且需要与企业规模、食品类别、风险等级、管理水平和安全状况等相适应。 比如,连锁食品企业、食品生产企业的生产经营规模大、风险等级高,就应该配备多名食品安全总监和食品安全员,且食品安全管理水平也应该更强。 食品安全总监、食品安全员应当按照岗位职责协助企业主要负责人做好食品安全管理工作。 另外,在依法配备食品安全员的基础上,还必须配备食品安全总监的食品生产经营企业和食堂包括:特殊食品生产企业,大中型食品生产企业、餐饮服务企业和食品销售企业,连锁餐饮企业和销售企业总部，用餐人数在 300 人以上的托幼机构食堂、用餐人数在 500 人以上的学校食堂，以及供餐人数超过 1 000 人的集体用餐配送单位等。食品安全管理人员应当掌握与其岗位相适应的食品安全法律、法规和标准，熟悉生产经营过程控制要求，能够识别食品安全风险特征，具备食品安全风险管理能力。

5.1.5.2 食品安全培训考核

根据《食品安全法》等的规定，食品生产经营企业应当对职工进行食品安全知识培训，加强食品安全管理人员和食品从业人员培训和考核。经考核不具备食品安全管理能力的，不得上岗。食品安全监督管理部门应当对企业食品安全管理人员随机进行监督抽查考核并公布考核情况。《国务院食品安全办关于印发国家食品安全示范城市标准（修订版）的通知》（食安办〔2017〕39 号）对从业人员的培训时限提出了相关要求，指出食品生产经营者负责人、食品安全管理人员、主要从业人员每人每年要接受食品安全法律法规、科学知识和行业道德伦理的集中培训不少于 40 h。培训和考核记录保存期限不得少于两年。

《上海市食品安全法条例》对食品安全培训考核进行了细化规定。要求食品生产经营者应当自行组织或者委托社会培训机构、行业协会，对本单位的从业人员进行上岗前和在岗期间的食品安全知识培训，学习食品安全法律、法规、规章、标准和食品安全知识，并建立培训档案。参加培训的人员可以按照规定，享受上海市企业职工培训补贴。食品生产经营者应当对食品安全管理人员、关键环节操作人员及其他相关从业人员进行考核，考核不合格的，不得上岗。另外，农村集体聚餐的承办者应当定期组织厨师等加工制作人员进行健康体检和食品安全知识培训；从事网络交易食品配送的网络食品经营者、网络食品交易第三方平台提供者、物流配送企业应当遵守有关法律法规对贮存、运输食品以及餐具、饮具、容器和包装材料的要求，并加强对配送人员的培训和管理。

5.2 企业主体风险防控

5.2.1 食品从业人员健康管理

5.2.1.1 法律法规相关规定

当前，大部分食品生产企业仍属于劳动密集型产业，从业人员数量众多，他们食品安全意识较为淡薄，且多数餐食为手工加工制作，一旦从业人员加工制作不当，就极易引发食源性疾病。食品生产经营者应确保员工的健康状况与个人清洁卫生，以防控在食品生产经营过程中可能引起的生物性（如传染病）、化学性（如个人使用化妆品污染食物）、物理性（如佩戴的饰物掉落到食品中）食品安全危害。《食品安全法》规定，食品生产经营者应当建立并执行从业人员健康管理制度，从事接触直接入口食品工作的食品生产经营人员应当每年进行健康检查，取得健康证明后方可上岗工作。患有国务院卫生行政部门规定的有碍食品安全疾病，如霍乱、细菌性和阿米巴性痢疾、伤害和副伤寒、病毒性肝炎（甲型、戊型）、活动性肺结核、化脓性或者渗出性皮肤病的人员，不得从事接触直接入口食品的工作。

5.2.1.2　食品生产企业相关规范要求

《食品安全国家标准 食品生产通用卫生规范》（GB 14881—2013）规定了食品生产过程中原料采购、加工、包装、贮存和运输等环节的场所、设施、人员的基本要求和管理准则，适用于各类食品的生产，明确非食品加工人员不得进入食品生产场所，特殊情况下进入时应遵守和食品加工人员同样的卫生要求。食品加工人员的相关要求见表5-4。

表5-4　食品加工人员健康管理和个人卫生要求

种类	要求
健康管理	1. 每年应当进行健康检查，取得健康证明后方可参加工作。 2. 建立并执行食品加工人员健康管理制度。 3. 患有痢疾、伤寒、甲型病毒性肝炎、戊型病毒性肝炎等消化道传染病，以及患有活动性肺结核、化脓性或者渗出性皮肤病等有碍食品安全的疾病，或有明显皮肤损伤未愈合的，应当调整到其他不影响食品安全的工作岗位
个人卫生	1. 进入食品生产场所前应整理个人卫生，防止污染食品。 2. 进入作业区域应规范穿着洁净的工作服，并按要求洗手、消毒；头发应藏于工作帽内或使用发网约束。 3. 进入作业区域不应佩戴饰物、手表，不应化妆、染指甲、喷洒香水；不得携带或存放与食品生产无关的个人用品。 4. 使用卫生间、接触可能污染食品的物品或从事与食品生产无关的其他活动后，再次从事接触食品、食品工器具、食品设备等与食品生产相关的活动前应洗手消毒

5.2.1.3　餐饮服务提供者相关规范要求

我国《餐饮服务食品安全操作规范》（2018年版）对从业人员健康管理和个人卫生作出了较为完整的细化要求。

1. 健康证明要求

从事接触直接入口食品工作（如清洁操作区内的加工制作及切菜、配菜、烹饪、传菜、餐饮具清洗消毒等）的从业人员，包括新入职和临时从业人员，必须取得健康证明后方可上岗。同时，上述从业人员应每年进行健康检查并取得健康证明，必要时应进行临时健康检查。

2. 动态健康管理

食品安全管理人员应每天对从业人员上岗前的健康状况进行检查，实施动态健康管理。明确患有发热、腹泻、咽部炎症等病症及皮肤有伤口或感染的从业人员，应主动向食品安全管理人员等报告，暂停从事接触直接入口食品的工作，必要时进行临时健康检查，待查明原因并将有碍食品安全的疾病治愈后方可重新上岗。手部有伤口的从业人员，使用的创可贴宜颜色鲜明，并及时更换。佩戴一次性手套后，可从事非接触直接入口食品的工作。

3. 个人卫生管理

从业人员个人卫生管理是餐饮服务食品安全管理的基本内容。在加工制作前和加工制作过程中，从业人员均应保持良好的个人卫生，不得留长指甲、不得涂指甲油、应穿着清洁的工作服、不得披散头发、饰物不得外露等。

4. 佩戴清洁的口罩

除要求专间从业人员佩戴清洁的口罩外，专用操作区内从业人员也需要佩戴清洁的口罩。如专用操作区内从事现榨果蔬汁加工制作、果蔬拼盘加工制作、加工制作植物性冷食类食品、对预包装食品进行简单加工制作后食用、调制供消费者直接食用的调味料、备餐等的从业人员，必须佩戴清洁的口罩。

5. 洗手消毒管理

从业人员在加工制作食品前应洗净手部，在加工制作过程中应保持手部清洁，在加工制作不同存在形式的食品前和清理环境卫生、接触化学物品或不洁物品（如落地的食品、餐厨废弃物、钱币、手机等）、咳嗽、打喷嚏、擤鼻涕后应重新洗净手部。

6. 工作服管理

从事接触直接入口食品工作的从业人员，其工作服宜每天清洗更换；受污染后，应及时更换；食品处理区内加工制作食品的从业人员在使用卫生间前，应更换工作服；离开专间时，应脱去专间专用工作服。清洁操作区与其他操作区从业人员的工作服应有明显的颜色或标识区分。

5.2.1.4 从业人员洗手消毒方法

食品从业人员在处理不同食品或在食品制备的不同阶段，可能会接触到各种微生物。洗手消毒可以有效去除手上的细菌和病毒，减少食品之间的交叉污染风险，降低消费者因食用受污染食品而生病的机会。

（1）打开水龙头，用自来水（宜为温水）将双手弄湿。

（2）双手涂上皂液或洗手液等。

（3）双手互相搓擦 20 s（必要时，以洁净的指甲刷清洁指甲）。工作服为长袖的应洗到腕部，工作服为短袖的应洗到肘部。标准的清洗手部方法见图 5-3。

(a) 掌心对掌心搓擦

(b) 手指交错掌心对手背搓

(c) 手指交错掌心对掌心搓擦

(d) 两手互握互搓指背

(e) 拇指在掌中转动搓擦

(f) 指尖在掌心中搓擦

图 5-3　标准的清洗手部方法

（4）用自来水冲净双手。

（5）关闭水龙头（手动式水龙头应用肘部或以清洁纸巾包裹水龙头将其关闭）。

（6）用清洁纸巾、卷轴式清洁抹手布或干手机干燥双手。

如需进行手部消毒，需要在消毒手部前洗净手部，可以参照以下两种方法之一进行消毒。一是将洗净后的双手在消毒剂水溶液中浸泡 20～30 s，再用自来水将双手冲净；二是取适量的乙醇类速干手消毒剂于掌心，按照标准的清洗手部方法充分搓擦双手 20～30 s，搓擦时保证手消毒剂完全覆盖双手皮肤，直至干燥。

5.2.2　食品原料采购

5.2.2.1　采购与查验

食品供应商需要进行合规性查验，即食品生产经营者根据国家有关规定，对供货者的资质和采购食品的安全性进行审查，符合规定的才予以采购。食品生产经营者在采购食品时，应当严格审查食品供应商的条件，认真查验其许可证和食品合格证明文件，确保所采购的食品符合标准。食品供应商进货查验主要包括以下内容：一是供应商企业资质情况，包括供应商营业执照、食品生产或经营许可证，从食用农产品个体生产者直接采购食用农产品的，查验其有效身份证明，从农民专业合作经济组织采购食用农产品的，查验其专业合作社证明、所在地政府证明或社会信用代码；二是供应商证照的有效性情况，包括营业执照和许可证是否一致，是否在有效期内，且生产经营范围与进货食品是否相符，并保留相应的复印件；三是供应商信用情况，包括是否具备良好食品生产经营的信誉、相关设备设施和保证食品安全的条件和认证体系等。

根据《上海市食品安全条例》的规定，食品生产经营者采购食品、食品添加剂、食品相关产品，应当查验供货者的相关许可证件，不得向下列生产经营者采购食品、食品添加剂、食品相关产品用于生产经营：一是未依法取得相关许可证件或者相关许可证件超过有效期限的生产经营者；二是超出许可类别和经营项目从事生产经营活动的生产经营者。

5.2.2.2 高风险食品供应商检查评价

《餐饮服务食品安全操作规范》规定，特定餐饮服务提供者应建立供货者评价和退出机制，对供货者的食品安全状况等进行评价，将符合食品安全管理要求的列入供货者名录，及时更换不符合要求的供货者。鼓励其他餐饮服务提供者建立供货者评价和退出机制。特定餐饮服务提供者应自行或委托第三方机构定期对供货者食品安全状况进行现场评价。学校（含托幼机构）食堂、养老机构食堂、医疗机构食堂、中央厨房、集体用餐配送单位和连锁餐饮企业等特定餐饮服务提供者以及生产预包装冷链膳食等高风险餐饮服务提供者应当建立主要原料和食品供应商检查评价制度，并进行供应商检查评价：一是自行或委托第三方机构定期或者随机对主要原料和食品供应商进行现场食品安全状况检查评价，并做好记录，记录保存期限不得少于两年；二是发现存在严重食品安全问题的，应当立即停止采购，并向本企业、主要原料和食品供应商所在地的市场监督管理部门报告。

5.2.2.3 食品进货查验

食品生产经营者还应当制定并实施原料采购查验制度，并交由具有相当专业技能知识的人进行查验。食品进货查验包括食品供应商资质查验和食品实物查验。其中，食品供应商资质查验内容包括保证食品安全的证书（如食品出厂合格证）或证明文件、检验报告等。要求食品合格证明文件由食品生产企业自行出具或委托具有资质的第三方检验检测机构出具，检验项目应覆盖国家、地方和企业标准规定的全项目，并采用标准规定的方法进行检验。

各类食品的具体查验内容为：

（1）畜禽肉类应查验动物产品检疫合格证明；采购猪肉的，还应查验肉品品质检验合格证明。

（2）熟食卤味和豆制品（含豆芽）应提供专用送货单。

（3）进口食品还应提供海关部门出具的入境货物检验检疫证明。

（4）保健食品、特殊医学用途配方食品和婴幼儿配方食品还应提供国家批准的相关注册、备案文件。

（5）绿色、有机、无公害和地理标志食品（农产品）应提供相关的证明文件。

上述（1）(4)证明文件必须每批食品随货同行。

食品生产经营者进货时应对每批食品进行下列实物查验：

（1）送货车辆检查。卸货前送货车辆应保持清洁；食品堆放科学合理，避免造成食品的交叉污染；如对温度有要求的食品应确定并记录送货车辆温度，记录存档。

（2）商品包装检查。外包装应清洁、形状完整，无严重破损或受潮；外包装名称和包装内食品应一致；内包装应无破损，食品的形状完好无损。

（3）食品质量的检查。食品应清洁，并符合企业相关验收标准；应无损伤、腐烂现象，无寄生虫或已受虫害现象；对温度有要求的食品应确定食品温度与包装上指示温度一致，冷冻食品没有曾经解冻痕迹。

（4）食品标签检查。预包装食品应当依据现行国家标准《食品安全国家标准 预包装食品标签通则》（GB 7718—2011）和现行国家标准《食品安全国家标准 预包装食品营养标签通则》（GB 28050—2011）进行检查；散装食品应根据《食品安全法》的相关要求，仔细核对相关强制性标示的内容是否符合规定；食品的保质期是否在允许收货的期限。

各种采购来源的索证要求为：

（1）从食品生产者采购食品的，查验其食品生产许可证和产品合格证明文件等，采购食品添加剂、食品相关产品的，查验其营业执照和产品合格证明文件等。

（2）从食品销售者（商场、超市、便利店等）采购食品的，查验其食品经营许可证等，采购食品添加剂、食品相关产品的，查验其营业执照等。

（3）从食用农产品个体生产者直接采购食用农产品的，查验其有效身份证明。

（4）从食用农产品生产企业和农民专业合作经济组织采购食用农产品的，查验其社会信用代码和产品合格证明文件。

（5）从集中交易市场采购食用农产品的，索取并留存市场管理部门或经营者加盖公章（或负责人签字）的购货凭证。

另外，根据《食品安全法》的规定，实行统一配送经营方式的食品经营企业，可以由企业总部统一查验供货者的相关资质证明和食品合格的证明文件，留存每笔购物或送货凭证。各门店能及时查询、获取相关证明文件复印件或凭证。

5.2.2.4 食品原料贮存

食品原料贮存不当易使食品腐败变质，丧失原有的营养物质，降低或失去应有的食用价值，甚至对人体构成危害。科学合理的贮存环境是避免食品污染和腐败变质、保障食品安全的重要手段。食品原料的贮存环境要求如下：

（1）贮存食品的场所、设备应当保持清洁，定期清扫，确保无积尘，无食品残渣，无霉斑、鼠迹、苍蝇、蟑螂，不得存放有毒、有害物品（如杀鼠剂、杀虫剂、洗涤剂、消毒剂等）及个人生活用品。

（2）食品应当分类、分架存放，距离墙壁、地面均在 10 cm 以上，并定期检查，及时清除变质和过期食品。

（3）食品冷藏、冷冻贮藏的温度应分别符合冷藏和冷冻的温度范围要求。冷藏、冷冻柜（库）应有明显区分标志，外显式温度（指示）计便于对冷藏、冷冻柜（库）内部温度的监测。

（4）冷藏、冷冻柜（库）应由专人负责检查，定期除霜、清洁和维修，保持霜薄气足，无异味、臭味，以确保冷藏、冷冻温度达到要求并保持卫生。

（5）食品的贮存应由专人管理，并制定有效的防潮、防虫害、清洁卫生等管理措施，定期检查库存食品，通过检查及时发现变质或者超过保质期的食品。

仓库内存放的食品应按下列要求分类、分架存放：

（1）常温存放的食品应储存在温度适宜、干燥的库区，避免阳光照射。

（2）食品在冷藏、冷冻柜（库）内贮藏时，应做到植物性食品、动物性食品和水产品分类摆放；食品在冷藏、冷冻柜（库）内贮藏时，不得将食品堆积、挤压存放，确保食品中心温度符合冷藏或冷冻要求。

（3）应按照各类食品的保存条件和规定保质期贮存。需冷藏冷冻的食品及食品原料可参照表5-5建议的存储温度存放。

（4）冷库要定期检查、记录温度、定期进行除霜、清洁保养和维护。

（5）食品外包装应完整，无积尘，码放整齐，便于检查清点和先进先出。

（6）与食品直接接触的内包装应使用符合食品安全标准的食品包装材料，外包装要满足相关运输和存储安全及质量要求。

表5-5 食品及食品原料建议存储温度

种类	亚类	环境温度	涉及产品范围
蔬菜类	根茎类	0~5℃	蒜薹、大蒜、长柱山药、土豆、辣根、芜菁、胡萝卜、萝卜、竹笋、芦笋、芹菜
		10~15℃	扁块山药、生姜、甘薯、芋头
	叶菜类	0~3℃	结球生菜、直立生菜、紫叶生菜、油菜、奶白菜、菠菜（尖叶型）、茼蒿、小青葱、韭菜、甘蓝、抱子甘蓝、菊苣、乌塌菜、小白菜、芥蓝、菜心、大白菜、羽衣甘蓝、莴笋、欧芹、茭白、牛皮菜
	瓜菜类	5~10℃	佛手瓜和丝瓜
		10~15℃	黄瓜、南瓜、冬瓜、冬西葫芦（笋瓜）、矮生西葫芦、苦瓜
	茄果类	0~5℃	红熟番茄和甜玉米
		9~13℃	茄子、绿熟番茄、青椒
	食用菌类	0~3℃	白灵菇、金针菇、平菇、香菇、双孢菇
		11~13℃	草菇
	菜用豆类	0~3℃	甜豆、荷兰豆、豌豆
		6~12℃	四棱豆、扁豆、芸豆、豇豆、豆角、毛豆荚、菜豆

续表

种类	亚类	环境温度	涉及产品范围
水果类	核果类	0~3℃	杨梅、枣、李、杏、樱桃、桃
		5~10℃	橄榄、芒果（催熟果）
		13~15℃	芒果（生果实）
	仁果类	0~4℃	苹果、梨、山楂
	浆果类	0~3℃	葡萄、猕猴桃、石榴、蓝莓、柿子、草莓
	柑橘类	5~10℃	柚类、宽皮柑橘类、甜橙类
		12~15℃	柠檬
	瓜类	0~10℃	西瓜、哈密瓜、甜瓜和香瓜
	亚热带或热带水果	4~8℃	椰子、龙眼、荔枝
		11~16℃	红毛丹、菠萝（绿色果）、番荔枝、木菠萝、香蕉
禽畜肉	畜禽肉（冷藏）	−1~4℃	猪、牛、羊和鸡、鸭、鹅等肉制品
	畜禽肉（冷冻）	−12℃以下	猪、牛、羊和鸡、鸭、鹅等肉制品
水产品	水产品（冷藏）	0~4℃	罐装冷藏蟹肉、鲜海水鱼
	水产品（冷冻）	−15℃以下	冻扇贝、冻裹面包屑虾、冻虾、冻鱼、冷冻鱼糜、冷冻银鱼等
		−18℃以下	冻罗非鱼片、冻烤鳗、养殖红鳍东方鲀
	水产品（冷冻生食）	−35℃以下	养殖红鳍东方鲀

5.2.2.5 临近保质期食品

临近保质期食品和食品添加剂一般是指接近但尚未超过包装上标明的保质日期的食品和食品添加剂。临近保质期的期限与该食品和食品添加剂的特性及其保质期的期限有关。食品安全风险较高的食品和食品添加剂的临近保质期限较短，食品和食品添加剂保质期较短的，其临近保质期限也较短，一般约小于 1/3 保质期；但保质期越长，临近保质期的期限占保质期的比例越小。

上海市食品安全工作联合会制定的《守信超市管理规范》（T/SFSF 000002—2021）对临近保质期作出如下规定：①保质期在 1 年及以上的食品，对应的临近保质期限不低于期满之日前 30 天；②保质期在半年及以上但不足 1 年的食品，对应的临近保质期限不低于期满之日前 20 天；③保质期 90 天及以上但不足半年的食品，对应的临近保质期限不低于期满之日前 15 天；④质期 30 天及以上但不足 90 天的食品，对应的临近保质期限不低于期满之日前 10 天；⑤保质期 16 天及以上但不足 30 天的食品，对应的临近保质期限不低于期满之日前 5 天；⑥保质期 3 天及以上但少于 15 天的，对应的临近保质期限不低于期满之日前 2 天。另外，根据我国现行国家标准《食品安全国家标准 预包装食品标签通则》（GB 7718—2011）的规定，可豁免标注保质期的食品以及保质期小于或等于 3 天的食品，可不设临保期限。

《上海市食品安全条例》规定，食品生产经营者建立临近保质期食品和食品添加剂管理制度，将临近保质期的食品和食品添加剂集中存放、陈列、出售，并作出醒目提示。食品生产经营者应当建立临近保质期食品和食品添加剂管理制度，对临近保质期的食品可以采用下列方法处理：①在保质期内加工烹饪菜肴；②集中陈列处理，如降价销售；③在保质期内捐赠。

5.2.3 食品生产加工

安全食品是企业生产出来的。识别食品生产加工过程中的潜在危害，加强生产加工过程控制，确保产品符合食品安全标准，是企业的基本义务，也是企业立足市场的基础。《食品安全法》规定，食品生产企业应当就下列事项制定并实施控制要求，保证所生产的食品符合食品安全标准：①原料采购、原料验收、投料等原料控制；②生产工序、设备、贮存、包装等生产关键环节控制；③原料检验、半成品检验、成品出厂检验等检验控制；④运输和交付控制。

5.2.3.1 生产加工过程控制

1. 食品原料控制

食品品质与原料有着密不可分的关系，食品原料的采购、验收、投料等原料控制是保证产品质量的第一关，是食品安全的关键环节。有效控制食品原料、食品添加剂和食品相关产品等物料的采购和使用，确保原料的质量，需建立严格的采购和验收制度。企业根据自身的监控重点采取适当措施以保证原料符合要求。《食品安全法》规定，食品生产者采购食品原料、食品添加剂、食品相关产品，应当查验供货者的许可证和产品合格证明；对无法提供合格证明的食品原料，应当按照食品安全标准进行检验；不得采购或者使用不符合食品安全标准的食品原料、食品添加剂和食品相关产品。

2. 关键环节控制

食品企业应具有与生产的食品品种、数量相适应的设备设施，且安装布局合理，需建立设备保养和维修制度，加强日常清洁维护。食品生产企业要把控好产品的生产工艺，合理安排生产工序，制定可操作的生产工序文件，防止交叉污染。食品贮存、包装需符合食品安全标准，包装材料安全无污染。必要时，应通过危害分析确定生产过程中的食品安全关键环节，制定控制措施并有效实施。

3. 检验控制

原料检验、半成品检验和成品出厂检验等食品检验是验证食品是否符合产品标准的重要手段，是保障食品安全的重要举措。通过检验，企业可及时了解食品生产安全控制措施存在的问题，及时排查原因，采取改进措施。《食品安全法》规定，食品生产企业应当建立食品出厂检验记录制度。食品、食品添加剂和食品相关产品的生产者，应当按照食品安全标准对所生产的食品、食品添加剂和食品相关产品进行检验，检验合格后方可出厂或者销售。企业可自行检验或委托具备相应资质的食品检验机构对原料和产品进行检验，建立食品出厂检验记录制度。

4. 运输和交付控制

食品运输和交付是食品流通过程中的一个重要环节，生产过程中的运输更多体现在原辅料、半成品及成品的转运过程，要求运输工具安全、无害、清洁无污染，生、熟分开，避免与不洁物品混装、混运，做好工具、用具卫生控制。

5. 生产过程规范记录

食品生产企业应当记录和保存进货、生产、加工、包装、贮存及检验等方面的信息，记录信息应当真实、准确、完整，实现食品可追溯。记录和凭证保存期限不得少于产品保质期满后六个月；没有明确保质期的，保存期限不得少于两年。生产过程中涉及的部分记录清单包括《原辅料验收记录》《原辅料贮存、保管、领用记录》《生产投料记录》《关键控制点监控记录》《过程检验记录》《卫生检查记录》《设备设施维护保养记录》《设备设施清洗消毒记录》《不合格处理记录》《纠正/纠正措施记录》《出厂检验记录》等。

6. 实施良好生产卫生规范

现行国家标准《食品安全国家标准 食品生产通用卫生规范》（GB 14881—2011）要求企业具备良好的生产设备、合理的生产过程、完善的质量管理和严格的检验系统，实施良好生产卫生规范和 HACCP 管理，以确保食品质量符合标准。食品生产企业规范化管理案例参考表 5-6。

表 5-6　食品生产企业规范化管理案例参考

序号	常见问题	解决方案	示例
1	加工工艺流程不合理	按照产品生产工艺流程合理布局，加工流程应遵从自污染区向清洁区设置的顺序	部分功能区间布局划分不合理，清洁区和污染区存在交叉、重叠
2	人流和物流未分开，存在交叉污染	人流和物流完全分开，避免相互污染	分装间操作人员从物料传递口出入，存在人流和物流交叉污染现象
3	生、熟未分开，存在交叉污染	生、熟分开，避免交叉污染	生、熟容器混用，刀具在切割原料后又切割成品
4	多个生产线同时、混合使用	共用生产线时，严禁同时使用或混合使用	保健食品和普通食品共用生产线时，同时使用和/或混合使用，存在交叉污染现象
5	工序之间没有隔断或防护，存在交叉污染	工序之间设置隔断或必要的防护	内外包装及油炸工序均在油炸间进行，容易导致交叉污染

续表

序号	常见问题	解决方案	示例
6	洗手、消毒设备设施不能正常使用	制定设备设施维修保养管理制度,定期维修保养	车间入口的洗手、消毒设备损坏,不能正常使用
7	没有设置洗手、消毒频次;直接接触食品人员裸手操作	制定员工个人卫生控制管理制度,规定洗手、消毒频次和直接接触食品人员不得裸手操作	车间没有设置洗手、消毒频次的制度及警示用语
8	进入生产区域不换工作服、帽、鞋等;头发没有藏于工作帽内或使用发网约束	制定员工个人卫生控制管理制度,规定进入生产区域人员规范着装要求	生产车间工作人员未穿戴工作衣帽、披散头发
9	进入生产区域佩戴项链、手镯、首饰等饰物;化妆、染指甲、喷洒香水	制定员工个人卫生控制管理制度,规定进入生产区域人员严禁佩戴饰物和化妆等行为	食品加工人员染指甲、喷洒香水,佩戴手表、耳环进行作业
10	携带私人物品(如手机、水杯等)进入生产区域	制定员工个人卫生控制管理制度,规定进入生产区域人员严禁携带私人物品	食品车间有个人物品杂乱存放
11	员工没有做到"四勤"(即勤剪指甲、勤理发、勤剃胡须、勤换内衣)	制定员工个人卫生控制管理制度,规定员工做到"四勤"个人习惯并定期检查考核	从业人员指甲过长未修剪,进行面制品加工
12	有温、湿度等生产环境监测要求的,没有定期进行监测,无记录	制定生产现场管理制度,规定生产环境监测要求,定期检测,并记录	仓库中原料储存无温湿度控制装置和记录
13	生产设备、设施没有定期维护保养,并未做记录	制定生产设备设施管理制度,规定定期维护保养,并记录	无设备维修保养记录,或者后期集中填写维护保养记录
14	产前、产中和产后没有彻底打扫生产区域卫生,并且没有相关记录	制定生产现场管理制度,规定清场要求,并记录	食用油进油管道口附近渗漏的食用油没有及时清理;更衣室、内包车间出风口卫生不整洁
15	没有定期对生产环境、食品接触面进行微生物检测;没有检测记录	制定生产环境、食品接触面检测规程,规定检测周期及其取样点,并记录	未能提供针对生产环境、设备设施的卫生监控制度、设施及记录
16	厂区没有定期进行除虫灭害工作;没有相关记录	制定有害生物管理制度,规定除虫灭害工作,并记录	厂区没有设置检查虫害防控设施,或常年失修损害
17	企业没有制定废弃物存放和清除制度;没有记录	制定废弃物管理制度,明确存放和清除规定,并记录	车间缺少废弃物存放设施,废弃物已满的容器没有及时清除
18	食品分类系统分不清,应用错误	把食品生产许可分类目录和现行国家标准《食品安全国家标准 食品添加剂使用标准》(GB 2760—2024)食品分类系统分别对应	青团的食品生产许可分类目录是蒸煮类糕点,但是食品添加剂分类目录却是米粉制品
19	食品添加剂带入原则理解有误	严格按照现行国家标准《食品安全国家标准 食品添加剂使用标准》(GB 2760—2024)规定,确保食品添加剂使用符合带入原则	食品添加剂由配料带入的量明显高于直接加入终产品中通常需要的水平
20	功能相同食品添加剂各自使用量与最大使用量比例之和大于1	严格按照现行国家标准《食品安全国家标准 食品添加剂使用标准》(GB 2760—2024)使用功能相同食品添加剂,确保各自使用量与最大使用量比例之和小于或等于1	奶香面包,防腐剂混合使用时蛋糕加工中使用功能相同的防腐剂苯甲酸钠和山梨酸钾各自用量占其最大使用量的比例之和大于1

7. 食品委托生产控制

委托生产加工是食品制造业中一种常见的生产加工模式，是指企业以合约形式委托他人完成食品生产加工，然后以自己的名义向其他生产经营者或消费者提供产品的行为。食品委托生产因能合理配置资源、降低投资成本、提高运行效率和缩短上市周期等优势，已经成为一种常见的生产加工方式。委托方与被委托方均应具备相应的证照资质。食品生产经营者委托生产食品的，应当委托取得食品生产许可的生产者进行生产，并对其生产行为进行监督，对委托生产的食品安全负责。如果委托生产合同中约定相关质量安全责任由受委托方承担，则委托方可以按照合同约定要求受委托方承担相关责任，但不免除委托方作为食品、食品添加剂生产第一责任人所应承担的质量安全责任。被委托方应当依据法律法规、食品安全标准、产品技术要求以及合同约定进行生产，对生产行为负责，并接受委托方的监督。相关生产加工、出厂检验及交付运输过程应当符合《食品安全法》《食品安全法实施条例》和现行国家标准《食品安全国家标准 食品生产通用卫生规范》（GB 14881—2011）等法律法规和相关技术规范的要求。

5.2.3.2 餐饮加工过程控制

1. 基本要求

餐饮加工过程中，不应加工法律、法规禁止生产经营的食品；加工过程不应有法律、法规禁止的行为；加工前应对待加工食品进行感官检查，如发现有腐败变质、混有异物或者其他感官性状异常等情形的，不应使用；应采取包括但不限于下列措施，避免食品在加工过程中受到污染：①用于食品原料、半成品、成品的容器和工具分开放置与使用；②不在食品处理区内从事可能污染食品的活动；③不在食品处理区外从事食品加工、餐用具清洗消毒活动；④接触食品的容器和工具不应直接放置在地面上或者接触不洁物；⑤不应在餐饮服务场所内饲养、暂养和宰杀畜禽。

2. 初加工

餐饮食品初加工应符合下列要求：

（1）冷冻（藏）易腐食品从冷柜（库）中取出或者解冻后，应及时加工使用。

（2）食品原料加工前应洗净，未经事先清洁的禽蛋使用前应清洁外壳，必要时应进行消毒。

（3）经过初加工的食品应当做好防护，防止污染。经过初加工的易腐食品应及时使用或者将其冷藏、冷冻。

（4）生食蔬菜、水果和生食水产品原料应在专用区域或设施内清洗处理，必要时应进行消毒。

3. 烹饪

餐饮食品烹饪应符合下列要求：

（1）食品烹饪的温度和时间应能保证食品安全。

（2）需要烧熟煮透的食品，加工时食品的中心温度应达到70℃以上；加工时食品的中心温度低于70℃的，应严格控制原料质量安全或者采取其他措施（如延长烹饪时间等）以确保食品安全。

（3）应尽可能减少食品在烹饪过程中产生有害物质。

（4）食品煎炸所使用的食用油和煎炸过程的油温，应当有利于减缓食用油在煎炸过程中发生劣变。煎炸用油不符合食品安全要求的，应及时更换。

4. 专间和专区操作

专间和专用操作区操作应符合下列要求：

（1）中央厨房和集体用餐配送单位直接入口易腐食品的冷却和分装、分切等操作，应在专间内进行（在封闭的自动设备中操作的除外）。

（2）直接入口的易腐食品，如熟食、生食、即食食品的冷却和分装、分切等操作，应当在专间或专用操作区进行，如果上述操作在封闭的自动设备中进行，且该设备能够有效防止食品受到污染，那么可以不受专间或专用操作区的限制。

（3）每餐或每班使用专间前，应对操作台面和专间空气进行消毒。

（4）进入专间的从业人员和专用操作区内从业人员操作时，应按规定要求穿戴工作衣帽和口罩。

（5）专间和专用操作区从业人员加工食品前，应按要求清洗消毒手部，加工过程中应适时清洗消毒手部。

（6）专间和专用操作区使用的食品容器、工具、设备和清洁工具应专用。食品容器、工具使用前应清洗消毒并保持清洁。

（7）进入专间和存放在专用操作区的食品应为直接入口食品，应避免受到存放在专间和专用操作区的非食品的污染。

（8）不应在专间或者专用操作区内从事应在其他食品处理区进行或者可能污染食品的活动。

5. 食品添加剂使用

餐饮食品一般不直接使用食品添加剂。食品添加剂使用应符合下列要求：

（1）使用食品添加剂的，应在技术上确有必要，并在达到预期效果的前提下尽可能降低使用量。如使用食品添加剂则应符合现行国家标准《食品安全国家标准 食品添加剂使用标准》（GB 2760—2024）的规定。

（2）不应采购、贮存、使用亚硝酸盐等国家禁止在餐饮业使用的品种。

（3）用容器盛放开封后的食品添加剂的，应在容器上标明食品添加剂名称、生产日期或批号、使用期限，并保留食品添加剂原包装，开封后的食品添加剂应避免受到污染。

（4）使用现行国家标准《食品安全国家标准 食品添加剂使用标准》（GB 2760—2024）规定按生产需要适量使用品种以外的食品添加剂的，应记录食品名称、食品数量、加工时间以及使用的食品添加剂名称、生产日期或批号、使用量、使用人等信息。

（5）使用现行国家标准《食品安全国家标准 食品添加剂使用标准》（GB 2760—2024）有最大使用量规定的食品添加剂，应采用称量等方式定量使用。

6. 冷却和再加热

餐饮食品冷却或再加热应符合下列要求：

（1）烹饪后需要冷冻（藏）的易腐食品应及时冷却。

（2）可采取将食品切成小块、搅拌、冷水浴等措施，或者使用专用速冷设备，使食品尽快冷却。

（3）烹饪后的易腐食品，在冷藏温度以上、60℃以下存放2 h以上，未发生感官性状变化的，食用前应进行再加热。

（4）烹饪后的易腐食品再加热时，应当将食品的中心温度迅速加热至70℃以上。

（5）食品感官性状发生变化的应当废弃，不应再加热后供食用。

5.2.4　食品贮存运输

食品从被生产到送上餐桌或消费者手中，需要经历多次贮存和运输。要保障食品到达消费者手中时仍是新鲜、安全的状态，贮存和运输环节的控制绝对不能忽视。除食品生产经营者外，还有一些专业的仓储、物流公司也从事食品的贮存和运输活动。贮存、运输和装卸是食品生产经营过程的重要环节，若操作不当容易导致食品污染，形成安全隐患，甚至直接影响食品安全。

5.2.4.1　食品生产经营者贮存运输要求

食品生产经营应当符合食品安全标准，具有与生产经营的食品品种、数量相适应的食品原料处理和食品加工、包装、贮存等场所，且应保持该场所环境整洁，并与有毒、有害场所以及其他污染源保持规定的距离。

贮存、运输和装卸食品的要求主要有三个方面：一是贮存、运输和装卸食品的容器、工具和设备应当安全、无害,且保持清洁,防止污染食品,影响食品安全;二是对贮存、运输和装卸食品有特殊要求的,应当在合适的温度、湿度等环境下进行,防止食品腐烂变质、脱水变形变味,影响食品安全;三是不得将食品与有毒、有害物品一同贮存、运输,防止交叉污染,影响食品安全。如留意散装食品在装卸过程中是否毗邻有毒、有害物质,不得将有毒、有害物质与食品、食品与非食品、易于吸收气味的食品与有特殊气味的食品混同装运等。

食品经营者应当按照保证食品安全的要求贮存食品,定期检查库存食品,及时清理变质或者超过保质期的食品。食品经营者贮存散装食品,应当在贮存位置标明食品的名称、生产日期或者生产批号、保质期、生产者名称及联系方式等内容。进入市场销售的食用农产品在包装、保鲜、贮存、运输中使用保鲜剂、防腐剂等食品添加剂和包装材料等食品相关产品,应当符合食品安全国家标准。餐饮服务提供者应当定期维护食品加工、贮存、陈列等设施和设备;定期清洗并校验保温设施及冷藏、冷冻设施。

5.2.4.2 受委托者贮存运输要求

食品生产经营者委托贮存、运输食品的,应当对受托方的食品安全保障能力进行审核,并监督受托方按照保证食品安全的要求贮存、运输食品。受托方应当保证食品贮存、运输条件符合食品安全的要求,加强食品贮存、运输过程管理。接受食品生产经营者委托贮存、运输食品的,应当如实记录委托方和收货方的名称、地址和联系方式等内容。记录保存期限不得少于贮存、运输结束后两年。非食品生产经营者从事对温度、湿度等有特殊要求的食品贮存业务的,应当自取得营业执照之日起 30 个工作日内向所在地县级人民政府食品安全监督管理部门备案。

5.2.4.3 第三方食品贮存运输服务经营者备案管理

根据《中华人民共和国食品安全法》《上海市食品安全条例》等有关规定,2017 年 11 月 30 日,原上海市食品药品监督管理局制定了《上海市食品贮存、运输服务经营者备案管理办法(试行)》。该《办法》规定,食品贮存、运输服务经营者向营业执照所在地的区市场监督管理部门申请备案。备案申请人提供的相关材料符合要求的,区市场监督管理部门当场予以备案,发放《上海市食品贮存、运输服务经营者备案证明》。备案证明的有效期一般为三年。房屋租赁期不满三年的,有效期以租赁期为准。食品贮存、运输服务经营者备案信息发生变化的,应当及时申请办理变更备案手续。

食品贮存运输服务经营者应落实以下职责:

(1)加强对存储、运输环节的食品安全管理,建立健全预警机制,落实岗位责任,强化内部管理,有效防控食品安全风险。

（2）依法查验食品生产经营者的许可证件、营业执照或者身份证件、食品和食用农产品检验或者检疫合格证明等文件，做好食品和食用农产品进出库记录、运输记录。

（3）贮存、运输和装卸食品的容器、工具和设备应当安全、无害，保持清洁，防止食品污染，并符合保证食品安全所需的温度、湿度等特殊要求，不得将食品与有毒、有害物品一同贮存、运输。

（4）贮存、运输有特殊温度、湿度控制要求的食品和食用农产品，应当进行全程温度、湿度监控，并做好监控记录，符合保证食品和食用农产品安全所需的温度、湿度等特殊要求。

（5）存储、运输超过保质期的食品时，应当如实做好跟踪记录。禁止在存储仓库内通过重新包装等手段，篡改食品的生产日期和保质期等重要信息。

（6）应当采集进入库区的送、提货者的信息（车辆行驶证、营运证）和送、提货证明。鼓励通过建立全程视频监控，掌握食品、食用农产品的存储动态。

（7）食品运输服务经营者应当落实运输随车附单制度和随车温度管控制度，并做好随车温度记录。

5.2.4.4 食品冷链物流要求

1. 基本要求

根据现行国家标准《食品安全国家标准 食品冷链物流卫生规范》（GB 31605—2020）的规定，冷链食品运输储存过程应符合以下要求：

（1）应配备与冷链食品生产经营相衔接的冷库、运输工具或其他符合冷链食品储存温湿度要求的设施设备。冷库、运输工具等设施设备应配置温湿度监测、记录、报警、调控装置，监控装置应定期校验并记录。设施设备应易于清洗、消毒、检查和维护。

（2）冷库应具备配套的制冷系统或保温条件缓存区的封闭月台，同时与车辆对接处应有防撞密封设施。冷库门应配备限制冷热交换的装置，并设置防反锁装置和警示标识。

（3）运输工具厢体应使用防水、防锈、耐腐蚀的材料，厢体内壁应保持清洁卫生，无毒、无害、无污染、无异味。应定期对运输工具的冷藏性能进行检查并记录。

（4）应建立与储存、运输相配套的信息化系统，信息化系统应有储存、运输管理相应的模块。

（5）需温湿度控制的食品在物流过程中应符合其标签标示或相关标准规定的温湿度要求。

（6）当食品冷链物流关系到公共卫生事件时，应及时根据有关部门的要求，采取相应的预防和处置措施，对相关区域和物品按照有关要求进行清洗消毒，对频繁接触部位应适当增加消毒频次，防止与冷链物流相关的人员、环境和食品受到污染。

2. 食品储存运输过程交接

食品储存运输过程中的交接应符合以下要求：

（1）交接环境应符合食品安全要求，并建立清洁卫生管理制度。

（2）交接时应检查食品状态，并确认食品物流包装完整、清洁，无污染、无异味。

（3）交接时应确认食品种类、数量、温度等信息，确认无误后尽快装卸，并做好交接记录。

（4）交接时应测量食品外箱表面温度或内包装表面温度，并记录；如表面温度超出规定范围，还应测量食品中心温度。

（5）交接时应严格控制作业环境温度并尽量缩短作业时间，以防止食品温度超出规定范围，如无封闭月台，装卸货间隙应随时关闭厢体门。

（6）交接时应查验运输工具环境温度是否符合温控要求。入库和配送交接时，还应查验全程温度记录；出库交接时，还应查验在库温度记录。当温度或食品状态异常时，应不予接收。

（7）当食品冷链物流关系到公共卫生事件时，应进行食品外包装及交接用相关用品用具的清洁和消毒。

3. 运输配送

食品运输配送应符合以下要求：

（1）运输工具应保持清洁卫生，应建立清洁卫生消毒记录制度，定期对运输工具清洁、消毒。运输工具不得运输有毒有害物质，防止食品被污染。当食品冷链物流关系到公共卫生事件时，应增加对运输工具的厢体内外部、运输车辆驾驶室等的清洁消毒频次，并做好记录。

（2）应根据食品的类型、特性、季节、运输距离等选择不同的运输工具和运输路线，同一运输工具运输不同食品及多点装卸时，应根据产品特性，做好分装、分离或分隔，并存放在符合食品储存温度要求的区域。

（3）装货前应对运输工具进行检查，根据食品的运输温度对厢体进行预冷，并应在运输开始前达到食品运输需要的温度。

（4）运输过程中的温度应实时连续监控，记录时间间隔不宜超过 10 min，且应真实准确。

（5）当运输设备温度超出设定范围时，应立即采取纠正行动和应急措施，并如实记录超温的范围和时间。

（6）运输过程中运输工具应采取安全性措施，如铅封或加锁等。运输过程宜保持平稳，装卸时应行动迅速、轻拿轻放，并尽量减少车厢开门次数和时间。

（7）配送前应确认食品物流包装完整，温度符合要求。

（8）需冷冻的食品在运输过程中温度不应高于－18℃；需冷藏的食品在运输过程中温度应为0～10℃。

4. 储存

食品储存应符合以下要求：

（1）冷库的温度显示、区域划分标识应清晰规范，并做好温度记录，确保准确真实，记录间隔时间不超过30 min。

（2）冷库温度记录和显示设备宜放置在冷库外便于查看和控制的地方，温度传感器或温度记录仪应放置在最能反映食品温度或者平均温度的位置，建筑面积大于100 m^2 的冷库，温度传感器或温度记录仪数量不少于2个；应建立库房温度记录保存制度。

（3）当冷库温湿度超出设定范围时，应立即采取纠正行动和应急措施，并如实记录超过的范围和时间。

（4）不同品种、规格、批次的产品应分别堆垛，防止串味和交叉污染。储存的食品应与库房墙壁间距不小于10 cm，与地面间距不小于10 cm。

（5）冷库机房应24 h不间断运行并有应急措施。

（6）冷库作业区应建立清洁卫生制度，并建立记录机制。当食品冷链物流关系到公共卫生事件时，应加强对货物转运存放区域、冷库机房的清洁消毒频次，并做好记录。

（7）需冷冻的食品储存环境温度应不高于－18℃，需冷藏的食品储存环境温度应为0～10℃。对于有湿度要求的食品，还应满足相应的湿度储存要求。

5.2.5 清洁与消毒

清洁和消毒是所有食品企业的食品安全系统的重要组成部分，无论是生产企业、餐饮服务业、零售店还是物流业操作。已经确定有缺陷或不充分的清洁程序会导致食品受到污染，甚至可能导致食源性疾病发生。

5.2.5.1 清洁与消毒的关系

清洁是去除污垢、食物残渣、污渍、油脂或其他不洁物，这需要借助热量和/或化学品（如洗涤剂）。消毒是通过化学试剂和/或物理方法减少食品中的微生物数量，以保障食物的安全性。在食品企业中，通常通过使用化学品和加热（高于 82℃水或蒸汽）来实现。

因此，清洁和消毒主要目的如下：

（1）清除致病微生物（病原体），减少老鼠、苍蝇和蟑螂等病媒生物的侵染。

（2）降低病原体交叉污染的风险（如细菌从生鲜肉类转移到即食食物）。

（3）减少物理污染物进入食物的风险（如包装材料上的污垢、毛发或残余物污染食物）。

（4）减少生产安全事故风险（如被溢出物绊倒）。

多数情况下，没有清洗就不存在有效的消毒，可以说清洁是消毒的前提。清洁与消毒是相互进行的。由于污垢是微生物的营养源，微生物通过污垢来增强自身抵抗力，所以清洁既可除去污垢，降低微生物的绝对数量，减少消毒剂的使用量，又可排除影响消毒效果的障碍，提高消毒的功效，同时又能做到节水、节能。

5.2.5.2 法律法规和标准要求

《中华人民共和国食品安全法》规定，餐饮服务提供者应当按照要求对餐具、饮具进行清洗消毒，不得使用未经清洗消毒的餐具、饮具；餐饮服务提供者委托清洗消毒餐具、饮具的，应当委托符合本法规定条件的餐具、饮具集中消毒服务单位。因此，餐饮服务提供者是落实餐饮具清洗消毒的责任主体。现行国家标准《食品安全国家标准 食品生产通用卫生规范》（GB 14881—2013）规定，清洁消毒设施应配备足够的食品、工器具和设备的专用清洁设施，必要时应配备适宜的消毒设施。应采取措施避免清洁、消毒工器具带来的交叉污染。

针对餐用具清洗、消毒设施设备，现行国家标准《食品安全国家标准 餐饮服务通用卫生规范》（GB 31654—2021）规定：

（1）餐用具清洗、消毒、保洁设施与设备的容量和数量应能满足需要。

（2）餐用具清洗设施、设备应与食品原料、清洁工具的清洗设施、设备分开并能够明显区分。采用化学消毒方法的，应设置餐用具专用消毒设施、设备。

（3）餐用具清洗、消毒设施、设备应采用不透水、不易积垢、易于清洁的材料制成。

（4）应设置专用保洁设施或者场所存放消毒后的餐用具。保洁设施应采用不易积垢、易于清洁的材料制成，与食品、清洁工具等存放设施能够明显区分，防止餐用具受到污染。

针对餐用具卫生，现行国家标准《食品安全国家标准 餐饮服务通用卫生规范》（GB 31654—2021）规定：

（1）餐用具使用后应及时清洗消毒。鼓励采用热力等物理方法消毒餐用具。

（2）餐用具消毒设备和设施应正常运转。

（3）宜沥干、烘干清洗消毒后的餐用具。使用擦拭巾擦干的，擦拭巾应专用，并经清洗消毒后方可使用。

（4）消毒后的餐用具应符合现行国家标准《食品安全国家标准 消毒餐（饮）具》（GB 14934—2016）规定。

（5）消毒后的餐用具应存放在专用保洁设施或者场所内。保洁设施或者场所应保持清洁，防止清洗消毒后的餐用具受到污染。

（6）不应重复使用一次性餐（饮）具。

（7）委托餐（饮）具集中消毒服务单位提供清洗消毒服务的，应当查验、留存餐（饮）具集中消毒服务单位的营业执照复印件和消毒合格证明。保存期限不应少于消毒餐（饮）具使用期限到期后6个月。

5.2.5.3 清洁消毒剂选用

清洁剂是用于去除油脂、污垢和食物残渣的化学物质，如肥皂和洗涤液，它们通过溶解和解除污垢附着来帮助我们清洁，并非旨在杀死病原体。消毒剂是将病原体（如细菌）数量减少到安全水平的化学物质。消毒剂不是为清洁表面而设计的，餐饮具、工用具表面在使用消毒剂之前要先进行清洁，确保没有油脂、污垢和食物残渣等。否则，病原体就可能通过藏在碎片中和碎片下的方式在消毒阶段存活下来。抗/杀菌剂是二合一产品，既可作为洗涤剂，也可作为消毒剂。它们适合表面轻微清洁，防止或消除污垢和碎屑中的病原体污染。

所有清洁消毒用化学品和设备应安全存放，远离食物准备区，这是为了防止化学品事故和预防食物受到污染。尤其是化学品一旦装入食品用容器，易被误认为食品而导致危险。将化学品混合在一起也具有潜在的危险，因为有毒有害气体可能会从混合物发生的化学反应中释放出来。使用自动洗碗机或特殊的"灭菌"设备可以使水温上升，或产生蒸汽来进行消毒。当食品制造商使用的消毒方式存在难以清洁喷嘴的问题时，可以使用蒸汽来实现喷嘴清洁。

5.2.5.4 食品生产企业清洁和消毒方法

1. 清洁方法

食品加工前后，均应做到对设备、工器具及时清洗，对员工提倡"不清洗就不交班、不接班"。食品企业常用热水或高压水枪冲刷，或者用符合卫生要求的洗涤剂刷洗。另外，要求洗涤剂的洗涤性能强，本身具有一定的亲水性，易被水冲掉，排放后易被分解，不会污染环境。使用洗涤剂清洗后，应注意再用清水刷洗干净，避免其在设备、工器具上过多残留,影响产品质量,使人体健康受到危害。

2. 影响因素

一是接触时间,清洗液与设备、工器具接触的时间长,清洗效果好,但随着接触时间的延长,若超过最佳清洗时间,则清洗的效果不明显。最佳接触时间根据不同设备或工器具而定。二是流速,清洗液的流速快,则清洗效果好,但流速过快,清洗液用量过大,会使成本增加。所以,采用在线清洗(Clean-In-Place,CIP)时,应根据设备类型、管道尺寸、清洗液类型、污染程度以及生产过程要求等设置最佳流速。三是温度,清洗液的温度高,则清洗效果好,但温度太高,对设备、工器具会有不同程度的损坏作用,并造成蛋白质变性,清洗困难。所以,应注意控制清洗液的温度,最佳温度为70℃左右。四是浓度,清洗过程中,随着清洗液浓度增加,清洗效果也会相应提高。但当清洗液的浓度超过其临界浓度时,随着清洗液浓度的增加,清洗效果反而会下降。清洗液的临界浓度为1%~2%。

3. 消毒方法

食品在生产加工过程中被细菌污染的途径是多方面的,主要有水污染、空气与土壤污染、人及动物污染与工器具污染等,这些污染来源是复杂的,可能涉及加工过程中的每一个环节。因此,在食品加工过程中,消毒工作是非常重要的。选择消毒方法时应注意选择消毒效果好,并对人和食品危害小的办法。目前常用的消毒的方法主要有以下几种:

(1)蒸汽消毒。蒸汽消毒的方法应用广泛,一切耐湿的物品,如工器具等都可采用此消毒法。蒸汽具有很强的渗透力,杀菌作用强,高温蒸汽透入菌体,使菌体蛋白质变性、凝固,直至死亡。饱和蒸汽在100℃时只需经过15~20 min就可杀死一般细菌。对芽孢型细菌,可在高压蒸汽杀菌罐中杀菌。在0.1 MPa,121.6℃环境中,经15~20 min,包括芽孢菌在内的各种细菌都会被杀灭,从而达到消毒的目的。

(2)煮沸消毒。煮沸消毒是一种操作简单、效果较好的消毒方法,被广泛使用。具体步骤是:先将水煮沸,再放入需要消毒的工器具、工作衣帽等物品,确保水没过物品,持续煮沸10 min。一般细菌在100℃沸水中经4~5 min即可死亡,但芽孢菌需要1~2 h才能杀死,若在水中添加浓度为1%~2%的碳酸钠,则可提高杀灭芽孢型菌的速度。

(3)药液消毒。药液消毒是用化学药品配制的溶液对物品进行消毒的一种方法。其消毒作用比一般的消毒方法速度快、效力强,应用广泛。药液消毒效果取决于药液的种类、性质、浓度、温度、作用时间、细菌的种类及各类细菌对化学药液的敏感性等。理想的消毒药液应符合杀菌效果好、作用快,不损害被消毒的物品,用后不残留毒性或易除去,价格低廉,对人及畜禽都安全,配制与使用简便,易于推广的必要条件。

常见的用于消毒的药液成分主要有以下几种：

（1）碱类消毒剂。碱类能水解蛋白质和核酸，使细菌的结构和酶系统被破坏，造成细菌死亡。碱溶液的浓度越高，其杀菌作用越强。此外，碱类消毒剂还有去油污的作用。食品加工企业常用不同浓度的碱溶液作为环境、工器具、熏烤用的架车、案台等的去污消毒剂。

（2）次氯酸钠溶液。次氯酸钠溶液是强氧化剂，也是一种高效的化学消毒剂。它能渗进有机污物，具有分解有机物质的能力并可杀死细菌，对容器、设备、刀具、台板等用具有良好的消毒效果。使用时应按照规定要求配制，取澄清液以浸泡、擦抹、喷洒等方式进行消毒。

（3）漂白粉。漂白粉的主要成分是次氯酸钙、氯化钙、氢氧化钙，有效氯含量为 25%～32%，是一种带有强烈氯气味的白色或灰白色粉末。漂白粉在空气中吸收水分与二氧化碳后可分解，遇日光、热、潮湿环境等反应加快，易结块，对物品有很强的氧化、杀菌与漂白作用，且价格低廉。浓度为 0.25%～0.3% 的漂白粉溶液能在 5 min 内杀死多数细菌，浓度为 0.5%～1% 的溶液能在 3 min 内杀死多数细菌。漂白粉溶液应现配现用。

（4）过氧化物制剂。过氧化物制剂消毒剂杀菌范围广，杀菌力强，分解快，无残留，使用和配制方便，对物品有漂白和杀菌作用。过氧化物主要指过氧乙酸、过氧化氢等。其杀菌原理是利用氧化作用使酶失去活性，导致微生物死亡。

（5）醇类消毒剂。醇类消毒剂包括乙醇、异丙醇、乙二醇等。乙醇为无色透明液体，有强烈酒味，易挥发，可燃烧。市面上销售的消毒酒精中乙醇浓度一般不低于 94.5%，与水可作任意比例混合。乙醇对细菌繁殖体、病毒与真菌孢子有灭菌作用，对芽孢无效。浓度为 65%～75% 的乙醇，浸泡或擦拭消毒效果最好，其可在 5 min 内杀死细菌繁殖体和结核杆菌，但对肝炎病毒效果不好。

在食品加工中，除以上消毒方法外，还可使用干热杀菌、紫外线杀菌、臭氧杀菌等多种消毒方法。食品企业应注意日常清洁卫生，定期消毒。其中，对环境、工器具、设备等进行消毒处理时，最好是采用蒸汽与煮沸消毒法，除特殊情况外，一般不使用化学药液消毒。

4. 注意事项

使用不同消毒方式进行消毒时，应注意以下事项：

（1）含氯消毒剂的消毒能力主要取决于其中所含的有效氯为多少，有效氯含量越高，则消毒能力越强。因此，在实际使用过程中必须及时检测消毒液的有效氯浓度，发现浓度下降时，应更换消毒液。

（2）甲醛气体消毒有一定毒性、刺激性和特殊臭味，用于食品加工车间消毒时，室内不可存放产品，并做好个人防护。

（3）开始清洗肉类加工设备时，一般不要用82℃以上的热水，否则会使肉类食品上的蛋白质粘在机器上，要除掉这些粘在机器上的肉屑相当困难。所以，可借助洗涤溶液清除残留在设备各部位的碎肉屑，也可使用刷子清洗。设备清洗后，必须擦干所有部件，避免微生物在潮湿的表面繁殖。

（4）用臭氧消毒后，45 min 之内严禁任何人员进入消毒房间，消毒时间误差应在5 min 以内，以保证消毒效果。

（5）清洁剂和消毒剂必须有厂家提供的合格证、使用说明书，特别是消毒剂要有生产许可证和卫生许可证。

（6）应避免清洁设备（如刷子、布料等）对食物的物理性污染和生物性污染，以及清洁消毒产品对食品的化学性污染。

（7）清洁、消毒时员工应正确佩戴个人防护装备，并防止在潮湿的地板上发生滑倒事故。

5.2.5.5 餐饮服务提供者餐饮用具清洗消毒

1. 自行清洗消毒复用餐饮具

应采购和使用获证企业生产的洗涤剂、消毒剂，并留存相应的产品合格证明，如实记录洗涤剂、消毒剂购进、使用及餐饮具清洗消毒情况。采用化学方式消毒的，消毒液要做到现用现配；分别设有清洗、消毒和冲洗专用水池，不能与清洗食品原料等水池混用；各类水池应明显标识标明用途，并定期清洗；使用的洗涤剂、消毒剂要符合相关国家标准，严格按照消毒剂产品说明书标明的要求配比浓度，并采取防止消毒剂残留的有效清洗措施。采用物理（高温）方式消毒的，应配备相应的消毒设备，消毒设备容量要与餐饮具用量规模相适应，并做到定期清洗、定期检查消毒设备运转情况；消毒温度、时间应达到要求；餐具消毒时摆放要留有空隙，确保热力能够穿透，采用红外消毒的消毒柜要符合设备使用说明；消毒后的餐饮具应及时放入专用保洁设施或场所内。

2. 采购和使用集中消毒餐饮具

应选择具有合法资质的餐饮具集中消毒服务单位提供的餐饮具；留存餐饮具采购凭证并如实记录台账；索要、查验、留存餐饮具集中消毒服务单位的营业执照复印件、消毒合格证明等，督促餐饮具集中消毒单位在独立包装上标注单位名称、地址、联系方式、消毒方法、消毒日期和批号、使用期限等内容。

3. 餐用具清洗

采用洗碗机清洗的，按设备使用说明操作。采用手工方法清洗的，应首先去除餐用具表面的食物残渣,其次用含洗涤剂的溶液洗净餐用具表面,最后用自来水冲去餐用具表面残留的洗涤剂。

4. 餐用具消毒

采用物理消毒方式时,应按以下要求执行:①采用蒸汽、煮沸消毒的,应在蒸汽或沸水中保持 10 min 以上;②采用红外消毒柜的,应符合设备使用说明,一般应开启消毒柜 10 min 以上;③采用热力高温消毒洗碗机的,应符合设备使用说明;④必要时,使用温度标签验证餐用具消毒温度。

采用化学消毒方式时,应按以下要求执行:①选择各种含氯消毒剂、二氧化氯消毒剂或其他允许用于餐饮具、食品容器、工具和设备的消毒剂;②严格按照消毒剂产品说明书的要求配制消毒液,将餐用具完全浸没在配制好的消毒液中,浸泡时间应符合产品说明书要求;然后采用洁净的饮用水冲淋或沥干、烘干等有效方法,降低餐用具表面的消毒剂残留,定时测量消毒液中有效成分浓度,当浓度低于要求时应更换。

如采用热力与化学结合消毒洗碗机进行餐饮具清洁消毒的,操作步骤应符合设备使用说明。

5. 餐用具保洁

使用擦拭巾擦干的,擦拭巾应专用,并经清洗消毒方可使用,防止餐用具受到污染。应及时将消毒后的餐用具放入专用保洁设施或场所内,并在使用前保持密闭。

5.2.6 食品回收与召回

5.2.6.1 食品回收

《食品安全法》所称回收食品是指已经售出,但因违反法律、法规、食品安全标准或者超过保质期等原因,被召回或者退回的食品,但不包括因标签、标志或者说明书不符合食品安全标准,但在采取补救措施且能保证食品安全的情况下可以继续销售的食品。

食品生产经营者应当对回收食品进行登记,在显著标记区域内独立保存,并依法采取无害化处理、销毁等措施,防止其再次流入市场。无害化处理一般包括染色、毁形、焚烧、化制等,也可以通过有资质的单位回收后进行专门处理或转化为饲料、肥料等。需要销毁的,要根据待销毁食品的品种、数量等具体情况,自行或者委托有销毁能力的单位销毁,不得再次流入市场影响食品安全。任何单位和个人不得将回收食品作为原料用于各类食品生产加工,或者经过改换包装等方式以其他形式进行销售或者赠送。

因标签、标志、说明书不符合食品安全标准而回收的食品,食品生产者在采取补救措施且能保证食品安全的情况下可以继续销售或者赠送,销售或者赠送时应当向消费者或者受赠人明示补救措施。所谓补救措施，通常采用加贴、补印标签或更换说明书等方式，但日期标示不得另外加贴、补印或篡改。在保证食品安全的情况下，采取赠送的方式可以使安全食品获得更好的利用，避免食品浪费。

5.2.6.2 食品召回

1. 召回的内涵

《食品安全法》规定，国家建立食品召回制度。食品生产者发现其生产的食品不符合食品安全标准或者有证据证明可能危害人体健康的，应当立即停止生产，召回已经上市销售的食品，通知相关生产经营者和消费者，并记录召回和通知情况。食品经营者发现其经营的食品有前述规定情形的，应当立即停止经营，通知相关生产经营者和消费者，并记录停止经营和通知情况。食品生产者认为应当召回的，应当立即召回。由于食品经营者的原因造成其经营的食品有前述规定情形的，食品经营者应当召回。

2. 召回的方式

一是主动召回。食品的生产者或者销售者发现其生产或者经营的食品不符合食品安全标准或者有证据证明可能危害人体健康的，应当立即停止生产经营，通知相关生产经营者和消费者，并记录停止经营和通知情况。食品生产者接到经营者的通知后，认为应当召回的，应当立即召回。由于食品销售者的原因，如贮存不当等造成其经营的食品有前述规定情形的，应当由食品销售者召回。二是责令召回。食品安全监管部门对食品生产经营者应当履行而未履行召回义务时，或者未停止生产经营不安全食品时，可以责令其召回或者停止生产经营不安全食品。

3. 召回的分级

根据食品安全风险的严重和紧急程度，食品召回分为一级召回、二级召回和三级召回。一级召回是指食用后已经或者可能导致严重健康损害甚至死亡的，食品销售者应当在知悉食品安全风险后 24 h 内启动召回，并向县级以上地方食品安全监管部门报告召回计划；二级召回是指食用后已经或者可能导致一般健康损害，食品销售者应当在知悉食品安全风险后 48 h 内启动召回，并向县级以上地方食品安全监管部门报告召回计划；三级召回是指标签、标识存在虚假标注的食品，食品销售者应当在知悉食品安全风险后 72 h 内启动召回，并向县级以上地方食品安全监管部门报告召回计划。标签、标识存在瑕疵，食用后不会造成健康损害的食品，食品销售者应当改正，可以自愿召回。

4. 召回的流程

不安全食品召回流程包括立即停止生产经营、制订召回计划、发布召回公告、实施召回不安全食品、处置召回食品、记录召回结果。其中，不安全食品是指食品安全法律法规规定禁止生产经营的食品和其他有证据证明可能危害人体健康的食品。不安全食品召回期限根据不同召回等级而有所不同：①实施一级召回的，食品生产者应当自公告发布之日起 10 个工作日内完成召回工作；②实施二级召回的，食品生产者应当自公告发布之日起 20 个工作日内完成召回工作；③实施三级召回的，食品生产者应当自公告发布之日起 30 个工作日内完成召回工作。情况复杂的，经县级以上地方食品安全监管部门同意，食品生产经营者可以适当延长召回时间并公布。

5. 召回食品的处理

一般情况下，召回的食品不符合食品安全标准或者可能存在食品安全隐患，食品生产经营者应当对召回的食品采取无害化处理、销毁等措施，防止其再次流入市场。召回的食品可以按下列方法处理：

（1）对召回的违法添加非食用物质、腐败变质、病死畜禽等严重危害人体健康和生命安全的不安全食品，应当立即就地销毁；不具备就地销毁条件的，可以集中销毁处理。

（2）对因标签、标志或者说明书不符合食品安全标准而被召回的食品，食品生产经营者可以让食品生产者在采取补救措施且能保证食品安全的情况下可以继续销售，但销售时应当向消费者明示补救措施。补救措施不得涂改生产日期、保质期等重要的标识信息，不得欺瞒消费者。

（3）对不安全食品进行无害化处理，能够实现资源循环利用的，食品生产经营者可以按照国家有关规定进行处理。

（4）食品生产经营者对不安全食品处置方式不能确定的，应当组织相关专家进行评估，并根据评估意见进行处置。

（5）食品生产经营者应当如实记录停止生产经营、召回和处置不安全食品的名称、商标、规格、生产日期、批次、数量等内容。记录保存期限不得少于两年。

6. 不安全食品召回的报告

食品生产经营者应当将不安全食品召回和处理情况向所在地食品安全监督管理部门报告。需要对召回的食品进行无害化处理、销毁的，应当提前报告时间、地点。食品安全监督管理部门认为必要的，可以赴无害化处理或者销毁现场进行监督，以确保存在安全隐患的被召回食品不会再次流入市场。

5.3　监管部门风险防控

5.3.1　食品安全监督检查

5.3.1.1　食品安全监督检查基本概念

食品安全监管是保障食品安全的基础，是国家职能部门为保证食品安全、公众身体健康和生命安全而开展的活动。所谓食品安全监督检查，是指食品安全监管部门对食品生产经营者依法进行检查的活动，目的是检查食品生产经营者在生产经营过程是否遵守食品安全法律、法规、规章、标准和技术规范等情况，同时也是督促检查食品生产经营者执行食品安全法律法规，并对其违法行为追究行政法律责任的过程。加强食品安全监督检查既有利于指导促进食品产业的健康发展、维护正常的食品经营秩序，又有利于严厉打击食品安全违法犯罪行为，保障人民群众的身体健康和生命安全。

5.3.1.2 食品安全监督检查基本原则

《食品生产经营监督检查管理办法》明确食品安全监管部门对食品生产经营者的日常监督检查，应当遵循属地负责、风险管理、程序合法和公正公开四项原则。

1. 属地负责

各级食品安全监管部门负责实施本行政区域内食品生产经营者的日常监督检查，可以按食品生产经营者的类别、风险来落实不同级别属地政府责任。例如，食品生产企业由所在地的市级监管部门负责日常监督检查，而食品经营单位则由所在地的县级、镇乡级监管部门监督检查。

2. 风险管理

食品安全监管部门根据食品生产经营企业的食品安全风险高低，采取不同的监管方式，确定不同的监督检查频次与重点。对风险高的企业配置更多监管资源，实施重点监管；对风险低的企业减少监管资源配置，减少监督检查频次。食品安全风险级别的判定主要考虑生产经营的食品类别、经营规模、消费对象等静态风险因素，以及生产经营条件保持、生产经营过程控制、管理制度建立及运行等动态风险因素。

3. 程序合法

食品安全监管部门应当按照法定程序组织开展监督检查，检查人员资质、人数及回避要求，实行亮证检查，依法收集证据等。

4. 公正公开

食品安全监管部门将日常监督检查结果记入食品生产经营者的食品安全信用档案。每次监督检查结束后，应于 2 个工作日内向社会公开监督检查时间、检查结果和检查人员姓名等信息，同时在生产经营场所醒目位置张贴日常监督检查结果记录表。

5.3.1.3 食品安全监管部门职责

国家市场监督管理总局负责监督指导全国食品生产经营日常监督检查工作。省级市场监督管理部门负责监督指导本行政区域内食品生产经营日常监督检查工作。区县级市场监督管理部门负责实施本行政区域内食品生产经营日常监督检查。在全面覆盖的基础上，区县级市场监督管理部门可以在本行政区域内实施"双随机"检查，随机选取食品生产者、随机选派监督检查人员实施异地检查、交叉互查。

食品安全监管部门应当加强对日常监督检查人员的管理，确保检查人员符合执行日常监督检查工作的要求。检查人员应当掌握相关食品安全法律、法规、规章、标准等知识，熟悉食品生产经营监督检查要点和检查操作手册，并定期接受培训与考核；检查人员应根据日常监督检查事项进行检查，必要时可以邀请食品安全专家、消费者代表等人员参与监督检查工作。

食品安全监管部门对食品生产经营者的监督检查事项包括：食品生产经营者的生产经营资质、场所和设备设施清洁维护、原料控制、加工制作过程、食品添加剂使用管理、餐饮具清洗消毒、食品安全事故处置、从业人员健康管理等。

5.3.1.4 食品安全监督检查基本程序

食品安全监管部门对食品生产经营者进行监督检查时，应遵守下列具体程序：

（1）两名以上食品安全行政执法人员进行检查。

（2）到达食品生产经营者后，行政执法人员主动出示执法证件，说明来意。

（3）在企业相关人员的陪同下，行政执法人员按照《食品生产企业日常监督检查要点表》《餐饮服务日常监督检查要点表》等相关检查文书开展全面检查，或根据实际情况选择重点环节检查，并依法收集相关证据。

（4）监督检查完成后，执法人员制作现场监督检查笔录，陪同人员确认签字。如拒绝签字，在笔录上注明拒签理由，同时执法人员记录在场人员的姓名、职务。

（5）食品安全监管部门对食品生产经营者存在的问题，应了解其原因，进行必要的业务指导，提出改进措施。如发现重大问题及时向上级部门汇报，并立即采取措施。

（6）需要给予食品生产经营者行政处罚的，应按行政处罚从程序办理。

（7）日常监督检查结果记入食品生产经营者的食品安全信用档案。每次监督检查结束后，应于2个工作日内向社会公开监督检查时间、检查结果和检查人员姓名等信息。

（8）食品安全监管部门应当在生产经营场所醒目位置张贴日常监督检查结果记录表。张贴的日常监督检查结果记录表保留至下次日常监督检查。

5.3.1.5 法律责任

食品生产经营者若违反《食品生产经营监督检查管理办法》，则需承担4项法律责任。

（1）《食品生产经营监督检查管理办法》第四十八条规定，食品生产经营者未按照规定在显著位置张贴或者公开展示相关监督检查结果记录表，撕毁、涂改监督检查结果记录表，或者未保持日常监督检查结果记录表至下次日常监督检查的，由县级以上地方市场监督管理部门责令改正；拒不改正的，给予警告，可以并处 5 000 元以上 5 万元以下罚款。

（2）《食品生产经营监督检查管理办法》第四十九条规定，食品生产经营者有下列拒绝、阻挠、干涉市场监督管理部门进行监督检查情形之一的，由县级以上市场监督管理部门依照《食品安全法》第一百三十三条第一款的规定进行处理：①拒绝、拖延、限制检查人员进入被检查场所或者区域的，或者限制检查时间的；②拒绝或者限制抽取样品、录像、拍照和复印等调查取证工作的；③无正当理由不提供或者延迟提供与检查相关的合同、记录、票据、账簿、电子数据等材料的；④以主要负责人、主管人员或者相关工作人员不在岗为由，或者故意以停止生产经营等方式欺骗、误导、逃避检查的；⑤以暴力、威胁等方法阻碍人员依法履行职责的；⑥隐藏、转移、变卖、损毁检查人员依法查封、扣押的财物的；⑦伪造、隐匿、毁灭证据或者提供虚假情况的；⑧其他妨碍检查人员履行职责的。

（3）《食品生产经营监督检查管理办法》第五十条规定，食品生产经营者拒绝、阻挠、干涉监督检查，违反治安管理处罚相关规定的，由市场监督管理部门依法移交公安机关处理。食品生产经营者以暴力、威胁等方法阻碍检查人员依法履行职责，涉嫌犯罪的，由市场监督管理部门依法移交公安机关处理。

（4）《食品生产经营监督检查管理办法》第五十一条规定，发现食品生产经营者有《食品安全法实施条例》第六十七条第一款规定的情形，属于情节严重的，市场监督管理部门应当依法从严处理。对情节严重的违法行为处以罚款时，应当依法从重从严。

5.3.2 食品安全行政处罚

5.3.2.1 食品安全行政处罚的基本概念

食品安全行政处罚是指食品安全行政管理部门对违反食品安全行政管理秩序，尚不构成犯罪的公民、法人或者其他组织，以减损权益或者增加义务的方式予以惩戒的行为。食品安全行政处罚直接影响到当事人的切身利益，行政管理部门规范实施行政处罚，对于维护公共利益和社会秩序，保护公民、法人或者其他组织合法权益至关重要。行政处罚概念包括以下含义：一是实施行政处罚的主体，必须是法律法规规定的、拥有行政处罚权的食品安全行政执法主体，一般是指具有法定职权的行政机关；二是处罚的前提是存在违反食品安全法律、法规及规章的违法规定，危害食品安全管理秩序，且未达到刑事犯罪的；三是被处罚的行政相对人必须是已构成食品安全行政违法且具有责任能力的公民、法人或其他组织。

根据《中华人民共和国行政处罚法》和食品安全法律法规的相应规定，食品安全行政处罚种类主要有以下三大类：一是财产处罚，即行政主体依法对违法行为人给予的剥夺财产权的处罚形式，如罚款、没收违法所得、没收非法财物等。二是行为处罚，即行政主体限制或剥夺违法行为人特定行为能力的制裁形式，如暂扣许可证件、降低资质等级、吊销许可证件、限制开展生产经营活动、责令停产停业、责令关闭、限制从业等。三是申诫处罚，即行政主体对违反行为人的名誉、荣誉、信誉或精神上的利益造成一定损害以示警诫的处罚方式，如警告、通报批评等。

5.3.2.2　食品安全行政处罚的基本原则

1. 处罚法定原则

处罚法定是法治社会的基本要求，主要内涵有三点：一是处罚依据法定。即违反食品安全行政管理秩序的行为，依照法律、法规或者规章明文规定应予行政处罚的，才能给予行政处罚，否则不得实施行政处罚。二是处罚机关法定。食品安全行政处罚由负有食品安全行政管理职责的行政机关实施，其他行政机关在未取得法律、法规或者规章授权的情况下不得实施。三是处罚程序法定。食品安全行政管理机关实施行政处罚时，要严格依法进行，没有法定依据或者不遵守法定程序的，作出的行政处罚无效。

2. 公正公开原则

公正原则要求食品安全行政管理部门实施行政处罚时必须以事实为依据，按照法律、法规的要求，做到客观、公平。对待相对人要一视同仁、不偏私，适用法律、法规应采取同一标准。公开原则要求作为食品安全行政处罚依据的法律、规范必须公开，处罚程序必须透明，处罚结果必须告知当事人。在处罚实施过程中要保障行政相对人依法享有陈述、申辩、听证以及了解行政处罚相关情况的权利。

3. 过罚相当原则

过罚相当原则要求食品安全行政管理部门对违法行为人适用行政处罚，特别是进行自由裁量时，所适用的处罚种类、处罚幅度要与行政相对人的违法过错程度相适应，既不轻过重罚、又不重过轻罚，避免畸轻畸重。

4. 处罚与教育相结合原则

食品安全行政管理部门在实施行政处罚的同时，要加强对被处罚人的法治教育，使其认识到自己行为的违法性和应受惩罚性，督促其今后能自觉守法。在食品安全行政处罚中，不能只罚不教，也无权只教不罚，应该在依法行政的前提下，结合行政处罚各项基本原则，综合考虑，合理裁量。

5.3.2.3　食品安全行政处罚的基本要求

1. 事实清楚

食品安全监管部门必须全面、客观、公正地开展调查，作出行政处罚前必须查明违法事实。违法事实不清的不得给予行政处罚。

2. 证据充分

食品安全监管部门在开展违法事实调查时，必须取得足以证明违法事实的证据，包括正面的和反面的、直接的和间接的，证据要有客观性、真实性、关联性，不能依据主观想象进行推测。没有证明违法事实的证据或证据不充分的，不得给予行政处罚。

3. 适用法律正确

食品安全行政处罚所认定的违法行为以及作出行政处罚的依据必须是法律、法规和规章中有明确规定的。不得引用标准、规范性文件作为行政处罚依据。行政处罚引用的法律文本必须正确，引用的条文必须明确具体的条、款、项、目。

4. 程序合法

食品安全监管部门在实施行政处罚时必须严格依据法定程序。违反程序的行政处罚无效。

5. 处理适当

食品安全监管部门应当根据违法行为的性质、情节、危害后果等因素，在法律、法规、规章规定的自由裁量范围内予以相应的处罚。违法事实基本相同，情节、后果相近的违法案件，应给予相似的行政处罚。

5.3.2.4 食品安全行政处罚程序

1. 食品安全行政处罚的一般程序

一般程序又称普通程序，是食品安全监管部门实施行政处罚时应遵循的基本程序，是在调查取证查清事实的基础上，正确地适用法律作出处罚决定的步骤、方法、时限和顺序的总和。一般程序包括立案、调查取证、审核、事先告知、作出处罚决定等。

2. 食品安全行政处罚的简易程序

简易程序也称当场处罚程序，可以提高行政效率。对于违法事实确凿并有法定依据，依法应当作出下列行政处罚的，可以当场作出行政处罚决定：①警告；②对自然人处以 200 元以下罚款；③对法人或者其他组织处以 3 000 元以下罚款。

简易程序不能随意扩大适用范围。没收非法财物或没收违法所得的案件，不能适用简易程序。即便符合简易程序适用条件的案件，也可以根据案情实际考虑适用一般程序。

5.3.2.5 食品安全行政处罚执行与结案

食品安全行政处罚决定作出后，当事人应当在处罚决定规定的期限内予以履行。

当事人对食品安全行政处罚决定不服申请行政复议或者提起行政诉讼的，行政处罚不停止执行，但行政复议或行政诉讼期间裁定停止执行的除外。食品安全行政处罚的执行可分为自觉履行和强制执行。

1. 食品安全行政处罚自觉履行

当事人自觉履行了全部的行政处罚（如交付违法所得、罚款、停止营业、改正违法行为等），即可结案。其中，交付违法所得、罚款可有以下三种情况：一是当场收缴。依据简易程序当场作出食品安全行政处罚决定，依法给予一百元以下罚款的、或当场对自然人处以二百元以下、对法人或者其他组织处以三千元以下罚款，不当场收缴事后难以执行的，可以当场收缴罚款；在边远、水上、交通不便地区，食品安全监管部门依法作出罚款决定后，当事人到指定的银行或者通过电子支付系统缴纳罚款确有困难，经当事人提出，食品安全监管部门及其执法人员可以当场收缴罚款。二是事后缴款。根据《中华人民共和国行政处罚法》规定，当事人应当自收到行政处罚决定书之日起十五日内，到指定的银行或者通过电子支付系统缴纳罚款。三是延期或分期缴纳。当事人确有经济困难，需要延期或者分期缴纳罚款的，应当提出书面申请。经食品安全监管部门负责人批准后执行。

2. 食品安全行政处罚强制执行

食品安全监管部门在申请人民法院强制执行前，应当制作《履行行政处罚决定催告书》，催告当事人履行义务，告知当事人履行义务的期限、方式，金钱给付的金额、方式，依法享有的陈述申辩权。催告期间，当事人进行陈述、申辩的，食品安全监管部门应当制作《陈述申辩笔录》记录当事人提出的事实、理由和证据，并制作《陈述申辩复核意见书》。当事人提出的事实、理由和证据成立的，食品安全监管部门应当采纳。

当事人逾期不缴纳罚款的，食品安全监管部门可以每日按罚款数额的百分之三加处罚款，加处罚款的数额不得超出罚款的数额。当事人在法定期限内不申请行政复议或者提起行政诉讼，又不履行行政处罚决定，且在收到催告书十个工作日后仍不履行行政处罚决定的，食品安全监管部门可以在期限届满之日起三个月内依法申请人民法院强制执行。

3. 食品安全行政处罚结案

适用普通程序的案件有以下情形之一的，办案机构应当在十五个工作日内填写《结案审批表》，经食品安全监管部门负责人批准后，予以结案：①行政处罚决定执行完毕的；②人民法院裁定终结执行的；③案件终止调查的；④确有违法行为，但有依法不予行政处罚情形的，不予行政处罚的；⑤违法事实不能成立，不予行政处罚的；

⑥不属于食品安全监管部门管辖的,移送其他行政管理部门处理的;⑦违法行为涉嫌犯罪,移送司法机关的;⑧其他应予结案的情形。结案后,办案人员应当将案件材料按照档案管理的有关规定立卷归档。案卷可以分正卷、副卷,案卷归档应当一案一卷、材料齐全、规范有序。

5.3.2.6 食品安全行政处罚复议与诉讼

食品安全行政处罚复议是指受到处罚的公民、法人或者其他组织认为处罚行为侵犯其合法权益,依照法律规定的条件和程序,向作出处罚行为的行政机关的上级机关或法定机关提出申请,由受理该申请的行政机关依法对该行政处罚行为进行合法性与适当性的全面审查,并作出复议决定。

1. 食品安全行政处罚复议的基本原则

一是合法原则。行政复议机关在行使行政复议职责时,必须遵守宪法和法律的规定,做到复议的主体及其职权合法、依据合法、程序合法。二是公正原则。行政复议机关在行使行政复议职权时,应当公正地对待复议双方当事人,一视同仁。对于不同的申请人应同样对待。对原具体行政行为的适当性进行审查时,要严格以法律的目的和社会公认的公正标准为尺度,从而保证行政复议过程和结果的公正。三是公开原则。行政复议的条件、依据和过程应当公开。申请人可以依法查阅被申请人提出的书面答复、作出具体行政行为的证据、依据和其他有关材料。行政复议的决定是公开的,不能依据内部文件作出行政复议决定。四是及时原则。行政复议机关要在法定的期限内完成行政复议的受理、审查工作,及时作出相应的行政复议决定。五是便民原则。行政复议活动要方便百姓,尽量使他们节省费用、时间、精力。

2. 食品安全行政处罚复议的审查和决定

行政处罚复议原则上采取书面审查方法。申请人和被申请人要求当面说明情况的、双方争议的主要事实不清、案情复杂、涉及专业技术领域内容的,或复议机关承办人认为其他需要了解情况、听取意见的,复议机关承办人可以向有关组织和人员调查情况,听取申请人、第三人和被申请人的意见。复议机关承办人向有关组织和人员调查情况,可以采用下列方式:①向有关组织和单位查阅与复议相关的文书资料;②听取申请人、第三人和被申请人的陈述、申辩;③核实证人证言;④实地勘察;⑤举行听证;⑥其他。

行政复议的决定是指行政复议机关对行政复议案件进行审查,经复议机关负责人审核或者集体讨论通过后,就有关具体行政行为是否合法、适当,或者是否依申请人的请求责令被申请人作出某种具体行政行为而作出的书面决定。复议机关依照《中华人民共和国行政复议法》作出行政复议决定。一般有以下几种情形:①具体行政行为认定事实清楚、证据确凿，适用依据正确，程序合法，内容适当的，决定维持；②具体行政行为认定事实清楚、证据确凿，适用依据正确，程序合法，但明显不当的，可以决定予以变更；③具体行政行为违法或者不当的，但不具有可撤销性的，决定确认该具体行政行为违法；④具体行政行为因违法或不当而被撤销，但具体行政行为相对人的违法事实清楚、证据确凿的，可以责令被申请人在一定期限内重新作出具体行政行为。

3. 食品安全行政处罚的行政诉讼

食品安全行政处罚的行政诉讼是指受到行政处罚的公民、法人或者其他组织认为食品安全监管部门的行政处罚行为侵犯其合法权益，依法向具有管辖权的人民法院提起行政诉讼，由人民法院依法进行审理并作出裁决的法律制度。

对属于人民法院受案范围的行政案件，公民、法人或者其他组织可以先向行政机关申请复议，对复议决定不服的，再向人民法院提起诉讼；也可以直接向人民法院提起诉讼。法律、法规规定应当先向行政机关申请复议，对复议决定不服再向人民法院提起诉讼的，依照法律、法规的规定执行。

公民、法人或者其他组织不服复议决定的，可以在收到复议决定书之日起十五日内向人民法院提起诉讼。复议机关逾期不作决定的，申请人可以在复议期满之日起十五日内向人民法院提起诉讼。法律另有规定的除外。

公民、法人或者其他组织直接向人民法院提起诉讼的，应当自知道或者应当知道作出行政行为之日起六个月内提出。法律另有规定的除外。

5.3.2.7 主要生产经营违法情形的行政处罚

1. 未经许可从事食品生产经营

食品生产经营者必须具备合适的场所、充足的设备、合理的布局、适当的工艺、严格的制度等，才能从事食品生产经营，才能保障食品安全。《食品安全法》第三十五条第一款规定，国家对食品生产经营实行许可制度。从事食品生产、食品销售、餐饮服务，应当依法取得许可。当食品生产经营者未取得食品生产许可证或者食品经营许可证从事食品生产经营活动；或者食品生产许可证或者食品经营许可证超过有效期限后仍从事食品生产经营活动；或者食品生产经营行为超出食品生产许可证或者食品经营许可证核准的经营范围与品种从事食品生产经营活动时，就违反了上述法律规定，食品安全监管部门将根据《食品安全法》第一百二十二条第一款规定，没收违法所得和违法生产经营的食品及用于违法生产的工具、设备、原料等物品；违法生产经营的食品货值金额不足一万元的，并处五万元以上十万元以下罚款；违法生产经营的食品货值金额一万元以上的，并处货值金额十倍以上二十倍以下罚款。

在办理此类案件时，调查收集证据必须目标明确。《现场检查笔录》要重点描述生产经营场所的状况、生产经营的食品、加工用具和容器以及其他文字标志。查处擅自扩大生产经营的内容项目，检查笔录要描述扩大生产经营方式（范围），具体品种、售价和数量等内容。询问调查时，一要明确许可证上核准的生产经营方式（范围）；二要进一步确定擅自扩大生产经营方式（范围）的相关事实，如时间、内容、销售金额等；三要询问擅自扩大生产经营的原因。

2. 生产经营用非食品原料生产的食品

非食品原料（非食用物质）不属于传统上认为的食品原料、也未纳入我国新食品原料、食药两用物质、食品添加剂、营养强化剂名单。目前，我国个别食品生产经营者诚信缺失、道德沦丧、为追求额外利润而不顾消费者身体健康，非法添加非食品原料，以达到以次充好、以假充真等目的，对人体健康带来严重隐患。《食品安全法》第三十四条第（一）项规定，禁止生产经营用非食品原料生产的食品或者添加食品添加剂以外的化学物质和其他可能危害人体健康物质的食品，或者用回收食品作为原料生产的食品。对违反该项规定，尚不构成犯罪的，根据《食品安全法》第一百二十三条规定，由县级以上人民政府食品安全监管部门没收违法所得和违法生产经营的食品，并可以没收用于违法生产经营的工具、设备、原料等物品；违法生产经营的食品货值金额不足一万元的，并处十万元以上十五万元以下罚款；货值金额一万元以上的，并处货值金额十五倍以上三十倍以下罚款；情节严重的，吊销许可证，并可以由公安机关对其直接负责的主管人员和其他直接责任人员处五日以上十五日以下拘留。

值得关注的是，不法食品生产经营者添加的非食品原料中，有部分属于有毒有害的物质，如生猪饲养过程中添加的"瘦肉精"、水产品储存运输过程中添加的孔雀石绿、火锅汤料中添加的罂粟壳、保健食品中添加的减肥成分西布曲明等，添加上述这些非食品原料则不只是违法，还涉嫌犯罪，需要承担刑事责任。

3. 生产经营致病性微生物等含量超过食品安全标准限量的食品

食品中致病性微生物，农药残留、兽药残留、生物毒素、重金属等污染物对人体健康危害较大，因此，我国为保障公众身体健康，以科学合理、安全可靠为原则，制定了上述污染物在食品中最高限量的强制性标准。食品生产经营企业只有建立全面质量管理体系，严格按照法律法规和标准规范要求开展食品生产经营，才能确保食品污染物对人体的健康风险处于可接受水平。《食品安全法》第三十四条第（二）项规定，禁止生产经营致病性微生物，农药残留、兽药残留、生物毒素、重金属等污染物质以及其他危害人体健康的物质含量超过食品安全标准限量的食品、食品添加剂、食品相关产品。对违反该项规定，尚不构成犯罪的，根据《食品安全法》第一百二十四条规定,由县级以上人民政府食品安全监管部门没收违法所得和违法生产经营的食品、食品添加剂,并可以没收用于违法生产经营的工具、设备、原料等物品;违法生产经营的食品、食品添加剂货值金额不足一万元的,并处五万元以上十万元以下罚款;货值金额一万元以上的,并处货值金额十倍以上二十倍以下罚款;情节严重的,吊销许可证。

4. 生产经营超范围、超限量使用食品添加剂的食品

随着食品工业技术的快速发展,食品添加剂越来越广泛地应用在食品生产中。使用食品添加剂主要是为了保持或提高食品本身的营养价值,或是作为某些特殊膳食用食品的必要配料或成分,或是为了提高食品的质量和稳定性,改进其感官特性,或是为了便于食品的生产、加工、包装、运输或者贮藏。按照法律规定,生产经营者应严格按照国家标准《食品安全国家标准 食品添加剂使用标准》(GB 2760—2024)规定的食品添加剂品种、使用范围和使用量使用食品添加剂。但目前,个别食品生产经营者为了追求更大的获利,以掩盖食品腐败变质、掩盖食品本身或加工过程中的质量缺陷,或以掺杂、掺假、伪造为目的而使用食品添加剂,这就有可能对人体健康造成危害。根据《食品安全法》第三十四条第(四)项规定,禁止生产经营超范围、超限量使用食品添加剂的食品。对违反该项规定,尚不构成犯罪的,根据《食品安全法》第一百二十四条规定,由县级以上人民政府食品安全监管部门没收违法所得和违法生产经营的食品、食品添加剂,并可以没收用于违法生产经营的工具、设备、原料等物品;违法生产经营的食品、食品添加剂货值金额不足一万元的,并处五万元以上十万元以下罚款;货值金额一万元以上的,并处货值金额十倍以上二十倍以下罚款;情节严重的,吊销许可证。

5. 网络食品交易第三方平台违反网络食品交易规定案

随着互联网的发展,通过电商平台进行的网络食品交易、外卖餐饮等活动非常活跃。网络销售与传统食品交易形式不同,需要借助网络平台进行交易,有着明显的隐蔽性,用户只能通过参考文字、图片或者视频来了解食品信息,因而在一定程度上增加了食品安全风险。网络食品交易第三方平台在食品安全保障中起着非常重要的作用。根据《食品安全法》第六十二条规定,网络食品交易第三方平台提供者应当对入网食品经营者进行实名登记,明确其食品安全管理责任;依法应当取得许可证的,还应当审查其许可证。网络食品交易第三方平台提供者发现入网食品经营者有违反本法规定行为的,应当及时制止并立即报告所在地县级人民政府食品安全监管部门;发现严重违法行为的,应当立即停止提供网络交易平台服务。目前,部分网络食品交易第三方平台为了吸引更多的食品商户入驻平台,存在着对食品商户资质把关不严,日常

管理不严的现象，使得一些超范围经营的食品商户仍活跃在平台，甚至导致网络食品安全事故，干扰了市场运行秩序，威胁消费者安全。当网络食品交易第三方平台提供者未对入网食品经营者进行实名登记，或者未对入网食品经营者依法应当取得的食品相关许可证进行审查，或者发现入网食品经营者存在违法行为，未及时制止并立即向食品安全监管部门报告，或者发现入网食品经营者有严重违法行为，未立即停止提供网络交易平台服务，就违反了上述法律规定，按照《食品安全法》第一百三十一条规定，由县级以上人民政府食品安全监管部门责令改正，没收违法所得，并处五万元以上二十万元以下罚款；造成严重后果的，责令停业，直至由原发证部门吊销许可证；使消费者的合法权益受到损害的，应当与食品经营者承担连带责任。

6. 生产经营营养成分不符合食品安全标准的婴幼儿配方食品

对于特殊人群，特别是婴幼儿，食品中的蛋白质、脂肪、碳水化合物、维生素、矿物质等营养成分和配比对婴幼儿的生长发育至关重要，因此它们的含量作为食品安全标准的重要指标，对食品生产经营是强制性要求。法律规定，禁止生产经营营养成分不符合食品安全标准的专供婴幼儿和其他特定人群的主辅食品。如果违反该项规定，尚不构成犯罪的，按照《食品安全法》第一百二十三条规定，由县级以上人民政府食品安全监管部门没收违法所得和违法生产经营的食品，并可以没收用于违法生产经营的工具、设备、原料等物品；违法生产经营的食品货值金额不足一万元的，并处十万元以上十五万元以下罚款；货值金额一万元以上的，并处货值金额十五倍以上三十倍以下罚款；情节严重的，吊销许可证，并可以由公安机关对其直接负责的主管人员和其他直接责任人员处五日以上十五日以下拘留。

7. 对未按照要求注册或未按注册要求生产的违法行为处罚

保健食品、特殊医学用途配方食品、婴幼儿配方乳粉等特殊食品产品（配方）应按照要求进行注册，其生产企业应按照注册或者备案的产品配方、生产工艺等技术要求组织生产。《食品安全法》第七十六条规定，使用保健食品原料目录以外原料的保健食品和首次进口的保健食品应当经国务院食品安全监管部门注册；第八十条规定，特殊医学用途配方食品应当经国务院食品安全监管部门注册；第八十一条规定，婴幼儿配方乳粉的产品配方应当经国务院食品安全监管部门注册，不得以分装方式生产婴幼儿配方乳粉，同一企业不得用同一配方生产不同品牌的婴幼儿配方乳粉；第八十二条规定，保健食品、特殊医学用途配方食品、婴幼儿配方乳粉生产企业应当按照注册的产品配方、生产工艺等技术要求组织生产。

如果违反了上述条款，尚不构成犯罪的，按照《食品安全法》第一百二十四条规定，由县级以上人民政府的食品安全监管部门没收违法所得和违法生产经营的食品、食品添加剂,并可以没收用于违法生产经营的工具、设备、原料等物品;违法生产经营的食品、食品添加剂货值金额不足一万元的,并处五万元以上十万元以下罚款;货值金额一万元以上的,并处货值金额十倍以上二十倍以下罚款;情节严重的,吊销许可证。

8. 违反特殊食品备案相关规定的处罚

使用保健食品原料目录以外原料的保健食品和首次进口的保健食品应当经国务院食品安全监管部门注册。首次进口的保健食品中属于补充维生素、矿物质等营养物质的,应当报国务院食品安全监管部门备案;其他保健食品应当报省、自治区、直辖市人民政府食品安全监管部门备案,企业应当按照备案的产品配方、生产工艺等技术要求组织生产。婴幼儿配方食品生产企业应当将食品原料、食品添加剂、产品配方及标签等事项向省、自治区、直辖市人民政府食品安全监管部门备案。如果相关企业违反上述规定,按照《食品安全法》规定,由县级以上人民政府食品安全监管部门责令改正,给予警告;拒不改正的,处五千元以上五万元以下罚款;情节严重的,责令停产停业,直至吊销许可证。

9. 未按规定开展自查并定期报告的处罚

法律规定生产保健食品、特殊医学用途配方食品、婴幼儿配方食品和其他专供特定人群的主辅食品的企业,应当按照良好生产规范的要求建立与所生产食品相适应的生产质量管理体系,定期对该体系的运行情况进行自查,保证其有效运行,并向所在地县级人民政府食品安全监管部门提交自查报告。如果特殊食品生产企业违反该项规定,未按规定建立生产质量管理体系并保证有效运行或者未定期提交自查报告的,按照《食品安全法》规定,由县级以上人民政府食品安全监管部门责令改正,给予警告;拒不改正的,处五千元以上五万元以下罚款;情节严重的,责令停产停业,直至吊销许可证。

10. 其他情形

根据《食品安全法》规定,食品生产经营者在一年内累计三次因违反本法规定受到责令停产停业、吊销许可证以外处罚的,由食品安全监管部门责令停产停业,直至吊销许可证。若食品经营者履行了《食品安全法》规定的进货查验等义务,有充分证据证明其不知道所采购的食品不符合食品安全标准,并能如实说明其进货来源的,则可以免于行政处罚,但应当依法没收其不符合食品安全标准的食品。

5.3.2.8 食品安全行政处罚案件货值金额

1. 货值金额计算原则

根据《中华人民共和国行政处罚法》规定,当事人有违法所得,除依法应当退赔的外,应当予以没收。 违法所得是指实施违法行为取得款项。 法律、行政法规、部门规章对违法所得的计算另有规定的,从其规定。 食品安全行政处罚案件货值金额是当事人实施食品安全违法行为所涉及食品的市场价格总金额。 在处理食品安全违法案件中,一般计算违法所得按照"全部收入"计算,即不扣除成本。

2. 货值金额计算范围

未取得许可从事食品生产经营的,货值金额计算范围包括原料、半成品和成品。 取得许可从事食品生产经营,成品检验不合格或者不符合食品安全法律法规(以下简称不合格)的,货值金额包括成品、不合格的半成品和原料;半成品或者原料不合格的,货值金额包括不合格的半成品或者原料,以及成品。 已售出、已赠与、已抽样、已使用、已召回以及未售出、未赠出、未使用等全部成品,计入成品货值金额。 未付款已到库的涉案产品应当计入货值金额。 案件查处期间退货的产品的货值金额不得扣除。

3. 货值金额计算方式

成品按照销售价格计算货值金额;半成品按照原料购进价款计算货值金额;原料按照购进价款计算货值金额,销售价格应当以销售单、合同、价签等明示的单价计算。 没有标价的,依据相关证据材料进行认定或者按照同类产品的市场价格或者平均价格计算,也可以委托法定价格认定机构确定。

5.3.2.9 食品安全行政处罚的自由裁量

1. 行政处罚自由裁量的含义和要求

行政处罚裁量权是指各级食品安全监管部门在实施行政处罚时,根据法律、法规、规章的规定,综合考虑违法行为的事实、性质、情节、社会危害程度以及当事人主观过错等因素,决定是否给予行政处罚、给予行政处罚的种类和幅度的权限。 食品安全监管部门行使行政处罚裁量权,应当符合法律、法规、规章规定的裁量条件、处罚种类和幅度,遵守法定程序。 要以事实为依据,处罚的种类和幅度与违法行为的事实、性质、情节、社会危害程度等相当。 要综合考虑个案情况,兼顾地区经济社会发展水平、当事人主客观情况等相关因素,实现法律效果、社会效果、政治效果的统一,坚持处罚与教育相结合,引导当事人自觉守法。

根据《市场监管总局关于规范市场监督管理行政处罚裁量权的指导意见》(国市监法〔2019〕244号),行政处罚自由裁量的结果主要有四种情形。 一是不予行政处罚,指因法定原因对特定违法行为不给予行政处罚。 二是减轻行政处罚,指适用法定行政处罚最低限度以下的处罚种类或处罚幅度,包括在违法行为应当受到的一种或者几种处罚种类之外选择更轻的处罚种类,或者在应当并处时不并处;也包括在法定最低罚款限值以下确定罚款数额。三是从轻行政处罚，指在依法可以选择的处罚种类和处罚幅度内，适用较轻、较少的处罚种类或者较低的处罚幅度。其中，罚款的数额应当在从最低限到最高限这一幅度中较低的30％部分。四是从重行政处罚，指在依法可以选择的处罚种类和处罚幅度内，适用较重、较多的处罚种类或者较高的处罚幅度。其中，罚款的数额应当在从最低限到最高限这一幅度中较高的30％部分。

2. 行政处罚自由裁量的适用情形

一是食品生产经营者违反食品安全法律、法规、规章和食品安全标准的规定，属于初次违法且危害后果轻微并及时改正的，可以不予行政处罚；二是当事人有证据足以证明没有主观过错的，不予行政处罚，法律、行政法规另有规定的，从其规定。以下情形需要从严处罚：一是违法行为涉及的产品货值金额2万元以上或者违法行为持续时间3个月以上；二是造成食源性疾病并出现死亡病例，或者造成30人以上食源性疾病但未出现死亡病例；三是故意提供虚假信息或者隐瞒真实情况，拒绝、逃避监督检查；四是因违反食品安全法律法规受到行政处罚后1年内又实施同一性质的食品安全违法行为，或者因违反食品安全法律法规受到刑事处罚后又实施食品安全违法行为，其他情节严重的情形。

 典型案例

从重处罚

某公司涉嫌违规操作造成食物中毒等食品安全事故案。2021年5月12日，某学校师生在学校食堂食用午餐后，有多名学生于当日15时30分至18时期间出现呕吐、腹泻、腹痛等症状。经现场检查及流行病学、卫生学调查认定，上述食品安全事故系5月12日学校食堂午餐中A套餐的鸡肉卷加工制作不符合要求导致。事故原因为用于制作鸡肉卷的原料米饭，因加工制作过程中保存温度较高和放置时间过长，使食品中的蜡样芽孢杆菌得到繁殖，同时加工过程中存在盛放容器混用、交叉污染。

当日午餐由该公司加工制作，并以套餐形式分装成盒饭送至餐厅供学生和教职工食用，合计加工制作A套餐共500份，获得餐费合计人民12 812.50元。该公司在从事餐饮服务活动过程中，未严格执行、落实安全制度和措施，存在不规范加工、制作食品（米饭）和容器混用、生熟交叉污染等行为，违反了《餐饮服务食品安全操作规范》相关规定，直接导致了本次食品安全事故的发生。

当事人在加工制作食品的过程中，未按《餐饮服务食品安全操作规范》要求落实食品安全事故防范措施，违规操作，造成食品安全事故的行为，违反了《上海市食品安全条例》第六十七条的规定。鉴于当事人为特定人群提供餐饮服务、承担事故主要责任且涉案产品属于高风险食品范围，综合考虑违法事实及危害后果，市场监管部门决定对该公司从重处罚。依据《上海市食品安全条例》第一百零六条第一款的规定，市场监管部门决定对该公司从重处罚如下：没收违法所得人民币12 812.50元；罚款人民币256 250.00元。

从轻处罚

某公司涉嫌使用过保质期的食品原料加工食品案。某公司于2021年11月20日从其供应商以人民币5.8元/盒的价格，购入40盒由某食品有限公司生产的预包装食品鸡蛋豆腐（净含量：350 g/盒），该鸡蛋豆腐的产品外包装标签标明："生产日期：20211115，保质期：20天（须冷藏2～7℃）"。该鸡蛋豆腐于2021年12月5日保质期届满，自2021年12月6日起超过其保质期限。经核查，该公司在保质期限内共使用了19盒鸡蛋豆腐，尚剩余有21盒鸡蛋豆腐在超过保质期限后，未按规定的要求及时进行清理、处理，在2021年12月6日中午作为原料继续用于加工、制作"黄金芙蓉豆腐"。该公司共销售使用上述超过保质期的鸡蛋豆腐加工、制作的"黄金芙蓉豆腐"1份，销售价格为人民币24元/份，获得销售收入为人民币24.00元；尚有超过保质期的鸡蛋豆腐库存20盒，贮存在厨房冰箱内待用。

当事人使用超过保质期的食品原料生产经营食品所涉及的食品货值额，包括超过保质期的食品原料鸡蛋豆腐和使用该原料加工、制作的"黄金芙蓉豆腐"半成品和成品，共计人民币140.00元，违法所得为人民币24.00元。案发后，当事人已主动停止使用并全部销毁了剩余的超过保质期的鸡蛋豆腐。

该公司的上述行为违反了《食品安全法》第三十四条第（三）项的规定。鉴于案发后该公司主动配合调查，货值金额较小、违法行为持续时间短，综合考虑违法事实及危害后果，市场监管部门决定对该公司从轻处罚。根据《食品安全法》第一百二十四条第一款第（二）项的规定，市场监管部门决定对该公司从轻处罚如下：没收违法所得人民币24.00元；罚款人民币50 000.00元。

减轻处罚

某公司涉嫌未经许可从事食品生产经营活动案。某公司在其负责经营的食堂食品经营许可证于2020年12月3日到期后，未办理延续手续，于2020年12月4日至2021年4月22日期间，继续从事餐饮服务，供餐4 100人次，餐标为20元/人次，当事人的经营额合计人民币 82 000 元。案发后，当事人于 2021 年 4 月 23 日停止食品经营，相关食品已无库存，并已于 2021 年 4 月 29 日取得食品经营许可证。

该公司的上述行为违反了《食品安全法》第三十五条第一款的规定。鉴于案发后该公司立即停止违法行为、能积极配合调查提供证据材料并获得了食品经营许可，综合考虑违法事实及危害后果，市场监管部门决定对该公司减轻处罚。根据《食品安全法》第一百二十二条第一款的规定，市场监管部门决定对该公司减轻处罚如下：没收违法所得人民币 82 000 元；罚款人民币 246 000 元。

不予处罚

胡某涉嫌销售不合格梭子蟹案。2021 年 11 月 28 日市场监管部门对胡某销售的大梭子蟹、小梭子蟹进行食品安全抽样检验。2021 年 12 月 6 日，某个有资质的检验机构出具的检验检测报告显示，大梭子蟹检出镉（以 Cd 计）0.84 mg/kg、小梭子蟹中检出镉（以 Cd 计）0.73 mg/kg，均不符合《食品安全国家标准 食品中污染物限量》（GB 2762—2017）的要求，被判定为不合格。

胡某于 2021 年 11 月 28 日从上海市某水产行购入上述不合格梭子蟹 15 千克，进价为人民币 35 元/千克，总计人民币 525 元。胡某把上述梭子蟹分类成大梭子蟹、小梭子蟹用于出售，其中大梭子蟹 8 千克，售价 48 元/千克；小梭子蟹 7 千克，售价人民币 39 元/千克，总计人民币 657 元。至案发，上述梭子蟹已全部售出。胡某向市场监管部门提供了涉案梭子蟹的进货凭证、进货单位的营业执照及检验报告。

胡某销售不合格梭子蟹的行为违反了《食用农产品市场销售质量安全监督管理办法》第二十五条第（二）项的规定。鉴于胡某不知道所采购的食用农产品不符合食品安全标准且履行了相应的进货查验义务，依据《食用农产品市场销售质量安全监督管理办法》第五十四条的规定，市场监管部门决定对胡某不予行政处罚。

5.3.3　食品安全信息公开

5.3.3.1　食品安全信息公开的内涵和意义

信息公开是指国家行政机关和法律、法规以及规章授权和委托的组织，在行使国家行政管理职权的过程中，通过法定形式和程序，主动将政府信息向社会公众或依申请而向特定的个人或组织公开的制度。信息公开能够保障公民、法人和其他组织依法获取行政机关在履行行政管理职能过程中制作或者获取的，以一定形式记录、保存的信息，提高政府工作的透明度，建设法治政府，充分发挥政府信息对人民群众生产、生活和经济社会活动的服务作用。

食品安全信息公开应当遵循全面、及时、准确、客观、公正的原则。涉及国家秘密、商业秘密和个人隐私的，不得公开。但是，经权利人同意公开的或者食品安全监管部门认为不公开可能对公共利益造成重大影响的商业秘密、个人隐私，可以公开。当前，食品安全事件、食品安全问题已经成为公众所关注的热点话题，政府向公众公开食品安全信息具有以下积极意义：一是有利于保障公民对食品安全的知情权。公民的知情权源自宪法，是宪法赋予公民的一项基本权利，而信息公开则是与公民知情权相对应的一项职能，政府对食品安全信息予以充分地公开，是对公民知情权的尊重和保障。二是有利于政府依法行政、公开透明。政府将食品安全信息公开，等于是将政府行为公开在阳光下，使其在一个规范透明的制度框架下运行，真正实现权力在阳光下运行，正如"阳光是最好的防腐剂"，在公众和舆论的直接监督下，政府及其工作人员在履行职责时就有所顾忌，有效地监督了政府行政权力的行使，预防腐败滋生。

5.3.3.2 食品安全信息公开的内容

政府信息是政府部门所持有的一种具有特定价值意义的信息，是行政机关在履行职责过程中制作或者获取的，以一定形式记录、保存的信息，其中食品安全信息是政府信息的内容之一。根据2017年原国家食品药品监督管理总局出台的《食品药品安全监管信息公开管理办法》的要求，食品安全监管部门在食品注册和备案、生产经营许可、广告审查、监督检查、监督抽检、行政处罚以及其他监管活动中形成的以一定形式制作保存的信息应主动公开。例如，本行政区内的年度食品安全总体状况、年度食品安全风险监测计划实施情况、年度食品安全国家标准的制定和修订工作情况、依照食品安全法规实施行政许可的情况、依法责令停止生产经营的食品、食品添加剂、食品相关产品的名录，食品抽样检验情况以及专项检查整治工作情况、查处食品生产经营违法行为的情况等管理信息均属于政府食品安全信息。具体需要公开的信息如下。

1. 食品安全标准信息

食品安全标准是衡量食品质量安全的一个重要依据，关系到人民群众的生命健康和食品产业的健康发展，该标准的内容属于抽象行政行为的范畴。根据行政法的基本原理，抽象行政行为只有在公开公布之后才会发生效力，而标准的制定过程本来就是个民主、公开、透明的过程，需要经政府部门、食品安全研究人员、食品从业者和社会各界的充分讨论，综合各方意见后形成的，食品安全标准的制定属于必须公开的范畴。

2. 特殊食品注册和备案信息

特殊食品由国务院食品安全监管部门依法进行注册，注册的产品或产品配方信息应在部门官网上公开，公开内容包括申请企业名称、地址，产品名称、批准文号、主要工艺、标签或说明书内容等。

3. 食品生产经营许可信息

食品生产经营许可信息应在市场监管部门网站上进行公开，公开内容包括生产经营许可服务指南（包括申请事项、设定依据、申请程序、时限、需要提交的全部材料目录以及申请书示范文本）、许可结果、生产经营许可证（包括企业名称、法定代表人、企业负责人、住所、生产或经营地址、生产或经营范围、有效期、许可证号及其他有关内容）等。

4. 食品生产经营监督检查信息

食品安全监管部门应公开监督检查相关信息，包括食品年度监督检查计划、日常监督检查、专项监督检查和飞行检查结果信息、通过质量管理规范认证企业的跟踪检查结论信息（即证后监管）结果信息，以及需要公告的其他监督检查信息。公开内容包括检查的对象和地址、检查的时间、检查的事项、检查结论及其他有关内容。

5. 食品安全监督抽检信息

食品安全监管部门需要及时公开监督抽检相关信息，公开内容包括抽检产品名称、标示生产单位、产品批号及规格、检品来源/被抽样单位、抽样单位、检验依据、检验结果、检验单位。在公开抽样检验相关信息的同时，应根据需要对有关产品特别是不合格产品可能产生的危害进行解释说明，必要时发布消费提示或风险警示。

6. 食品安全行政处罚信息

食品安全监管部门适用一般程序作出的行政处罚决定，要主动公开行政处罚决定书。公开的行政处罚决定书应包括以下信息：行政处罚案件名称、处罚决定书文号、被处罚的自然人姓名及身份证号码（公开身份证号码的应当隐去其出生月日四位）、被处罚的企业或者其他组织的名称、统一社会信用代码（组织机构代码、事业单位法人证书编号）、法定代表人（负责人）姓名、违反法律法规或规章的主要事实、行政处罚的种类和依据、行政处罚的履行方式和期限、作出处罚决定的行政执法机关名称和日期。行政处罚案件的违法主体涉及未成年人的，应当对未成年人的姓名等可能推断出该未成年人的信息采取符号替代或删除方式进行处理。应当隐去的个人隐私或商业秘密等信息的，依据相关规定执行。

7. 食品广告审查信息

食品安全监管部门应公开有关保健食品、特殊医学用途配方食品广告审查信息，公开内容包括广告审查服务指南（包括申请事项、设定依据、申请程序、时限，需要提交的全部材料目录和申请书示范文本）、审查结果等。

8. 不安全食品召回的信息

根据《食品召回管理规定》的规定，不合格食品的召回信息应及时向公众予以公布，使公众在第一时间掌握相关信息以避免消费风险，有利于监督涉事企业进行整改。召回信息公开内容包括生产者的名称、住所、法定代表人、具体负责人、联系电话、电子邮件等；产品名称、商标、规格、生产日期、批次等；召回原因、起止日期、区域范围。

9. 突发食品公共安全事件及应对措施信息

突发食品公共安全事件是威胁人民群众生命健康的事件。《国家重大食品安全事故应急预案》对于食品安全的事故分级、适用范围、工作原则、应急处理指挥机构、监测预警与报告、重大食品安全事故的应急响应、后期处置、应急保障等问题均有制度性的安排。政府在处理突发食品公共安全事件时应当严格执行应急预案的规定，并将执行情况适时向群众公开，接受群众监督，使群众不至于陷入恐慌。应及时公布食品安全事故处置相关信息，包括事故概况和事故责任调查处理结果等。

10. 信用等级和重点监管名单信息

食品安全监管部门应公开企业信用等级相关信息，包括企业名称、生产地址、生产范围、许可证号、信用等级情况及其他有关内容。重点监管名单相关信息，包括被列入重点监管名单的生产经营者名称、生产经营地址、法定代表人或负责人姓名，以及相关责任人员姓名、工作单位、职务、身份证号（公开身份证号码的应当隐去其出生月日四位）、违法事由、行政处罚决定、相关限制措施、公布起止日期等。

5.3.3.3 信息公开的主要途径

《中华人民共和国政府信息公开条例》规定，行政机关主动公开的政府信息通过政府公报、政府网站或者其他互联网政务媒体、新闻发布会以及报刊、广播、电视等途径予以公开。信息公开的主要途径如下：

1. 新闻发布会

政府新闻发布会是新闻发言人制度得以贯彻实施的途径。通常情况下，政府的新闻发言人会约见相关媒体的记者，通过新闻发布会的形式，将重大事件和社会热点的一系列相关内容传播给公众，以此实现和社会大众的沟通交流。这是政府部门中设立的一种较为稳定和规范的公共信息传播机制。

2. 公共场所

通过在公共场所设立信息查阅处向公众公开政府信息。政府部门应在一些档案馆、公共图书馆设置政府信息查阅场所，配备相应的设施、设备，为公民、法人或者其他组织获取政府信息提供便利。行政机关还可根据需要设立公共查阅室、资料索取点、电子信息屏等场所、设施，以公开政府信息。

3. 网络平台

充分发挥信息技术作用，通过网络平台实现政府信息公开。随着电子技术的发展，利用网络平台，运用电子数据库技术将政府的相关信息向社会公开，让其知晓相关情况，已经成为一种新型而有效的政府信息公开途径。

4. 传统媒介

利用报刊、广播、电视、政府公报、政务公开栏、公开办事指南等传统媒介公开政府信息。

5. 其他

通过社会公示、听证、专家咨询，以及邀请人民群众旁听政府有关会议等形式实现信息公开。

5.3.4 食品安全风险预警

5.3.4.1 法律法规相关规定

食品安全风险警示制度是国家公布可能具有较高程度安全风险的食品及相关信息，以引起公众的注意，避免或减少食品中存在或可能存在的隐患导致消费者健康损害。同时，食品安全风险警示制度对食品生产经营者也能起到一定的警示作用，是重要的食品安全管理措施之一。《食品安全法》第二十二条规定，国务院食品安全监督管理部门应当会同国务院有关部门，根据食品安全风险评估结果、食品安全监督管理信息，对食品安全状况进行综合分析。对经综合分析表明可能具有较高程度安全风险的食品，国务院食品安全监督管理部门应当及时提出食品安全风险警示，并向社会公布。

5.3.4.2 上海市食品安全风险预警制度

1. 工作原则及预警分类

根据《上海市食品安全风险研判和风险预警工作制度》，食品安全风险预警是指为避免或减少食品中存在或可能存在的隐患导致消费者健康损害而采取的防控措施，是重要的食品安全管理措施之一。食品安全风险研判和风险预警工作坚持"预防为主、风险管理、全程控制、属地监管、部门协作、社会共治"的原则，遵循"科学、严谨、规范、及时、高效"的要求。食品安全风险预警类型包括：①对经评估研判认为风险程度较高或严重的，应发布风险警示；②对经评估研判认为风险程度一般的，应发布风险提示或消费提示。

2. 风险预警处置要求

风险预警处置任务属于市食药安委成员单位职责的，由该单位制定具体预警处置措施并组织实施；涉及多个单位职责的，由市食药安办指定主办单位会同相关单位制定预警处置措施并组织实施；带有全局性、普遍性的或严重风险预警处置由市食药安办牵头组织实施。涉及市食药安委成员单位以外其他单位的，市食药安办应及时通报、会商相关单位。

在风险预警处置时，除依法采取预警处置措施，还应注意防止次生风险。市食药安委各成员单位应对预警处置措施落实情况、风险现状及变化等及时进行跟踪、分析和整理，并于风险信息综合分析会议上予以通报；如遇重大事项，应及时反馈市食药安办。

3. 风险预警信息发布和撤销

对可能发生的一般风险或较高风险，经综合分析确定需要发布风险预警信息的（包括风险警示、风险提示和消费提示），由市食药安委相关成员单位依照职责拟定发布，并抄报市食药安办；涉及多个成员单位的由主办单位联合其他单位依照职责拟定发布，并抄报市食药安办；带有全局性、普遍性的或严重风险预警信息由市食药安办牵头拟定发布。风险预警信息内容一般包括食品安全风险的整体状况、波及范围、可能产生的健康损害，建议各方应采取的防控措施，相关监管部门已采取的措施等。发布预警信息应科学、客观、及时、公开。

发生重大食品安全事故，市食药安办应按照国家和本市有关规定发布风险预警信息。选择风险预警信息发布形式时应综合考虑风险发生的可能性、波及范围、公众认知等因素。

主办单位发布风险预警信息后，应及时跟进；经分析研判确定引发食品安全风险的因素已消除或阶段性消除时，可视情撤销已发布的风险预警信息。

4. 信息报告

市食药安办在组织开展食品安全风险研判和风险预警工作中，发现可能存在涉及全国或多省市范围等重大食品安全风险信息时，应及时向市政府、上级部门报告或通报相关省局。

 典型案例

亚硝酸盐食品安全风险预警

2016年8月，原国家食品药品监管总局针对多起食用亚硝酸盐超标的卤肉制品、凉拌菜等引起食物中毒事件，经风险研判发出食品安全风险预警提示。一是解读亚硝酸盐是一种常应用于肉制品中的食品添加剂。中国人最早发明使用亚硝酸盐加工禽畜肉，用于延长肉的保质期。《宋史》科技卷中记载，亚硝酸盐可用于腊肉防腐和发色，并于公元13世纪传至欧洲。二是我国及世界各国对亚硝酸盐在食品中的使用限量及残留量均有明确规定。JECFA规定亚硝酸盐的每日允许摄入量为0.2 mg/（kg bw），我国食品安全国家标准对亚硝酸盐的使用和安全管理有着严格要求，按照标准规定使用亚硝酸盐是安全的。三是人体过量摄入亚硝酸盐可导致中毒甚至死亡。如果短时间内经口摄入（误食或超量摄入）较大量的亚硝酸盐，则容易引起急性中毒，使血液中具有正常携氧能力的低铁血红蛋白氧化成高铁血红蛋白，失去携氧能力，造成组织缺氧。当摄入量达到0.2~0.5 g时可导致中毒，摄入量超过3 g时可致人死亡。中毒的特征性表现为紫绀，症状及体征有头痛、头晕、乏力、胸闷、气短、心悸、恶心、呕吐、腹痛、腹泻、口唇、指甲及全身皮肤和黏膜紫绀等。严重者意识蒙眬、烦躁不安、昏迷、呼吸衰竭直至死亡。

通过调查分析，常见的亚硝酸盐致食物中毒的原因有四类。一是由于亚硝酸盐在外观上与食盐相似，误将亚硝酸盐当作食盐使用或食用，是引起中毒的主要原因。二是由于我国很多地区有家庭自制加工肉制品的习惯，如果食用含亚硝酸盐过量的肉制品也会引起食物中毒。三是贮存过久、腐烂或煮熟后放置过久及刚腌渍不久的蔬菜中亚硝酸盐的含量会有所增加，该情况下食用容易导致中毒。四是个别地区的井水含硝酸盐较多（称为"苦井水"），用这种水煮的饭如存放过久，硝酸盐在细菌作用下可被还原成亚硝酸盐而导致中毒。

专家建议采取以下措施：一是食品生产经营企业应严格遵守相关的法律法规。食品生产加工企业在使用亚硝酸盐时，应严格遵守国家相关规定，并设置专门场所保管，严格标记和使用管理。在遵循相关标准的前提下，通过原料控制、生产规范等有效措施，来降低食品中亚硝酸盐的含量。二是餐饮服务单位应严格遵守相关规定，谨防食品安全问题的发生。餐饮服务单位应严格执行禁止采购、贮存、使用亚硝酸盐的相关规定，特别要严格监控熟肉制品的制作过程和贮存环境条件，从根本上杜绝误食的可能性。三是监管部门加强对亚硝酸盐生产和使用的管理。食品安全监管部门应加强对亚硝酸盐的生产、流通环节的监管，严禁餐饮服务单位购买、贮存亚硝酸盐，严禁使用工业用盐，防止亚硝酸盐食物中毒事件的发生。四是消费者应加强自我防护意识，防止误食亚硝酸盐引发的食物中毒。建议消费者购买正规渠道销售的食盐。要注意食用新鲜蔬菜，不食用存放过久或变质的蔬菜。吃剩的熟菜不可在高温下存放过久，饭菜最好现做现吃。尽量不用"苦井水"煮饭，不得不用时，应避免长时间存放。此外，在食用加工肉制品、咸菜等食品时，可搭配富含维生素C、茶多酚等成分的食物，以降低可能含有的亚硝酸盐的毒性。

烧烤食品安全风险预警

2016年夏天，原国家食品药品监管总局针对烧烤中存在的风险，通过专家解读方式发出食品安全预警提示指出：烧烤肉制品中形成的苯并芘具有致癌等多种毒性作用，经常大量摄入烧烤食品对健康具有潜在危害。苯并芘是一种多环芳烃，被国际癌症研究机构（IARC）列为Ⅰ类致癌物。烧烤肉制品中的苯并芘是食品在烧烤、烟熏、烘烤时，脂肪因高温裂解，产生的大量自由基通过热聚合产生的。路边烧烤安全隐患多，原因如下：

（1）原辅料来源不清，制售过程把控不严，存在引发食源性疾病等风险。个别商贩常将肉串烤制半熟、售卖时再加工，生熟不分，易造成二次污染。部分流动烧烤摊贩所使用的食物原辅料来源不清。此外，烧烤食品烤制时间短，中心温度可能达不到杀菌的温度，容易导致进食者感染消化道疾病、寄生虫病和人畜共患病。

（2）部分经营者未取得正规营业资质，且难以进行及时有效监管。部分路边烧烤摊位不具备餐饮服务的基本条件，卫生条件较差，加工制作过程不规范，经营时间地点不固定，部分从业人员未办理健康证，不仅造成监管部门监管困难，也对消费者健康构成潜在危险。

（3）个别不法商贩使用含有亚硝酸盐的嫩肉粉等，易引发亚硝酸盐食物中毒。原卫生部和国家食品药品监督管理局于2012年5月28日联合发布《关于禁止餐饮服务单位采购、贮存、使用食品添加剂亚硝酸盐的公告（2012年第10号）》，禁止餐饮服务单位采购、贮存、使用食品添加剂亚硝酸盐（亚硝酸钠、亚硝酸钾）。

因此，专家建议对路边烧烤问题的治理，既需要从业人员的自律，政府相关部门加强监督管理，也需要广大消费者遵循科学饮食理念，进行健康消费。一是建立举报制度，发挥群众效应，逐步建立社会共治机制，强化食品安全信息收集工作，以完善市场监督机制。二是基于路边烧烤食品客观存在，食客众多，为进一步防控食物中毒事件发生，研究路边餐饮控制措施，保障消费者的饮食健康。三是规范烧烤行业的食品安全管理工作，倡导守法经营，建立诚信机制，鼓励行业内的良性竞争。四是针对流动摊贩客观存在且难以彻底取缔的现状，建议采取由"禁"变"限"的方法，在符合相关法律法规要求的基础上划区经营，集中管理，并严格执行《关于禁止餐饮服务单位采购、贮存、使用食品添加剂亚硝酸盐的公告（2012年第10号）》。五是建议政府加大研发新型检测技术及快检产品的资金投入，加强进行现场检测力度，保护消费者健康。六是消费者应选择正规经营的餐饮服务场所，合理膳食，减少不必要的消费风险。

5.3.5 从业人员抽查与考核

2023 年 7 月 1 日，上海市市场监督管理局根据《食品安全法》《上海市食品安全条例》和《市场监管总局关于开展食品安全管理人员监督抽查考核有关事宜的公告》要求，制定并发布了《上海市食品从业人员食品安全知识监督抽查考核管理办法》（以下简称《管理办法》），对本市食品从业人员培训考核工作的组织实施作了具体规定。

5.3.5.1 监督抽查考核职责

《食品安全法》明确食品安全监管部门不承担组织开展食品生产经营企业食品安全知识培训，仅负责对食品安全从业人员开展食品安全知识监督抽查考核工作。《管理办法》根据《食品安全法》规定作了进一步细化要求，明确企业要全面落实对员工培训考核的主体责任，市场监管部门负责食品从业人员食品安全知识的监督抽查考核，并通过监督抽查考核结果检验企业培训考核的效果。

5.3.5.2 从业人员分类管理

不同行业、不同岗位的食品从业人员，从事的食品生产经营业务不同，要求掌握的食品安全知识也不同。为了提升考核的精准度和有效性，针对不同类别的食品从业人员开展不同的抽查考核，按照其从事的生产经营活动的不同方式，将食品生产经营者分为食品生产（A）、食品销售（B）、餐饮服务（C）、特殊食品生产经营（D）和网络平台经营（E）等五类；按照从事的岗位不同，将食品从业人员分为主要负责人（Ⅰ）、食品安全总监和食品安全员等食品安全管理人员（Ⅱ）、关键岗位操作人员等（Ⅲ）等三类。

5.3.5.3 监督抽查考核实施

食品从业人员食品安全知识的监督抽查考核工作纳入本辖区市场监管部门食品安全监督管理年度计划；开展食品从业人员监督抽查考核应当遵循公平、公正的原则。抽查考核使用上海市食品从业人员食品安全知识监督抽查考核管理信息系统，可以采用统一监督抽查考核（含线上远程系统考核或者线下集中考核）和现场监督抽查考核两种方式，并规定原则上在三年内要全覆盖对辖区食品生产经营者进行监督抽查考核。食品安全监督管理部门应当对企业食品安全管理人员随机进行监督抽查考核并公布考核情况，监督抽查考核不得收取费用。

5.3.5.4 监督抽查考核结果运用

《管理办法》明确食品从业人员监督抽查考核不合格的，食品生产经营者应当采取停止食品从业人员上岗、组织培训考核或者申请补考等整改措施。对于补考仍不合格的，由市场监管部门对食品生产经营者依法查处。同时规定，食品生产经营者及其食品从业人员参加监督抽查考核的结果，由市场监督管理部门纳入其相应的食品安全信用档案。

5.3.5.5 信息化管理及公共服务

市场监管部门建立并维护统一的上海市食品从业人员食品安全知识监督抽查考核管理信息系统，且对接城市"一网通办"系统。信息系统在满足市场监管部门组织监督抽查考核的同时，还为食品生产经营者及其食品从业人员自行开展培训、考核提供服务。此外，市场监管部门通过数据汇总分析，还可以科学评估培训考核的成效，及时发现企业培训考核的不足和问题，有针对性地提升食品从业人员知识水平和操作技能。

5.4 特定食品风险防控

5.4.1 特殊食品

5.4.1.1 特殊食品定义和种类

依照《食品安全法》规定，国家对保健食品、特殊医学用途配方食品和婴幼儿配方食品等特殊食品实行严格监督管理。也就是说，特殊食品包括三类：保健食品、婴幼儿配方食品、特殊医学用途配方食品等。

1. 保健食品

保健食品是指声称有特定保健功能或者以补充维生素、矿物质为目的的食品，即适用于特定人群食用，具有调节机体功能，不以治疗疾病为目的，并且对人体不产生任何急性、亚急性或慢性危害的食品。保健食品没有疾病预防、治疗功能，不能代替药物。根据《中华人民共和国食品安全法》《保健食品注册与备案管理办法》，国家对保健食品等特殊食品实行严格监督管理。获得保健食品注册证书或备案凭证后，该保健食品才允许在中国市场上市销售。国家市场监督管理总局负责保健食品注册管理，并指导监督省、自治区、直辖市市场监督管理部门承担保健食品注册与备案相关工作。省、自治区、直辖市市场监督管理部门负责本行政区域内保健食品备案管理，并配合国家市场监督管理总局开展保健食品注册现场核查等工作。在我国，保健食品实行注册和备案双轨制。

2. 婴幼儿配方食品

婴幼儿配方食品是指以乳类及乳蛋白制品、大豆及大豆蛋白制品为主要原料，加入适量的维生素、矿物质或其他成分，仅用物理方法生产加工制成的液态或粉状，适合婴儿（0~6月龄）、较大婴儿（6~12月龄）和幼儿（12~36月龄）食用，其营养成分能满足婴儿的正常营养需要以及较大婴儿和幼儿的部分营养需要的配方食品。婴儿配方食品分为乳基婴儿配方食品和豆基婴儿配方食品。婴幼儿配方食品注册号为：国食注字YP（婴配缩写）+4位年代号+4位顺序号。对于0~6月龄婴儿最理想的食品是母乳。

3. 特殊医学用途配方食品

特殊医学用途配方食品是指为了满足进食受限、消化吸收障碍、代谢紊乱或特定疾病状态人群对营养素或膳食的特殊需要，专门加工配制而成的配方食品。该类产品必须在医生或临床营养师指导下，单独食用或与其他食品配合食用。特殊医学用途配方食品属于特殊膳食用食品。当目标人群无法进食普通膳食或无法用日常膳食满足其营养需求时，特殊医学用途配方食品可以作为一种营养补充途径，对其治疗、康复及机体功能维持等方面起着重要的营养支持作用。此类食品不是药品，不能替代药物的治疗作用，也不得声称对疾病有预防和治疗功能。其主要包括适用于0—12月龄的特殊医学用途婴儿配方食品和适用于1岁以上人群的特殊医学用途食品。特殊医学用途配方食品有适用人群，应在医生或临床营养师指导下使用。特殊医学用途配方食品注册号为：国食注字TY（特医缩写）+4位年代号+4位顺序号。我国特殊医学用途配方食品有3个食品安全国家标准：《特殊医学用途婴儿配方食品通则》（GB 25596—2010）、《特殊医学用途配方食品通则》（GB 29922—2013）和《特殊医学用途配方食品良好生产规范》（GB 29923—2023）。我国特殊医学用途配方食品主要依据《食品安全法》《特殊医学用途配方食品注册管理办法》及其相关配套文件按特殊食品进行严格管理。

5.4.1.2 特殊食品安全风险

我国特殊食品安全状况整体良好，但仍存在一定的安全风险隐患，企业需进一步落实主体责任、提升企业质量安全管理水平，及时纠正和预防潜在食品安全风险。各环节食品安全风险如下：

一是生产环节的安全风险。在安全意识方面，部分生产企业主体责任意识淡薄，质量管理意识不强，在法律法规和制度方面存在执行和落实不到位的情况。在生产过程中，未按照标准要求和管理要求生产，如原料控制不严，生产过程食品受到污染，食品添加剂超范围、超限量使用等。在能力建设方面，生产过程管理水平不高，对细节的关注和管理不到位，硬件设施维护不及时，各种生产过程记录不完整或者不符合要求。在生产投入方面，人员和设施设备投入不能满足原料贮存条件要求，检验员呈现较大的流动性，部分企业检验能力不足，无法保证全部产品合格出厂。

二是流通环节的安全风险。在规范经营上,特殊食品销售者在特殊食品专区(专柜)销售执行不到位,存在专区(专柜)混放普通食品的现象;保健食品标注用语指南执行不到位,部分保健食品标签主展示版面未划出明显警示用语区、警示用语版面无明显色差等。在依法经营上,保健食品行业非法声称、夸大虚假宣传、非法会销营销等行为仍未得到根除。关于保健食品夸大虚假宣传的情况包括以下几类:①通过渲染、夸大某种健康状况或者疾病,或通过描述某种疾病容易导致的身体危害,使公众对自身健康产生担忧、恐惧、误解,误认为不使用这些保健食品会患某种疾病或导致身体健康状况恶化;②利用或出现国家机关及相关事业单位、医疗机构、学术机构、行业组织的名义和形象,或者以专家、医务人员和消费者等的名义和形象为产品功效作证明;③含有无法证实的所谓"科学或研究发现""实验或数据证明"等方面的内容,或与其他保健食品或者药品、医疗器械等产品进行对比,贬低其他产品的情形;④用公众难以理解的专业化术语、神秘化语言等描述产品的作用特征和机理;⑤采用宣称产品为祖传秘方等封建迷信方式进行保健食品宣传,或含有无效退款、保险公司保险等内容,或含有"安全""无毒副作用""无依赖"等承诺,或含有"最新技术""最高科学""最先进制法"等绝对化的用语和表述等。

三是研发设计环节的安全风险。在配方设计研发方面,部分生产企业对于产品有效成分的稳定性缺乏研究评价,导致保质期内产品出现部分指标异常、有效成分不稳定现象。部分保健食品企业为达到快速减肥、降血糖、调节血脂、增强免疫力等功效,存在非法添加药物成分等行为。在生产工艺研发方面,部分企业未根据产品配方不同(如蛋白质含量、脂肪含量、维生素种类等)进行生产工艺(如干法、湿法、水解等)的合理调整,导致成品质量安全受到影响。在食品相关产品方面,食品容器材质和结构设计不合理,不能抵御高温、日照等环境因素影响,导致保质期内产品出现质量安全问题。

5.4.1.3 特殊食品与普通食品鉴别

保健食品的鉴别:一是看"蓝帽子"保健食品标识,二是看注册号或备案号,国产保健食品注册号格式为:国食健注 G+4 位年代号+4 位顺序号;进口保健食品注册号格式为:国食健注 J+4 位年代号+4 位顺序号。国产保健食品备案号格式为:食健备 G+4 位年代号+2 位省级行政区域代码+6 位顺序编号;进口保健食品备案号格式为:食健备 J+4 位年代号+00+6 位顺序编号。婴幼儿配方乳粉的鉴别:看注册号,格式为:国食注字 YP(婴配缩写)+4 位年代号+4 位顺序号。特殊医学用途配方食品的鉴别:看注册号,格式为:国食注字 TY(特医缩写)+4 位年代号+4 位顺序号。普通食品如固体饮料等,只有标记"SC"的生产许可证号。

消费者可通过国家市场监督管理总局的网站查询产品的注册或备案信息，了解产品是否合法合规。具体操作为：登录国家市场监督管理总局官方网站，在"特殊食品信息查询"中查询已获批的特殊食品注册备案信息，没有标注产品注册号的或者查询不到相关信息的，不属于正规特殊食品。

5.4.1.4 选购特殊食品注意事项

一要注意购买场所。消费者要提高警惕，增强辨别能力，不要随意购买上门推销的保健品，要到证照齐全、信誉好的销售场所购买，不可轻信形形色色的广告、所谓的知识讲座和义诊等活动，购买前请咨询医生，这样才不会被诱惑上当。

二要注意产品标签。仔细查看产品标签，一是看注册号，分清特殊食品和普通食品，避免将普通食品当作特殊食品；二是看清产品说明，特殊医学用途食品应在医生或临床营养师指导下使用，对于有特殊医学用途食品需要的人群，如果将普通食品当特殊医学用途食品长期食用，会危害健康；三是特殊食品没有疾病预防、治疗功能，一切宣称有疾病预防、治疗功能都是虚假宣传，切莫上当受骗。

三要注意索证索票。在购买保健品后，一定要索取并保存好发票等消费凭证。消费凭证上应注明商品名称、数量、价格等内容。一旦发生消费纠纷，可作为维权依据。消费者对购买的特殊食品质量安全如有质疑，或发现利用讲座、会议、健康咨询等方式对特殊食品宣传具有疾病预防、治疗功能的，可及时向当地市场监管部门举报。

5.4.1.5 特殊食品监管举措

特殊食品作为重要食品品类之一，社会关注度高，舆情燃点低，易发生系统性、区域性的风险。确保特殊食品"买得放心、用得放心、吃得放心"，需要全社会共同努力，协同共治。

1. 坚持落实食品安全"四个最严"要求

特殊食品是落实"四个最严"的主要品类。"四个最严"首先是最严谨的标准，只有严谨的标准才能产出安全的食品。保健食品、婴幼儿配方奶粉实行国家注册、省级许可制度，有规范、健全的标准体系和严格的法律要求，比普通食品更加严格。

2. 列入监管工作重中之重

"一老一小"牵动人心，社会关注度高。从三鹿奶粉等食品安全事件来看，针对婴幼儿的配方奶粉和老年人的保健食品一旦发生不安全事件，危害程度大、影响范围广，易发生系统性、区域性风险。国家市场监督管理总局将"一老一小"食品列为重点监管对象，加大检查和抽检力度，严厉查处违法违规行为。

3. 更加突出"事前、事中"监管

特殊食品生产企业一般都具备现代化的工厂、设施设备，以及专业的食品安全管理和技术人员，在食品行业具有较高的技术标准和水平，其"事前"的注册和生产许可审批必须进行严格的现场核查和技术验证，以确保符合产品生产准入条件。同时，在"事中"监管，市场监管部门对特殊食品开展更加严格的日常监督检查、专项检查以及生产企业体系检查工作。

典型案例

保健食品虚假广告案

某企业系"某生维生素D维生素C咀嚼片"进口保健食品广告的广告主。2020年，该企业自行设计、制作并在某电视购物频道发布"打赢这一仗！防病驱疫，提高免疫力是关键""一定要补充维生素C，能够提高我们身体的一些免疫力"等宣传内容，并展示了宣传商品与其他维生素C片的对比图片，将二者的产品成分标红进行对比。

该起案件发生于2020年新冠疫情期间，涉案企业利用消费者期望预防新冠肺炎的心理，通过电视购物方式大肆宣传产品具有疾病预防作用。任何食品宣称具有预防或治疗新冠肺炎功效的，均属于虚假宣传。当事人发布含有涉及疾病预防内容的保健食品广告、暗示广告商品为保障健康所必需、并与药品和其他保健食品进行比较的行为，违反了《中华人民共和国广告法》有关规定。依据《中华人民共和国广告法》的有关规定，市场监管部门对当事人作出如下行政处罚：责令停止发布广告，在相应范围内消除影响；罚款人民币叁万圆整。

典型案例

保健食品虚假宣传案

2021年，当事人租赁多处场地以"健康管理"的名义开展保健食品和营养套餐销售，先后通过微信公众号、宣传手册、会议讲座、临床指导等各种方式，对销售的辅酶Q10维E软胶囊、破壁灵芝孢子粉、知苏软胶囊等保健食品以及营养早餐粉、定制饮食方案等营养套餐广为宣传。宣传内容包含"血压、血糖、血脂、尿酸、肌酐指标，从几十年异常恢复到正常指标""经过三天有效健康管理，生理指标下降有效率80%"等涉及疾病治疗功能、医疗用语。《食品安全法实施条例》规定，禁止利用包括会议、讲座、健康咨询在内的任何方式对食品进行虚假宣传。经

营单位通过网站、广告、宣传单、销售人员介绍等任何方式宣传产品标签标识保健功能以外功能或疗效的，属于应当予以查处的违法行为。当事人作虚假或者引人误解的商业宣传，欺骗、误导消费者的行为违反了《中华人民共和国反不正当竞争法》第八条的规定。当事人未按规定申请变更经营许可的行为违反了《食品经营许可管理办法》第二十七条的规定。依据《中华人民共和国反不正当竞争法》第二十条第一款的规定，市场监管部门对当事人作出如下行政处罚：决定责令当事人停止违法行为，罚款人民币贰拾万圆整；依据《食品经营许可管理办法》第四十九条的规定，决定给予当事人警告处分。

5.4.2 网络食品

5.4.2.1 网络食品的概念

随着互联网时代的到来、电子支付手段的广泛应用以及快递行业的壮大，网购食品和餐饮外卖因其时尚而又便捷的消费方式，备受年轻人、上班族的追捧，网购食品和餐饮外卖市场成为行业的一个新兴增长点。网络食品和餐饮外卖作为一种新的消费方式，在给大众带来方便的同时，如何保障网购食品和餐饮外卖"舌尖上的安全"也引起了社会关注。

网络食品经营是指通过互联网等信息网络销售食品或者提供餐饮服务的经营活动。网络食品经营主要有以下三种方式，一是在互联网等信息网络上开设网络食品经营第三方平台，为食品各方提供服务；二是在网络食品经营第三方平台开设网上店铺进行食品经营；三是食品经营者在自建的网站上进行食品经营。其中，网络食品经营第三方平台是指在网络食品经营活动中为交易双方或者多方提供网页空间、虚拟经营场所、交易规则、交易撮合、信息发布等服务，供交易双方或者多方独立开展交易活动的信息网络系统。平台自身并不参与交易，只是根据与买卖双方分别订立的协议，提供技术服务以保证网上交易的顺利进行。有的第三方平台也参与食品经营活动。网络食品经营平台一般分为网络食品经营第三方平台和网络餐饮服务第三方平台。

5.4.2.2 网络食品交易第三方平台通用要求

1. 备案及制度要求

平台应当在通信主管部门批准后 30 个工作日内，向省级市场监督管理部门备案，取得备案号。备案信息包括域名、IP 地址、电信业务经营许可证、企业名称、法定代表人或者负责人姓名等。平台应当设置专门的网络食品安全管理机构或者指定专职食品安全管理人员,需要建立入网食品经营者审查登记制度、食品安全违法行为制止及报告制度、食品安全自查制度、食品安全投诉举报处理制度、严重违法行为平台服务停止制度、平台经营食品抽样检验制度、入网食品经营者的食品安全信用状况公示制度等食品安全管理制度。上述管理制度应当在网络平台上公开。

2. 入网食品生产经营者审查登记

对于入网食品生产经营者和食品添加剂生产企业,平台应当对其食品生产经营许可证进行审查,如实记录并及时更新。对于不需取得食品经营许可证的入网食用农产品生产经营者和入网食品添加剂经营者,平台应当登记其营业执照。

对于入网交易食用农产品的个人,平台应当登记其身份证号码、住址、联系方式等。平台应当如实记录并及时更新审查登记信息,并建立记录入网食品生产经营者基本情况、食品安全管理人员等信息的入网食品生产经营者档案。

平台应按下列要求开展入网食品生产经营者资质审查:对于入网食品生产者、食品添加剂生产企业,应当按照《食品生产许可证》载明的许可类别范围销售食品,不得超范围经营。食品生产许可类别应当符合国家市场监督管理总局 2020 年 2 月发布的《食品生产许可分类目录》;入网食品经营者应当按照《食品经营许可证》载明的主体业态、经营项目范围从事食品经营,不得超范围经营。

3. 记录和保存登记及交易信息

根据《食品安全法实施条例》相关规定,网络食品经营第三方平台提供者应当妥善保存入网食品经营者的登记信息和交易信息。县级以上市场监督管理部门开展食品安全监督检查、食品安全案件调查处理、食品安全事故处置确需了解有关信息的,经其负责人批准,可以要求网络食品经营第三方平台提供者提供,网络食品经营第三方平台提供者应当按照要求提供。因此,平台应当妥善保存入网食品经营者的登记信息和交易信息。平台应当具备数据备份、故障恢复等技术条件,记录、保存食品经营信息,并要确保网络食品经营数据和资料的可靠性与安全性。保存时间不得少于产品保质期满后 6 个月;没有明确保质期的,保存时间不得少于 2 年。

4. 提供信息及检查、报告和停止服务

食品安全监督管理部门需了解入网食品经营者的登记信息和交易信息的,经其负责人批准,可以要求网络食品经营第三方平台提供,网络食品经营第三方平台应当按照要求提供。平台应当对在其网上的食品经营行为及信息进行检查,发现存在食品安全违法行为的,应当及时制止,并向所在地市场监督管理部门报告。平台发现入网食品生产经营者严重违法行为的,应当停止向其提供网络交易平台服务,立即将存在严重违法行为的入网食品生产经营者下线。严重违法行为包括下列 7 种情形:①因涉嫌食品安全犯罪被立案侦查或者提起公诉的；②因食品安全违法行为被公安机关拘留或者给予其他治安管理处罚的；③因食品安全相关犯罪被人民法院判处刑罚的；④未经许可从事食品经营的；⑤被食品安全监督管理部门依法作出吊销许可证、责令停产停业等处罚的；⑥经营禁止生产经营的食品的；⑦发生食品安全事故的。

5.4.2.3　网络餐饮服务第三方平台特殊要求

1. 分支机构备案

网络餐饮服务第三方平台提供者设立从事网络餐饮服务分支机构的，应当在设立后30个工作日内，向所在地县级食品安全监督管理部门备案。备案内容包括分支机构名称、地址、法定代表人或者负责人姓名等。

2. 食品安全管理人员考核合格

平台每年对食品安全管理人员进行培训和考核。培训和考核记录保存期限不得少于两年。经考核不具备食品安全管理能力的，不得上岗。

3. 平台与入网餐饮单位签订协议

平台应当与入网餐饮服务提供者签订食品安全协议，明确食品安全责任。

4. 平台信息公示

平台应当在网上公示餐饮单位名称、地址、食品经营许可证、量化分级信息，公示的信息应当真实。食品经营许可证、量化分级信息等信息发生变更的，应当及时更新。

5. 记录和保存网络订餐订单信息

平台应当如实记录网络订餐的订单信息，包括食品的名称、下单时间、送餐人员、送达时间以及收货地址，信息保存时间不得少于6个月。

5.4.2.4　仅提供信息发布服务的网络第三方平台

仅为入网食品经营者提供信息发布服务的网络第三方平台，但不提供网络食品经营服务，应对入网食品经营者进行实名登记、明确入网食品经营者的准入标准和食品安全责任、对入网食品经营者的许可证件进行审查、对食品经营信息进行检查，发现违法信息应及时删除或者屏蔽入网食品经营者。

5.4.2.5　自建交易网站备案

通过自建网站交易的食品生产经营者应当在通信主管部门批准后30个工作日内，向所在地区市场监督管理部门备案，取得备案号。

5.4.2.6　信息公示

食品经营者应当在平台或自建交易网站上公示：

（1）名称、地址、营业执照、食品经营许可证、从业人员健康证明、食品安全量化分级信息，入网餐饮服务提供者还应当在网上公示菜品名称和主要原料名称。

（2）公示的信息应当完整、真实、清晰。

（3）营业执照、食品经营许可证、从业人员健康证明、量化分级信息等信息发生变更的，应当在十日内更新。

（4）从业人员健康证明可以采用照片或者扫描件的方式公示，也可以公示从业人员姓名、健康证明编号以及健康证明信息查询网站。

（5）入网销售保健食品、特殊医学用途配方食品、婴幼儿配方乳粉的食品生产经营者，还应当依法公示产品注册证书或者备案凭证，持有广告审查批准文号的还应当公示广告审查批准文号，并链接至食品安全监督管理部门网站对应的数据查询页面。保健食品还应当在显眼位置标注"保健食品不是药物，不能代替药物治疗疾病"等消费提示信息。

5.4.2.7　入网食品生产经营者禁止行为

入网食品生产经营者不得从事下列行为：

（1）网上刊载的食品名称，成分或者配料表，产地，保质期，贮存条件，生产者名称、地址等信息与食品标签或标识不一致。

（2）网上刊载的非保健食品信息明示或者暗示具有保健功能；网上刊载的保健食品的注册证书或者备案凭证等信息与注册或者备案信息不一致。

（3）网上刊载的婴幼儿配方乳粉产品信息明示或者暗示具有益智、增加抵抗力、提高免疫力、保护肠道等功能或者保健作用。

（4）对在贮存、运输、食用等方面有特殊要求的食品，未在网上刊载的食品信息中予以说明和提示。

（5）网络交易特殊医学用途配方食品中特定全营养配方食品。

（6）法律、法规规定禁止从事的其他行为。

5.4.2.8　无实体门店经营要求

无实体门店的网络食品经营者应当具有与经营的食品品种、数量相适应的固定的食品经营场所（贮存场所视同食品经营场所），并取得食品经营许可证。

5.4.2.9　餐饮服务经营者特殊要求

餐饮服务经营者应当遵守以下规定：

（1）入网餐饮服务经营者应当具有实体经营门店并依法取得食品经营许可证。

（2）在自己的加工操作区内加工食品，不得将订单委托其他食品经营者加工制作。

（3）网络销售的餐饮食品应当与实体店销售的餐饮食品质量安全保持一致。

5.4.2.10 食品配送要求

从事网络交易食品配送的网络食品经营者、网络食品经营第三方平台提供者、物流配送企业均应符合下列食品配送要求：

（1）避免食品受到污染。

（2）网络交易的食品有保鲜、保温、冷藏或者冷冻等特殊贮存条件要求的，应当采取能够保证食品安全的贮存、运输措施。

（3）加强对配送人员的培训和管理。

从事网络订餐配送的，还应符合下列要求：

（1）送餐人员应当依法取得健康证明，保持个人卫生，避免直接接触食品。

（2）平台应当加强对送餐人员的食品安全培训和管理，培训记录保存期限不得少于两年。

（3）配送膳食的箱（包）应当专用，定期清洁、消毒，保证配送过程食品不受污染。

（4）符合保证食品安全所需的温度等特殊要求。

（5）使用符合食品安全标准的餐具、饮具、容器和包装材料，鼓励平台提供可降解的食品容器、餐具和包装材料。

5.4.2.11 网络食品及餐饮外卖问题

目前，网络食品交易数量呈逐年上升趋势。网络食品交易及餐饮外卖存在的问题也依然严峻，包括无实体店经营、无证无照、虚假宣传、假冒伪劣食品、商标侵权等行为，网络交易秩序不规范，消费者权益难以保障。

1. 网络食品市场准入管理不到位

在网络食品交易发展初期，网络食品经营者的市场门槛低，经营者入驻网络市场，只需要使用网络在第三方平台实名认证注册，无证照经营情况较严重。《中华人民共和国电子商务法》出台后，进一步严格了网络食品经营者市场准入要求。但平台在执行过程中，对经营者的真实身份核实、个人的健康证明、经营的种类范围、食品的来源渠道以及安全检查等方面还存在核实不严或未现场核实的情况，存在较大漏洞和食品安全隐患。加之，网络食品市场的特殊性，无地域、无时空限制等原因，网络食品交易具有流动性强、隐蔽性强等特点，不法分子利用监管和平台审核存在的盲区，"假证""套证"和销售假冒伪劣甚至有毒有害食品时有发生，严重扰乱正常的网络食品经营市场秩序。

2. 食品交易环节违法违规

与传统食品市场相比，网络食品交易市场具有虚拟性，交易前仅依靠经营者的描述或者网上店铺中的商品图片展示来选择食品,消费者始终处于被动的局面。一些不法经营者正是利用网络市场的隐蔽性钻空子,在网站上发布经过处理的食品图片介绍,并且配上具有误导性的文字,然后通过虚假宣传吸引顾客,导致消费者网上购买的食品和网站上食品经营者宣传的差距悬殊。一些食品经营者自产自销,缺乏基本生产加工条件和食品安全管理措施,食品安全难以保证。消费者只能从经营者的宣传来了解食品的品牌、生产日期、厂家等相关信息,有些经营者为了提高自身的信誉度,通过网络技术等手段来捏造消费者的评价进行虚假宣传,"刷单炒信"提升自己产品的口碑,误导了消费者。

3. 食品运输和贮存冷链"断链"

冷藏冷冻食品从生产加工、到储存运输,再到消费者的各个环节都需要处于低温环境下,应避免在运输的途中出现"断链",确保冷链全程顺畅有效,否则任何一个环节出现问题,都会使食品品质降低、安全性下降。如仓储点"断链",食品贮存地无冷库建设,或由于人工搬运、机械设备效率低,出入库等待时间过长,果蔬新鲜程度就会降低。又如运输过程"断链",由于运输企业为节约成本,使用常温运输车或冷气时开时关,无法保证温度持续可控,不利于保持生鲜品品质。

4. 网络订餐卫生问题频发

消费者无法亲眼看见店内实际情况,易出现订餐平台上的店铺光鲜亮丽,实体店铺脏乱差的问题。入网餐饮单位鱼龙混杂,一些从业人员对经营环境卫生、原材料管控、加工操作规范、进销货台账管理等不够重视。超范围经营也是从事网络餐饮商家的通病,大部分平台明确要求商家办理证照,并且上传至商家信息供消费者查看。但是平台对商家的证照经营范围和实际销售产品的审查不到位。食物中发现有异物,实际餐品原材料与公示图样不符等都是消费者重点投诉的问题。

5. 食品售后追责和消费维权难度大

网络食品交易链条长、没有地域限制。即使平台严格审查,网络食品经营者的真实身份以及真实地址也易弄虚作假,违法成本不高。网络食品交易市场监管难度大,必须依靠信息技术手段,以及平台的积极配合,否则难以真实发现问题根据所在。一旦发生食品安全侵权行为或者食品安全事故,平台、食品经营者易推卸责任,甚至逃亡消失。市场监管部门取证难度极大,既要依靠专业的业务,也要掌握现代信息技术,否则难以追究违法者责任。

5.4.2.12 网络食品及餐饮外卖问题的治理

1. 强化源头治理,严格市场准入

市场准入是网络食品销售的基本前提,通过设置严格的市场准入门槛,可以从源头上防止不合格的食品流入市场。对于证照不齐全,没有固定经营场所及其他不具备许可条件的商家,不得通过网络从事食品经营。同时,要求第三方交易平台,对申请人的身份证和许可证进行实质确认与登记,要求申请人提供相关证明材料,并要求商家在其店铺主页上公示其许可证。目前上海市场监管部门正探索与第三方交易平台建立信息共享机制,包括证照审核联动,公示电子证照等措施,进一步完善源头治理机制。

2. 运用行政指导,加强执法检查

食品生产经营者是食品安全的第一责任人,要依法从事食品生产经营活动,从进货、原材料、成品等各环节,落实法律规定的各项制度。监管部门要坚决贯彻执行《食品安全法》,认真落实法律规定,对食品生产经营者、第三方网络交易平台切实做到有法可依、执法必严、违法必究。同时,充分利用12315等维权平台,积极开展消费提示,指导消费者在进行网购食品时的注意事项及维权方法。比如,指导如何辨别伪劣食品,传授消费者查验卖家相关许可证的方法,建议消费者妥善保存相关对话、交易记录等,尽量把风险降到最低。

3. 健全法规标准,填补监管空白

网络食品市场快速发展带来的种种问题需要进一步健全法律体系,以规范网络市场食品交易。比如,针对海鲜、奶制品等特殊食品的配送,需要进一步建立网络食品冷链物流配送标准;针对餐饮外卖,探索通过立法强制外卖餐饮单位实施"明厨亮灶",供消费者开展社会监督。

4. 落实主体责任,提升标准建设

第三方平台对于入网食品经营者的依法管理、有效管理是确保食品在互联网销售当中监管的重要环节。第三方平台要严格把关网络食品经营者的信息真实,杜绝无证或信息不一致、一证多用和超范围经营等现象。要开展网络食品标准化制度建设,推动行业自治。进一步对食材来源、食品包装、配送环节、人员管理、服务流程等关键环节进行统一规范,形成完整制度,实施标准化管理。

5. 落实政府部门监管责任,严厉查处违法行为

一是要摸清网络餐饮服务经营情况,切实做到底数清、情况明。二是开展线上巡查和线下抽查,利用互联网+大数据手段对网络食品第三方平台进行实时监控和违法证据抓取,对网络订餐食品安全的监管治理做到随时随地、无缝衔接、不留死角。四是严肃查处违法案件,对侵害消费者权益的网络食品经营者要严格执法,把违法违规信息接入企业征信平台。

> **典型案例**
>
> **利用互联网生产销售有毒、有害食品案**
>
> 2017年初，公安机关会同市场监管部门侦破一起"淮南牛肉汤特产商会"利用互联网生产、销售有毒、有害食品案。在现场查获大量含有罂粟壳粉末的香料，涉案金额400余万元，抓获犯罪嫌疑人3人，捣毁黑作坊3处。经查，犯罪嫌疑人在安徽淮南设立黑作坊，通过在香料中添加罂粟壳粉末的方式制成"香料王"（用于制作淮南牛肉汤），并在网上开设淘宝商铺、微信商店，通过网络联络支付、快递邮寄等方式对外销售。

> **典型案例**
>
> **第三方平台员工伪造许可证案**
>
> 2016年8月起，胡某某在担任某第三方平台区域经理期间，为完成公司的绩效考核、发展更多的餐厅加入平台，将多家不符合规定、证照不齐备的餐厅信息发送给邹某，邹某根据其要求，为23家不符合规定的餐厅伪造餐饮许可证、食品经营许可证、工商营业执照共计43张。第三方平台企业在掌握了胡某某伪造证照的情况下，向公安机关报案。根据《中华人民共和国刑法》规定，法院判决胡某某犯伪造国家机关证件罪，判处有期徒刑3年6个月，并处罚金人民币5000元；邹某犯伪造国家机关证件罪，判处有期徒刑3年3个月，并处罚金人民币3000元。

5.4.3 冷链食品

5.4.3.1 冷链食品内涵及现状

冷链食品是指对某些容易腐败变质的食品如水产品、冷冻肉类、果蔬类及乳制品等，采用冷链的方式，即在整条供应链始末连续制冷保持较低的运输储存温度，以此来保持其良好的食用品质和安全状态。从冷链食品定义来看，相较于其他食品，冷链食品的运输条件更为严格，需要专门的冷库、车辆、设备等，也因此冷链食品的发展与我国冷链物流行业密不可分。目前，我国冷链物流所面临的主要问题包括以下几个方面：

一是当前我国冷链物流领域企业相对分散，且规模化程度不高，集约化运作水平低，导致冷链物流整体运营成本较高、运作效率不高，又反过来制约了冷链物流行业加大投入。根据相关数据显示，2021年全国共有星级冷链物流企业106家，龙头冷链企业分布不均衡，其中，山东 20 家（占比 18.6%）、上海 10 家（占比 9.3%）、湖南 9 家（占比 8.4%）。

二是当前我国冷链物流基础服务设施有待加强。表现为产地预冷环节中预冷设备和场地等缺乏，如初步估计预冷库库容仅占全部冷库库容的 7.5%，且大量田头冷库存在建设标准低、设施设备旧、温度难达标等问题。农产品产地预冷保鲜率远低于发达国家 80% 的平均水平。此外，目前冷链仓储以单一冷库为主，如机械冷库、气调贮藏库、通风贮藏库。

三是冷链物流运输中的制冷规范操作要求及设施装备技术水平有待提高。体现在冷链运输车辆配置明显不足、设施技术发展滞后。如相关数据显示，2020 年全国冷藏车保有量约为 28.7 万辆，占货运汽车比例约 0.3%，远低于发达国家 2%～3% 的水平。从百万人冷藏车保有量看，我国百万人冷藏车保有量仅 200 辆，远低于美国的 750 辆。此外，运输配送环节达到制冷效果的规范操作要求不高，除药品等特殊货物外，市场上不少企业采用的是"普通货车＋泡沫箱＋冰块"等方式代替了配备冷链温控设备的运输货车，采用的制冷手段较为粗放，在一定程度上可能影响冷链运输的质量。

5.4.3.2 冷链食品安全风险来源

1. 源头污染

由于土壤、空气、水等生态环境中的微生物存在，冷链食品与其他食品一样，如水产品、水果、蔬菜等均可能在种植养殖环节受到重金属、农兽药、微生物等的源头污染。

2. 加工环境污染

在加工场所环境、设备及流动人员等接触食品的过程中，均有可能将物理性、化学性、生物性污染物带入食品中。相对而言，冷链车间的温度普遍较低，空气对流速度慢，病毒很容易吸附在设备及包装表面造成污染，同时当达到一定浓度后，病毒在环境中能以气溶胶的形式存在并传播。

3. 贮存环境污染

冷链食品贮存环境温湿度的稳定性对食品质量安全影响较大。如把对温湿度要求差异大的不同冷链食品混放在同一冷库或同一货架，易导致部分食品无法达到该冷链食品所需的贮存条件，引起食物的温度、状态改变，进而影响食品质量。此外，蔬果、肉制品、水产品等食品属性和来源不同，携带的致病微生物可能不同，在混放或者分批存放时，如未对仓库内部环境、货架、作业工具等进行清洁消毒，极易导致交叉污染。

4. 物流运输及销售过程污染

在冷链食品装卸、运输等环节，装卸工人、驾驶员会接触集装箱、运输车等，可能成为冷链食品产生风险的污染物来源。此外，在装卸过程中，由于脱离制冷环境，很容易引起食品温度变化，造成冷链断链脱温，同时冷链食品装卸工人还可能存在装运其他货物而导致的交叉污染风险。

5.4.3.3 冷链食品风险管控要求

在新冠疫情常态化防控期间，国务院应对新型冠状病毒肺炎疫情联防联控机制综合组印发了《冷链食品生产经营新冠病毒防控技术指南》《冷链食品生产经营过程新冠病毒防控消毒技术指南》等，对冷链食品生产、加工、装卸、运输、贮存及销售等各环节中新冠病毒污染的防控提出了规范性要求。总体上来看，这些要求对于当前后疫情时代下冷链食品的全链条风险防控依然有借鉴意义。

一是查验冷链食品的中心温度，加强库内存放管理，按照特性分库或分库位码放，对温湿度要求差异大、容易交叉污染的冷链食品不应混放。二是应当定期检测库内的温度和湿度是否满足冷链食品的贮存要求并保持稳定，同时对仓库内部环境、货架、作业工具等进行清洁消毒。三是运输冷链食品过程中严禁开箱、倒货，确有必要开箱、倒货的要按照相关要求进行消毒。四是应当定时对冷链食品原料加工处理各环节生产车间环境、即食和熟食食品各生产环节车间环境、储存冷库等高风险区域进行消毒。五是针对人员频繁接触的方向盘、车门把手、移动设备等最有可能被病毒污染的表面，均要定期消毒。

 典型案例

"沪冷链"保障冷链食品全程安全

为进一步防范进口冷链食品带来的新冠疫情输入风险，上海市市场监督管理局探索建立并运行"沪冷链"信息化系统，通过该系统实现进口冷链食品的闭环管控和智能化管理。"沪冷链"信息化系统对接口岸查验点的查验信息、运输提货点的提货数据、交通运输数据（GPS数据），第一存放点的进出货追溯信息，以及中转查验库的消杀及核酸检测信息等数据，可以实现进口冷链食品闭环管控和智能化管理。

"沪冷链"系统建设采用互联网、物联网、人工智能、大数据等技术手段，高效、精准进行新冠疫情"人防""物防"的信息化追溯。该系统通过互联网、物联网等产生、收集海量数据，再通过大数据分析，以人工智能方式提取云计算平台存储的相关数据，为疫情防控提供精准服务。监管人员通过移动端及时查询冷库企业相关疫情防控信息、追溯信息、冷库视频信息、智能预警信息、人员健康防疫信息等，及时发现和管控隐患和苗头，提高疫情防控效率。"人防"方面，该系统通过中转查验冷库高风险从业人员疫苗接种登记信息、核酸检测登记信息的录入，同时对接卫生健康委疫情防控相关数据，方便监管人员开展实时比对以及汇总统计，及时掌握从业人员核酸检测及疫苗接种情况。通过智能预警功能，提示核酸过期人员信息并通过短信方式推送给监管人员，提高监管效能。"物防"方面，该系统通过对货、车、环境、废弃物等四个维度监管信息的录入，以及对冷库场景的实时视频监控，完成冷库的库容量预警、超量预警、零到达预警、车辆轨迹展示、违规操作智能预警、车辆查验问题预警等，从而实现车辆超时到达、车辆入库出库、冷库日常检查、冷库使用预约、废弃物处置等进行实时管控。

从 2020 年 11 月 16 日零时起，对自上海口岸直接进入本市储存、生产、销售的进口冷链食品实施中转查验，落实全面消毒和核酸检测要求，基本形成多层次、全覆盖、可追溯的进口冷链食品全流程闭环管控体系。截至 2022 年 8 月 15 日，已累计查验 390 119 车（箱），核酸检测样本 2 147 540 件。平均日查验量 700～800 车（箱），最高日查验量达 1 300 车（箱）。对经上海口岸提货后直接发往外省市的进口冷链食品信息，加强区域协作和及时通报，向 8 个省市（浙江、安徽、江苏、湖北、湖南、吉林、北京、重庆）通报进口冷链食品提货信息 4.87 万余条。对全市范围内的进口冷链食品生产企业、第三方冷库、生鲜电商、餐饮企业等进行全覆盖信息追溯管理工作。

5.4.4 校园食品

近年来，党中央、国务院高度重视学校（含托幼机构）校园食品安全工作，各有关部门积极开展校园及周边食品安全专项整治工作，推动了食品安全水平的不断提升，但影响学校食品安全的因素依然存在，校园及周边食品安全事件仍时有发生，加之媒体对食品安全事件的渲染，促使全社会对校园食品安全广泛关注，高度敏感。

5.4.4.1 校园食品安全特点

学校主要采取集中用餐方式解决饮食问题，即学校通过食堂供餐或者外购食品（包括从供餐单位订餐）等形式，集中向学生和教职工提供食品。学校食品安全具有以下特点：一是用餐人数众多，学校由于集中教学需要，学生和教职工基本在校用餐，集中用餐量大，每餐供应量达几百人次甚至数千人次；二是供应时间集中，一般学校以供应午餐为主，部分住宿学校还供应早餐和晚餐，学生和教职工用餐集中在短时间内，食品必须提前准备、集中供应；三是加工过程复杂，为了保证学生的营养，学校食堂供应的品种较为丰富，满足各类学生的需求，加工过程比较复杂，容易产生交叉污染；四是学校食堂从业人员文化程度不高，对食品安全的相关规定不够熟悉，食品加工不够规范。

5.4.4.2 校园食品监管依据

2019 年 4 月，为保障学生和教职工在校集中用餐的食品安全与营养健康，加强监督管理，教育部、国家市场监督管理总局、国家卫生健康委员会联合印发《学校食品安全与营养健康管理规定》（教育部、国家市场监督管理总局、国家卫生健康委员会令第 45 号），适用于实施学历教育的各级各类学校、幼儿园（以下统称"学校"）集中用餐的食品安全与营养健康管理。该规定确立了学校集中用餐实行预防为主、全程监控、属地管理、学校落实的总体原则，建立了教育、食品安全监督管理和卫生健康等部门分工负责的管理体制；明确了学校食品安全实行校长（园长）负责制，突出教育行政部门在学校食品安全突发事件中的应急处置责任。根据规定，食品安全监管部门应当将学校校园及周边地区作为监督检查的重点，定期对学校食堂、供餐单位和校园内以及周边食品经营者开展检查；每学期应当会同教育部门对本行政区域内学校开展食品安全专项检查，督促指导学校落实食品安全责任。

5.4.4.3 学校食品安全管理职责

1. 县级以上地方人民政府

依法统一领导、组织、协调学校食品安全监督管理工作以及食品安全突发事故应对工作，将学校食品安全纳入本地区食品安全事故应急预案和学校安全风险防控体系建设。

2. 教育部门

指导和督促学校建立健全食品安全与营养健康相关管理制度，将学校食品安全与营养健康管理工作作为学校落实安全风险防控职责、推进健康教育的重要内容，加强评价考核；指导、监督学校加强食品安全教育和日常管理，及时消除食品安全隐患，提升营养健康水平，积极协助相关部门开展工作。

3. 食品安全监管部门

加强学校集中用餐食品安全监督管理，依法查处涉及学校的食品安全违法行为；建立学校食堂食品安全信用档案，及时向教育部门通报学校食品安全相关信息；对学校食堂食品安全管理人员进行抽查考核，指导学校做好食品安全管理和宣传教育；依法会同有关部门开展学校食品安全事故调查处理。

4. 卫生健康主管部门

组织开展校园食品安全风险和营养健康监测，对学校提供营养指导，倡导健康饮食理念，开展适应学校需求的营养健康专业人员培训；指导学校开展食源性疾病预防和营养健康的知识教育，依法开展相关疫情防控处置工作；组织医疗机构救治因学校食品安全事故导致人身伤害的人员。

5. 学校

学校食品安全实行校长（园长）负责制，建立健全并落实有关食品安全管理制度和工作要求，定期组织开展食品安全隐患排查。学校应当建立集中用餐陪餐制度，配备专（兼）职食品安全管理人员和营养健康管理人员，落实集中用餐信息公开，定期开展食品安全与营养健康的宣传教育，将食品安全与营养健康相关知识纳入健康教育教学内容。

5.4.4.4 食堂供餐和外购食品管理

1. 学校食堂的类型及准入条件

学校自主经营的食堂应当坚持公益性原则，不以营利为目的。实施营养改善计划的农村义务教育学校食堂不得对外承包或者委托经营。学校食堂应当依法取得食品经营许可证，严格按照食品经营许可证载明的经营项目进行经营，并在食堂显著位置悬挂或者摆放许可证。引入社会力量承包或者委托经营学校食堂的，应当以招投标等方式公开选择依法取得食品经营许可、能够承担食品安全责任、社会信誉良好的餐饮服务单位或者符合条件的餐饮管理单位。

2. 建立并执行食品安全相关制度

学校食堂应当建立并严格执行食品安全相关制度：一是食品安全与营养健康状况自查制度；二是从业人员健康管理制度和培训制度；三是食品安全信息公示及追溯制度；四是原料进货查验制度；五是环境设备定期清洁消毒制度；六是个人卫生制度；等等。

3. 倡导互联网＋智慧监管方式

学校在校园安全信息化建设中，应当优先在食堂的食品库房、烹饪间、备餐间、专间、留样间、餐具饮具清洗消毒间等重点场所实现视频监控全覆盖。有条件的学校食堂应当做到"明厨亮灶"，通过视频或者透明玻璃窗、玻璃墙等方式，公开食品加工过程。鼓励运用互联网等信息化手段，加强对食品来源、采购、加工制作全过程的监督。

4. 外购食品管理

学校从供餐单位订餐的，应当建立健全校外供餐管理制度，选择取得食品经营许可、能承担食品安全责任、社会信誉良好的供餐单位。与供餐单位签订的供餐合同中要明确双方食品安全与营养健康的权利和义务，约定不合格食品的处理方式。供餐单位应当严格遵守法律、法规和食品安全标准当餐加工。学校应当对供餐单位提供的食品随机进行外观查验和必要检验。学校需要现场分餐的,应当保障分餐环境卫生整洁。学校外购食品的,应当查验产品包装标签,索取相关凭证。

5.4.4.5　食品安全事故调查与应急处置

学校应当建立集中用餐食品安全应急管理和突发事故报告制度,制定食品安全事故处置方案。发生集中用餐食品安全事故或者疑似食品安全事故时,应当立即积极协助医疗机构进行救治;停止供餐并按照规定向所在地教育、食品安全监督管理、卫生健康等部门报告;封存导致或者可能导致食品安全事故的食品及其原料、工具、用具、设备设施和现场,并按照食品安全监管部门要求采取控制措施;配合食品安全监管部门进行现场调查处理;加强与师生家长联系,通报情况,做好沟通引导工作。

教育部门接到学校食品安全事故报告后,应当立即赶往现场协助相关部门进行调查处理,督促学校采取有效措施,防止事故扩大,并向上级人民政府教育部门报告。学校发生食品安全事故需要启动应急预案的,教育部门应当立即向本级人民政府以及上一级教育部门报告,按照规定进行处置。

食品安全监管部门会同卫生健康、教育等部门依法对食品安全事故进行调查处理。县级以上疾病预防控制机构接到报告后应当对事故现场进行卫生处理,并对与事故有关的因素开展流行病学调查,及时向本级食品安全监督管理、卫生健康等部门提交流行病学调查报告。学校食品安全事故的性质、后果及其调查处理情况由食品安全监管部门会同卫生健康、教育等部门依法发布和解释。

教育部门和学校应当按照国家食品安全信息统一公布制度的规定建立健全学校食品安全信息公布机制,主动关注涉及本地本校食品安全舆情,除由相关部门统一公布的食品安全信息外,应当准确、及时、客观地向社会发布相关工作信息,回应社会关切。

5.4.4.6　上海校园食品安全监管

上海校园食品安全管理制度较完善,如按照规定建立了校长负责制、陪餐制、"明厨亮灶",原料采购、食品追溯、人员健康管理等制度。但少数学校食堂仍存在场所环境不清洁、餐盘清洗不干净、膳食中混有异物等问题,甚至出现个别师生餐后不适的情况。主要监管措施如下:

1. 健全校园食品安全管理体系

在原有食品安全校长负责制基础上,在全国省级层面率先明确三级管理组织体系,要求各级各类学校食堂配备食品安全总监、食品安全员,形成校长、食品安全总监、食品安全员的三级管理组织体系。

2. 校园食品安全实施提级管理

一是提升管理组织体系。市场监管总局发布的《企业落实食品安全主体责任监督管理规定》规定"用餐人数在 300 人以上的托幼机构食堂、用餐人数在 500 人以上的学校食堂应当依法配备食品安全总监",但上海要求所有学校不论规模大小,都必须配备食品安全总监。二是提升食品安全总监级别。要求必须由分管校领导担任。食品安全总监需要承担组织协调和督促检查等职责,责任重大,是直接负责的主管人员,至关重要。三是承包经营食堂实施"双食品安全员"制度。承包经营企业和学校都应配备 1 名食品安全员。

3. 从严落实风险自查工作机制

学校严格执行"日监控、周检查、月协调"的工作模式,不断提升食品安全管理水平和风险防控能力,确保食品安全工作精准覆盖到每个"最小工作单元"。校园食品安全主体责任、属地包保责任、教育部门的主管责任、市场监管部门的监管责任有效串联,形成合力。

4. 积极开展校园食品守护行动

自 2020 年起,市场监管总会会同教育部等部门联合开展为期 3 年的校园食品守护行动。主要内容为落实校长食品安全负责制、校长领导陪餐制,落实校外餐食品安全,加强社会共治等工作。上海市学校食堂实施"五常""6T"等食品安全管理的达 90%,建立 HACCP 或 ISO 22000 管理体系的有 600 多家。每学期组织开展开学期间食品安全专项检查,覆盖各学校食堂和校外供餐单位,严厉查处食品安全违法行为等。

5. 推进学校食堂智慧管理

近年来,上海积极提升学校食堂智慧管理,深入推进"放心学校食堂"建设。实现校外供餐单位"互联网+明厨亮灶"覆盖率达到 100%。实现原材料食品安全信息追溯全覆盖,建立从食材来源到加工制作的全过程管理体系。

 典型案例

鸡蛋引起食物中毒案

2020 年 12 月 18—19 日期间,某大学食堂 33 名用餐人员因食用炸鸡腿,先后出现发热、腹泻、呕吐等症状前往医院就诊。经流行病学和卫生学调查,中毒食品为炸鸡腿,致病菌为沙门氏菌,中毒原因为从业人员在加工制作炸鸡腿的过程中,手部佩戴手套打生鸡蛋,随后未更换手套直接将蛋液进行搅拌,然后上浆裹粉,造成鸡蛋壳表面的致病菌污染了炸鸡腿半成品,且油炸鸡腿过程时间不足所致。

本案启示,一是生鸡蛋在使用前,未将鸡蛋壳清洗干净,违反《餐饮服务食品安全操作规范》要求;二是从业人员食品安全意识差,竟然佩戴的一次性手套不更换直接用手搅拌鸡蛋液;三是食品厨师在加工炸鸡腿过程中未遵循食品要"烧熟煮透"的规范要求。

> 鸡蛋是常见的价廉物美的营养食品，但传统禽蛋生产加工工艺落后，蛋鸡的种源、养殖环境和过程，以及鸡蛋加工、包装、储存、运输等环节都会受到沙门氏菌的污染，已成为食源性沙门氏菌感染的重要危害来源之一。据报道，我国每年都会发生因禽蛋受沙门氏菌等致病菌污染而引发食源性疾病。2023年1月，上海市食品安全工作联合会制定发布《优质保洁鸡蛋》《优质保洁鸡蛋生产经营卫生规范》团体标准，旨在进一步推进和指导食品企业采购使用优质保洁鸡蛋，降低餐饮单位、学校、养老机构、家庭等因禽蛋受沙门氏菌污染而引发食源性疾病。

5.4.5 转基因食品

转基因食品研究已有几十年的历史，但转基因食品商业化只是在近10多年才得到迅速发展。20世纪90年代初，市场上第一个转基因食品保鲜西红柿出现在美国，这项成果本是在英国研究成功的，但英国没将其商业化，而是在美国开创商业化先河。此后，转基因食品得到迅猛发展。据统计，美国食品药品监督管理局确定的转基因品种已有43种。虽然转基因食品与普通食品在口感上没有多大差别，但转基因的植物、动物有明显的优势：优质、高产、抗虫、抗病毒、抗除草剂、抗逆境生存等。美国是转基因食品最多的国家，60%以上的加工食品含有转基因成分，90%以上的大豆、50%以上的玉米是转基因的。

5.4.5.1 转基因食品的定义

根据《农业转基因生物安全评价管理办法》规定，农业转基因生物是指利用基因工程技术改变基因组构成，用于农业生产或者农产品加工的植物、动物、微生物及其产品，主要包括四类：一是转基因动植物（含种子、种畜禽、水产苗种）和微生物；二是转基因动植物、微生物产品；三是转基因农产品的直接加工品；四是含有转基因动植物、微生物或者其产品成分的种子、种畜禽、水产苗种、农药、兽药、肥料和添加剂等产品。转基因食品是指以转基因生物或生物体为原料加工生产的食品。

5.4.5.2 转基因食品监管职责

我国对于转基因食品的监管主要分两个阶段，第一阶段是对转基因食品原料（即转基因生物）的管理；第二阶段是对转基因食品标识的管理。

农业农村部是转基因食品监管第一阶段的主要部门，负责全国农业转基因生物安全的监督管理工作。农业农村部设立农业转基因生物安全管理办公室，负责农业转基因生物安全评价的管理工作。农业转基因生物安全评价具体工作由下设的农业转基因生物安全委员会负责。

农业农村部与市场监督管理总局共同负责转基因食品监管第二阶段的管理，即转基因食品的标识。农业农村部负责制定转基因标识相关规定，并监督转基因动植物（含种子、种畜禽、水产苗种）、微生物及其产品的标识管理；市场监督管理总局负责加工食品的转基因标识管理。

海关总署参与第一、二阶段的监管，负责全国进出境转基因产品的检验检疫管理工作，主管海关负责所辖地区进出境转基因产品的检验检疫以及监督管理工作，对过境转移的农业转基因产品实行许可制度。

5.4.5.3　法律法规要求

《农业转基因生物安全管理条例》是转基因食品管理的主要依据，该条例要求在中华人民共和国境内从事农业转基因生物的研究、试验、生产、加工、经营和进出口活动的从业者，都必须严格遵守。

以《农业转基因生物安全管理条例》为基础，随后颁布了涉及转基因生物研究、试验、生产、加工、经营、进出口的五个配套规章，即《农业转基因生物安全评价管理办法》《农业转基因生物进口安全管理办法》《农业转基因生物标识管理办法》《农业转基因生物加工审批办法》《进出境转基因产品检验检疫管理办法》。与五个配套规章对应的还有三个管理程序，即《农业转基因生物安全评价管理程序》《农业转基因生物进口安全管理程序》《农业转基因生物标识审查认可程序》。另外，《食品安全法》《种子法》等法律法规也规定了转基因管理的相关内容。

5.4.5.4　监管措施

1. 安全性评价制度

我国对转基因食品的源头转基因生物的实施安全性评价制度。在我国境内从事农业转基因生物的研究、试验、生产、加工、经营和进口、出口活动，都须进行安全评价。

安全评价工作按照植物、动物、微生物三个类别，以科学为依据，以个案审查为原则，实行分级分阶段管理。按照对人类、动植物、微生物和生态环境的危险程度，将农业转基因生物分为以下四个等级——安全等级Ⅰ：尚不存在危险；安全等级Ⅱ：具有低度危险；安全等级Ⅲ：具有中度危险；安全等级Ⅳ：具有高度危险。凡在中华人民共和国境内从事安全等级为Ⅲ和Ⅳ的农业转基因生物研究的，从事所有安全等级的农业转基因生物试验和进口的单位以及生产和加工的单位和个人，应当根据农业转基因生物的类别和安全等级，向农业转基因生物安全管理办公室报告或者提出申请。

通过安全性评价的，将获得农业转基因生物安全证书。我国批准了两类安全证书。一是批准了自主研发的抗虫棉、抗病毒番木瓜、抗虫水稻、高植酸酶玉米、改变花色矮牵牛、抗病甜椒、延熟抗病番茄等生产应用安全证书。目前商业化种植的只有转基因棉花和番木瓜；转基因水稻、玉米尚未通过品种审定，没有批准种植；转基因番茄、甜椒和矮牵牛安全证书已过有效期，实际也没有种植。二是批准了国外公司研发的大豆、玉米、油菜、棉花、甜菜等作物的进口安全证书。进口的农业转基因生物仅批准用作加工原料，不允许在国内种植。

2. 生产经营许可

《农业转基因生物加工审批办法》规定，在中华人民共和国境内从事以具有活性的农业转基因生物为原料，生产农业转基因生物产品的加工的单位和个人，应当取得加工所在地省级人民政府农业行政主管部门颁发的农业转基因生物加工许可证。《农业转基因生物安全评价管理程序》规定，生产、经营转基因植物种子、种畜禽、水产苗种，要分别取得农业部颁发的生产许可证和经营许可证，并定期向所在地县级人民政府农业行政主管部门提供有关生产、经营情况的报告。经营销售转基因食品，部分省份要求进行专区销售。例如，依据《食品安全法》关于经营转基因食品应当按照规定显著标示的规定，《黑龙江省食品安全条例》要求"经营转基因食用农产品和食品，应当显著标示。销售转基因食用农产品和食品，应当设专柜或者专区，并在显著位置进行明示"。

3. 进口安全管理

转基因食品第二阶段的监管主要是针对转基因标识管理。我国实施农业转基因生物标识目录，国内和进口食品都需要严格遵守，农业农村部与市场监督管理总局共同负责监管。海关总署依据《进出境转基因产品检验检疫管理办法》，对通过各种方式（包括贸易、来料加工、邮寄、携带、生产、代繁、科研、交换、展览、援助、赠送以及其他方式）进出境的转基因产品的进行检验检疫。

对列入实施标识管理的农业转基因生物目录的进境转基因产品，如申报是转基因的，海关会实施转基因项目的符合性检测，如申报是非转基因的，海关会进行转基因项目抽查检测；对实施标识管理的农业转基因生物目录以外的进境动植物及其产品、微生物及其产品和食品，海关会根据情况实施转基因项目抽查检测。经转基因检测合格的，准予进境。如有以下情况之一的，海关会通知货主或者其代理人作退货或者销毁处理：①申报为转基因产品，但经检测其转基因成分与《农业转基因生物安全证书》不符的；②申报为非转基因产品，但经检测其含有转基因成分的。进口农业转基因生物不按照规定标识的，重新标识后方可入境。

5.4.5.5 转基因食品的安全性

转基因食品的安全性是有定论的，即通过安全评价、获得安全证书的转基因食品都是安全的，可以放心食用。1997年，CAC成立了生物技术食品政府间特别工作组，应对转基因技术实行风险管理，并制定了转基因生物评价的风险分析原则和转基因食品安全评价指南，使其成为全球公认的食品安全标准和世贸组织裁决国际贸易争端的依据。各国安全评价的模式和程序虽然不尽相同，但总的评价原则和技术方法都是按照国际食品法典委员会的标准制定的。

美国国家科学院、英国皇家医学会、巴西科学院、中国科学院、印度国家科学院、墨西哥科学院和第三世界科学院联合出版了《转基因植物与世界农业》，其中达成的共识是："可以利用转基因技术生产食品，这些食品更有营养、储存更稳定，而且在原则上更能促进健康，给工业化和发展中国家的消费者带来惠益。"美国国家科学院、国家工程院和国家医学院认为："没有发现确凿证据表明，目前商业化种植的转基因作物与传统方法培育的作物在健康风险方面存在差异，没有发现任何疾病与食用转基因食品之间存在关联，没有发现确定性因果关系证据表明转基因作物会造成环境问题。"欧盟委员会历时25年，组织500多个独立科学团体参与的130多个科研项目得出的主要结论是"生物技术，特别是转基因技术，并不比传统育种技术更有风险。"英国皇家学会认为"没有证据表明采用转基因技术培育出的新作物品种比采用传统杂交育种技术培育出的品种更有可能产生不可预见的影响。""没有证据表明某个作物仅仅由于它是转基因而有食用危险，食用转基因食品不会影响一个人的基因。"截至2022年，已有150多位诺贝尔奖获得者联合签署公开信，呼吁尊重关于转基因产品安全性的科学判断和监管机构的评估结论。

5.4.5.6 农业转基因生物标识

1. 按目录定性强制标识制度

我国对农业转基因产品实行按目录定性强制标识制度。2002年，原农业部发布了《农业转基因生物标识管理办法》，并分别于2004年和2017年进行两次修订。制定了标识目录，对大豆、油菜、玉米、棉花、番茄5类17种转基因产品，进行了强制定性标识（表5-7）。

表 5-7 我国第一批实施标识管理的农业转基因生物目录

作物	种类
大豆	大豆种子、大豆、大豆粉、大豆油、豆粕
玉米	玉米种子、玉米、玉米油、玉米粉
油菜	油菜种子、油菜籽、油菜籽油、油菜籽粕
棉花	棉花种子
番茄	番茄种子、鲜番茄、番茄酱（目前我国没有生产和进口）

目前，我国批准商业化种植的转基因作物仅有棉花和番木瓜，批准进口用作加工原料的有大豆、玉米、棉花、油菜、甜菜和番木瓜6种作物。国际上通用做法是根据标识的可操作性、经济成本、监管可行性等多种因素综合考虑确定需要进行标识的产品。

消费者可以通过转基因标识来识别、选择是否要购买转基因产品。我国市场上销售的转基因食品，如转基因大豆油、菜籽油，均要求标注"加工原料是转基因大豆/油菜籽"等字样，消费者可以根据自己的意愿自由选择。

2018年国家市场监督管理总局、农业农村部、国家卫生健康委员会三部门联合发布公告，明确对市场上没有转基因同类产品的食用植物油不得标注"非转基因"。以前市场上常有标注"非转基因"字样的花生油等，但事实上国外和我国市场上根本没有转基因花生上市。

对转基因产品进行标识，是为了保护消费者的知情权和选择权。已批准上市的转基因产品均通过了安全评价并获得了安全许可，安全性不存在问题，转基因产品的标识与安全性无关。

2. 农业转基因生物标识要求

列入标识目录的农业转基因生物，由生产、分装单位和个人负责标识；经营单位和个人拆开原包装进行销售的，应当重新标识。标识的标注方法如下：

（1）转基因动植物（含种子、种畜禽、水产苗种）和微生物，转基因动植物、微生物产品，含有转基因动植物、微生物或者其产品成分的种子、种畜禽、水产苗种、农药、兽药、肥料和添加剂等产品，直接标注"转基因××"。

（2）转基因农产品的直接加工品，标注为"转基因××加工品（制成品）"或者"加工原料为转基因××"。

（3）用农业转基因生物或用含有农业转基因生物成分的产品加工制成的产品，但最终销售产品中已不再含有或检测不出转基因成分的产品，标注为"本产品为转基因××加工制成，但本产品中已不再含有转基因成分"或者标注为"本产品加工原料中有转基因××，但本产品中已不再含有转基因成分"。

农业转基因生物标识应当醒目，并和产品的包装、标签同时设计和印制。难以在原有包装、标签上标注农业转基因生物标识的，可采用在原有包装、标签的基础上附加转基因生物标识的办法进行标注，但附加标识应当牢固、持久。难以用包装物或标签对农业转基因生物进行标识时，可采用下列方式标注：

（1）难以在每个销售产品上标识的快餐业和零售业中的农业转基因生物，可以在产品展销（示）柜（台）上进行标识，也可以在价签上进行标识或者设立标识板

（牌）进行标识。

（2）销售无包装和标签的农业转基因生物时，可以采取设立标识板（牌）的方式进行标识。

（3）装在运输容器内的农业转基因生物不经包装直接销售时，销售现场可以在容器上进行标识，也可以设立标识板（牌）进行标识。

（4）销售无包装和标签的农业转基因生物，难以用标识板（牌）进行标注时，销售者应当以适当的方式声明。

（5）进口无包装和标签的农业转基因生物，难以用标识板（牌）进行标注时，应当在报检（关）单上注明。

（6）有特殊销售范围要求的农业转基因生物，还应当明确标注销售的范围，可标注为"仅限于××销售（生产、加工、使用）"。

5.4.6 食品添加剂

人类使用食品添加剂的历史与人类文明史一样悠久。我国食品添加剂的使用历史可以追溯到6 000年前的大汶口文化时期，当时酿酒用酵母中的转化酶（蔗糖酶）就是食品添加剂，属于食品用酶制剂。2 000多年前用"卤水"点豆腐，实质上卤水就是一种食品添加剂，属于食品凝固剂。

5.4.6.1 食品添加剂定义

《食品安全法》规定，食品添加剂是指为改善食品品质和色、香、味以及为防腐、保鲜和加工工艺时需要加入食品中的人工合成或天然物质。包括营养强化剂。食品添加剂可以采用化学合成、生物发酵或者天然提取等方法生产制造。

全球批准的食品添加剂数量约15 000种，《食品安全国家标准 食品添加剂使用标准》（GB 2760—2014）以及原国家卫计委和国家卫生健康委公告允许使用的食品添加剂有23大类2 500余种，其中狭义食品添加剂品种有340余种，食品用香料有1 870余种（包括393种天然香料和1 477种合成香料），食品工业用加工助剂有170余种（包括38种可在各类食品加工过程中使用且残留量不需要限定的加工助剂、80种需要规定功能和使用范围的加工助剂和54种食品工业用酶制剂），营养强化剂有150余种。

5.4.6.2 食品添加剂功能

食品添加剂的使用提升了产品品质，丰富了食品种类，满足消费者对食品多元化的消费需求，没有食品添加剂就没有现代食品工业。食品添加剂主要有以下作用：一是保持或提高食品本身的营养价值，如面粉产品中会添加维生素来强化食品中的营养素；二是提高食品的质量和稳定性，改进其感官特性，如在糖果中添加着色剂，以赋予其良好的色泽；三是便于食品的生产、加工、包装、运输或者贮藏，如在食用油中添加抗氧化剂，以延迟或阻碍油脂氧化；四是作为某些特殊膳食用食品的必要配料或成分，如婴儿配方奶粉中添加的对婴儿大脑和视网膜的发育至关重要的二十二碳六烯酸（DHA）和花生四烯酸（ARA）。

5.4.6.3 食品添加剂分类

1. 单一品种食品添加剂

根据食品添加剂功能，食品添加剂分为酸度调节剂、抗结剂、消泡剂、抗氧化剂、漂白剂、膨松剂、胶基糖果中基础剂物质、着色剂、护色剂、乳化剂、酶制剂、增味剂、面粉处理剂、被膜剂、水分保持剂、营养强化剂、防腐剂、稳定剂和凝固剂、甜味剂、增稠剂、食品用香料、食品工业用加工助剂、营养强化剂等23类（表5-8），每种添加剂在食品中常常具有一种或多种功能。

表5-8 食品添加剂种类和功能

序号	种类	功能
1	酸度调节剂	用以维持或改变食品酸碱度的物质
2	抗结剂	用于防止颗粒或粉状食品聚集结块，保持其松散或自由流动的物质
3	消泡剂	在食品加工过程中降低表面张力，消除泡沫的物质
4	抗氧化剂	能防止或延缓油脂或食品成分氧化分解、变质，提高食品稳定性的物质
5	漂白剂	能够破坏、抑制食品的发色因素，使其褪色或使食品免于褐变的物质
6	膨松剂	在食品加工过程中加入的，能使产品发起形成致密多孔组织，从而使制品具有膨松、柔软或酥脆的物质
7	胶基糖果中基础剂物质	赋予胶基糖果起泡、增塑、耐咀嚼等作用的物质
8	着色剂	使食品赋予色泽和改善食品色泽的物质
9	护色剂	能与肉及肉制品中呈色物质作用，使之在食品加工、保藏等过程中不致分解、破坏，呈现良好色泽的物质
10	乳化剂	能改善乳化体中各种构成相之间的表面张力，形成均匀分散体或乳化体的物质
11	酶制剂	由动物或植物的可食或非可食部分直接提取，或由传统或通过基因修饰的微生物（包括但不限于细菌、放线菌、真菌菌种）发酵、提取制得，用于食品加工，具有特殊催化功能的生物制品
12	增味剂	补充或增强食品原有风味的物质
13	面粉处理剂	促进面粉的熟化和提高制品质量的物质
14	被膜剂	涂抹于食品外表，起保质、保鲜、上光、防止水分蒸发等作用的物质
15	水分保持剂	有助于保持食品中水分而加入的物质
16	防腐剂	防止食品腐败变质、延长食品储存期的物质

续表

序号	种类	功能
17	稳定剂和凝固剂	使食品结构稳定或使食品组织结构不变，增强黏性固形物的物质
18	甜味剂	赋予食品甜味的物质
19	增稠剂	可以提高食品的黏稠度或形成凝胶，从而改变食品的物理性状、赋予食品黏润、适宜的口感，并兼有乳化、稳定或使呈悬浮状态作用的物质
20	食品用香料	能够用于调配食品香精，并使食品增香的物质
21	食品工业用加工助剂	有助于食品加工能顺利进行的各种物质，与食品本身无关。如助滤、澄清、吸附、脱模、脱色、脱皮、提取溶剂等
22	营养强化剂	为了增加食品的营养成分（价值）而加入食品中的天然或人工合成的营养素
23	其他	上述功能类别中不能涵盖的其他功能

2. 复配食品添加剂

复配食品添加剂是指为了改善食品品质、便于食品加工，将两种或两种以上单一品种的食品添加剂，添加或不添加辅料，经物理方法混匀而成的食品添加剂。由单一功能且功能相同的食品添加剂品种复配而成的，应按照其在终端食品中发挥的功能命名。即"复配"+"食品添加剂功能类别名称"，如复配着色剂、复配防腐剂等。由功能相同的多种功能食品添加剂，或者不同功能的食品添加剂复配而成的，可以其在终端食品中发挥的全部功能或者主要功能命名，即"复配"+"食品添加剂功能类别名称"，也可以在命名中增加终端食品类别名称，即"复配"+"食品类别"+"食品添加剂功能类别名称"。

5.4.6.4 食品添加剂的使用原则

食品生产经营者使用食品添加剂时要遵守四项原则：一是不应对人体产生任何健康危害；二是不应掩盖食品腐败变质；三是不应掩盖食品本身或加工过程中的质量缺陷或以掺杂、掺假、伪造为目的而使用食品添加剂；四是不应降低食品本身的营养价值；五是在达到预期效果的前提下尽可能降低在食品中的使用量。另外，按照《食品安全国家标准 食品添加剂使用标准》（GB 2760—2024）使用的食品添加剂应当符合相应的质量规格要求，同一功能的食品添加剂（相同色泽着色剂、防腐剂、抗氧化剂）在混合使用时，各自用量占其最大使用量的比例之和不应超过1。

5.4.6.5 食品添加剂的带入原则

在下列情况下食品添加剂可以通过食品配料（含食品添加剂）带入食品中：①根据本标准，食品配料中允许使用该食品添加剂；②食品配料中该添加剂的用量不应超过允许的最大使用量；③应在正常生产工艺条件下使用这些配料，并且食品中该添加剂的含量不应超过由配料带入的水平；④由配料带入食品中的该添加剂的含量应明显低于直接将其添加到该食品中通常所需要的水平。

另外，当某食品配料作为特定终产品的原料时，批准用于上述特定终产品的添加剂允许添加到这些食品配料中，同时该添加剂在终产品中的量应符合《食品安全国家标准 食品添加剂使用标准》（GB 2760—2024）的要求。在所述特定食品配料的标签上应明确标示该食品配料用于上述特定食品的生产。

5.4.6.6 食品用香料、香精的使用原则

一是在食品中使用食品用香料、香精的目的是使食品产生、改变或提高食品的风味。食品用香料一般配制成食品用香精后用于食品加香，部分也可直接用于食品加香。食品用香料、香精不包括只产生甜味、酸味或咸味的物质，也不包括增味剂。

二是食品用香料、香精在各类食品中按生产需要适量使用。现行国家标准《食品安全国家标准 食品添加剂使用标准》（GB 2760—2024）表 B.1 中所列食品没有加香的必要，不得添加食品用香料、香精，法律、法规或国家食品安全标准另有明确规定者除外。除该表所列食品外，其他食品是否可以加香应按相关食品产品标准规定执行。

三是用于配制食品用香精的食品用香料品种应符合食品安全国家标准的规定。用物理方法、酶法（所用酶制剂应符合该标准的有关规定）或微生物法从食品（可以是未加工过的，也可以是经过了适合人类消费的传统的食品制备工艺的加工过程）制得的具有香味特性的物质或天然香味复合物可用于配制食品用香精。

四是具有其他食品添加剂功能的食品用香料，在食品中发挥其他食品添加剂功能时，应符合食品安全国家标准的规定。如苯甲酸、肉桂醛、瓜拉纳提取物、双乙酸钠（又名二醋酸钠）、琥珀酸二钠、磷酸三钙、氨基酸等。

五是食品用香精可以含有对其生产、贮存和应用等所必需的食品用香精辅料（包括食品添加剂和食品）。食品用香精辅料应符合以下要求：①食品用香精中允许使用的辅料应符合相关标准的规定。在达到预期目的的前提下尽可能减少使用品种；②作为辅料添加到食品用香精中的食品添加剂不应在最终食品中发挥功能作用，在达到预期目的的前提下尽可能降低在食品中的使用量。

六是食品用香精的标签应符合相关标准的规定。凡添加了食品用香料、香精的食品应按照国家相关标准进行标示。

5.4.6.7 食品工业用加工助剂的使用原则

一是食品工业用加工助剂（以下简称"加工助剂"）应在食品生产加工过程中使用，使用时应具有工艺必要性，在达到预期目标的前提下应尽可能降低使用量；二是加工助剂一般应在制成最终成品之前除去，无法完全除去的，应尽可能降低其残留量，其残留量不应对健康产生危害，不应在最终食品中发挥功能作用；三是加工助剂

应该符合相应的质量规格要求。

5.4.6.8　易违法添加的非食用物质和易滥用的食品添加剂

为进一步打击在食品生产、流通、餐饮服务中违法添加非食用物质和滥用食品添加剂的行为，保障消费者健康，全国打击违法添加非食用物质和滥用食品添加剂专项整治领导小组自2008年以来陆续发布了《食品中可能违法添加的非食用物质和易滥用的食品添加剂名单》(表5-9和表5-10)。

表5-9　食品中可能违法添加的非食用物质名单

序号	名称	主要成分	可能添加或存在的主要食品	可能的主要作用或添加目的
1	吊白块	次硫酸钠甲醛	腐竹、粉丝、面粉、竹笋	增白、保鲜、增加口感、防腐
2	苏丹红	苏丹红Ⅰ-Ⅳ	辣椒粉、含辣椒类的食品（辣椒酱、辣味调味品）	着色
3	王金黄、块黄	碱性橙Ⅱ	腐皮	着色
4	蛋白精、三聚氰胺		乳及乳制品	虚高蛋白含量
5	硼酸与硼砂		腐竹、肉丸、凉粉、凉皮、面条、饺子皮	增筋
6	硫氰酸钠		乳及乳制品	保鲜
7	玫瑰红B	罗丹明B	调味品	着色
8	美术绿	铅铬绿	茶叶	着色
9	碱性嫩黄		豆制品	着色
10	工业用甲醛	甲醛	海参、鱿鱼等干水产品、血豆腐	改善外观和质地
11	工业用火碱		海参、鱿鱼、生鲜乳等干水产品	改善外观和质地
12	一氧化碳		金枪鱼、三文鱼	改善色泽
13	硫化钠		味精	
14	工业硫磺		白砂糖、辣椒、蜜饯、银耳、龙眼、胡萝卜、姜等	漂白、防腐
15	工业染料		小米、玉米粉、熟肉制品等	着色
16	罂粟壳	吗啡、那可丁、可待因、罂粟碱	火锅、火锅底料及小吃类	成瘾
17	革皮水解物	革皮水解蛋白	乳与乳制品	增加蛋白质含量
18	溴酸钾	溴酸钾	小麦粉	增筋
19	β-内酰胺酶	β-内酰胺酶	乳与乳制品	掩蔽抗生素残留
20	富马酸二甲酯	富马酸	糕点	防腐
21	废弃食用油脂		食用油脂	掺假
22	工业用矿物油		陈化大米	改善外观

续表

序号	名称	主要成分	可能添加或存在的主要食品	可能的主要作用或添加目的
23	工业明胶		冰淇淋、肉皮冻等	改善形状、掺假
24	工业酒精		勾兑假酒	降低成本
25	敌敌畏		火腿、鱼干、咸鱼等制品	驱虫
26	毛发水		酱油等	掺假
27	工业用乙酸	游离矿酸	勾兑食醋	调节酸度
28	β-兴奋剂类药物	盐酸克伦特罗、莱克多巴胺等	猪肉、牛羊肉及肝脏等	提高瘦肉率
29	硝基呋喃类药物	呋喃唑酮、呋喃它酮、呋喃西林、呋喃妥因	猪肉、禽肉、动物性水产品	抗感染
30	玉米赤霉醇	玉米赤霉醇	牛羊肉及肝脏、牛奶	促进生长
31	抗生素残渣	万古霉素	猪肉	抗感染
32	镇静剂	氯丙嗪	猪肉	镇静，催眠，减少能耗
33	荧光增白物质		双孢蘑菇、金针菇、白灵菇、面粉	增白
34	工业氯化镁	氯化镁	木耳	增加重量
35	磷化铝	磷化铝	木耳	防腐
36	馅料原料	二氧化硫脲	焙烤食品	漂白
37	酸性橙Ⅱ		黄鱼、鲍汁、腌卤肉制品、红壳瓜子、辣椒面和豆瓣酱、卤制熟食	增色
38	抗生素	磺胺、喹诺酮、氯霉素、四环素、β-内酰胺类	生食水产品、肉制品、猪肠衣、蜂蜜	杀菌防腐
39	喹诺酮类	喹诺酮类	麻辣烫类食品	杀菌防腐
40	水玻璃	硅酸钠	面制品	增加韧性
41	孔雀石绿	孔雀石绿	鱼类	抗感染
42	乌洛托品	六亚甲基四胺	腐竹、米线等	防腐
43	五氯酚钠	五氯酚钠	河蟹	灭螺、清除野杂鱼
44	喹乙醇	喹乙醇	水产养殖饲料	促生长
45	碱性黄	硫代黄素	大黄鱼	染色
46	磺胺二甲嘧啶	磺胺二甲嘧啶	叉烧肉类	防腐
47	敌百虫	敌百虫	腌制食品	防腐
48	邻苯二甲酸酯类物质	邻苯二甲酸二丁酯等17种	邻苯二甲酸二丁酯	增稠等

表 5-10　食品加工过程中易滥用的食品添加剂品种名单

序号	食品类别	可能易滥用的添加剂品种或行为
1	渍菜（泡菜等）、葡萄酒、鲜瘦肉、大黄鱼、小黄鱼	超量或超范围使用着色剂（胭脂红、柠檬黄等，诱惑红、日落黄等）
2	水果冻、蛋白冻类	超量使用着色剂、防腐剂超量或超范围使用，酸度调节剂（己二酸等）
3	腌菜，酒类（配制酒外）	超量或超范围使用着色剂、防腐剂、甜味剂（糖精钠、甜蜜素、安赛蜜等）
4	面点、月饼	馅中超量使用乳化剂（蔗糖脂肪酸酯等），超范围使用（乙酰化单甘脂肪酸酯）；违规使用着色剂、防腐剂；超量或超范围使用甜味剂
5	面条、饺子皮	超量使用面粉处理剂
6	糕点、面制品和膨化食品	超量使用膨松剂（硫酸铝钾、硫酸铝铵等）；超量使用水分保持剂磷酸盐类（磷酸钙、焦磷酸二氢二钠等）；超量使用增稠剂（黄原胶、黄蜀葵胶等）；超量使用甜味剂（糖精钠、甜蜜素等）
7	馒头	违法使用漂白剂硫磺进行熏蒸
8	油条	超量使用膨松剂（硫酸铝钾、硫酸铝铵）
9	肉制品和卤制熟食、腌肉料和嫩肉粉类产品	超量使用护色剂（硝酸盐、亚硝酸盐）
10	小麦粉	违规使用二氧化钛、滑石粉，超量使用过氧化苯甲酰、硫酸铝钾
11	臭豆腐等	违规使用硫酸亚铁
12	乳制品（除干酪外）	违规使用山梨酸、纳他霉素（防腐目的）
13	蔬菜干制品	硫酸铜（掩盖伪劣产品，加工环节）
14	酒类	违规使用甜蜜素（配制酒除外）、安赛蜜
15	陈粮、米粉等	违规使用焦亚硫酸钠（漂白、防腐、保鲜）
16	烤鱼片、冷冻虾、烤虾、鱼干、鱿鱼丝、蟹肉、鱼糜等	违规使用亚硫酸钠（防腐、漂白）

5.4.6.9　食品添加剂使用常见误区

误区 1：将食品添加剂和非法添加物混为一谈

按照《食品安全法》的规定，我国建立了一系列食品添加剂的管理制度。上市前对食品添加剂实行严格的审批制度；生产时对食品添加剂的生产企业实行生产许可制度；使用时建立了食品添加剂的食品安全风险评估制度，并制定了涵盖食品添加剂使用规定、产品要求、生产规范、标签标识、检验方法等在内的 700 余项强制性食品安全国家标准。此外，还建立了食品添加剂生产经营及使用要求和相应的监督管理制度，食品添加剂的进出口管理制度等。

食品添加剂在合法使用情况下是安全的。迄今为止，我国对人体健康造成危害的食品安全事件没有一起是由于合法使用食品添加剂造成的。超范围、超限量使用食品添加剂和添加非食用物质等"两超一非"的违法行为，才是导致食品安全问题发生的原因。"三聚氰胺"奶粉事件中三聚氰胺不是食品添加剂，"苏丹红鸭蛋"事件中苏丹红也不是食品添加剂，"毒鸭血"事件中福尔马林更不是食品添加剂，对食品而言属于非法添加物。我国《食品安全法》中明令禁止生产经营超范围、超限量使用食品添加剂的食品以及用非食品原料生产的食品或者添加食品添加剂以外的化学物质和其他可能危害人体健康物质的食品。

误区 2：不含防腐剂、零添加的食品更安全

除了一些自制食品，比如酸奶、面包和蛋糕等可以现做现吃以外，其他食品只要是经过生产加工、储存、运输的，或多或少都存在会受到微生物污染的风险。

合理使用食品添加剂可以提高食品的营养价值，提高食品质量和稳定性。除此之外，防腐剂和抗氧化剂还可以抑制致病微生物滋长，保证食品安全。如果一味地去追求不含防腐剂、零添加的食品可能会因小失大。

误区 3："无防腐剂""不添加人工色素"就是无食品添加剂

食品添加剂有 23 类 2 300 多种，因此我们不能简单地把有限的几种看作全部的食品添加剂。此外，目前市场上零添加的加工食品基本上不存在，在食品加工过程中大部分都会有食品添加剂。

误区 4：同时食用多种食品添加剂会增加毒性

有人会认为，虽然食品添加剂都在标准范围内，但是每天吃那么多食物，加在一起的摄入量还安全吗？答案是安全的。《食品安全国家标准 食品添加剂使用标准》（GB 2760—2024）中规定了食品添加剂在各种食品中的最大使用量，其目的是确保一天吃多种食品时，其食品添加剂的摄入量不超过每日允许摄入量（ADI）。

误区 5：纯天然食品添加剂比人工合成添加剂更加安全

无论是天然食品添加剂还是人工合成食品添加剂，都要按照同一标准进行安全评估。天然的植物、动物、天然的酶制剂在自然界中也会受到污染，如果提取不过关，其有害成分仍然会携带到添加剂中而污染食品。

此外，甜味剂代替糖加入食品中，不仅味道甜，热量也比糖低。而目前有些食物打出"绝不添加任何防腐剂"的幌子，实际是利用高糖高盐等手段来抑制食物变质。糖和盐本身就是天然防腐剂，大量使用能够抑制细菌生长，比如腌的咸菜、蜜饯就是如此。

误区 6：食品添加剂没有营养

许多人认为食品添加剂没有营养，其摄入对人体不会带来任何价值。其实不然，

比如婴幼儿奶粉中就含有多种食品添加剂。婴幼儿奶粉通过适当添加牛磺酸、各种维生素、氨基酸和矿物质元素等营养强化剂，能保证宝宝在各生长发育阶段获得合理均衡的营养，满足人体生理活动的正常需要。

误区 7：孕妇不能吃冰激凌因为有食品添加剂

经常听到老人们说，孕妇不能吃冰激凌，因为里面有太多的食品添加剂。一般来说，不推荐孕妇吃冰激凌不是因为食品添加剂，而是由于自制的冰激凌有感染李斯特菌的风险，这种菌致病力强，可以在低温环境生存，普通人由于抵抗力强，食用后没有很严重的后果，但是孕妇作为易感人群，就比较容易导致流产。

冰激凌里面的食品添加剂主要是为了改善口感、维持体系稳定，有利于冰激凌保存，大多数批准上市的食品添加剂在合理剂量下对人体是安全的。

5.4.7 食品相关产品

5.4.7.1 食品相关产品定义

《食品安全法》规定，直接接触食品的物品都属于食品相关产品，包括：食品的包装材料；食品的容器；用于食品生产经营的工具、设备；可用于食品或食品包装、容器、工具、设备的洗涤剂和消毒剂。其中，用于食品的包装材料和容器细分下来又包含包装、盛放食品或者食品添加剂用的纸、竹、木、金属、搪瓷、塑料、橡胶、天然纤维、化学纤维、玻璃等制品。不仅如此，直接接触食品或者食品添加剂的涂料也在这一范围之内。另外还有用于食品生产经营的工具、设备，即在食品或者食品添加剂生产、销售、使用过程中直接接触食品或者食品添加剂的机械、管道、传送带、容器、用具、餐具等。

需要注意的是，食品相关产品中所说的洗涤剂、消毒剂，不仅包含直接用于洗涤或者消毒食品本身的洗涤剂和消毒剂，还包含使用于上述直接接触食品的餐具、饮具、生产经营工具、设备或者食品包装材料和容器的洗涤剂与消毒剂。

5.4.7.2 食品相关产品的生产许可管理

《食品安全法》规定，生产直接接触食品的包装材料等具有较高风险的食品相关产品须按照国家有关规定实施生产许可。目前，我国对 5 类食品相关产品实施生产许可管理。

1. 食品用塑料包装、容器、工具等制品

包装、盛放食品或者食品添加剂的塑料制品和塑料复合制品以及食品或者食品添加剂生产、流通、使用过程中直接接触食品或者食品添加剂的塑料容器、用具、餐具等制品。具体包括以下内容：

（1）包装类，包括非复合膜袋、复合膜袋、片材、编织袋等。

（2）容器类，包括桶、瓶、罐、杯、瓶坯等。

（3）工具类，包括筷、刀、叉、匙、夹、料擦（厨房用）、盒、碗、碟、盘、杯等餐具。

（4）其他类，包括不能归入以上三类中的其他食品用塑料包装、容器、工具等制品。但不包括食品在生产经营过程中接触食品的机械、管道、传送带。

2. 食品用纸包装、容器等制品

包装、盛放食品或者食品添加剂的纸制品和复合纸制品以及食品或者食品添加剂生产、流通、使用过程中直接接触食品或者食品添加剂的纸容器、用具、餐具等制品。具体包括以下内容：

（1）食品用纸包装，包括食品羊皮纸、玻璃纸、茶叶滤纸等。

（2）食品用纸容器，包括淋膜纸杯、涂蜡纸杯、纸板餐具、纸浆模塑餐具、纸板盒等。

3. 餐具洗涤剂

餐具洗涤剂具体包括以下内容：

（1）餐具（含果蔬）用洗涤剂，标明用作餐具、水果、蔬菜洗涤用的洗洁产品。

（2）食品工业用（含复合助剂）洗涤剂，专指食品生产经营过程中与食品接触的机械、管道、传送带、容器、用具等所使用的洗涤剂产品。但不包括洗涤用酸和碱。

4. 电压力锅

包括公称工作压力在 50～120 kPa，容积不大于 18 L 各种规格型号的不锈钢压力锅产品、铝及铝合金压力锅产品。

5. 工业和商用电热食品加工设备

以电作为加热能源的工业和商业用食品加工或饮食加工器具。包括商用箱式电烤炉、商用旋转式电烤炉、商用电热铛、商用电煮锅、商用电蒸锅、商用电开水器、工业电烤炉等。但不包含专为家庭使用而设计的器具。

5.4.7.3 食品相关产品的种类

1. 根据材质及用途分类

在我国食品相关产品安全国家标准体系中，将用于食品的包装材料和容器，以及用于食品生产经营的工具、设备统称为食品接触材料及制品。根据材质类别及用途，食品接触材料可分为塑料、橡胶、涂料、黏合剂、油墨、纸及纸板、竹、木、金属及合金、搪瓷、陶瓷、天然纤维、玻璃等制品。

2. 根据迁移特性分类

根据化学物质的迁移特性，食品接触材料可分为三大类：

（1）表面迁移材料。包括金属及合金、玻璃、陶瓷、搪瓷等硬质材料，这些材料经过高温煅烧、熔化或冶炼，结构致密且有较好的功能阻隔作用，其内部的物质及非接触面的物质一般不会迁移到食品，只有接触表面的物质（通常为重金属）有可能迁移到食品。

（2）部分迁移（或渗透）材料。大多数高分子材料属于这类材料，如塑料、橡胶、涂料等，这些材料一般对其中的化学物迁移有一定的阻力，但因材质不同、结晶度不同，高分子结构差异较大，因此对其中的物质迁移的影响也不同，比如聚对苯二甲酸乙二醇酯（PET）、聚偏二氯乙烯（PVDC）、聚酰胺（尼龙）等一般较聚烯烃（聚丙烯、聚乙烯）的阻隔性能要好。这类材料的化学物质迁移大多数发生在其接触表面及材料内部的物质，非接触面化学物质发生迁移的可能性较小。

（3）完全迁移（或渗透）材料。也叫多空材料，如纸及纸板等植物纤维材料具有多空纤维网状结构，低分子量的物质几乎可以毫无阻力地从包装材料迁移到食品，这类材料不仅食品接触表面、材料内部的物质可能发生迁移，非接触面的化学物质（如印刷油墨）也可穿透材料层迁移到其包装的食品。

3. 新型食品接触材料

活性食品接触材料、智能材料、纳米材料、生物可降解材料是近年来兴起的新型食品接触材料：

（1）活性食品接触材料是指为了延长食品货架期或维持被包装食品的感官性状而有意在包装材料中添加某些组分，添加了这类物质的食品接触材料叫活性食品接触材料，如抗菌品接触材料。

（2）智能材料是指能够监测被包装食品及其微小环境状态的食品接触材料，它不仅能更好地保鲜食品，还能通过传感器实时监测食品的新鲜度和安全性。这种包装材料能够在食品即将过期或受到污染时发出警示，从而增强消费者的食品安全感。

（3）纳米材料是指天然或合成的、50%以上粒子（包括游离态、聚集态或集块态）的一维或多维粒径为 1~100 nm 的材料。纳米材料的理化性质发生了很大改变，这种性状的改变可能会导致材料毒理学性质的改变，因此，欧美等许多国家与地区对此类食品接触材料进行逐一评估。我国食品相关产品新品种相关规定也明确要求，纳米食品接触材料要逐一申报。

（4）生物发酵技术合成的生物可降解材料，如聚羟基脂肪酸酯（Polyhydroxyalkanoates，PHA）和聚乳酸（Polylactic Acid，PLA）被广泛用于制造食品包装袋、保鲜膜和其他包装材料。这些材料在使用后可以通过微生物自然分解,减少环境污染。

5.4.7.4 常用接触材料及制品中有害物质的迁移

1. 影响有害物质迁移的因素

任何食品接触材料都不是完全惰性的,其化学组分有可能向食品迁移而影响食品的安全。食品和饮料通常具有较强的腐蚀性,会与其接触的材料发生反应,如食品中的酸会腐蚀金属容器表面导致重金属的迁移,油脂会使塑料溶胀并使其中的化学物质析出,饮料会使未采取防水措施的纸及纸板分解。化学物质的迁移遵循动力学和热力学的扩散过程,迁移行为及过程非常复杂。

一是食品接触材料中化学物特性及含量。对聚合物而言,分子量大于1000道尔顿的大分子聚合物一般不会发生迁移,而未发生聚合反应的单体及其他起始物、反应助剂、添加剂、反应中间体、聚合物降解产物等小分子物质容易发生迁移。根据物质相似相容的特性,小分子量的极性有机化合物、盐类、重金属等容易迁移到酸性食品、水性食品和低度酒精饮料中,非极性有机物、亲脂类化学物则易迁移到油脂类食品及高度酒精饮料中,低分子量的挥发性物质最易迁移到表面无油脂的干性食品。如果迁移物在食品或饮料中的溶解度小,则无论放置多长时间迁移量都不会很高。食品接触材料中迁移物的含量越高越容易迁移。

二是接触的食品的特性。有些物质在水中的迁移量较大,有些则在酸性食品中的迁移量较大(如铅、镉等重金属),有些在高浓度酒精饮料和油脂类食品中的迁移量较大(如邻苯二甲酸酯类物质),针对物质的这些特点,相关标准规定了水性、酸性、酒精、含油脂食品等4种作为检测食品接触材料迁移试验的食品模拟物。

三是接触条件(包括接触温度、时间)以及接触面积。一般而言,接触温度越高、时间越长,迁移量就会越大,但到达迁移平台期后迁移量不再增加。此外,食品与食品接触材料的接触面积对迁移量也有一定影响,一般液态食品与食品接触材料的接触为无缝隙接触,实际接触面积较大,而固态食品与食品接触材料的接触不够充分。单位质量食品的接触面积越大(比如小包装食品)则迁移量就越。

四是食品接触材料的材质类别及其理化特性。食品接触材料本身的理化特性对其中化学物的流动性有一定影响,如果化学物质与食品接触材料相容性较好,则化学物质迁移取决于其分子大小和结构、化学物与材料的相互作用以及材料本身对物质转运的内在阻力,如果二者不相容,则化学物质易在材料表面聚集,增加迁移量。

2. 常见食品接触材料及制品的危害因素

为了预防和控制食品接触材料对食品安全及食品感官性状的影响,许多国家通过控制食品接触材料中相关化学物的使用量、残留量及其总迁移量、特定迁移量等来确保食品的安全。其中，总迁移量是指从食品接触材料及制品迁移到食品中的物质的总量，总迁移量为非特异性指标，不能直接反映材料的安全性，控制总迁移量主要是为了避免迁移物质对食品感官性状的影响。特定迁移量是指某种对人体有潜在危害的化学物质从食品接触材料及制品迁移到食品中的量，特定迁移量直接反映危害风险，控制这些物质迁移到食品中量就可以确保食品的安全。几类常见食品接触材料及其制品的主要危害因素如下：

一是金属及合金、玻璃、陶瓷、搪瓷。对于金属及合金、玻璃、陶瓷、搪瓷等硬质食品接触材料而言，其主要危害物质为铅、镉等重金属。因在这些制品的加工成型过程，均经高温煅烧或熔化等超高温工艺，有机物质在高温下几乎全部灰化或挥发，这些材料表面含有的铅、镉等重金属是影响其食品安全的主要因素。材料内部的重金属或类金属危害物质，因受材料本身阻隔性能的阻挡发生迁移的可能性也较小。相关食品安全标准通过设定铅、镉等重金属的迁移限量来确保其安全。

二是树脂或高分子聚合物。对于塑料、橡胶、硅橡胶、涂料、黏合剂等树脂或高分子聚合物材料，主要的危害物质为会发生迁移的化学物质，如聚合物合成所需的单体及起始物、催化剂、合成介质、合成助剂等，树脂或高分子材料加工成型过程中，添加的抗氧化剂、光稳定剂、杀菌剂、荧光增白剂等添加剂。此外，还有未聚合的起始物及其杂质、聚合中间产物、降解产物、加工过程中环境带入的污染物等非有意添加物。不同材质类别的聚合物，因单体或其他起始物以及聚合工艺、成型所需各种添加剂等有很大的不同，因而其潜在危害因素也有很大区别。如聚碳酸酯、双酚A型环氧树脂涂料、双酚A型聚砜的单体之一为双酚A；聚氨酯类塑料制品、黏合剂等合成的主要单体是异氰酸酯，后者遇水可形成芳香族伯胺；尼龙6、尼龙66合成的单体是己内酰胺；软质聚氯乙烯一般含有邻苯二甲酸酯类增塑剂；聚乙烯、聚丙烯、聚异戊二烯等聚烯烃类聚合物一般含有抗氧化剂等。

三是纸及纸板。对纸及纸板类包装材料而言，主要的迁移物质有杀菌剂、纸涂料、填充剂、增白剂、增强剂等。近年来，国际社会对用于纸及纸板防水防油剂中的中长链（C8及以上）多氟或全氟碳化物的安全性高度关注。许多研究表明，全氟碳化物（Perfluorinated Compounds，PFCs）具有生物蓄积性和潜在的发育毒性。2016年1月，美国FDA修订相关法规，禁止在食品接触材料中添加上述三种涉及C8类含氟物质。我国《食品安全国家标准 食品接触材料及制品添加剂使用标准》（GB 9685—2016）也删除了相关物质，但不能保证这类物质确实已退出市场。此外，纸及纸板中使用的防腐防霉剂，如五氯苯酚钠等物质也是潜在的风险物质，应引起关注。

3. 洗涤剂和消毒剂种类及潜在危害

食品用洗涤剂是指用于洗涤和清洁食品、餐饮具以及接触食品的工具和设备、容器和食品包装材料的物质。洗涤剂根据产品用途不同分为两类：A类产品为直接用于清洗食品的洗涤剂；B类产品为用于清洗餐饮具以及接触食品的工具、设备、容器和食品包装材料的洗涤剂，包括机用餐具催干剂。后者主要由非离子表面活性剂（如烷基酚聚氧乙烯乙醚、烷基酚聚氧乙烯苯醚、烷基聚氧乙烯苯醚等）、螯合剂和助溶剂组成。

洗涤剂主要组分通常包括表面活性剂、助洗剂和添加剂等。表面活性剂包括阴离子表面活性剂、阳离子表面活性剂、非离子表面活性剂等。洗涤剂的潜在危害是其残留在食品或餐饮具及其他被洗涤物体表面的洗涤剂成分，如进入食品会对食品安全造成影响。但洗涤剂一般要经清水反复淋洗，因此残留在食品或餐饮具表面的量很小，由洗涤剂引起的食品安全事件发生的可能性较小。

食品用消毒剂是指直接用于消毒餐饮具、接触食品的工具和设备、容器和食品包装材料及水果、蔬菜的物质。根据原卫生部办公厅印发的《食品用消毒剂原料（成分）名单（2009版）》（卫办监督发〔2010〕17号），目前批准使用食品用消毒剂有效成分和辅助成分的物质共有68种。臭氧及臭氧水、酸性氧化电位水由发生器或生成器产生，可直接使用；二氧化氯或次氯酸钠可通过二氧化氯或次氯酸钠发生器产生；列入《食品安全国家标准 食品添加剂使用标准》（GB 2760—2024）的食品添加剂，可作为食品用消毒剂的辅助成分。

消毒剂的潜在危害是其残留在食品或餐饮具等被消毒物体表面的成分，如进入食品会对食品安全造成影响。但消毒剂与洗涤剂有相似之处，消毒不仅要应尽可能降低消毒剂在食品或餐饮具等被消毒物体表面的残留量，而且要考虑消毒效果，如消毒效果不符合规定，会因致病微生物不能被彻底杀灭而引起食品安全事件。

典型案例

生产销售不合格密封饭盒及未能保持生产许可条件从事生产案

2023年2月17日，某地市场监督管理局依法对某塑料厂生产销售不合格产品及未能保持取得生产许可规定条件从事生产的行为作出行政处罚。

2022年10月20日，该地市场监督管理局根据产品食品质量检验研究院出具的检验报告（当事人生产的货号为5208的双格密封饭盒经抽样检验，标签标识、密封性能项目的检验结果不符合标称Q/HJL4执行标准要求，检验结论为不合格）对当事人进行执法检查。经查，当事人共生产2 880只5208号双格密封饭盒且全部售出。其食品接触用产品生产车间地面布有灰尘污渍，车间人员通道、物料通道、检测室堆积杂物，产品未按规定进行检验，检验记录缺失等问题。当事人生产销售不合格密封饭盒及在生产过程中未能持续保持取得生产许可的规定条件的行为分别违反了《中华人民共和国产品质量法》第三十二条、《中华人民共和国工业产品生产许可证管理条例实施办法》第四十六条之规定。该地市场监督管理局根据《中华人民共和国产品质量法》第五十条、《中华人民共和国工业产品生产许可证管理条例实施办法》第五十三条规定对当事人责令改正、处罚没款41 856元。

 典型案例

无证生产塑料饮水杯及塑料吸管案

2022年8月26日某区市场监督管理局依法对当事人未取得生产许可证情况下生产列入目录产品的违法行为作出行政处罚。

2022年6月23日，某区市场监督管理局对当事人生产经营场所进行现场检查，发现当事人正在生产食品接触用塑料吸管和塑料水杯，且未依法取得生产许可证。经查，当事人生产销售塑料吸管541 050支、生产塑料水杯2 500只。根据《国务院关于调整工业产品生产许可证管理目录加强事中事后监管的决定》，直接接触食品的材料等相关产品属于实施工业产品生产许可证管理的产品。当事人的行为违反了《中华人民共和国工业产品生产许可证管理条例》第五条的规定，该区市场监督管理局根据《中华人民共和国工业产品生产许可证管理条例》第四十五条的规定对当事人责令停止无证生产，处罚没款145 478.5元。

5.5 特定环节风险防控

5.5.1 批发市场

食用农产品批发市场（以下简称"批发市场"）是农产品流通的主渠道，全国约有4 000多家大型农产品批发市场。批发市场食用农产品一旦出现质量安全问题，直接影响农产品的销售和城市居民的健康生活。批发市场食用农产品质量安全备受政府和社会各方高度关注。近年来，无论在法规标准体系建设上，还是政府投入上都较过去有较大提升。

5.5.1.1 食用农产品质量安全监管依据

目前，我国食用农产品质量安全监管主要依据有《食品安全法》《农产品质量安全法》《食用农产品市场销售质量安全管理办法》《农药管理条例》《兽药管理条例》《饲料和饲料添加剂管理条例》等。根据《食品安全法》，供食用的源于农业的初级产品，即食用农产品的质量安全管理，遵守农产品质量安全法的规定。但是，食用农产品的市场销售、有关质量安全标准的制定、有关安全信息的公布和本法对农业投入品作出规定的，应当遵守《食品安全法》的规定。根据 2018 年食品安全监管机构改革后食用农产品质量安全监管职能规定，对于未进入市场的，即在种植养殖环节的食用农产品，由农业农村部负责。进入市场的食用农产品由国家市场监管总局负责。进口食用农产品的质量安全监管主要由海关总署负责。

5.5.1.2 上海市食用农产品行业概况

近年来，上海市食用农产品对外依赖程度虽然仍在增加，但批发市场作为食用农产品流通主渠道、集散地的作用，随着网络电商等新业态的发展也发生了一定变化。2023 年，全市食用农产品总消费量为 2 000 多万吨，其中 80% 要靠外省市供应才能满足，该比例比 2015 年高出了 10 个百分点。同时，还有大量进口牛肉产品、乳制品、水产品等"舶来品"。截至 2023 年底，全市有蔬菜专业合作社 1 093 户，规模生猪养殖场 119 家，水产品养殖基地 898 个，本地产主要食用农产品的生产供应量暂时止住了逐年减少的趋势，但本地主要食用农产品批发交易市场的数量仍在大幅减少，已从 2014 年的 50 家缩减到 2022 年的 17 家，其一年批发交易的粮食、肉类、禽蛋、水产品、蔬菜等各类食用农产品的重量也从 2014 年的 1 500 万吨左右减少到 2022 年的 1 020 万吨左右，对全市食用农产品总消费量的贡献率下降到 48%，而 2014 年时的贡献率尚有约 70%。这意味着，除了批发市场，更多食品开始通过电商、超市、产地直营店、社区团购等流通环节进入千家万户。

5.5.1.3 批发市场食品安全风险特点

1. 源头带来的食品安全风险

批发市场好比是上游食用农产品"蓄水池"，千家万户、来源于各地的食用农产品汇聚到批发市场，其安全风险主要来源于农产品种植养殖以及储存运输过程带来的风险，如农畜药残留超标、添加非食用物质等。因此，加强对食用农产品的产地环境及投入品的管理，建立和推广实施良好农业操作规范，强化食用农产品源头和过程监管是食用农产品质量安全的基础和保证。在批发市场销售环节，强化农产品质量查验和抽样检测，形成压力倒逼机制，对全面提升食用农产品质量安全水平有重要作用。

2. 批发市场担负食品安全管理"双重角色"

目前，在食用农产品质量安全管理中，农产品批发市场充当"双重角色"。一是作为食品企业需要接受农村部门及市场监管部门监管；二是作为市场管理者需要对入场经营者进行食品安全管理。而批发市场的利益是通过市场交易收取相关费用，因此，批发市场希望有更多的固定入场经营者入场销售。但在实际管理中，因为批发市场与上游农产品采购商、入场经营户有紧密的利益关系，严格管理有可能流失经营户，例如严格开展检测，一旦发现不合格产品进行退货或销毁，有可能损害入场经营者利益，甚至批发市场声誉，因此，有的批发市场管理制度看似严格，但在执行和落实中往往打折扣。例如，发现不合格产品，只是开展不准进入市场的个案处理，没有报告市场监管部门，后者难以发现不合格产品的源头和其他流向；或对不合格食品不按规定予以处理，导致不合格农产品可能转到场外交易或流入准入管理不严格的市场继续出售。

3. 批发市场检测责任和能力不能适应需要

批发市场在农产品质量安全管理中，最难履行的责任和义务就是检测。首先，批发市场检测能力和动力不足。近年来，食用农产品不合格项目日益多样化，批发市场检测项目和检测能力不能及时更新，造成能力不足的现实。就市场而言，抽检品种越多、频次越高，支付成本越高。批发市场作为企业以营利为目标，有降低运营成本、增加利润的内在需要，很难产生内在的检测动力。批发市场的一级批发交易一般都发生在凌晨，检测人员有限，虽然管理制度上要求批发市场"根据食用农产品种类和风险等级确定抽样检测或者快速检测频次"，但在抽检品种、数量和频次上并没有硬性规定，这就导致实际抽检过程中的随意性。

4. 批发市场食用农产品全程追溯任重道远

截至 2023 年底，上海市强制要求实施食品安全信息追溯的食品品种为 11 大类 44 个品种。但是食用农产品是最难实现全过程信息追溯的。一是批发市场经营商户多，一个较大的批发市场经营商户从几百到上千个，业主法律意识和配合程度千差万别；二是食用农产品品种多，来源广泛，难以从源头起全面实施统一的追溯技术、追溯标准；三是食用农产品多为无包装或简易包装食品，即使票证齐全，也难以核验"货证相符"。因此，批发市场食用农产品要实施全覆盖全过程追溯还任重道远。

5.5.1.4 上海食用农产品批发市场监管实践

1. 夯实法治保障，针对性出台规章制度

2007 年 12 月，上海市政府制定《上海市生猪产品质量安全监督管理办法》，后又经两次修订完善。《上海市生猪产品质量安全监督管理办法》对上海市行政区域内生猪的采购、屠宰和生猪产品的采购、销售及其相关的监督管理活动作出相应规定。2015 年 8 月，上海市政府制定《上海市食品安全信息追溯管理办法》，通过立法形式系统地规定了市场主体在食品安全信息追溯的法律义务，为依法推进包括食用农产品在内的食品安全信息追溯工作提供了法律支撑。2022 年 2 月，上海市政府制定《上市水产品质量安全监督管理办法》，明确批发市场入场要求，如水产品批发市场开办者和大型超市卖场经营管理者应当配备检验设备和检验人员，或者委托具有资质的检验机构，按照国家和本市有关规定，对入场销售的水产品进行抽样检验或者快速检测。水产品批发市场开办者应当建立检查制度，对入场销售的水产品质量安全状况进行检查等。

2. 加强部门协同，推进"源头"治理

近年来，上海市场监管部门会同市商务、市农业农村部门加强协调配合，出台《关于进一步推进食用农产品合格证制度与食品安全信息追溯衔接工作的通知》，探索建立食用农产品产地准出和市场准入有效衔接机制；落实批发市场管理方食品安全主体责任，推进"一批发市场一方案"；深化农场和市场的"场场对接"工作机制，实施外埠供应商质量安全优化管理行动，确保优质食用农产品入沪；推动本地食用农产品种植养殖扩产扩容行动，提高优质食用农产品供给能力。实施食品安全信息追溯，完善跨区域、跨部门风险预警交流机制等。

3. 落实企业主体责任，强化过程管理

上海市场监管部门依托总局全国食用农产品批发市场食品安全监管信息系统的推广应用，监督市场主办方落实食品安全主体责任，将全市所有的批发市场相关数据进行归集并定期开展信息校对维护。要求属地监管区局按照法律法规要求定期巡查并督促市场主办方健全各项规章制度、加强人员管理和宣传培训，强化批发市场主办方和场内经营户的日常监管、专项整治、投诉举报处理等工作，指导市场方创新管理举措，防范风险隐患。

4. 聚焦重点难点，创新专项整治工作机制

针对韭菜、豆芽、梭子蟹、淡水鱼等不合格率较高的食用农产品的突出问题，2021年起，上海市市场监管部门以问题清单形式，将上述食用农产品安全工作列入"我为群众办实事"实践活动项目，全市开展针对特定食用农产品品种专项整治工作，通过市场调节和行政监管相结合，发挥技术检验、食品安全信息追溯等作用，综合施策，积极治理。上海市场销售的韭菜、豆芽、梭子蟹、淡水鱼等4类农产品评价性抽检合格率为98.45%，较整治前评价性抽检合格率92.9%上升了5.55个百分点。2023年上海以市食药办的名义制定了《重点监管食用农产品动态清单管理办法》，并确定了豇豆、姜、鳊鱼、鲫鱼、黄鳝作为2023年上海重点监管食品农产品清单。对上述重点监管食用农产品在监督抽检问题发现率小于4%且评价性抽检合格率大于98%的基础上，方可移出清单目录。这是全国第一个专门就重点监管食用农产品开展跨部门动态清单式综合治理的系统性工作制度，把问题导向与风险管理结合，聚焦风险较

高的食用农产品，强化部门协同，整合监管资源，开展综合治理，实现科学、精准、动态治理，也是全面落实食品安全"四个最严"要求的具体举措。

5. 推进智慧监管，不断提升信息追溯能级

市食药安办会同相关委办局积极推动上海市食品安全信息追溯平台立项和智能化升级。按照《上海市食品安全信息追溯管理办法》的规定，采用"1+N"模式构建覆盖农田到餐桌的全链条追溯系统，其中的"1"为全市统一的"上海市食品安全信息追溯平台"，"N"为各相关政府部门以及企业自建的追溯系统。积极运用人工智能、大数据、图像智能识别等新兴技术构建食品追溯链、追溯网和数字化运用，不断提高食用农产品食品安全信息追溯能级和风险治理能力。

 典型案例

批发市场经销"瘦肉精"猪肉引起中毒事件

2006年9月中旬，上海市发生一起涉及9个区的"瘦肉精"食物中毒事件，共有300余人食物中毒入院就诊，其中有180余人是在单位食堂就餐时吃过猪肉而引起食物中毒的。

经上海食品安全监管部门调查，导致这起大范围的瘦肉精食物中毒事故的猪肉及猪内脏，系一批发商从浙江某牲畜屠宰加工厂购进189头生猪产品，销售给上海农产品中心批发市场两个摊位，从批发市场摊位再批发给全市66个集贸市场。上海食品安全监管部门查明来源后，立即追查全市集贸市场和批发市场涉嫌销售含"瘦肉精"肉制品的经营者，组织召回已售出的猪肉。浦东新区政府有关部门责令上海农产品中心批发市场中涉嫌出售含"瘦肉精"猪肉的摊位立即停业整顿，停止一切销售行为。上海市农委也紧急部署，全面禁止该牲畜屠宰加工厂的猪肉进入上海市场。上海市各级政府要求有关部门加强对辖区内各类食品批发市场的管理，尤其是加强场内肉制品的监管，对猪肉进行"瘦肉精"全面检测，一旦发现猪肉含有"瘦肉精"，立即进行销毁处理。同时，向各学校、企事业单位等集体食堂发出食品安全预警通报，要求各集体用餐单位到正规的有证有照食品经营企业购买有凭证的肉制品，防止发生集体性食物中毒事故。

本起事件加速了《上海市生猪产品质量安全监督管理办法》出台，对上海市生猪产品质量安全监督管理体制和机制重新作出调整，与时俱进地提出生猪产品开展"瘦肉精"快速检测、入场检验和出厂检验等要求。

5.5.2 连锁超市

零售业是食品供应链的末端。近 20 多年来，我国连锁超市（含卖场、便利店）快速发展，丰富了食品供应渠道和能力。尽管电商的发展使得零售业实体店的发展受到一定的冲击，但是城市连锁超市仍然是食品零售业最具活力的经营模式之一，也是人们购买食品的主要渠道。食品安全是连锁超市经营管理的重要组成部分，关系连锁超市的形象和品牌，同时也是关系连锁超市行业健康发展的核心问题，涉及广大群众的身体健康与生命安全。连锁超市规模化、标准化、专业化经营方式，对食品安全水平的稳步提升起到了重要的推动作用。不过，连锁超市一旦管理不善，极可能发生系统性食品安全风险隐患。

5.5.2.1 连锁超市食品安全特点

1. 连锁超市是城市食品安全的重要窗口

上海作为国内零售业态发展异常迅猛、成熟、活跃的代表城市，高档百货、大卖场、本土连锁超市及便利店遍地开花，已成为食品零售业的主要组成部分。大型超市食品类、饮料类等商品的经营比重一直呈不断上升的趋势，市民在购买主副食品时对大超市的重视程度和依赖程度相当高，而便利店已成为年轻人、学生和上班族的主要消费场所，支撑了上海便利店的快速发展。据统计，目前全市有连锁超市便利店企业超过 20 家，超市便利店门店数达 6 200 多个。因此，连锁超市食品安全是城市食品安全的重要窗口，也是城市食品安全保障的重要基础。

2. 连锁超市具有高度的统一性和标准化

连锁超市有统一品牌、统一规范、统一配送、统一管理、统一服务，食品安全管理具有高度的统一性、标准化程度较高。同一品牌的连锁超市往往在场所设计、流程布局、制度体系、采购渠道、人员管理、销售品种、退货和不合格食品处理等方面保持一致。因此，强化从企业总部、配送中心到经营门店的系统管理，是确保连锁超市食品安全的重要手段。

3. 连锁超市具有一定的潜在系统性风险

连锁超市往往经营门店数量多、采购数量大、供应链长，如管理不严，容易发生系统性风险。如果一个门店发生食品安全问题，其负面影响往往也会产生连锁和放大效应，甚至影响城市食品安全消费信心。

5.5.2.2 连锁超市食品安全常见问题

1. 食品安全管理体系不够健全

目前，连锁超市一般都制定了食品安全管理制度，然而在实际的运营管理过程中仍然存在一定的漏洞和问题。有的连锁超市并未设置独立的食品安全管理部门，而将这一工作职责交给营运部门或其他管理部门，食品安全质量管理工作难以真正落实，食品安全内部监督执行力也难以提升，发现问题之后难以深究，往往不了了之，导致食品安全管理制度流于形式。有的连锁超市在食品安全总监和食品安全员配备和职责划分方面不合理，设置的管理人员层级不够高，没有食品安全话语权，当营运与食品安全发生冲突时，食品安全没有"一票否决权"。

2. 对供应商的管理有待加强

为应对日益激烈的市场竞争环境，一些连锁超市选择以低价策略来提升自己的竞争力，在维持毛利率不变的基础上，只能够选择采购低价商品。低价商品的原材料质量不高，可能无法达到食品安全标准，影响了超市食品的质量安全。同时超市为了采购到价格相对较低的食品，对供应商也实施相对宽松的政策，放松对供应商资质的要求，降低供应商进入超市的门槛，造成食品安全风险增加。此外，有些连锁超市加盟店、超市出租柜台商户的供应商没有对门店进行统一管理，存在着更大的食品安全风险。

3. 收货验收和不合格食品处理有待规范

有的连锁超市在验收环节发现"不合格食品"时，往往仅采取退货处理，没有将发现的问题纳入供应商评价。连锁超市总部要进一步完善验收机制，按照相关法律法规、国家标准制定统一的进货验收标准，确保供应商、采购商、配送中心与门店等可以根据统一标准对供应和采购的食品进行严格把关。明确各部门食品安全管理责任，要求发现问题时要相互通报，保证各环节工作都能够紧密衔接。

4. 关键场所和设备设施达不到要求

一般来说，超市食品安全相关设施投入与食品安全呈正相关关系。部分连锁超市不重视食品安全管理设备设施投入，例如，生鲜部的冷柜或热柜温度常常不能达到食品要求标准；很多需要在冷库内存储的熟食、半成品食品、生鲜食品，超市并未对其进行明确的区域分类，可能出现交叉污染问题；从事生食类食品制售、冷食类食品制售没有专间操作或专间设施达不到条件和管理要求；一些连锁超市出于降低成本或资金困难等原因，在硬件设施设备方面投入严重不足，从而直接影响了食品的安全性。

5. 员工食品安全意识不强

连锁超市管理人员没有按照要求，对员工实施系统化的食品安全操作规范培训。此外，食品安全法律法规要求不断更新、员工流动性强，特别一些大型超市临时性从业人员（如一些促销人员、出租柜台从业人员）没有经过系统的上岗培训教育，不能够充分认识到食品安全的重要性，在实际工作过程中容易出现一些违规行为。近年来，不少超市还出现篡改标签标识、食品腐败变质、经营超保质期食品等故意违法行为。

5.5.2.3 上海连锁超市食品安全监管实践

1. 建立健全食品安全管理体系,严格落实食品安全主体责任

连锁食品企业总部承担连锁企业食品安全管理职责,负责对其中央厨房、配送中心和经营门店(包括直营店和加盟店)的食品安全进行监督、检查、指导等。依法配备食品安全总监和食品安全员,建立食品安全管理机构,履行总部食品安全管理职责。建立覆盖连锁企业总部、配送中心、经营门店的食品安全管理组织体系,组织实施食品加工经营过程标准化操作规程(Standard Operating Procedure,SOP)。建立企业总部对供应商、中央厨房、配送中心、门店的检查评估和考核制度,定期开展企业内部自查,并留存检查记录。

2. 建立食品原料供应商评价和退出机制,强化原料采购配送统一管理

连锁食品企业总部建立统一的食品原料供应商评价和退出机制,定期对食品原料供应商的食品安全状况等进行评价,将符合食品安全管理要求的列入食品原料供应商名录,及时更换不符合要求的食品原料供应商。鼓励建立固定的供货渠道,与固定供货者签订供货协议,确保稳定可靠的原料供应商,并明确各自的食品安全责任和义务。连锁食品企业总部自行或委托第三方机构定期对食品原料供应商开展食品安全状况现场评价,逐步建立食品原料采购信息化平台,确保统一采购、统一仓储、统一配送和统一食品安全信息追溯。

3. 强化操作过程标准化管理,主动向社会公众公开

连锁食品企业总部统一建立涵盖原料采购、食品贮存、加工过程、食品供应、物流配送、投诉处理、人员健康管理、人员培训、应急处置等环节的标准化操作规程,主动向社会公众公开。配送中心和门店应严格遵守国家法律、法规和《国家食品安全标准 食品经营过程卫生规范》《连锁经营超市总部食品安全管理规范》等标准规范要求,严格执行企业内部标准化操作规程,不断提升食品安全管理水平。

4. 加强食品安全应急管理,主动报告和回应社会关切

连锁食品企业总部建立健全食品安全事件处置方案,定期检查各经营门店和配送中心食品安全防范措施的落实情况,及时消除食品安全隐患。一旦发生食品安全事件,企业总部和门店要根据《食品安全法》有关规定,向所在地市场监管部门报告,并立即采取封存、下架控制措施,防止事态扩大。当连锁食品企业发生影响较大的食品安全舆情事件时,企业总部应迅速开展自查,并主动发布相关事实,回应社会关切。连锁食品企业总部和发生地门店应主动向所在地市场监管部门报告食品安全舆情相关事实、采取的措施和整改情况。

5. 强化食品场所环境卫生和个人卫生管理

连锁食品企业应最大限度减少或避免因食品混入有害生物、异物等而产生的消费者感受最直接的卫生问题。连锁企业要以规范操作行为、培养卫生习惯为重点，完善管理制度，改善经营环境，强化人员培训，不断提升食品场所环境卫生。要自行或委托第三方开展灭蝇、除鼠、杀虫等有害生物防治工作。要加强从业人员工作衣、帽、口罩、手套和手部清洗消毒管理。

6. 加强职业道德和诚信意识建设，督促从业人员树立主人翁意识

连锁食品企业应高度重视食品安全职业道德教育培养，加强对食品从业人员食品安全意识、食品安全责任、食品安全纪律和食品安全技能等综合素质培养，提高从业人员个人修养，增强食品安全社会责任感。帮助食品从业人员树立主人翁意识，使员工有集体荣誉感、工作稳定感、职业自豪感。加强食品安全职业道德建设。连锁食品企业要进一步增强诚信经营意识，恪守企业社会责任，不得在食品安全方面以任何夸大、虚假手段误导或欺骗消费者。

7. 持续改善硬件条件，运用现代科技提升智慧管理水平

连锁食品企业要持续改善硬件条件，特别是要提高食品加工及清洗消毒等关键设备的标准化和自动化水平。鼓励支持连锁食品企业在食品加工经营中应用大数据、云计算、物联网、人工智能、区块链等技术，不断提高加工设备设施科技含量，提升食品安全智慧化管理能力，强化实时监控和食品安全风险预警。

8. 实施许可便利化制度，促进行业健康发展

2022年，上海市市场监管部门制定《上海市连锁食品经营许可便利化管理办法（试行）》。目的是在保障食品安全的前提下，进一步激发经营主体活力，促进连锁食品经营企业规模化、品牌化、标准化发展，进一步优化连锁食品经营许可条件，在对连锁食品经营企业总部开展食品安全体系和门店管理抽查评审的基础上，根据评审结果对其门店食品经营许可申请实施简化许可流程、免于门店许可现场核查、缩短许可时限，降低企业许可办理制度性成本，促进连锁食品企业快速发展，进一步优化营商环境。

9. 加快推进示范企业建设，充分发挥行业协会的自律作用

结合国家食品安全示范城市创建，加快推进连锁食品企业"守信超市""放心肉菜示范超市"等示范创建，充分发挥示范连锁食品企业的引领和辐射作用。加强与相关食品行业组织和协会协作，开展有关连锁食品企业食品安全问题调研和有关政策法规的宣贯和标准制度制定，推动连锁食品企业不断提高安全发展意识、诚信自律意识和社会责任意识。

5.5.3 集体食堂

5.5.3.1 集体食堂概念

集体食堂是指设于机关、事业单位、社会团体、民办非企业单位、企业等，供应内部职工、学生等集中就餐的餐饮服务提供者。集体食堂供餐往往具有公益性特点，特别是涉及学生、老年人群、患者等脆弱人群，其安全与管理问题牵动着每个家庭的敏感神经，备受社会关注。集体食堂从属性归类来说属于餐饮服务业，其食品安全风险特点与餐饮服务业相似，食品安全监管适用的法律法规和标准与餐饮服务业具有统一性。

5.5.3.2 集中用餐单位食堂的特点

1. 经营模式多元化

自改革开放以来，特别是近十年来，随着各行各业后勤社会化改革进程的加快，集体食堂的经营模式发生了较大变化。由初期自营、承包或者托管到逐渐引入竞争，再到引入社会经营模式等，经营模式的多元化增加了食品安全管理的复杂化。

2. 供餐方式多样化

随着后勤社会化改革的推进，食堂供餐方式呈现多样化，既有传统的"食堂打饭"方式、也有供应套餐、盒饭等方式。有的菜肴品种融入了小炒、快餐以及特色餐饮，由过去的单一化向多元化转变，不断推出新的菜品和花样。针对不同人群的消费需求灵活调整经营时间，有的学校食堂甚至 24 h 供餐。

3. 投资主体多样化

当前，有些单位为了改善集体食堂的硬件和就餐环境，引入社会资金投资建设食堂，或用于改善食堂的硬件条件。这种投资往往牵涉到食堂经营权和期限，造成有的投资方重经济效益，轻社会效益，食堂公益性与逐利性出现矛盾，导致食堂食品安全管理不到位，给食品安全监管带来挑战。

4. 从业人员流动性大

集体食堂往往工作时间长、劳动强度大，愿意从事食堂餐饮的人越来越少，从而造成员工队伍不稳定。另外，食堂从业人员职业素质相对不高，对食品安全法律法规不熟悉，食品加工不够规范，食物中毒事故时有发生，已经成为集体食堂食品安全的重要风险。

5.5.3.3 集中用餐单位食堂食品安全监管的上海实践

1. 严格落实企业主体责任

市场监管部门会同教育、民政、卫生健康、机关后勤管理等相关主管部门，严格督促集中用餐单位及其食堂承包经营企业建立健全人员管理、进货查验、加工操作、食品留样、信息公开等各项食品安全管理制度。依法设立食品安全管理机构，配备食品安全总监和食品安全员，严格执行食品安全"日管控、周排查、月调度"制度，开展从业人员食品安全培训考核。

2. 全面加强监管执法

严把学校、医院、养老院、机关等集中用餐单位食堂食品经营许可审核关，重点加强食品安全管理机构和人员、食品安全管理制度、清洗消毒、设施设备布局、环境卫生等项目审查和现场核查。对新获得食品经营许可证的单位食堂，在获证后1个月内对其开展一次监督检查，对于发现的问题督促其及时整改到位。

3. 严格环境卫生和过程监管

市场监管部门督促单位食堂全面解决餐饮场所环境脏、乱、差等基础问题，对食堂防蝇、防鼠、防虫、通风、冷藏、冷冻等设备设施，库房、操作间、分餐间等关键场地场所，严格按照频次、监督检查操作指南等进行检查。对照现行国家标准《食品安全国家标准 餐饮服务通用卫生规范》（GB 31654—2021）、《餐饮服务食品安全操作规范》等要求，重点检查索证索票、进货查验、食物储存、餐饮具清洗消毒、加工操作、食品留样、剩余食品处置等重点环节制度落实情况。

4. 严管承包经营行为

明确承包经营企业以及承包经营的食堂必须取得相应经营资质，承包经营企业应取得餐饮服务或餐饮服务管理项目许可证。承包经营企业与集体食堂所属主体依法签订承包经营合同，明确双方食品安全管理责任，落实食品安全管理制度并履行食品安全责任。

5. 严惩违法违规行为

建立健全集中用餐单位食堂食品安全问题的发现机制和制度，畅通"12315"等投诉举报渠道，发挥食堂"内部吹哨人"监督作用，鼓励消费者和学生家长对不符合要求的行为进行"随手拍"，对提供重大违法行为线索的，按规定给予相应奖励。对检查发现集中用餐单位食堂及其承包经营企业存在经营超保质期食品、未经检验检疫肉类、非法添加非食用物质、掺假掺杂或者感官性状异常食品等违法违规行为的，一律从速从严从重处罚，落实处罚到人规定，涉嫌犯罪的移送公安机关。

6. 加强行业管理

教育、民政、卫生健康、机关后勤管理等相关主管部门每年对集中用餐单位食堂进行全覆盖检查，指导和督促其建立健全食品安全管理制度，将强化食品安全作为落实行业安全风险防控职责的重要内容，加强评价考核。指导和监督集中用餐单位加强食品安全教育和日常管理，降低食品安全风险，及时消除隐患，积极协助食品安全监管部门开展工作。对发生食品安全事故，擅离职守或者不按规定报告、不采取措施处置或者处置不力的，给予集中用餐单位食品安全的相关工作人员、相关负责人政纪处分；构成犯罪的，依法移送司法机关处理。

7. 严格招投标管理

教育、民政、卫生健康、机关后勤管理等相关主管部门建立完善承包经营食堂的招投标程序，规范招标组织要求，加强招标过程监督，及时公示中标企业名单。指导集中用餐单位制定承包经营企业的评价和退出管理要求，加强对承包方的监督，定期考核评价，及时更换不符合要求的承包经营企业。

8. 推进示范创建和"明厨亮灶"

结合国家食品安全示范城市创建，以及本地区示范创建工作要求，制定"放心食堂"标准，积极推进"放心学校食堂""放心医院食堂""放心养老机构食堂"等示范创建活动。要求学校食堂"明厨亮灶"全覆盖；医疗机构、养老机构（用餐人数在 300 人以上或者供餐人数在 500 人以上）等各类食堂"明厨亮灶"覆盖率应达到 80% 以上。鼓励运用互联网等信息化手段进行可视化监督，其中，学校食堂"互联网+明厨亮灶"覆盖率应达到 80% 以上，医疗机构、养老机构（用餐人数在 300 人以上或者供餐人数在 500 人以上）食堂"互联网+明厨亮灶"覆盖率应达到 60% 以上。

9. 压紧压实属地包保责任

指导各级属地包保干部严格对照任务清单，开展实地包保督导，对开学、中高考等重点时段，以及用餐人数较多、风险等级较高的食堂加大督导频次，发现问题督促食堂立行立改，并及时通报属地监管部门，形成工作闭环。

5.5.4 中央厨房

5.5.4.1 中央厨房的概念

中央厨房又称中心厨房或配餐配送中心，指由餐饮连锁企业建立的，具有独立场所及设施设备的工厂。其主要生产过程是将原料按菜单分别制作加工成半成品或成品，配送到各连锁经营店进行加工制作或直接供应给顾客食用。近些年，国内的中央厨房正处在快速建设和发展阶段，特别是在人口集中的城市，一些大型餐饮连锁企业所需的半成品及成品由中央厨房统一配送，其标准化生产、规模化管理及食品安全可控性受到业界青睐和各方支持。

5.5.4.2 上海市中央厨房发展现状

上海市在 2010 年举办世博会期间，为解决园内餐饮门店应对大客流高效供餐、绿色加工等问题，引导餐饮企业在园外建立了一批中央厨房，将净菜、餐饮半成品直接送入园内门店，减轻园内餐饮门店供餐难、餐厨垃圾多等问题。目前上海中央厨房数量已发展了130多家，中央厨房配送对象主要集中在连锁餐饮门店和中小学生校食堂、企事业单位食堂。

5.5.4.3 中央厨房的特点

1. 生产经营规模化

中央厨房能确保生产源头绿色安全，便于形成规模效益，有利于建立采购、储运、加工、配送、销售一条龙的信息管理系统和电子商务平台，有利于打通从田头、工厂到餐桌一体化产业链。中央厨房实施食品统一采购、生产、配送、销售标准化，有利于形成流程优化、资源共享的产业链。

2. 生产工艺规范化

中央厨房通过集中采购、集约生产、集体配送来实现菜品的质优价廉。为降低食品安全风险，中央厨房实施食品统一采购、生产、配送、销售，通过采购品牌原料保证稳定供应，通过高效物流体系保证原料新鲜，通过规范生产加工工艺保障食品安全。

3. 促进中餐标准化

中央厨房将中餐复杂的洗拣、洗净、切配、烹饪等加工要素实现标准化，选用最科学的合理配方，运用现代化食品生产加工工艺、食品冷冻、冷藏技术，在确保中华传统美食色、香、味、形的基础上，通过锁定技术，锁定标准，锁定工艺，锁定管理，更加保证食物的绿色、健康、新鲜、美味。

4. 资源利用最大化

中央厨房通过中央仓储加工配送，减少餐厨垃圾和油烟扰民，便于利用先进的环保工艺集中处理废料与废弃油脂，降低能源消耗，提高经营门店的环保指数。中央厨房可以提高资源利用效率，通过大量采购、集中烹调、批量配送降低成本，也减少厨师和服务员数量，大大降低用人成本。

5. 食品安全控制更有效

目前，许多中央厨房已实施HACCP等体系管理，良好的物流体系能更好地保证原料的新鲜与安全。相对于传统餐饮行业，中央厨房对每一个产品的配料编写了详细的作业指导书，每个车间规范加工某一部分，生产和运营相对分离，通过标准化、流程化和技术分解，更加有效地保障食品安全。但也应看到，由于中央厨房食品制作量大、供应品种多、食用人群广，一旦食品出现问题，其健康风险也更高，负面影响也更大。

5.5.4.4 中央厨房常见的食品安全问题

一是中央厨房的设计不够规范。中央厨房的设计不但要遵循餐饮业的规定，而且要遵循食品行业生产线的相关标准，建立 GMP、HACCP 等食品安全管理体系。中央厨房可以参照食品行业加工车间的标准进行空间设置和功能分区，力求做到人流、物流和废弃物流线的顺畅、无交叉，避免生熟品交叉，尽量做到运输距离最短，减少通道的设置，提高车间的利用率。但实践中，一些中央厨房内部设计不够合理，通道、隔间设置繁琐导致空间狭窄，且存在人流、物流相互影响，清洁区与非清洁区交叉污染，存在食品安全隐患。

二是源头把控不严、仓库管控不善。中央厨房作为大批量生产和配送的源头，必须执行供应商评估制度，严格进行原辅料的采购和验收，对食品进行快速检测，确保原料安全达标。但目前不少中央厨房为了降低经营成本，没有建立供应商评价和退出机制，没有对运输车辆或容器进行清洁，没有采取防水、防尘和防污染的措施等。一些中央厨房仓库未按照分区分类、隔墙离地要求放置产品，冷藏冷冻库温度达不到食品原材料存储要求。

三是部分企业未对蔬菜、肉类、水产等进行分类清洗和处理，对加工区域和设备未进行色标管理，易引发交叉污染。部分企业虽设置了病媒生物控制设施，但未进行有效管理。例如，企业没有安排人员定期对病媒生物控制情况进行检查，没能确保设施设备正常运行且控制措施有效。

5.5.4.5 上海市对中央厨房重点管控要求

2013 年 2 月 1 日，上海市食品安全地方标准《中央厨房卫生规范》正式实施，为中央厨房食品安全保障发挥了重要作用。该标准主要对中央厨房的定义、产品分类、生产场所和设施、生产过程的食品安全控制、检验、产品的贮存和运输、产品的追溯和召回管理机构及人员等方面作了具体规定。该地方标准具体要求如下。

1. 厂房和生产加工场所

根据中央厨房生产加工的特点，该标准提出了设计与布局、建筑内部结构的基本要求，生产加工场所的使用面积不小于 300 m²。标准还对原料加工场所、烹调热加工场所、冷却场所、分装间、贮存场所、工用具清洗消毒场所和检验室等主要场所和设施做了具体规定。

2. 冷却场所要求

生产工艺中采用冷链工艺的，应配备与加工食品的品种和数量相适应的快速冷却设备（如真空冷却机、隧道式冷却设备）或设置冷却专间。冷却专间内应配备降温、紫外线灭菌、温度指示装置等设施。

3. 检验室要求

具备与加工制作的食品品种相适应的检验室。开展微生物检测的检验室总面积不小于 25 m²；不开展微生物检测的，总面积不小于 15 m²。开展微生物检验应设有无菌室，其中要设置准备间、缓冲间、洁净实验室。布局采用单方向工作流程，避免交叉污染，洁净实验室面积不小于 4 m²，并具备适当的通风和温度调节设施。实验室应配备与检验能力和工作量相适应的仪器设备和设施以及标准物质，检验仪器设备和检验用计量器具。

4. 温度控制要求

动物性食品的腌制应在 4℃ 以下冷藏条件下进行。易腐食品暂存应在 7℃ 以下冷藏条件下进行，分装应在 25℃ 以下条件下进行。热加工的食品应能保证加热温度的均匀性，需要熟制的应烧熟煮透，加工食品其中心温度应不低于 70℃。冷却经热加工处理的易腐食品应采用冷链工艺，保证在 2 h 内将食品中心温度降至 10℃ 以下。

5. 食品包装标签要求

待配送的食品应采用密闭包装。加工配送食品的容器包装上的标签应标明食品名称、加工单位、生产日期及时间、保存条件、保质期、加工方法与要求，成品食用方法等，若加工过程中使用食品添加剂的，应在标签上标明。中央厨房加工食品过程中使用食品添加剂的，应在标签上标明。非即食的熟制品种在产品标签上明示"食用前应彻底加热"。

 典型案例

中央厨房超许可范围加工配送即食食品引起食物中毒案

2017 年 7 月，上海市多名消费者在平台或通过 12315 投诉，称在某网红餐厅就餐后出现腹痛、腹泻等胃肠道不适症状，该网红餐厅共有 8 家门店，分布在虹口区、浦东新区、徐汇区、黄浦区。经区市场监管部门初步调查，查实涉事餐厅的可疑中毒食品为半成品，系由其中央厨房配送。随后，市食品安全监管部门组织宝山区市场监督管理局与 8 家门店所在地的区市场监督管理局展开联合调查。经查：该中央厨房的《食品经营许可证》经营项目为热食类食品制售、生食类食品制售，不含即食食品加工。而调查发现，当事人在 2016 年 12 月 2 日至 2017 年 7 月 18 日期间加工奶油芝士酱，门店将奶油芝士酱直接用于制作冷加工糕点芒果拿破仑，根据顾客点单供应。经调取监控视频发现：2017 年 7 月 13 日中午，中央厨房在面点间制作流心芝士蛋挞水的搅拌桶未经清洗消毒，直接被中央厨房的从业人员用于制作奶油芝士酱。流心芝士蛋挞水的原料中含有生的鸡蛋黄，鸡蛋在加工前也未清洗，从业人员在打发奶油及制作流心芝士蛋挞水时未戴手套，直接用双手在多功能搅拌机中搅拌奶油。奶油芝士酱做好后被中央厨房配送至各门店。调查中未采集到奶油芝士酱等半成品样品，只在某门店由中央厨房配送的3件半成品（虾饺、牛仔骨、凤爪）中检出沙门氏菌。2名患者粪便检出沙门氏菌。

2017年8月11日，宝山局综合相关信息，作出《食物中毒事件调查终结报告》，认定引起上述食物中毒事件的食品为芒果拿破仑，致病菌为沙门氏菌，造成食物中毒的为7月14—18日多餐次食品，中毒发生原因系该中央厨房超出许可核准范围加工即食食品奶油芝士酱，加工过程中食物受到交叉污染，配送至门店后被直接用于制作冷加工糕点芒果拿破仑。2017年12月11日，宝山局对涉事中央厨房作出处罚决定：①对当事人造成食物中毒事件的行为，没收违法所得人民币2 376.4元，罚款9万元整，吊销食品经营许可证。②对于当事人未经许可生产即食食品奶油芝士酱的行为，没收违法所得54 477.86元，没收用于违法经营的工具4件，处罚款980 601.48元。

5.5.5 集体用餐配送

5.5.5.1 集体用餐配送概念

自20世纪90年代起，上海市集体用餐配送企业快速发展，解决了大量企业员工、学生的就餐问题。特别是在新冠疫情期间，更为重点人群用餐、复工复产企业提供了就餐保障，在稳经济、保民生上发挥了重要作用。

集体用餐配送膳食是指集体用餐配送企业根据集体用餐服务对象订购要求，采用热链（也称"加热保温"）工艺或冷链（也称"冷藏"）工艺集中生产配送的非预包装膳食（包括主食和菜肴）。根据分装形式分为盒饭和桶饭。其中，盒饭是指膳食集中生产加工后，经集体用餐配送企业在生产现场分装成盒，集中配送到供餐点后不再分餐供应的盒装主食和菜肴。根据加工工艺分为热链盒饭和冷链盒饭。根据供应对象分为学生盒饭和社会盒饭。桶饭是指膳食集中生产后，不经集体用餐配送企业生产现场分装成盒，采用热链工艺集中配送到供餐点后需经现场分餐供应的主食和菜肴。

5.5.5.2 上海集体用餐配送行业发展现状

目前，上海集体用餐配送数量有330多家，供餐对象主要集中在工业园区、办公楼宇和中小学生校等。当前，一些集体用餐配送单位由于装修年限较长，流程布局已经无法满足当前的食品安全要求，硬件设施也存在不同程度的老化，现有的硬件条件已经不再适应当前的食品安全形势，迫切需要硬件提质升级，使其适应日趋复杂的外部形势对集体用餐配送领域造成的巨大挑战。此外，集体用餐配送行业存在加工过程操作环节多，自动化程度不高，餐食配送时间长，保温效果不稳定等食品安全隐患。

5.5.5.3 集体用餐配送的特点

1. 企业经营规模化

集体用餐配送企业统一采购原料、统一加工配送,便于形成规模效益,有利于打通从田头、市场、工厂到餐桌一体化产业链。经过30余年的发展,集体用餐企业经营日益规模化,大的集体用餐配送企业每日可供几十万人份餐食,小的集体用餐企业每餐加工餐食数量也达1000人份以上。

2. 餐食供应专业化

集体用餐配送企业建立采购、粗加工、烹饪、分餐、配送、供餐一条龙管理系统,在原料采购和储运、食材粗加工和切配等方面日益机械化,在食品加工工艺、集体供餐流程和社会服务等方面日益专业化,容易实现设施、设备、人才、管理的产业化,不断形成资源优化共享的产业链。

3. 食材损耗最小化

集体用餐配送企业批量加工和统一配送,大大减少食材损耗。另外,集中采购和粗加工可以减少餐厨垃圾和油烟扰民,也便于利用先进的环保处理工艺集中处理废料与废弃油脂,降低能源消耗和生产成本。

4. 风险控制最优化

集体用餐配送企业管理机构日益健全,管理人员更加专业,一些集体用餐配送企业已全面实施质量管理体系,食品安全风险得到有效控制。值得注意的是,由于集体用餐配送企业大多集中加工,批量供应,膳食涉及范围广,食用人群多,一旦出现问题也容易导致大范围人群健康风险。

5.5.5.4 上海市集体用餐配送企业重点管控要求

2024年6月4日,新修订的上海市《食品安全地方标准 集体用餐配送膳食生产配送卫生规范》(DB 31/2024—2023)正式实施。该标准主要对集体用餐配送膳食企业的定义、原料采购、加工、包装、贮存和配送等环节的场所、设施、人员等基本要求和管理准则等方面作了具体规定。

1. 采用冷链或热链工艺生产供应

按照规定,集中用餐配送食品只能采用冷链或热链生产工艺。其中,采用热链工艺生产的,要求膳食烧熟后,采取加热保温措施,将膳食在中心温度大于或等于60℃的条件下分装成盒或直接将膳食盛放于密闭保温设备中进行贮存、运输和供餐,使膳食在食用前的中心温度始终保持在大于或等于60℃的生产加工工艺。采用冷链工艺生产的,要求膳食烧熟后,在2 h内将膳食中心温度降至小于或等于10℃,并将膳食在中心温度小于或等于10℃的条件下进行分装、贮存和运输,食用前将膳食中心温度加热至大于或等于70℃。

2. 场所设置要互相分隔

应设置与生产工艺及生产品种、数量相适应的原料贮存、原料加工、半成品贮存、烹调热加工、食品冷却（冷链工艺产品）、盒饭分装（盒饭生产企业）、膳食暂存（桶饭生产企业）、装箱、成品储存配送、工用具清洗消毒和保洁等生产加工场所，以及更衣室、检验室等。其中烹调热加工、食品冷却（冷链工艺产品）、盒饭分装（盒饭生产企业）、膳食暂存（桶饭生产企业）、工用具清洗消毒和保洁等生产加工场所应设置为独立隔间。生产加工场所分为一般作业区、准清洁作业区、清洁作业区，各作业区均应设置在室内，且应相互分隔。

3. 供餐量与场所面积、关键技术参数挂钩

食品生产加工场所总使用面积应大于或等于 500 ㎡，且各加工场所的面积应与生产加工品种和数量相适应。其中分装专间、冷却专间、清洗消毒场所、预处理间及切配间、烹饪间等关键场所面积比例应相互协调。

企业的生产能力（单餐或单班生产品种和数量）须由第三方专业机构或 3 名以上食品相关技术专家组成的专家组，根据食品处理区总面积和各关键场所面积、冷却和微波二次加热关键技术参数等条件进行评估论证，并向监管部门提供第三方机构或专家论证报告。

4. 冷却场所设备符合需要

采用冷链工艺生产盒饭的，应配备与盒饭生产数量相适应的冷却专间和快速冷却设备（如真空冷却机、隧道式冷却设备）。快速冷却设备和冷却专间应具备温度指示装置等设施，冷却设备功率和技术参数应能满足冷却温度和生产数量的需要。

5. 热链工艺盒饭要配备微波膳食加热设施

采用热链工艺生产盒饭的，应设置盒饭二次加热场所（宜紧邻盒饭分装专间），配备微波膳食加热设施，以及与膳食加工配送数量相适应的储存、配送保温设施（如保温性能良好的保温箱）。采用热链工艺生产桶饭的，应设置膳食暂存间，配备膳食加热设施（如电加热柜、蒸箱），以及膳食储存、配送时的保温设施（如保温性能良好的保温箱、保温桶）。

6. 实验室和检测要求

配备食品中心（环境）温度计、表面环节清洁度测定仪（ATP 检测仪）、余氯消毒测试纸等食品加工环节控制快速检测设备，以及瘦肉精、有机磷农药、甲醛、亚硝酸盐、煎炸油极性组分等重点食品安全快速检测设备，自行开展食品安全快速检测。

自行开展微生物检验的，应设置微生物检验无菌室。无菌室应当设置准备间、缓

冲间、洁净实验室。布局采用单方向工作流程，避免交叉污染。洁净实验室面积不小于 4 m²（配备无菌操作台的可适当减小），具备适当的通风和温度调节设施。配备与检验能力和工作量相适应的仪器设备和设施以及标准物质。检验仪器设备和检验用计量器具应定期校验。

7. 膳食温度控制

热链工艺盒饭分装后，应再次使用微波炉对盒饭进行二次加热，使盒饭中心温度高于 60℃（建议不低于 70℃）后，将盒饭盛放于密闭的保温箱中保温待运输配送。采用冷链工艺的盒饭，应在供餐点对盒饭进行二次加热，盒饭中心温度达到 70℃以上的方可供应。

生产配送桶饭的，热加工烹饪后的膳食应立即盛放于保温箱（柜）设备中保温贮待运输配送；不立即盛放于保温箱（柜）设备的膳食应采用加热柜等加热设备进行加热保温，使膳食贮存中心温度始终高于 60℃，出厂前再盛放于保温箱（柜）设备中进行运输配送。在供餐点分餐时，应采用加热保温措施，使膳食中心温度保持在 60℃以上。

8. 膳食食用时间控制

冷链工艺膳食从烧熟到食用前加热，时间控制在 24 h。如在供餐点供餐加热至 70℃以上后不立即食用的，时间控制在加热后 1 h 内食用。热链工艺膳食从烧熟到食用时间控制在 3 h。由多种组分组成的，应以最早完成热加工的菜肴或主食计。

9. 膳食配送品种控制

应按照核准的生产工艺生产配送膳食，不得生产配送核准工艺以外的膳食品种。不得生产配送国家和本市禁止生产经营的其他食品，以及配送改刀熟食、裱花蛋糕、生食水产品、色拉等预先拌制的生拌菜。

10. 食品包装标签要求

在盛装膳食的箱体或容器表面应标注生产单位信息、生产时间、保存条件和食用时限。生产时间应精确至分钟。热链盒饭的生产时间应以分装成盒或再加热完毕的时间计；桶饭及冷链盒饭应以膳食生产完毕的时间计。冷链盒饭需标明食用前加热方法。学生盒饭还应根据供应学生所在年级，在箱体表面分别标明"小学低年级""小学高年级""初中""高中"等字样。

 典型案例

超经营项目加工配送盒饭引起食物中毒案

某饭店未取得集体用餐配送盒饭的资质，在从事集体用餐配送盒饭的过程中，存在盒饭加工场所无专用打菜间、盒饭加工制作与一般餐饮服务交叉混用、加工配送从业人员 8 名仅 1 人持有健康证等问题。当事人于 2021 年 9 月 12 日为上海某汽车物流有限公司加工、配送的晚餐，经上海市浦东新区疾病预防控制中心综合判定，该晚餐为导致 16 人发生集体性食物中毒的有毒食品，致病因子是副溶血性弧菌。因当事人的主体业态为餐饮服务经营者，无法区分经营场所内专门用于加工上述中毒餐次盒饭的原料、半成品及经营工具、设备。

当事人上述擅自改变许可类别从事集体用餐配送盒饭的行为，违反了《食品安全法》第三十五条第一款"国家对食品生产经营实行许可制度。从事食品生产、食品销售、餐饮服务，应当依法取得许可"的规定。

当事人上述造成食物中毒的行为，违反了《上海市食品安全条例》第六十七条"食品生产经营者应当按照食品安全法律、法规、规章、标准或者技术规范，制定和落实食品安全事故防范措施，及时消除食品安全隐患，防止食物中毒等食品安全事故的发生。"

当事人上述安排未取得健康证明的人员从事接触直接入口食品工作的行为，违反了《食品安全法》第四十五条第二款"从事接触直接入口食品工作的食品生产经营人员应当每年进行健康检查，取得健康证明后方可上岗工作"的规定。针对上述违法行为依法予以行政处罚：① 罚款，100 000.00 元；② 没收违法所得，6 650.00 元；③ 警告。

5.5.6 现制现售

5.5.6.1 现制现售的概念

现制现售是指在同一地点从事食品的现场制作、现场销售，但不提供消费场所和设施的加工经营方式。现制现售食品经营许可涉及食品销售经营主体和餐饮服务经营主体两大类，包括专门从事食品现制现售的店铺；超市、商店和市场内的食品现制现售区域；餐饮服务单位专用于食品现制现售的区域。现制现售食品的种类繁多，主要包括烘焙类、果蔬饮品类、坚果类、禽畜肉类、乳制品类以及其他类（寿司、刺身、汉堡等）。

5.5.6.2 现制现售行业发展现状

现制现售食品以其购买方便、价格低廉、口感丰富等优点而深受广大消费者青睐。以上海为例，上海市现制现售市场主体超过 3 万家，相对聚集在较为繁华的街道、古镇和景区，已成为当地特色文化和旅游消费的组成部分。现制现售行业普遍具有经营规模小，多数为个体工商户，以租赁房屋经营为主等特点。从业人员存在文化程度不高、就业稳定性差、收益不大等特点。由于现制现售经营主体总量巨大，食品安全风险控制能力较低，目前存在不少食品安全隐患。

5.5.6.3 现制现售食品安全风险特点

1. 食品安全制度落实不到位

例如，台账记录不完整、不规范；采购凭证信息不全，无送货单位名称或无供货商盖章等；健康检查制度不落实，存在未取得健康证明就上岗的情况；从业人员培训管理不到位，未及时开展企业内员工上岗、在岗培训，关键岗位人员未经考核合格上岗等。

2. 生产经营操作流程不规范

环境及设施设备等方面存在清洗不彻底、积垢、破损、维护不及时等问题；标签标识方面存在主要信息缺失、甚至使用过期原料的行为；加工操作方面存在厨余垃圾未及时清除、操作台面未彻底清理；另外，还存在消毒设施未规范配备、现制现售食品裸露摆放以及工作人员个人防护不到位等情况。

3. 生食类食品卫生状况不佳

现制现售所用加工设备清洁不到位、未对原材料彻底清洗就直接使用、生产用水杀菌不彻底、原料混合搅拌污染到其他原材料等，导致现制现售饮品、生食类食品等容易发生菌落总群超标。另外，原料采购把关不严、生产工艺不合理，产品储藏条件不当等原因，导致糕点等食品中脂肪的氧化酸败等。

5.5.6.4 上海市现制现售业态风险管控要求

由于即食食品无须烹饪加工即可食用，在加工制作的过程中很容易被污染、风险较高，因此，对现制现售业态进行严格的风险管控很有必要。

1. 完善现制现售制度规范

2024 年 6 月 4 日发布实施《食品安全地方标准 即食食品现场制售卫生规范》(DB 31/2027—2023)，明确了即食食品现场制售过程中的原料采购、制作、贮存和销售等环节的场所、设施、设备和人员等的食品安全要求和管理准则，对现制现售业态准入条件进行了细化，要求现制现售经营者设置有与制售食品品种、数量相适应的制作和销售场所、卫生设备或者设施，具备合理的工艺布局和加工制作流程。

2. 拓展明厨亮灶工程建设

倡导现制现售业态建设、推广"明厨亮灶"，通过透明玻璃窗、透明玻璃幕墙、矮墙隔断等方式，让消费者直观看到食品加工环境和制作过程，自觉接受社会监督。鼓励有条件的经营者采用升级的"互联网＋视频厨房"等方式，向消费者远程展示相关证照、环境状况、加工过程等信息。

3. 强化从业人员培训考核

完善现制现售从业人员培训考核体系，提升从业人员食品安全法律意识，提高从业人员食品安全保障技能。注重采取多样化培训渠道和智能化方式，提高从业人员参与培训的积极性和主动性。加强从业人员食品安全知识监督抽查考核，严格从业人员培训合格证明的使用管理。

4. 严格落实食品安全制度

现制现售经营者应严格履行食品安全主体责任，切实保障各项食品安全制度落到实处，严格按照我国《餐饮服务食品安全操作规范》和上海市《食品安全地方标准 即食食品现场制售卫生规范》（DB 31/2027—2023）要求，对原料采购至成品供应的全过程实施食品安全管理，采取有效措施，避免交叉污染。

5. 创新监管方式，推进社会共治

在开展"双随机、一公开"监管的基础上，实施风险等级量化评定，合理确定监管重点，优化监管资源配置，加大违法失信行为查处力度。倡导密集分布的现制现售业态（如小吃广场、美食街等）采用"打包式"方式进行集体投保食品安全责任险。鼓励社会公众积极举报食品药品违法行为，加大社会监督力度。

5.5.7 自动制售

5.5.7.1 自动制售的概念

自 20 世纪 90 年代起，传统的瓶装饮料、预包装食品的自动售卖逐步出现在街头小巷。进入 20 世纪后，随着互联网经济的高速发展，各种即食食品自动制售设备也逐渐兴起，由最初的现榨果汁、现炒栗子，发展到咖啡、奶茶、盒饭、披萨、拉面等即食食品的自动制售，甚至出现网红级的无人超市、无人零售店，如何协调食品安全和行业发展成为政府和企业的重点关注。

自动制售包含两种方式，即预包装即食食品自动售卖和即食食品自动制售。预包装即食食品自动售卖，是指采用自动设备售卖预包装即食食品的经营活动；即食食品自动制售是指采用自动设备制作和售卖即食食品的经营活动。前者是仅从事预包装即食食品的销售活动，食品安全风险较低，而后者最本质的区别在于利用自动设备进行即食食品的现场加工，食品安全风险较高。

例如，披萨自动制售，是利用全自动披萨制售机以小麦粉、酵母及其他膨松剂、食盐、水为主要原料，经搅拌面团、机械加工成型，制成正圆形、平整饼底，然后在饼底上覆盖番茄酱或披萨酱，奶酪及其他配料，最终烤制而成的现制披萨，在设备中全自动加工和销售，无须人工操作。又如，现榨橙汁自动制售，则是将经清洗过的新鲜

橙子配送、贮存至橙汁自动制售机中。顾客需要购买时，通过移动支付方式支付钱款后，橙汁自动制售机从新鲜橙子开始，经过数道工序，制作出杯装的新鲜橙汁。

5.5.7.2 自动制售行业发展现状

近年来，自动制售机由于部署方便、效率高、消费便捷，符合消费者对消费体验和需求不断升级的要求。同时，随着土地租金和人工成本的进一步上升，自动售货机更高效的空间利用率和更低的人力成本也获得了零售业者的青睐。特别是在2020—2022年期间，我国自动售货机体量增长迅速，售货机业务几乎已覆盖全国各省份，特别是遍布全国各大重要城市，上海已成为全国自动售货业务最为集中的城市之一。同样，食品自动售卖业态上下游企业也得到快速发展，由制造商、运营商与品牌商三方分工合作的食品自动制售机市场已经形成了完整的产业链。相关企业通过互联网技术和新的运营模式对自动售货机进行智能化管理，一些企业因此得到了资本的青睐并得以快速发展。经过市场多年洗礼，自动制售行业已经逐渐走向成熟，不仅设备总量逐年攀升，种类和覆盖地区也逐渐递增。

5.5.7.3 自动制售食品安全风险特点

1. 机器设备本身带来的风险

即食食品自动制售设备在设计和生产制造过程中，需要对食品生产加工过程可能带来的物理性污染、化学性污染、微生物污染进行多角度危害识别和风险分析。在机器设备的设计和制造过程中，特别是机器管道如何做到密闭防污染，如何清洗消毒，食品接触材料是否符合食品安全标准等方面，应由食品安全专业人员参与，或听取食品安全专家意见，从源头上防范食品安全风险隐患。如果食品安全风险没得到及时识别和控制，在设备和业务进入市场后可能被放大，给食品安全造成潜在隐患。

2. 制售过程带来的风险

在即食食品制售过程中，可能带来食品安全风险的环节包括：一是制作食品的原材料存在食品安全问题，包括食品原料清洗不干净、出现异物，以及配送和暂存过程不符合要求；二是机器设备内的温度控制达不到要求，导致食品腐败变质；三是机器设备故障，造成食品受到交叉污染。

3. 设备运营过程管理不到位

在食品自动制售设备运营中，因为管理不到位容易出现下列问题：一是食品自动售货机的经营路线和分布点较为分散，地区与地区之间、分布点与分布点之间缺乏有效的联络模式，管理成本压力较大，在偏僻地区容易发生无人管理或管理不到位的情况；二是食品原料或食品未及时清理，容易导致出现食品腐败变质或过期食品安全风险；三是机器设备维护不到位，智能监测系统不完善，可能导致食品不合格，食品无法全程追溯，产品售后服务无法得到保障。

5.5.7.4 上海即食食品自动制售管理实践

1. 建立健全规章制度和标准

为规范食品自动售货设备经营许可活动，加强食品安全监督管理，2018年原上海市食品药品监督局专门出台《关于加强自动售货经营食品安全许可监管工作的指导意见》等文件，明确食品自动售货设备涉及的发证审核、日常监管、食品卫生保障等工作的实施细则。2019年上海市发布了《食品安全地方标准即食食品自动售卖（制售）卫生规范》，该标准明确了即食食品自动售卖（制售）的卫生规范要求，实现了食品自动售卖（制售）设备中制作销售即食食品过程的标准化，在全市范围内统一该类加工经营过程的卫生要求，最大限度地保证自动售卖（制售）即食食品的质量安全水平。

2. 对经营者和网点实施许可和报备制度

《上海市食品经营许可管理实施办法》明确从事即食食品自动制售（售卖）活动的经营者，需要取得相应主体业态和经营项目的食品经营许可证和营业执照，核发经营项目为"自动售卖"。市场监督管理部门组织第三方专家对申请事项是否符合食品安全要求进行风险评估，风险评估合格的方可予以许可。申请人还应当提交自动售货设备的产品合格证明、具体放置地点，经营者名称、住所、联系方式、食品经营许可证的公示方法等材料。禁止扩大许可内容以外的现制现售项目和私自改变工艺设备从事食品销售活动。自动售货设备的摆放点位报备工作纳入营业执照所在地的区市场监督管理部门落实，并编制设备监管代码。

3. 严格许可审核条件

市场监管部门对经营者实施许可审核时，应查验自动制售设备出厂合规性的相关证明，如设备性能符合电器安全检测合格证明、材质符合安全标准等材料。根据食品自动售货的特殊性制定相应的食品安全管理制度，场地租赁合同，变质、超过保质期食品的处置制度，食品从业人员健康管理档案等。对制售食品的，还应当审核其设备清洗和消毒的场地、设施、程序等。

4. 推动企业实施食品安全智能监测预警

近年来，在政府扶持和市场监管部门指导下，自动制售行业积极实施食品安全远程、智能监测和预警。如在制售冷链产品时，机器设备置入功能齐全的全程温度自动监测、记录和控制系统，增设异常温度警示装置，及时发现异常温度环境下的食品安全隐患。在制售热加工产品时，设置时间-温度控制模块，确保加工制作时食品的中心温度应达到70℃以上。同时，自动制售行业还应当建立设备监控和产品销售溯源制度，在自动制售（售卖）设备内安装监控摄像对设备进行远程监控，设置视频留存时间，以便在发生食品安全纠纷时复查制售或销售过程。

5.5.8 食用油罐车运输
5.5.8.1 食用油罐车运输行业状况

食用油罐车是一种专门用于运输散装食用油的车辆，其特点是车厢内部装有储存食用油的罐体，罐体通常由不锈钢等材料制成，具有良好的耐腐蚀、耐酸碱和密封性能。食用油罐车良好的结构设计和完备的功能配置，可以避免运输过程中温度、湿度和震动等因素对食用油质量安全造成的影响。食用油罐车通常配备有输送泵、温控系统、自动称重系统等设备，可以实现食用油快速装卸和温度控制，确保食用油在运输过程中的质量稳定。散装食用油运输车辆配有定位系统，可实现车辆实时定位监控、运输轨迹停点管理、行车记录仪、监听与通话等功能。

目前，我国食用油生产厂家主要集中在沿海地区。以大豆油为例，一般需要依靠远洋货轮从国外进口大豆，生产大豆油的工厂通常设在港口周边，因此运输煤制油等到沿海地区的罐车，为节约成本支出，返程配货多为食用油。食用油运输行业整体上呈现"小散乱"的局面，主要从业人员都是个体经营户，即便是有形式上的公司归属，公司也只是挂靠而没有管理能力。食用油运输行业长期的低价竞争，导致整个行业运费偏低，为了降低成本，使用不符合要求的运输车辆以及不彻底清洗罐体的现象常有发生。由于食用油生产、储运等链条长、环节多，容易受到外界污染和储运容器污染而影响食品质量安全。

5.5.8.2 罐车混装食用油运输的风险

2024 年 7 月 2 日，"罐车卸完煤油直接装食用油"事件引发社会广泛关注和担忧。记者调查发现，食品类液体（大豆油等）和化工液体（煤制油等）运输混用且不清洗，已经成为罐车运输行业里公开的秘密，有些食用油厂家没有严格把关，不按规定去检查罐体是否洁净，造成食用油被残留的化工液体污染。罐车残留的煤制油主要是碳氢化合物，含有不饱和烃、芳香族烃、硫化物等有毒有害成分，直接接触、摄入或吸入都可能对人体产生危害。7 月 9 日，国务院食安办成立联合调查组，彻查罐车运输食用油乱象问题。此事件暴露出食用油运输环节存在失控和脱管的重大风险，对消费者健康构成潜在威胁。究其原因除了相关企业没有严格落实主体责任外，部门监管不实和协同治理不细也是重要原因，亟须全面提高协调监管和协同治理水平。

5.5.8.3 我国食用油运输环节存在的问题

1. 法律法规和标准不完善

我国现行食品安全法律法规对食品的贮存、运输和装卸等各环节以及所使用的容器、工具和设备都有明确的要求和规定，但是在具体执行层面，强制性标准和操作规范存在不明确、不完善的情况。如《食品安全法》规定，食品生产经营应当符合食品安全标准，贮存、运输和装卸食品的容器、工具和设备应当安全、无害，保持清洁，防止食品污染，不得将食品与有毒、有害物品一同贮存、运输。《食品安全法实施条例》《粮食质量安全监管办法》等也有类似的原则性的规定。而运输环节食品安全规定较为具体的《食用植物油散装运输规范》（GB/T 30354—2013）只是推荐性标准，对运输内容物也缺乏明确要求。

2. 企业落实主体责任不到位

此次混装食用油事件暴露出在履行食品安全主体责任方面，食用油销售方、运输方和采购方均存在一定的失责，有的甚至是故意违反规定。如销售方没有对食用油运输方资质和运输过程进行必要的监督。购买方往往委托第三方承担食用油运输，而受委托运输方的主要从业人员是个体户，即便在形式上有正规公司归属，公司也只是挂靠，既缺乏管理意愿，也缺乏管理能力，导致实质性管理缺位。为降低运输成本，运输煤制油的罐车在返程时，不彻底清洗罐车而违规混装食用油已经成为行业潜规则，严重威胁食品安全。

3. 部门监管存在疏漏和缺失

长期以来，食品运输行业因其特殊性和复杂性，并未受到监管部门应有的重视。例如，由于监管力量和资源分配不到位，使得食用油运输环节成为监管短板甚至盲区。如监管部门对食用油运输企业食品安全法律知识的监督抽查考核不到位，导致企业管理人员和从业人员安全意识薄弱。执法检查频率不高，且缺乏针对性和深入性，未能及时发现违规行为。即便发现违规行为，处罚措施不严格甚至缺失，使得违规成本极低，从而未能起到足够的震慑作用。

4. 协同治理机制尚没有形成

如从油料算起，食用油生产经营和储存运输涉及农业农村部门、市场监管部门、粮食及物资储备部门、公安部门、交通运输部门等。目前，针对食用油运输环节质量安全尚未形成有效的协同治理机制。主要表现在：监管责任不明确，不同部门之间对于罐车混装食用油的监管责任缺乏清晰划分，导致监管盲区。信息共享不通畅，相关部门之间未能建立起有效的信息共享机制，信息孤岛现象严重。联合执法行动频率低甚至为零，难以形成合力打击违规行为等。

5.5.8.4 强化协同治理，解决罐车混装食用油问题

1. 完善相应的配套法规和标准

国务院食安办协调卫生健康、市场监管、粮食及物质、公安、交通运输等有关部

门和科研院所，充分借鉴国外先进经验，开展对食用油等液态食品运输领域食品安全有关法规标准研究工作，建立符合我国国情和实际的强制性法规和标准体系。 地方监管部门和行业管理部门应配套相关制度，对食用油等关系到国计民生的大宗食品的运输实施许可或备案管理。 进一步明确各部门的监管责任，从食用油厂家验罐，到运输车辆选择，从罐车清洗消毒，再到油品收货方检验，都需要纳入监管范围。

2. 建立健全食用油全程追溯体系

国家和地方食品安全综合协调部门应统筹推动相关生产经营主体建立食用油从油料到成品的全程信息追溯体系，对食用油的生产、加工、储存、运输等环节进行精细化管理和数字化管理，重点记录原料验收信息、生产过程信息、产品检验信息、产品销售信息、产品储运信息、清洗消毒信息、人员设备信息等。 运输食用油的车辆必须安装全球定位系统（Global Positioning System，GPS），实现对食用油运输的全程实时定位和轨迹展示，确保每辆油罐车的运输记录都被详细记录并保留，以便随时查阅和追溯。

3. 加大运输环节联合执法检查力度

加强统筹协调，建立多部门联合监管机制，强化食用油生产经营和储存运输的信息共享和协作，基于风险分析实施企业分类、产品分级的多元化风险监管。 定期开展食用油运输车辆的专项检查，重点检查油罐车运营许可证、GPS 定位系统、清洁消毒和维护，食品接触材料以及其他防止油品污染的措施。 加强对食用油运输过程中的监管，确保运输过程中油罐的温度压力等条件符合食品安全要求，防止油品在运输过程中发生变质。 建立健全黑名单制度和信用监管制度，针对违规罐车运输企业进行失信联合惩诫，维护市场秩序。

4. 促进技术升级，鼓励第三方认证

政府应提供技术支持和财税激励，鼓励企业采用更为安全的食品接触材料、先进的清洗消毒设备、灵敏的温度压力控制装置、精准的实时监测传感技术、高效的数据记录与分析系统等，确保液态食品在运输过程中的品质和安全。 借鉴欧盟欧洲储罐清洗联合会（European Federation of Tank Cleaning Organizations，EFTCO）和欧洲化学工业委员会（European Chemical Industry Council，CEFIC）等国外清洁认证的成熟经验，鼓励第三方机构在国内推出在食用油食品运输和罐体清洁领域的认证产品和服务，倡导食品生产经营企业在市场采购通过清洁认证的罐车运输服务。

当前，我国食用油运输行业发展水平不同，安全保障水准参差不齐。 面对这一现状，必须坚持统筹发展和安全的理念，坚决落实"坚持管行业必须管安全、管业务必须管安全、管生产经营必须管安全"的原则。 各级政府和相关部门应进一步加强统筹协调，切实履行监管职责，加强对食用油运输行业的规范管理，加速推进智慧监管和信用监管，通过政策扶持引导，推动企业科技创新和转型升级，通过行业高质量发展保障食品高水平安全。

参考文献

[1] MERCIER S, VILLENEUVE S, MONDOR M, et al. Time-temperature management along the food cold chain: A review of recent developments [J]. Comprehensive Reviews in Food Science and Food Safety, 2017, 16（4）: 647-667.

[2] ROOS Y H. Water and pathogenic viruses inactivation: Food engineering perspectives [J]. Food Engineering Reviews, 2020, 12（3）: 251-267.

[3] HIRNEISEN K A, SHARMA M, KNIEL K E. Human enteric pathogen internalization by root uptake into food crops [J]. Foodborne Pathogens and Disease, 2012, 9（5）: 396-405.

[4] 骆海朋，高飞，于海瑶，等.北京市市售贝类、蔬菜、浆果、即食海产品中诺如病毒污染状况检测及检测方法探析[J].中国食品卫生杂志，2017，29（2）：218-222.

[5] 贾海先，赵耀.新冠肺炎通过冷链食品传播的风险研判研究进展[J].中国卫生监督杂志，2021，28（4）：310-315.

[6] 林振强.疫情防控形势下的冷链消毒技术探索[J].物流技术与应用，2021，26（S2）：30-32.

[7] 徐璞，刘茹，李玉峰.疫情防控常态化下上海市进口水产品质量安全管理问题与对策研究[J].中国食品卫生杂志，2022，34（1）：137-143.

[8] 尉静茹，刘增然.疫情下进口冷链食品安全及从业人员感染防控管理[J].食品工业，2022，43（7）：259-263.

[9] 李慧芳，程红，江云剑.后疫情时期现代冷链物流发展政策建议[J].交通企业管理，2023，38（1）：97-100.

[10] 胡舰.我国现制现售食品安全风险监测现状[J].食品安全导刊，2017（15）：10.

[11] 肖融，俞淑，赵琴.我国面包行业质量调研报告[J].质量与标准化，2017（8）：41-44.

[12] 黄俊佳.花生油品质影响因素研究及质量管理体系建立[D].广州：华南农业大学，2018.

第 6 章
重大活动食品安全监督保障

6.1 重大活动食品安全监督保障概述

6.1.1 重大活动食品安全监督保障内涵

改革开放以来，随着我国对外贸易、经济、科技、体育和文化的快速发展，相应的交流也日益增多，我国举办的各类重大活动的数量越来越多，频率越来越高，规模越来越大，重要性越来越显著。上海作为举世瞩目的国际化大都市，近年来，承担了各类重大活动食品安全保障任务。城市管理者通过保障食品安全，可以展示重大活动举办城市的卫生状况和管理水平，提升城市的文明程度和国际形象。

一般所述的重大活动是指全国性的或省级的党员代表大会、人民代表大会、政治协商会议和重要的国际会议，以及国际性、全国性、区域性的体育赛事，大型庆典、经贸、文化等方面的活动。重大活动食品安全保障一般是指在省级及以上党委、政府、人大、政协确定的具有一定规模和影响的政治、经济、文化、体育等方面的重大活动期间，采取的不同于日常监管的特殊食品安全监督保障措施。

6.1.2 重大活动食品安全监督保障法律依据

为了规范重大活动的食品安全管理，确保重大活动食品安全，必须严格遵守《食品安全法》及其实施条例。特别是作为重大活动保障的主战场餐饮环节，应严格遵循《餐饮服务食品安全操作规范》(国家市场监督管理总局公告 2018 年第 12 号)、《食品

安全国家标准 餐饮服务通用卫生规范》（GB 31654—2021）等。 2011 年，原国家食品药品监督管理局印发《重大活动餐饮服务食品安全监督管理规范》（国食药监食〔2011〕67 号）；2018 年，原国家食品药品监督管理总局印发《重大活动食品安全监督管理办法（试行）》（食药监食监二〔2018〕27 号）；2022 年，国家市场监督管理总局印发《关于进一步加强重大活动食品安全保障的指导意见》。 上述文件分别明确了在重大活动期间，各级市场监管部门开展重大活动食品安全监督管理的工作程序和工作内容。 全国各省市市场监管部门根据实际情况，细化操作流程和职责，分别制定了重大活动食品安全监督管理操作规范，如上海市市场监督管理局制定《上海市重大活动食品安全监督保障标准规程（2019 版）》，北京市市场监督管理局制定《北京市重大活动食品安全服务保障工作手册（试行）》，明确了保障实施前期、实施过程以及总结评估阶段的重点工作程序和内容，可以作为地方各级重大活动食品安全监督保障的操作手册。

6.1.3 重大活动食品安全监督保障原则

6.1.3.1 预防为主

重大活动食品安全监督保障应将"预防为主"的原则贯穿工作全过程，对可能出现的食品安全隐患做到"早部署、早预防、早发现和早消除"。 例如，在重大活动举办前，市场监管部门应对重大活动供应的食品和食品原料供应商、餐饮接待单位供餐能力进行事前食品安全状况综合检查，检查项目包括企业食品安全管理体系、经营场所布局设置、设备设施运行情况等，发现不符合要求或存在潜在食品安全风险隐患的，应及时提出整改要求，并跟踪监督整改；综合评估结果不能满足接待任务要求的食品原料供应商、餐饮接待单位以及不能确保安全的食品，可及时向承办单位或主办单位通报并予以更换。 再如，食品原料的采购应采用定点供应、全程可溯源、逐批抽检的方式，确保食品来源可靠，安全可控，同时还需要对食谱进行审核，确保原料配方和加工过程等符合要求。

6.1.3.2 规范管理

市场监管部门根据重大活动供餐的特点，依据食品安全法律法规、标准规范等要求，全面排查可能存在的食品安全风险，实施从"农田到餐桌"的食物链全过程风险管理。 例如，对于食用农产品，应加强对种植、养殖者的审核，检查食用农产品种植、养殖者是否严格按照食品安全标准和国家有关规定使用农药、肥料、兽药、饲料和饲料添加剂等农业投入品，核实是否严格执行农业投入品使用安全间隔期或者休药期的规定。 同时，要做好食用农产品采收、养殖、屠宰以及贮存、运输等过程的相关记录，保证食用农产品可追溯。再比如，检查餐饮接待单位是否按照《餐饮服务食品安全操作规范》《食品安全国家标准 餐饮服务通用卫生规范》要求，对原辅料采购、贮存运输进行查验和记录，检查使用的食品、食品添加剂和食品相关产品是否符合食品安全标准和要求等。

6.1.3.3 属地负责

按照地方政府负总责和监管部门各负其责的原则，根据各自管辖范围明确职责分工，切实履行监管职责，确保责任到位。国家市场监管部门负责重大活动食品安全监管工作的规范、指导；省级市场监管部门负责本行政区域内省级及以上重大活动食品安全监管工作的组织协调和督导检查；市、县级市场监管部门负责具体组织实施本行政区域内举办的重大活动食品安全监管工作。但在实际保障活动中，省级市场监管部门负责的重大活动监管任务可以自行承担，也可以组织相关地市或区县市场监管部门共同承担；区县级任务由相关区县市场监管部门承担，必要时可报请上级市场监管部门协助承担，或组织相关部门共同承担。

6.1.3.4 分级监督

市场监管部门可以根据重大活动保障任务性质、活动规格、供餐方式和用餐人数等多种因素，综合考虑食品安全风险高低，参照下列方式进行分级监督保障。各地的分级监督保障方式可以根据实际食品安全风险情况进行适当调整。

1. Ⅰ级保障（全程驻点保障）

对规模较大、规格较高且食品安全风险较高的重大活动，市场监管部门对餐饮单位从食品原料进货到成品供餐的所有加工、制作环节进行全程监督。主要包括检查评估、食谱审查、进货查验、食品原料快速检测、粗加工、烹饪、凉菜加工、糕点加工、现榨饮料、备餐供餐、环节表面（餐饮具、加工用具、人员手部）快速检测、食品贮运、餐用具清洗消毒、人员健康、食品留样等各因素和环节。

2. Ⅱ级保障（重点环节监督）

对规模较小、规格较低且食品安全风险较低的重大活动，市场监管部门重点对餐饮单位食品加工制作关键环节进行监督检查。主要包括食谱审查、高风险食品原料进货查验与快检、环节表面快速检测，检查凉菜加工条件、冷加工糕点加工条件。告知并督促接待单位按规范要求做好其他环节食品安全管理。

3. Ⅲ级保障（高频次巡查）

在特定区域、特定时间段内开展高频次的巡回监督检查，如对重大活动接待酒店附近的食品经营单位以及主要旅游景点食品经营单位开展巡回检查。

政务类重大活动、重大体育赛事活动一般采取Ⅰ级保障；经济类、文化类等方面的活动供餐方式简单、食品安全风险较低，可以采取Ⅱ级或Ⅲ级保障。每一类重大活动的食品安全保障级别不是固定不变的，而是应根据风险大小和主办方要求确立保障级别。在一类或一次重大活动中，对不同的供餐单位、供餐方式可以采用不同的保障级别。

6.1.4 重大活动食品安全监督保障中的常见风险

6.1.4.1 食品原料采购和贮存过程

（1）餐饮服务单位未对库存食品原料进行清理核查，把不符合要求的库存食品作为重大活动供餐的食品原料。

（2）餐饮服务单位未将重大活动供餐的食品原料进行单独存放，未标记明显标志，与其他食品原料混放。特殊情况下，未对食品原料和食品添加剂采取"双人双锁"管理以及防止人为破坏的措施。

6.1.4.2 烹饪加工和配送过程

（1）使用未经审核的食品原料。

（2）擅自改变食谱。

（3）擅自改变菜肴工艺和数量。

（4）未按时间节点进行食品加工，把时间提前。

（5）未烧熟、煮透食品。

（6）加工的食品在配送过程中的保存温度和时间不符合要求。

6.1.4.3 凉菜加工过程

（1）专间未提前做好空气消毒，且室温超过25℃。

（2）专间未配备消毒液或消毒液浓度不符合要求，也未定期更换。

（3）凉菜加工时间提前，凉菜自加工完毕到食用超过2 h。

（4）餐饮服务单位在操作前，未对加工用具、台面、人员手部进行严格清洗与消毒。

（5）凉菜叠盆摆放，先前加工的凉菜未用保鲜膜或密闭容器存放。

6.1.4.4 餐用具使用过程

（1）生熟食品工具、容器未分开使用，存在混用情况。

（2）餐饮具以及与食品接触表面卫生状况未经快速检测或快速检测不合格。

6.1.4.5 从业人员个人卫生

（1）餐饮服务单位未对从业人员进行健康晨检，患有腹痛、腹泻、呕吐、发热、皮肤伤口或感染、咽部炎症等病症的人员仍上岗操作。

（2）从业人员未依照规定穿戴工作衣帽、口罩和一次性手套。

（3）专间从业人员在操作前和操作中未定时清洗消毒手部。

（4）从业人员手部接触不洁物品后未重新清洗消毒就进行加工食品操作。

6.1.4.6　食品留样

（1）留样容器不洁净或不密闭。

（2）留样食品品种不齐全。

（3）留样冰箱未处于冷藏状态。

（4）每个品种留样量少于 125 g，标志不齐全。

（5）留样时间少于 48 h。

6.1.4.7　自助餐

在各类重大活动中，自助餐是最常见的供餐方式。与其他供餐方式相比较，自助餐的食品安全风险相对较低。主要风险是食品中心温度、食用时间难以控制。

（1）制作完成后超过 2 h 食用的，食品中心温度处于 10～60℃之间的危险温度。

（2）供餐持续时间超过 2 h 的，未进行分批加工来供应。向容器中添加食物时，将不同时间加工的食品混放。

（3）生熟未分开，生的食品原料未与熟食放置的区域、容器和使用的工（用）具彻底分开，存在交叉污染现象。

6.1.4.8　大型宴会

一些重大活动通常会举办大型宴会。大型宴会多采用桌餐形式供应。这种形式往往菜肴品种多、用餐人数多，风险较高。

（1）未严格控制食品加工时间，如提前加工凉菜，凉菜加工完毕至食用超过 2 h。

（2）接触直接入口食品的工具和容器未严格清洗消毒，存在生熟混放。

（3）未在清洁的专用分餐场所进行分餐。从业人员进行加工操作时，手部未严格清洗消毒。

（4）分餐时间长，分餐的菜肴空间不够，存在叠盘现象。

6.1.4.9　临时场所供餐

在一些会展场所、体育场所等临时举办的大型活动中，往往没有现成的厨房，需要临时搭建供餐场所。相对来说，这种供餐方式食品安全风险较高。

（1）临时供餐点现场未能提供清洁的饮用水、清洗水池，以及足够的电力和烹饪设备。

（2）配送凉菜的餐饮服务单位采用自然冷却法对经热加工制作的凉菜进行冷

却，不能保证 2 h 内将食品中心温度降到 10℃以下。

（3）食品在运输过程中，不能确保中心温度控制在 10℃以下。

（4）配送热食品的，不能确保中心温度保持在 60℃以上。

（5）食品原料、半成品和成品的存放容器未能严格分开。

（6）餐饮服务单位未携带清洗消毒的餐用具或一次性消毒餐用具，且现场未配备清洗消毒设备。

6.1.4.10 集体用餐配送

在一些大型活动中，工作人员用餐常常采用集体用餐配送方式解决。重点考虑以下食品安全风险：

（1）供餐单位未取得集体用餐配送相关资质，不具备相应的供餐能力。

（2）热藏食品的贮存和运输未能保证中心温度在 60℃以上，成品加工至食用时间超过 3 h。

（3）食品送到场所后，分发不及时、食用不按时，超过保质期后食用。

（4）选择的送餐食品本身就是高风险食品，如冷加工糕点等。

6.2 重大活动食品安全监督保障职责和要求

重大活动食品安全工作涉及食品安全监管部门、重大活动主办单位和承办单位、食品及食品原料供应商、餐饮接待单位等多部门、多单位。因此，建立多方参与的联动机制，加强统一组织领导、协调沟通、明确职责，落实各方责任，是确保重大活动食品安全的基础和前提条件。

6.2.1 重大活动主办单位和承办单位责任

重大活动的主办单位（组织者）应对重大活动期间食品安全负总责，应当采取有效的保障措施，保证活动期间的食品安全。重大活动的承办单位具体负责食品安全，设立食品安全管理机构，对重大活动食品安全进行管理。承办单位应当选择符合条件的食品供应商和餐饮接待单位。包括：

（1）具有合法有效资质的食用农产品供应商。

（2）具有合法有效许可证的食品生产经营单位作为食品供应商。

（3）具有合法有效食品经营许可证的餐饮接待单位，且具备与重大活动规模、供餐方式、供餐人数相适应的食品供应与安全保障能力，食品安全量化等级为 A 级。

（4）配备食品安全总监和食品安全员等食品安全管理人员。

（5）符合市场监管部门提出的其他要求。鼓励主办单位（组织者）聘请社会专业机构提供重大活动食品安全保障服务。

承办单位需要做好以下事项。

（1）要在重大活动确定后 7 个工作日内，向当地市场监管部门通报包括活动名称、时间、地点、人数、食宿安排等重大活动相关信息。

（2）主办单位、承办单位名称、联系人、联系方式等负责人和联络途径。

（3）涉及食品供应的食品供应商、餐饮接待单位名称、地址、联系人、联系方式，重要宴会、赞助食品等信息。

（4）根据重大活动的规模和层级，需要确定食品总供应商的，应当选择具有相应食品安全保障能力的供应商。

（5）督促检查食品供应商、餐饮接待单位落实食品安全主体责任，协助市场监管部门开展食品安全工作。

（6）承办单位要为市场监管部门开展食品安全监督保障工作提供必要的保障措施，如办公场所、住宿条件等。

6.2.2 重大活动食品供应商责任

食品及食品原料供应商是确保重大活动食品安全的源头环节。食品及食品供应商要严格执行《食品安全法》《食品安全法实施条例》《企业落实食品安全主体责任监督管理规定》等有关规定，采取严密、有力措施，加强食品安全风险管控，保障供应的食品符合食品安全要求。积极配合市场监管部门的监督检查，对监管部门提出的整改意见应当及时整改，确保在规定时间内整改到位。重大活动期间，食品及食品原料供应商应当依据食品安全保障相关要求，从事食品相关生产经营活动，确保食品安全。

6.2.2.1 制定食品采购供应方案

食品及食品原料供应商应根据重大活动食品供应与安全保障要求，对采购源头及其上游环节食品企业进行审核评估，必要时现场审核。确保食品来源渠道合法合规，产品质量安全可靠、产品供应满足需要，产品资质证明齐全。尽可能从信誉好、规模较大的源头定点采购。

重大活动规模不同，其食品及食品原料供应商选择需要也不同。规模较小的，一般采取定点采购，如定点超市、卖场、定点屠宰场、定点种植、养殖基地等。如重大活动规模大、持续时间长、食品采购需求量大、检验检测要求高，宜设立食品总仓，如高规格的大型政治活动、大型运动会、博览会等持续时间长、食品供应量大，食品必须实施逐批检测，包括体育赛事食源性兴奋剂检测。设立食品总仓，有利于实施统一采购、统一查验、统一检测、统一贮存、统一配送、统一记录,也有利于实施食品冷链运输、贮存,确保食品全链条闭环管理,确保全程安全。

6.2.2.2 做好食品运输管理

食品及食品原料供应商运输车辆必须符合卫生和安全要求;需要冷链运输的食品,必须按要求封闭冷链运输;供应的食品应当专车运输、专库贮存、专人验收、专人记录。

6.2.2.3 做好台账记录管理

食品及食品原料供应商食品安全质量管理体系能够有效运行,严格管理过程控制、出厂检验环节。应当建立和完善台账管理制度,建立原辅材料进货台账、使用档案和生产经营记录,确保食品安全可追溯。

6.2.3 重大活动餐饮接待单位职责

餐饮接待单位依法承担餐饮服务食品安全主体责任。重大活动期间应采取全面有效措施,加强食品安全风险管控,保障供应的食品符合食品安全要求。餐饮接待单位建立完善"企业负责人、食品安全总监、食品安全员"的三级食品安全管理组织体系,落实日管控、周排查、月调度工作机制,提升食品安全管理水平。

6.2.3.1 保障方案及应急预案

餐饮接待单位应当设立食品安全管理机构,建立健全食品安全管理制度;应当制定重大活动食品安全保障方案和食品安全事故应急预案;明确重大活动食品安全管理责任人和联络人,并及时报送市场监管部门和承办单位;餐饮接待单位为重大活动制定的餐饮食谱,应当在其食品经营许可的经营项目范围内;应当标明食谱主要原料和烹饪方式,并经过驻点监管人员审核。经审定后的食谱,在重大活动期间不得被擅自更改。

6.2.3.2 自查与承诺

餐饮接待单位在接到重大活动任务后应当立即组织开展食品安全自查,并向承办单位和市场监管部门提交自查报告。在重大活动开始前,餐饮接待单位应当与市场监管部门、主办方(承办方)签订责任承诺书。

6.2.3.3 从业人员健康管理与培训

餐饮接待单位应当严格遵守从业人员健康管理制度,确保从业人员的健康状况和个人卫生符合相关要求。按照每日晨检制度的要求,每天对从业人员健康状况和个人卫生进行晨检,并做好晨检记录,对患有影响食品安全疾病的在岗人员调整或调离相关岗位。在市场监管部门指导下,餐饮接待单位应当与承办单位强化餐饮服务从业人员的培训,特别是保障重大活动食品安全的特殊要求,餐饮接待单位应满足重大活动食品安全保障的特殊要求。

6.2.3.4 原料安全控制

餐饮接待单位应当按照原辅料控制要求,加强对原辅料的采购管理,落实并加强索证索票和查验记录制度,确保所使用的食品、食品添加剂和食品相关产品符合食品安全标准。不得采购和使用下列食品、食品添加剂和食品相关产品:

(1)法律法规禁止生产经营的食品、食品添加剂以及食品相关产品。

(2)检验检测不合格的生活饮用水。

(3)检验检测不合格的食品。

(4)外购散装熟肉类以及现制现售类食品。

(5)市场监管部门在审核食谱时认定的不适宜提供的食品。

6.2.3.5 设施设备的维护与清洁

餐饮接待单位应当在承办重大活动食品供应前,对食品加工、贮存、陈列、消毒、保洁、保温、冷藏、冷冻等设施设备和校验计量器具进行维护与保养,并对其进行整理清洁,确保设施设备器具的正常运转和使用。对餐饮具与用具进行彻底清洗、消毒,保持专用设施设备的清洁。

6.2.3.6 严格食品加工过程

餐饮接待单位应当严格按照《餐饮服务食品安全操作规范》《食品安全国家标准 餐饮服务通用卫生规范》等规范和标准,落实食品加工过程控制及备餐供餐过程控制要求,确保食物被烧熟、煮透,避免交叉污染。

6.2.3.7 食品留样要求

餐饮接待单位应当建立留样制度,指定专人落实留样管理:

(1)食品留样要按餐次、品种分类留样。

(2)留样容器应为清洗消毒后的密闭专用容器。

(3)每个品种留样量应当满足检验需要,每个品种留样重量至少125 g。

(4)食品留样确保在冷藏条件下存放48 h以上,并做好记录。

(5)存放留样食品的冰箱等设备应当专用,由专人负责留样和管理,并上锁保管。

6.2.4 重大活动食品安全监管部门职责

市场监管部门负责对本行政区域内重大活动的食品安全进行监督管理,依法承担相应的监管责任,建立重大活动食品安全监管联动协作工作机制,会同相关部门共同做好重大活动食品安全监管工作。具体包括以下方面。

6.2.4.1 制定保障方案及应急预案

市场监管部门应当根据重大活动食品安全监督保障管理办法及相关工作规程，制定重大活动食品安全监督保障工作方案，按照重大活动的任务和特点，确定食品安全监督保障级别和方式措施，并根据可能出现的突发情况制定食品安全应急预案。

6.2.4.2 开展事前检查及评估

市场监管部门应当在重大活动举办前，对重大活动食品供应商、餐饮接待单位食品安全状况和供餐能力开展综合评估。包括接待单位组织管理、人员配置以及管理制度，经营场所布局设置、设备设施运行情况，与供餐人数、规模相适应的供餐能力等。发现存在食品安全隐患的，应当及时提出整改要求并监督整改；对存在违反法律法规和标准、不能满足重大活动食品供应要求、不能确保食品供应与安全的供应商、餐饮接待单位，要向承办单位或主办单位提出予以更换。

6.2.4.3 食谱审查

市场监管部门应当对重大活动餐饮接待单位提供的食谱进行审查，重点审查食品原料、配方、加工工艺，特别是食品加工时间和加工温度，能确保杀灭病原菌、消除有毒有害因素。同时，还能确保食品被按时、保质保量供应。

6.2.4.4 确定保障级别

市场监管部门根据重大活动保障任务性质、活动规格规模、供餐方式和用餐人数等多种因素分类，综合考虑食品安全风险高低，可采取全程驻点保障或重点环节监督方式，选派适当数量监管人员，对食品加工全过程或重点环节进行监督检查，并做好检查记录。监管人员在检查过程中遇到不能现场解决的重大食品安全问题，应当及时向上级报告。

6.2.4.5 部门信息通报

对重大活动餐饮接待单位使用的高风险食品原料，市场监管部门认为有必要的，可以将食品品种、采购数量、供应企业名称及监管要求等向食品生产经营企业所在地市场监管部门或食用农产品产地农业部门通报，要求予以强化监管和抽检。

6.2.4.6 对食品供应相关企业的监管

市场监管部门应当按照重大活动食品安全保障的要求，对涉及的食品及食品供应商进行严格监督检查。其中，对食品生产企业，重点检查原辅材料采购、加工过程控制、产品检验、追溯记录等内容；对食品经营企业，重点检查采购管理、查验记录、贮存等内容；对食品原料总供应商（总仓），重点检查进货、贮存、配送以及保障食品安全措施的落实情况。

6.2.4.7 对餐饮接待单位的监督检查

（1）市场监管部门对餐饮接待单位的加工制作场所、设备设施、环境卫生、餐饮具清洗消毒、食品添加剂采购使用、食品留样、从业人员健康和个人卫生等方面的内容进行现场监督检查。

（2）市场监管部门应当对餐饮接待单位采购管理、查验记录等行为进行监督检查；对产品进行感官检查，也可进行快速检测或抽样检验。发现异常时，应当对可疑食品、食品添加剂及食品相关产品进行抽样检验；发现不合格的，应当及时采取控制措施，严禁用于食品加工。

（3）市场监管部门应当对重大活动的餐饮服务进行现场检查，并做好检查记录。对餐饮接待单位不符合相关法律法规要求的，应当责令其限期整改，视情节轻重给予相应处罚，并及时通报承办单位；涉嫌犯罪的，应及时移送公安机关。

6.2.4.8 突发事件处理

重大活动期间，重大活动主（承）办单位、重大活动食品及餐饮服务提供者、市场监督管理部门发现存在或可能存在群体性腹泻、呕吐等疑似食物中毒症状的，应当立即向卫生健康行政部门报告，并积极配合做好患者的救治工作，及时安排好其他人员就餐。市场监管部门应当立即会同相关部门进行调查处理。属于食品安全事故的，按照《食品安全法》的相关规定处置。

6.2.4.9 纪律管理

食品安全监管人员应当严格遵守重大活动食品安全监管工作纪律和保密规定。重大活动食品安全监督保障工作结束后，相关单位应及时做好资料归档。

6.3 重大活动食品安全监督保障程序和内容

6.3.1 前期准备工作

通常，前期准备工作是做好重大活动餐饮服务食品安全监管的基础。要根据重大活动时间和任务要求，做到早计划、早准备，充分做好前期准备工作。前期准备工作主要有8项：掌握活动信息，制定工作方案，建立组织体系，做好菜谱审查，开展检查评估，实施告知承诺，组织培训演练和落实工作条件。

6.3.1.1 掌握活动信息

主办单位或承办单位应当在重大活动确定后7个工作日内向市场监管部门通报重大活动相关信息，主要包括：

（1）重大活动名称、举办时间、举办地点、用餐人数、食宿安排。

（2）主办单位和承办单位名称、联系人和联系方式。

（3）食品供应商和餐饮接待单位的单位名称、地址、联系人和联系方式。

（4）重要宴会时间、用餐人数、用餐方式、赞助食品等信息。

市场监管部门应进一步向主办单位、承办单位和餐饮接待单位了解确认上述信息，并进行书面登记。

6.3.1.2 制定工作方案

市场监管部门应根据主办方提出的重大活动保障要求制定工作方案，内容包括工作任务、工作目标、监督保障级别、职责分工、工作要求、人员安排和经费预算等。根据重大活动规模和特点，必要时还需制定其他相关工作子方案。如单独制定食品原料管理方案、食源性兴奋剂检测方案；涉及农产品种植与养殖环节、食品生产、食品经营、进口食品、餐饮服务等多环节的，还需要制定相关环节分方案。必要时，市场监管部门组织专家对各项方案的科学性和可操作性进行咨询评估。

6.3.1.3 建立组织体系

市场监管部门可根据重大活动规模大小和时间长短，成立综合协调、业务指导、现场保障、应急处置、检验检测、信息宣传、专家咨询等工作组，并配备足够的工作人员。对级别高、规模大、持续时间长的综合性重大活动，市场监管部门应在主办方组委会组织架构中设立食品安全保障部门。多级市场监管部门参加的食品安全保障工作，应由上级市场监管部门统一协调和组织指挥，共同开展食品安全保障工作。跨省市或跨区域的重大活动，市场监管部门还应建立省际或区域之间的联动协作机制。

6.3.1.4 严格审查食谱

市场监管部门审查食谱重点要审查食品原料是否安全，食品加工工艺、食品加工时间和加工温度等是否与加工条件相适应，是否确保可以杀死或破坏食品中有毒有害物质，保障食品安全。食谱制定和审查遵循以下原则：

（1）与加工场所条件相适应原则。重点考虑食谱菜肴品种和数量，加工场所应有足够空间，设施设备应满足菜肴品种数量加工需求。

（2）便于控制原则。食谱菜肴应便于规模制作、便于充分加热、便于控制时间。

（3）规避高风险原则。不宜选用四季豆等豆荚类品种、非人工种植的食用菌、操作复杂的改刀熟食、水分和蛋白质含量高的冷加工糕点和豆制品、非现拌色拉、生食海产品等。

（4）尊重特殊饮食习惯原则。告知餐饮单位尊重民族和宗教饮食习惯，以及个人特殊饮食习惯。

（5）严禁使用法律法规明文禁止生产经营的食品、食品添加剂和食品相关产品、检测不合格的食品和生活饮用水、外购现制现售食品、散装熟肉制品以及在审核食谱时认定不适宜提供的食品。

6.3.1.5 开展检查评估

1. 资料审查

根据实际需要，市场监管部门对餐饮单位或食品原料供应商重点审查以下资料：

（1）许可经营业态、经营范围、供餐数量等资质情况。

（2）食品安全管理组织、管理人员、管理制度设立情况。

（3）食品从业人员健康证明及健康状况等。

（4）其他食品安全相关资料。

2. 现场检查

市场监管部门对餐饮单位或食品原料供应商生产加工现场重点检查以下内容：

（1）是否具有量化分级 A 级标准或 A 级标准相当的条件。

（2）食品生产经营场所布局是否合理、是否发生改变，相关设备设施是否正常运行等情况。

（3）食品生产加工制作过程是否符合食品安全要求。

（4）加工场所条件、设施设备数量、从业人员安排与食品生产加工数量、食品加工工艺、供餐方式、用餐人数以及其他特殊要求是否相适应，是否有足够的生产或接待能力。

（5）其他需要现场检查的内容。

3. 原料审查

市场监管部门对拟采购使用的食品原料进行重点审查：

（1）食品原料供应商资质，食品原料索证索票情况，食品原料可追溯到源头。

（2）食品包装、标签标识是否符合要求。

（3）能提供同批次有效检验（检疫）合格证明；对于餐饮单位原料供应不能确保安全和可追溯的，应重新调整供应商或提出推荐供应商。

4. 食品抽样检测

具体抽检内容包括：

（1）食品安全指标检测。对食品及原料、食品工用具、餐饮具、容器等样品抽样检测食品安全指标，用于评价食品生产单位、餐饮单位食品安全现状和食品安全制度执行情况。

（2）食源性兴奋剂项目检测。在重大体育赛事食品安全保障中，根据组委会要求对供运动员食用的食品及原料抽样检测食源性兴奋剂项目。

5. 撰写检查评估报告

检查评估工作结束后，市场监管部门应撰写重大活动食品安全监督评估报告，出具评估结论，提出整改意见和建议，告知主办单位、承办单位和有关食品生产经营单位有关食品安全保障要求，并监督整改落实。

6.3.1.6 实施告知承诺

市场监管部门应告知重大活动餐饮单位食品安全要求和注意事项，要求餐饮服务单位签订食品安全承诺书，并督促其做好供餐准备工作。 在一些重大活动过程中，市场监管部门还可向代表团或人员发放食品安全须知，告知外出就餐和饮食注意事项。

6.3.1.7 组织培训演练

市场监管部门应组织监督保障人员、食品生产经营单位相关人员开展针对性的重大活动食品安全监督保障工作培训。 根据需要，组织开展模拟演练，评估保障工作方案、保障措施、应急处置措施等内容的科学性和可操作性，及时发现问题，完善相关方案和应对措施。

6.3.1.8 落实工作条件

市场监管部门应协调主办单位或承办单位落实保障工作场所、现场保障人员的住宿和用餐、现场检测工作场所、人员和车辆通行证件等条件，提前落实食品快速检测设备和试剂耗材、监督车辆、通讯等后勤保障工作。

6.3.2 组织实施

重大活动监管组织实施工作是在前期准备工作基础上的"实战"工作，是按照既定工作方案对餐饮服务加工供应食品的过程监管。 主要包括 6 项工作：派员进驻现场，过程监督，快速检测，应急处置，记录管理，信息通报。

6.3.2.1 派员进驻现场

承担重大活动食品安全保障人员应带好监督保障相关文书，保障工作登记表格、采样工用具、快速检测仪器设备及执法记录仪器设备等，提前进驻重大活动现场。

6.3.2.2 实施过程监督

过程监督是指市场监管部门对承担重大活动食品供应单位的食品生产加工供应过程进行的现场监督。 重点监督企业严格保障前期确定的食品原料、供餐食谱、供餐方式、生产加工场所、生产加工工艺、加工操作过程、从业人员卫生等方面的要求，并按预定方案进行食品生产加工与供应，对不符合要求的，立即监督其进行整改，确保供应的食品安全。

1. 检查食品原料安全

具体内容包括：

（1）监督餐饮单位对库存食品原料进行清理核查，检查拟使用的原料是否属于保障前期检查评估合格的原料。每批次食品原料应按要求提供索证索票资料。

（2）对食品原料开展食品安全快速检测，做好检测记录。

（3）督促餐饮单位在原料收货时查验和记录易腐食品运输、收货温度，对不符合温度要求的食品，应按要求废弃或确认未变质后方可使用。

（4）监督餐饮单位将重大活动供餐的食品原料与其他原料进行区分，进行单独存放，专库专柜，并标明专用标志。必要时对原料和食品添加剂进行"双人双锁"管理，防止人为破坏。

2. 检查粗加工及切配过程

具体内容包括：

（1）待加工食品原料是否发生腐败变质或其他感官性状异常迹象。

（2）禽肉类、水产品与植物性原料是否分池清洗。禽蛋在使用前是否对外壳进行清洗，必要时做消毒处理（使用保洁鸡蛋的除外）。

（3）食品存放是否规范，易腐食品是否及时冷藏存放，盛装食品的容器是否"离地隔壁"。

3. 检查烹饪加工过程

具体内容包括：

（1）是否按审核的食品品种、工艺、数量、时间节点加工食品。

（2）加工时食品中心温度是否达到70℃，加工的食品是否烧熟、煮透，可使用食品中心温度计测量食品温度；也可切开大块动物性食品，查看食品内部是否有血水以判定是否烧熟、煮透。

（3）加工操作过程是否存在生熟混放；加工好的成品是否与原料、半成品分开存放；需冷藏的熟制食品是否采取冷藏措施。

（4）个人卫生是否符合卫生规范。

（5）是否存在其他不符合加工操作规范的行为。

4. 检查凉菜加工过程

具体内容包括：

（1）是否提前做好专间空气消毒，紫外线灯消毒是否在30 min以上，室温是否在25℃以下。

（2）专间内是否配备消毒液，消毒液浓度是否符合要求，是否定期更换。

（3）加工操作前是否对操作台面、加工用具、人员手部进行严格清洗与消毒。

（4）专间是否存在未经清洗处理的蔬菜、水果等食品原料或其他不洁物品。

（5）待加工食品是否发生腐败变质或其他感官性状异常情况。

（6）凉菜自加工完毕到食用是否控制在 2 h 内；凉菜是否当餐制作。

（7）先前加工的凉菜是否用保鲜膜或密闭容器存放，是否叠盆摆放。

（8）加工人员是否穿戴洁净的工作衣帽和佩戴口罩，并宜佩戴一次性手套。

（9）是否存在其他不符合加工操作规范的行为。

5. 检查现榨果蔬汁制作过程

具体内容包括：

（1）检查制作现榨果蔬汁的设备、工用具是否专用，每餐次使用前是否消毒；食用冰和净水设施是否符合要求。

（2）用于制作现榨果蔬汁的原料是否经清洗、消毒、净水冲洗处理。

（3）现榨果蔬汁制作后是否控制在 2 h 内被食用。

（4）加工人员是否穿戴洁净的工作衣帽、佩戴口罩，并宜佩戴一次性手套。

6. 检查即食果蔬加工过程

具体内容包括：

（1）是否剔除腐烂、病、虫、异常、畸形、被污染的不合格蔬果。

（2）经清洗和消毒后的蔬果，是否在专间内进行脱水、分拣和预包装。

（3）操作人员进入专间或专区前，是否穿戴洁净的工作衣帽、佩戴口罩，洗手和消毒操作过程中双手是否适时消毒。

（4）即食果蔬是否采用经试验验证符合要求的消毒制剂和方法进行消毒；如采用含氯消毒剂宜用二次消毒法，一次消毒液有效氯浓度一般为 100～150 mg/L，二次消毒液的有效氯浓度一般控制在 50 mg/L 左右。是否根据产品特点确定消毒时间，并在消毒后采用净水冲净和滤干。

7. 检查点心加工过程

具体内容包括：

（1）食品原辅料是否发生腐败变质或其他感官性状异常情况。

（2）加工人员是否穿戴洁净的工作衣帽和佩戴口罩，并宜佩戴一次性手套。

（3）热加工点心是否按要求进行热加工。

（4）是否对未用完的点心馅料、半成品点心等采取冷藏方式保存，并在规定期限内使用。

（5）奶油类原料是否低温存放，对于含奶、蛋且水分含量较高的点心是否在 10℃以下或 60℃以上的温度条件下贮存。

8. 检查备餐供餐过程

具体内容包括：

（1）备餐人员操作前清洗、消毒手部是否符合规范。

（2）待供应食品，是否有异物或感官性状异常。

（3）菜肴分派造型整理的用具、菜肴装饰的原料是否经过消毒。

（4）是否待供菜肴成品加工至食用不超过 2 h，热链盒饭不超过 3 h。

（5）是否待供菜肴成品中心温度冷藏低于 10℃，热藏高于 60℃。

9. 检查餐用具清洗消毒和保洁

具体内容包括：

（1）消毒设施、设备是否处于良好运转状态；采用化学消毒的，有效消毒浓度是否符合要求。

（2）餐用具洗涤剂、消毒剂是否符合标准和要求，是否属于餐用具清洗消毒专用产品。

（3）接触直接入口食品的餐用具是否经清洗消毒，是否进行快速检测。

（4）生熟食品的加工工用具和容器是否分开存放、分开使用。

（5）餐用具使用后是否被及时洗净，并在保洁柜或专区定位存放，保持清洁。

10. 检查从业人员健康和个人卫生

具体内容包括：

（1）餐饮单位是否开展从业人员健康晨检，是否存在有腹痛、腹泻、呕吐、发热、皮肤伤口或感染、咽部炎症等病症的人员。

（2）各加工场所从业人员是否依照规定穿戴工作衣帽、佩戴口罩和一次性手套。

（3）督促专间从业人员在操作前以及在操作过程中定时清洗和消毒手部；如手部接触不洁物品，是否重新清洗消毒。

11. 检查食品留样

具体内容包括：

（1）留样容器是否专用，是否洁净和密闭。

（2）检查留样冰箱是否处于冷藏状态。

（3）留样食品品种是否齐全，如有必要，还应对食品原料、热加工菜肴汤汁进行留样。

（4）每个品种留样量是否达到 125 g，标志是否齐全。

（5）留样时间是否保留在 48 h 以上。供运动员的食品，因有防控食源性兴奋剂特殊需求，是否根据要求延长留样时间。

6.3.2.3 问题食品处理

（1）设置不安全食品和待处理食品独立存放区域或专用设施，并有醒目标志。

（2）发生货证不相符、索证索票不齐全、运输贮存温度不符合要求、包装和标签不符合要求、快速检测结果不合格，以及其他尚不能确保食品安全的食品，应立即停止使用，存放至待处理区或设施中，并对事件进行调查。

（3）餐饮接待单位应做好不安全食品和待处理食品的信息记录，内容包括食品来源、品名数量、原因、处理结果等内容。

6.3.2.4　应急处置

市场监管部门应做好应急处置预案，对出现的应急事件应及时进行分析研判，妥善处置，采取针对性控制措施。

（1）保障监督人员一旦发生与事先预定方案或明确内容不相符的，如餐饮接待单位擅自改变重大活动供餐食谱、加工工艺、供餐方式或供餐时间等，保障人员应责令供餐单位立即暂停供餐，并向上级报告；如因实际情况确需变更供餐方案，需经重新审核且符合要求后，方可恢复供餐。

（2）保障监督人员一旦发现食品及食品原料不符合食品安全标准和要求的，如快速检测或实验室检验结果不合格，保障人员应责令供餐单位立即停止使用，并向上级报告。

（3）一旦发生食物中毒或疑似食物中毒事件，主办单位（承办单位）、餐饮接待单位、驻点保障人员应当依法依规向有关部门报告，市场监管部门应当立即封存可能导致食品安全事故的食品及原料、工具及用具、设施设备和现场。协助、配合有关部门开展食品安全事故调查和人员救治，查明事故原因和事故责任。

6.3.2.5　记录管理

市场监管部门对重大活动食品安全保障工作情况要进行记录，包括现场检查笔录、食谱审查记录、检验检测记录、培训会议记录、告知承诺书、监督意见书、应急处置记录等，重大活动结束后应及时整理归档。涉及保密的还应按相关规定，做好保密工作。

6.3.2.6　信息汇总

在实施阶段，重大活动食品安全保障信息汇总工作尤其重要。要严格落实信息报送责任制，按照规定时间上报。信息汇总内容包括各监督保障点工作动态、食品检测情况、应急事件处置情况、其他重要事件信息，并按规定要求上报主管部门和主办单位。

6.3.3　总结评估

市场监管部门应做好每项重大活动食品安全保障工作总结，内容包括目标任务完成情况、采取的监管措施、创新成果、工作成效及经验教训等，为今后工作积累有价值、值得借鉴的经验，并将工作总结、评估报告报送主管部门和重大活动主办单位归档保存。

市场监管部门可以根据重大活动食品安全保障工作需要，按照下列工作记录表单样张记录，实施重大活动保障全过程记录制度。记录表包括但不限于以下内容：①重大活动食品安全保障任务登记表；②重大活动食品安全监督评估报告；③重大活动接待单位食品安全承诺书；④重大活动食品安全保障人员岗位职责安排；⑤重大活动食品从业人员健康证及培训审查表；⑥重大活动食谱及加工流程表；⑦重大活动食品原料索证与快速检测记录表；⑧重大活动食品安全现场监督检查表；⑨重大活动餐用具和人员手部消毒效果检查表；⑩重大活动外送食品原料运输验收记录单；⑪重大活动食品安全保障应急处理记录表；⑫重大活动食品安全保障工作动态汇总表等。

6.4 重大活动食品安全监督保障快速检测

6.4.1 背景意义

重大活动食品安全监督保障的核心是预防和控制食品安全事故的发生，重点是通过食品生产经营各环节监控，预防细菌性食物中毒和化学性食物中毒的发生。我国关于食物中毒防控法律法规和标准规程已经较为完善，严格按照程序和内容开展防控工作，基本可以避免重大食品安全事故的发生。但是，对有毒有害化学物质引起的化学性食物中毒，特别是人为投毒等情况，要做到事前早发现、早处理，将事故消灭在萌芽状态有时不是一件容易的事，很多有毒有害化学物质是无色、无味的，靠感官根本无法判定，污染食品的细菌起初也不易被发现，依靠传统的检查检测方法，成本高、效率低，难以满足现场监督保障的要求。只有依靠先进的科学技术手段才能及时发现和消除隐患。食品快速检测技术是快速发现食品安全风险的利器，是重大活动食品安全保障成功的有效技术保证。

重大活动食品安全保障任务重、要求高、时间紧、压力大，要求在较短时间内判定食品是否安全、操作是否规范，离开现代科学技术手段的帮助是难以胜任的。食品快速检测技术为我们解决这些难题提供了有益的思路，为重大活动食品安全保障提供了有力保证。食品快速检测的主要作用和意义：一是为判断食品是否安全、是否受到有毒有害物质污染提供依据和线索，以便及时发现食品安全隐患，杜绝食用不安全食品；二是为判断食品加工操作是否安全、规范提供依据，以便采取相应措施消除食品安全危害产生的条件、环境等因素；三是为评价整改措施效果提供参考依据。

随着我国举办重大活动事项日益增多，重大活动食品安全监督保障任务日趋繁重，2018年，原国家食品药品监督管理总局印发《重大活动食品安全监督管理办法（试行）》，提出食品安全监管部门应当对餐饮接待单位采购管理等行为进行监督检查，对产品进行感官检测，也可进行快速检测或抽样检验。广东、重庆等省市也先后出台《重大活动食品安全监督管理实施细则》，对重大活动保障中的快速检测工作提出了进一步的细化要求。上海市也充分重视食品安全快速检测在重大活动保障中的作用，积极采用先进、便捷、灵敏的快速检测方法，第一时间发现和处置重大活动保障现场食品安全隐患，大大提高了重大活动食品安全保障的专业水平和工作效率。

6.4.2 危害因素的主要来源

重大活动中可导致严重食品安全危害及食物中毒的因素主要有以下来源：一是食品在种植、养殖、运输、储存、加工、销售等环节受到致病菌、病毒、寄生虫等的微生物污染；二是食品本身含有天然的有毒成分，如含皂素和红细胞凝集素的四季豆、含河鲀毒素的河鲀、含毒素的毒蘑菇、含贝类毒素的贝壳食品等；三是种植养殖环节受有毒化学物质污染，如因环境污染而造成的农作物和水产的重金属污染、因违规使用农药造成的蔬菜、水果农药污染（如甲胺磷农药中毒等）和违禁使用兽药造成的肉品污染（如"瘦肉精"等）；四是运输储存环节的化学污染，如使用运送过有毒化学物质的运输工具运输食品造成的污染、用盛装过有毒化学物质的容器或盛器盛装食品，或将食品与有毒化学物质混放造成的食品污染等；五是食品生产加工环节的化学污染，如用有毒有害的非食品原料加工食品、违法添加有毒有害的化学物质等；六是误用，特别是误将亚硝酸盐当食盐使用；七是人为投毒，如投放砒霜、剧毒农药、鼠药、亚硝酸盐等。

6.4.3 快速检测重点项目

食品安全监管部门在开展重大活动抽样检测工作时，应提前对用于重大活动的食品及食品原材料进行抽样，并确保能够在重大活动举办前得出检测结论，及时停用并封存不合格产品。在重大活动保障进程中，食品安全监管部门可以结合食谱、供餐方案以及当前的快速检测技术，选择和确定快速检测的食品和项目。发现快速检测阳性结果的，应立即采取果断措施，停止问题食品供应，同时开展问题食品的实验室验证，追溯问题食品源头和其他去向，确保重大活动保障中的食品安全。重大活动保障中重点快速检测项目主要包括以下几个方面。

6.4.3.1 过程控制项目

1. 三磷酸腺苷（ATP）限量值

ATP存在于所有活细胞体内，是细胞供能的基本单位。食品接触环节表面的ATP值与食品的卫生状况紧密相关。传统上采用菌落总数和大肠菌群作为指示菌反映食品接触环节表面卫生状况，需要采样后在实验室进行培养，步骤多、时间长，不利于及时发现重大活动保障中食品生产经营过程的卫生问题。通过荧光光度计检测ATP值，可以灵敏而又快速反映环节表面残留的细胞数量，提示生产加工环节的环境洁净度即卫生状况。上海市食品安全地方标准《集体用餐配送膳食卫生规范》DB 31/2024—2014规定了工用具、容器、从业人员手部等ATP限量值，对采用技术手段把控食品安全状况发挥了重要作用。

2. 温度

温度和时间是细菌生长繁殖的最重要影响因素。大多数细菌在5～65℃这一温度值内快速繁殖，冷冻可使大多数细菌休眠而停止生长。因此，保持适当的温度是控制细菌生长繁殖的重要手段之一。可以针对不同的环境、物体、食品等采用不同的温度监控。如采用食品中心温度计来测量块状食物的中心温度，判定食物是否烧熟、煮透。采用便携式远红外测温仪测量环境空气和表面的温度。还可采用连续温度电子监控仪，按设置的时间间隔连续测量食品和环境的温度，并实时将温度数值传输到网络上。我国很多法规标准都对食品生产经营和储存运输的温度提出了限值要求。

3. 紫外线强度

紫外灯发出的紫外线（波长200～275 nm）可以用于食品生产经营场所空气和物体表面消毒。但是当紫外灯长时间使用超过其正常使用寿命时，或紫外灯管壁有灰尘、空气中尘粒多，相对湿度高时，杀菌效能就会降低。可以采用紫外线照度仪进行紫外灯照度的快速测量，以评估紫外灯对食品加工专间空气、物体表面的消毒效果。我国公共场所卫生规范等法律标准对紫外灯照度做出了规定，要求使用中的紫外灯管（30 W）的照度应$\geq 70\ \mu W/cm^2$。

4. 有效氯和余氯含量

含氯消毒剂是食品生产经营企业最常用的化学消毒药物，价格便宜，消毒效果强，但其缺点是有效氯成分在环境中不断降解，消毒浓度难以掌握。使用测氯试纸可以快速测量含氯消毒水的有效氯浓度，提醒使用者及时添加消毒剂或更换消毒水。余氯是指含氯消毒剂与水接触一定时间后，除了与水中微生物、有机物等作用后消耗掉一部分外，还留存在水中的氯量。水中保持一定量的余氯，可以维持水中致病菌等的杀灭效果。可以采用余氯试剂盒或便携式仪器等检测生活饮用水中以及消毒后餐饮具、工用具表面的游离氯含量。

5. 极性组分含量

煎炸用油经反复使用和高温加热，可发生一系列的化学反应，其中食用植物油的主要成分甘油三酯分子会裂解为带电离子状态，表现为极性组分增加，"导电性"增强，可通过极性组分测定仪或试纸条检测其"导电性"，由此推算极性组分含量，从而判断煎炸油的使用寿命或新油更换老油的时间。反复使用的煎炸油在营养价值下降的同时还会产生丙烯酰胺、苯并芘等多种有害物质。

6.4.3.2 食物中毒项目

1. 砷和汞等重金属

食品中含有的微量重金属砷和汞不会引起急性中毒，但在重大活动中需要防止人为投毒造成重金属中毒。最常见的砷化物为三氧化二砷，俗称砒霜。常见的汞化物有氯化汞（升汞）、氯化亚汞（甘汞）、硝酸汞及有机汞制剂如赛力散（醋酸苯汞）等。这些重金属在农业、化工、医药等方面具有广泛的应用，凡是可溶于水或稀酸的砷化物和汞化物皆系剧毒物质，混入食品中可对人体造成危害甚至致死。可以采用砷管法和汞管法快速检测食品中的砷、汞。

2. 有机磷和氨基甲酸酯类农药

有机磷和氨基甲酸酯类农药常用作农作物的杀虫剂、除草剂、杀菌剂等。有机磷和氨基甲酸酯类农药可经呼吸道、消化道侵入机体，也可经皮肤黏膜被缓慢吸收，中毒症状表现为头昏、头痛、乏力、恶心、呕吐、流涎、多汗及瞳孔缩小等。大量经口中毒严重时，可发生肺水肿、脑水肿、昏迷和呼吸抑制等症状。采用农药残留快速测定纸片或分光光度仪器可快速检测食品中有机磷和氨基甲酸酯类农药的残留情况。

3. 氰化物

氰化物属于烈性毒物。在食品中的来源有污染和人为投毒等。另外，有些植物本身含有氰苷，如木薯、苦杏仁、银杏、枇杷仁等。氰苷经酶、酸或加热分解后产生剧毒的具有挥发性的氰化氢或氢氰酸。氢氰酸的致死量约 60 mg，氰化钠或氰化钾的致死量在 200～300 mg，苦杏仁的成人致死量平均为 50 粒。采用苦味酸试纸或仪器可以检测和判定食品是否受到氰化物污染。

4. 亚硝酸盐

亚硝酸盐在工业、建筑业应用广泛，也允许其作为食品添加剂、发色剂使用，某些食品加工过程也会自然产生亚硝酸盐。亚硝酸盐毒性较强，特别是其外表呈粉末状，和食盐相似，易引起误食中毒。误食纯品 0.3 g 就可能在 10 min 内引起急性中毒。食用变质蔬菜引起的急性亚硝酸盐中毒可在 1～3 h 内表现症状。可采用硝酸盐试剂盒或仪器在较短时间内测定食品中硝酸盐含量。

6.4.3.3 非法添加

1. "瘦肉精"

"瘦肉精"是 β-受体激动剂的俗称，因其能够促进动物瘦肉生长而抑制脂肪生长而得名，主要包括盐酸克伦特罗、莱克多巴胺、沙丁胺醇、西马特罗等。使用"瘦肉精"会在动物产品中残留，过多摄入含有"瘦肉精"的肉品具有健康风险甚至导致急性食物中毒，因此，我国明令禁止在饲喂畜禽动物时添加"瘦肉精"。在我国，在动物饲料里违禁添加"瘦肉精"的行为已构成犯罪。采用胶体金法或酶联免疫法可快速检测食品中是否含有"瘦肉精"。

2. 甲醛

甲醛是一种应用广泛的化工原料，但由于甲醛毒性较强，可以破坏生物细胞蛋白的物质，可引起人体过敏、肠道刺激反应并具有潜在的致癌性等，已被我国禁止作为食品添加剂使用。食品在生产、加工与运输环节，一般不容易被甲醛污染。由于甲醛可以改变一些食品的色感并有防腐作用，一些不法分子违禁使用甲醛处理水产品、金针菇等。采用甲醛速测试剂盒或仪器可以快速检测食品是否含有违法添加的甲醛和食品本体含有的甲醛。

3. 苏丹红

苏丹红是一种化学染色剂，主要是用于石油、机油等工业溶剂中，目的是使其增色，也用于鞋、地板等的增光。"苏丹红"有Ⅰ号、Ⅱ号、Ⅲ号和Ⅳ号四种结构，经毒理学研究表明，苏丹红Ⅰ号和Ⅳ号主体结构相同，具有动物致突变性和致癌性，但存在个别差别，对人体致癌性还没有明确。在我国明令禁止在食品中使用苏丹红。可以根据苏丹红等油溶性非食用色素的化学极性不同，以苏丹红标准品为对照，通过展开剂在试纸上的样品展开距离、形状等不同来确定不同苏丹红组分的存在。

4. 亚硫酸盐

亚硫酸盐是我国允许使用的食品添加剂，但必须按照允许使用的食品范围和使用量规范使用。亚硫酸盐主要包括亚硫酸钠、亚硫酸氢钠、低亚硫酸钠、焦亚硫酸钠、焦亚硫酸钾等一类物质，这些物质在食品中可解离成具有强还原性的亚硫酸，起到漂白、脱色、防腐和抗氧化作用。但用量过大会破坏食品的营养成分并对人体产生危害，尤其是超限量或超范围添加到食品中时，可引发消化道损伤、致敏反应等人体危害。硫磺熏蒸也会在食品中残留二氧化硫，可以通过碘量法和特定仪器快速检测糖类、葡萄酒类、蔬菜类、淀粉等食品中的二氧化硫含量。

5. 罂粟（吗啡）

吗啡是从罂粟中提取出来的生物碱，也是罂粟的主要有效成分，是我国现行刑事打击毒品犯罪中主要的毒品种类。长期食用添加罂粟壳（含吗啡）的火锅或其他食品，会产生中枢神经危害以及躯体依赖性。通过胶体金试剂盒检测吗啡具有较高的灵敏性，可以快速判断食品中是否含有罂粟类物质。

 典型案例

2010 上海世界博览会食品安全监督保障案例

按照《中国 2010 上海世博会食品安全保障工作方案》，上海世博会食品安全监督保障工作分世博园区和城市面两条战线同步推进，按照"实行全程监管、推进防线前移，突出保障重点、加强内外联动，强化科学监管、注重提高效率"的总体思路，依据预定的工作方案，严格各项保障措施的落实，成功经受住了黄梅季节、极端天气、客流波动和超大客流等可预知或难以预见的因素给食品安全带来的严峻考验，有效应对了部分企业供餐压力大、外国展馆餐饮情况复杂、重大活动保障任务繁重、不确定因素多导致食品安全风险增大等各种挑战，确保了世博会期间中外重要贵宾、参展人员、参观人员和涉博服务人员以及来沪观博与旅游人员的饮食安全。

采取的主要监督保障措施包括：①加强组织领导，制定完善保障工作方案；②坚持全过程监管，推进食品安全防线前移；③创新方式方法，提升园区食品供应质量安全水平，以中心厨房为纽带确保入园食品安全，以食品安全综合评价为基础实施风险分类管理，以食品抽检和快速检测为手段提高食品安全风险识别能力，以食品风险为导向调整监管策略，以国家标准和惯例为依据实施韧性管理；④依靠科技手段和专业队伍，不断提高餐饮环节食品安全保障效能；⑤以防控集体性食物中毒为目标，开展专项检查；⑥加强对行政相对人的个性化服务指导和对公众的宣传引导，着力增强企业食品安全管理品质和公众食品安全意识。

上海世博会累计接待入园游客 7 308 万余人次，其中在园区享用食品（包括餐饮和食品零售）的游客与入园游客的比例超过 75%；此外，工作人员用餐约 850 万人次。实现了世博会举办期间，园区内不发生集体性食物中毒、不发生重大食品安全投诉、全市食品安全平稳可控的预定目标。

 典型案例

中国国际进口博览会食品安全监督保障

中国国际进口博览会由中华人民共和国商务部和上海市人民政府主办，中国国际进口博览局、国家会展中心（上海）承办，为世界上第一个以进口为主题的国家级展会，是中国着眼推进新一轮高水平对外开放作出的一项重大决策，是中国主动向世界开放市场的重大举措。自2018年起，每年11月5～10日在上海举办中国国际进口博览会（简称"进博会"），至今已成功举办6届。每年进博会食品安全保障工作任务面广量大，主要任务包括：一是论坛VIP用餐、茶歇等重要接待保障；二是志愿者、安保人员、城保办、媒体记者等工作人员用餐保障，一般由多家集体供餐单位从10月25日至11月10日持续供应集体用餐膳食；三是展馆内数十家餐饮单位和销售单位食品安全巡查；四是展馆内1000多家食品和食用农产品展商展品巡回检查；五是展馆外嘉宾接待酒店食品安全保障；六是数十家向展馆内餐饮单位提供食品原料的供应商保障；七是展馆内临时供餐、餐车、应急供应点食品安全保障；八是对展区内的进口特殊食品开展登记巡查。

中国国际进口博览会食品安全保障的主要做法和经验如下：

一是责任落实到位，有序推进工作。每年制定《中国国际进口博览会食品安全保障专项工作方案》，确立食品安全保障工作目标，明确各部门、各单位职责分工，根据食品安全风险高低，确立Ⅰ级、Ⅱ级、Ⅲ级三个保障级别及工作要求，倒排备战、临战、实战三个阶段的重点任务及时间节点。针对重中之重的展馆内食品安全保障，组建了驻场指挥部和食品安全驻场工作组，承担展馆内食品安全监督保障。指挥部实施任务单制度，围绕展前检查评估、重要宴请、工作人员用餐、食品原料供应商、接待酒店等服务保障工作，通过下发任务单推进并落实重点保障工作。

二是建立健全工作制度，规范保障程序。在总结重大活动食品安全保障工作经验的基础上，制定《上海市重大活动食品安全保障标准操作规程》，统一规范市场监管部门开展食品安全保障的工作程序、工作标准和工作要求。为更好地落实企业主体责任并使进博会食品企业有食品安全标准操作依据，分门别类地制定食品原料供应商和食品经营单位要求，建立了一套完善的食品安全监督保障制度，使进博会企业食品安全管理更加规范化和制度化。根据进博会食品供应特点和参展人员饮食住宿分布，将全市范围划分为三个区域，即将国家会展中心划为食品安全保障"核心区"，将展馆周边10 km范围内（主要包括青浦区、长宁区、闵行区、嘉定区等国家会展中心周边区域）划为食品安全保障"辐射区"，将本市其他区域划为食品安全保障"城市社会面"，进而对进博会食品生产经营单位实施分级、分类保障。

三是落实科技赋能，智能高效监管。市场监管部门严格落实"科技赋能"要求，充分运用移动互联网、人工智能、大数据等信息技术，每年升级改造"进博会市场监管服务保障综合指挥平台"。一方面拓宽广度，业务范围已全覆盖进博会市场监管职责任务，数据采集包括主动、被动和自动方式，应用范围覆盖监管部门、企业和公众；另一方面拓展深度，由信息化、智能化深化到"沉浸式"监管，实现集中高效的统一指挥、便捷精准的移动监管，做到可视化、场景化、点位化，提高综合巡检和应急处置效能，提升服务保障的数字化水平。

四是强化主体责任，基础更加扎实。积极组织进博会食品安全保障实战演练，检验工作预案和突发事件应急处置程序。每年，市、区两级市场监管部门分批组织供应进博会食品经营单位的法定代表人、食品安全管理员、厨师长等人员培训。对供应进博会食品经营单位开展食品安全检查评估。

五是充分研判进博会食品安全风险，科学谋划监管举措。进博会筹备阶段，对展馆用餐对象和人数、固定供餐单位分布、供餐能力、物流配送、展商展品风险特点、集体供餐单位现状等开展大量调研和充分的风险评估，为采取分级分类监管提供重要依据，为展馆内外食品安全保障人员的"排兵布阵"打下基础。

第 7 章
食品安全事故应急处置

7.1 食品安全应急处置事故概述

食品安全事故是指食源性疾病、食品污染等源于食品,对人体健康有危害或者可能有危害的事故。食品安全事故发生后,通过采取迅速、有序、高效的应急处置工作,可以最大程度地减少食品安全事故的危害,确保人民身体健康和生命安全,维护正常的社会秩序。

7.1.1 食品安全事故处置法规依据

食品安全事故应急处置的法规依据主要包括《突发公共卫生事件应急条例》《国家突发公共事件总体应急预案》《国家食品安全事故应急预案》《食品安全事故流行病学调查工作规范》《食品安全事故流行病学调查技术指南》《上海市公共卫生应急管理条例》《上海市食品安全事故报告和调查处置办法》《上海市食品安全事故专项应急预案》等有关规定。根据《食品安全法》的规定,国家层面的食品安全事故应急预案由国务院组织制定;县级以上地方人民政府应当根据有关法律、法规的规定和上级人民政府的食品安全事故应急预案以及本行政区域的实际情况,制定本行政区域的食品安全事故应急预案,并报上一级人民政府备案。此外,食品生产经营企业应当制定食品安全事故处置预案,定期检查本企业各项食品安全防范措施的落实情况,及时消除事故隐患。

7.1.2 食品安全事故应急处置原则

一是以人为本,减少危害。把保障公众健康和生命安全作为应急处置的首要任务，最大限度减少食品安全事故造成的人员伤亡和健康损害。二是统一领导，分级负责。按照"统一领导、综合协调、分类管理、分级负责、属地管理为主"的应急管理体制，建立快速反应、协同应对的食品安全事故应急机制。三是科学评估，依法处置。有效使用食品安全风险监测、评估和预警等科学手段，充分发挥专业队伍的作用，提高应对食品安全事故的水平和能力。四是居安思危，预防为主。坚持预防与应急相结合，常态与非常态相结合，建立健全日常管理制度，做好突发事件应急准备，落实各项防范措施，防患于未然。加强宣教培训，提高公众自我防范和应对食品安全事故的意识和能力。

7.1.3 食品安全事故分级

根据《国家食品安全事故应急预案》的规定，食品安全事故等级的评估核定由卫生行政部门会同有关部门依照有关规定进行。食品安全事故共分四级，即特别重大食品安全事故（Ⅰ级）、重大食品安全事故（Ⅱ级）、较大食品安全事故（Ⅲ级）和一般食品安全事故（Ⅳ级）。《上海市食品安全事故专项应急预案》关于本市发生的食品安全事故等级划分的核定标准见表 7-1。

表 7-1 食品安全事故等级划分及核定标准

分级	分级描述	核定标准
Ⅰ级	特别重大食品安全事故	（1）受污染食品流入 2 个以上省份（含港澳台地区）或国（境）外，造成特别严重健康损害后果的；或经评估认为事故危害特别严重的
		（2）1 起食品安全事故出现 30 人以上死亡的
		（3）党中央、国务院认定的其他特别重大级别食品安全事故
Ⅱ级	重大食品安全事故	（1）受污染食品流入 2 个以上区，造成或经评估认为可能造成对社会公众健康产生严重损害的食品安全事故
		（2）发现在我国首次出现的新的污染物引起的食品安全事故，造成严重健康损害后果，并有扩散趋势的
		（3）1 起食品安全事故涉及人数在 100 人以上并出现死亡病例；或出现 10 人以上、29 人以下死亡的
		（4）市委、市政府认定的其他重大级别食品安全事故。
Ⅲ级	较大食品安全事故	（1）受污染食品流入 2 个以上区，可能造成健康损害后果的
		（2）1 起食品安全事故涉及人数在 100 人以上；或出现死亡病例的
		（3）市委、市政府认定的其他较大级别食品安全事故
Ⅳ级	一般食品安全事故	（1）存在健康损害的污染食品，造成健康损害后果的
		（2）1 起食品安全事故涉及人数在 30 人以上、99 人以下，且未出现死亡病例的
		（3）区委、区政府认定的其他一般级别食品安全事故

注："以上""以下"均含本数。

7.1.4 食品安全事故工作组设置及职责

以上海市为例，根据事故处置需要，市应急处置指挥部可视情成立若干工作组，如事故调查组、危害控制组、医疗救治组、检测评估组、专家组、维护稳定组和新闻宣传组等，在市应急处置指挥部的统一指挥下开展工作，并随时向市应急处置指挥部办公室报告工作开展情况。各工作组设置及职责见表7-2。

表7-2 事故调查工作组、牵头单位及职责

工作组	牵头部门及配合部门	职责
事故调查组	市市场监管局牵头会同市卫生健康委、市农业农村委、上海海关、市公安局等相关部门和行业主管部门	调查事故发生原因，评估事故影响，尽快查明致病原因，作出调查结论，提出事故防范意见。对监管部门及其他部门相关人员涉嫌履行职责不力、失职失责等需要追责的，由市市场监管局牵头将相关调查结果及追责意见移送监察机关依据有关规定办理；涉嫌犯罪的，移送有关国家机关依法追究刑事责任
危害控制组	市市场监管局、市农业农村委、市粮食和物资储备局、上海海关等事故发生环节的具体监管职能部门	召回、下架、封存有关食品、原料、食品添加剂及相关产品，严格控制流通渠道，防止危害蔓延扩大
医疗救治组	市卫生健康委	结合事故调查组的调查情况，制定医疗救治方案，对事故中出现的伤病员进行医疗救治
检测评估组	市场监管局	提出检测方案和要求，组织实施相关检测，综合分析各方检测数据，查找事故原因和评估事故发展趋势，预测事故后果，为制定现场抢救方案和采取控制措施提供参考
专家组	市市场监管局	对食品安全事故影响范围、发展态势等作出研判，对追溯、召回、封存、阻断问题食品和防治救治等相关工作提出意见和建议
维护稳定组	市公安局	加强治安管理，维护社会稳定
新闻宣传组	市政府新闻办牵头，会同市委网信办、市食药安办、市市场监管局、市农业农村委、市卫生健康委、市商务委、市公安局、市粮食和物资储备局、上海海关等部门	做好事故处置宣传报道和舆论引导，并配合市应急处置指挥部办公室做好信息发布工作

7.2 食品安全事故报告及评估

7.2.1 食品安全事故信息来源

食品安全事故的信息来源，通常有以下几个渠道：

（1）食品安全事故发生单位及引发食品安全事故的食品生产经营单位报告的信息。

（2）医疗机构报告的信息。

（3）食品安全相关技术机构监测和分析的结果。

（4）经核实的公众举报的信息。

（5）经核实的媒体披露与报道信息。

（6）国家卫生健康委、国务院其他有关部门或其他省（区、市）通报的信息。

（7）世界卫生组织等国际机构、其他国家和地区通报的信息。

7.2.2 食品安全事故报告主体和时限

以上海为例，城市人口密集且流动人口多，发生食品安全事故后如果得不到及时控制，就会引起事故的快速蔓延。食品安全事故相关单位（个人）和食品安全监管部门应根据《上海市食品安全应急预案专项预案》等规定，及时进行相关信息报告。

7.2.2.1 食品安全事故相关单位（个人）

在发现食品安全事故相关信息时，食品安全事故相关单位（个人）应在规定时间内向食品安全监督管理部门和卫生健康行政部门报告。食品生产经营者、医疗、技术机构和社会团体、个人向市场监管部门报告疑似食品安全事故信息时，应当包括事故发生时间、地点和人数等基本情况。不同报告主体的报告时限及报告内容见表7-3。

表7-3 食品安全事故的报告主体、时限及内容

报告主体	报告时限	报告内容	报告对象
食品生产经营者	2h（国家规定） 1h（上海规定）	本企业生产经营的食品造成或者可能造成公众健康损害的情况和信息	所在地县级卫生行政部门和负责本单位食品安全监管的有关部门
发生可能与食品有关的急性群体性健康损害的单位	2h	群体性健康损害的情况	所在地县级卫生行政部门和有关监管部门
接收食品安全事故病人治疗的单位（医疗机构）	2h	接收病人的情况	所在地县级卫生行政部门和有关监管部门
食品安全相关技术机构、有关社会团体及个人	及时	食品安全事故相关情况	所在地县级卫生行政部门和有关监管部门

7.2.2.2 食品安全监督管理部门

（1）市市场监管局、市卫生健康委、区市场监管局、区卫生健康委在发现或接到食品安全事故报告、举报或通报后，应当立即组织核查，及时调查核实、收集记录相关信息，初步核实后要及时将有关调查了解的情况向本级政府及食药安办、其他有关监管部门和上级部门报告。

（2）经初步核实的食品安全事故需要启动应急响应的，由市市场监管局、区市场监管局向同级食药安办报告，并向本级政府及上级主管部门提出启动响应的建议。

（3）Ⅲ级及以上食品安全事故，区食药安办和区市场监管局要立即向区政府报告，同时通报给市食药安办、市市场监管局。

（4）市食药安办和市市场监管局在接到报告后，要在30 min内以口头方式、1 h内

以书面方式向市委、市政府报告。报国家主管部门的重大食品安全事故信息，要同时或先行向市委、市政府报告。特别重大食品安全事故或有特殊情况时，应当立即报告。

（5）食品安全事故涉及其他省（区、市）的，由市食药安办及时向相关省（区、市）有关部门通报食品安全事故信息，加强协作。

（6）食品安全事故涉及港、澳、台地区人员或外国人员，或事故可能影响到其他国家，应当按照国家有关规定，向香港、澳门、台湾地区的食品安全监管机构或有关国家通报。

7.2.2.3 食品安全事故报告的类型和内容

（1）食品生产经营者、相关技术机构、医疗和社会团体或个人向本市市场监管局或区市场监管局报告疑似食品安全事故的相关信息时，应当包括事故发生的"三要素"，即时间、地点和人数等基本情况。

（2）市场监督管理部门对食品安全事故信息的报告一般分为初报、续报、终报、结案报告等。其中，初报应当减少审批层级，避免层层把关延误初报时限。不同级别的食品安全事故初告时限等要求见表7-4。

表7-4 不同级别的食品安全事故初报要求

食品安全事故等级	负责调查的机构	报告时限及方式	报告对象
特别重大（Ⅰ级）或有特殊情况的食品安全事故	市市场监管局及其直属执法机构应当立即组织区市场监管局开展初步调查核实	核实后立即报告	由市市场监管局报国家市场监督管理总局，同时或先行向市委、市政府值班室报告
重大（Ⅱ级）食品安全事故信息	市市场监管局及其直属执法机构应当立即组织区市场监管局开展初步调查核实	核实后立即报告	报国家市场监管总局，同时或先行向市委、市政府值班室报告
较大（Ⅲ级）以上食品安全事故	市市场监管局及其直属执法机构应当立即组织区市场监管局开展初步调查核实	核实后30 min内口头报告，1 h内书面报告	由市市场监管局分别向市委、市政府值班室报告初步调查情况
一般（Ⅳ级）食品安全事故或者疑似食品安全事故	牵头区市场监管局应当初步调查核实	核实后1 h内口头报告，2 h内书面报告	市市场监管局、市市场监管局直属执法机构和区人民政府
10人以上30人以下的食品安全事件	牵头区市场监管局应当初步调查核实	核实后1 h内口头报告，2 h内书面报告	市市场监管局、市市场监管局直属执法机构和区人民政府

食品安全事故初步调查情况应当包括以下内容：

（1）食品安全事故信息来源、发生的时间、接报时间、到达现场时间、先期处置情况。

（2）食品安全事故涉嫌肇事单位和危害涉及单位的名称、地址。

（3）发病人数，有无危重病人或死亡病例等危害信息。

（4）病人就诊医疗机构，主要临床表现及医院初步诊断。

（5）食品安全事故简要经过、可能原因及目前采取的措施。

（6）调查联系人、联系方式及报告时间。

在查清食品安全事故的有关基本情况、事件发展情况后随时续报。续报内容主要包括事故进展、发展趋势、调查详情、原因分析、后续应对措施等相关信息。较大（Ⅲ级）以上食品安全事故的进程由市市场监管局及时向市人民政府书面报告，重特大突发事故发生时，至少每日报告情况，重要情况随时报告。一般（Ⅳ级）食品安全事故的进程由区市场监管局及时向市市场监管局及其直属执法机构书面报告，并同时抄报区人民政府。

在突发事件处理完毕后按规定进行终报，终报内容应包括事故概况、调查处理过程、事故性质、追溯或处置结果、事故责任认定、整改措施和效果评价等。最终市场监管局应当按照规定形成结案报告，报送本级人民政府，并抄送事故肇事者所在地的区人民政府。若市场监管局在调查中发现事故涉及学生等敏感人群的，应及时向本级相关行政主管部门通报。市场监管局在调查中发现存在死亡病例的，或者可疑投毒等涉嫌刑事犯罪情形的，应当立即通报本级公安部门。

7.2.3　食品安全事故评估

食品安全事故评估是为确定食品安全事故级别及应采取的应对措施而进行的评估。相关监管部门应当及时核实食品安全事故相关信息，并向市场监管局提供核实后的信息资料，后者收到相关信息资料后应当会同有关部门组织开展食品安全事故评估。评估内容包括：

（1）污染食品可能导致的消费者健康损害及所涉及的范围，已造成健康损害的后果及严重程度。

（2）食品安全事故的影响范围及严重程度。

（3）食品安全事故发展蔓延趋势及相关控制措施的效果。

7.3　食品安全事故应急响应

7.3.1　食品安全事故应急响应基本要求

7.3.1.1　国家要求

根据《国家食品安全事故应急预案》，食品安全事故的严重程度或类别由不同级别的部门启动不同级别应急响应。特别重大食品安全事故（Ⅰ级）由国家卫生健康委员会同国家食品安全办公室向国务院提出启动Ⅰ级响应的建议，经国务院批准后，成立国家特别重大食品安全事故应急处置指挥部，统一领导和指挥事故应急处置工作。重大食品安全事故（Ⅱ级）由事故所在地的省（自治区、直辖市）卫生健康委同省级食安办向省（自治区、直辖市）级人民政府提出启动Ⅱ级应急响应的建议，经省（自治区、直辖市）级人民政府批准成立重大食品安全事故应急处置指挥部，统一领导和指挥事故的应急处置工作。较大和一般食品安全事故分别由事故所在地地级市（或区）、县级人民政府组织成立相应应急处置指挥机构，统一组织开展本行政区域事故应急处置工作。

7.3.1.2 地方要求

《上海市食品安全事故专项应急预案》规定，一旦发生特别重大、重大食品安全事故，市政府根据市食品药品安全委员会办公室的建议和应急处置需要，视情成立市食品安全事故应急处置指挥部，对本市特别重大、重大食品安全事故的应急处置实施统一指挥。市应急处置指挥部总指挥由市领导确定，成员由相关部门和单位领导组成，设立地点根据处置需要确定。根据特别重大、重大食品安全事故的发展态势和处置需要，现场指挥部的设立由事发地所在区政府和市食药安办负责，在市应急处置指挥部的统一指挥下，具体组织实施现场的应急处置。

7.3.2 食品安全事故分级响应

以上海为例，根据食品安全事故的分级情况，食品安全事故的应急响应对应分为Ⅰ级、Ⅱ级、Ⅲ级和Ⅳ级响应，见表 7-5。

表 7-5 食品安全事故应急响应的分级

响应级别	具体要求
Ⅰ级应急响应	发生特别重大食品安全事故（Ⅰ级），对应启动Ⅰ级应急响应。市应急处置指挥部立即向国务院上报有关情况，在国家指挥部的统一指挥下，组织开展应急处置工作，并及时向国务院及有关部门、国家指挥部办公室报告进展情况
Ⅱ级应急响应	发生重大食品安全事故（Ⅱ级），由市食药安办报请市委、市政府批准并对应启动Ⅱ级应急响应。市委、市政府根据市食药安办建议，视情成立市应急处置指挥部，负责统一组织、指挥、协调、调度相关应急力量和资源实施应急处置等工作
Ⅲ级应急响应	发生较大食品安全事故（Ⅲ级），由市食药安办或由市食药安办指定的相关部门对应启动Ⅲ级应急响应，视情成立市食药安办食品安全事故应急处置指挥部，并参照本预案开展组织应急处置，市食药安办及时将处置情况向本级政府和上级主管部门报告
Ⅳ级应急响应	发生一般食品安全事故（Ⅳ级），由事发地所在区政府对应启动Ⅳ级响应，组织、指挥、协调、调度相关应急力量和资源实施应急处置。各有关部门要按照各自职责和分工，密切配合，共同实施应急处置，并及时将处置情况向本级政府和上级主管部门报告

对于未达到Ⅳ级且致病原因基本明确的食品安全事件，由事发所在地的区食品安全监管部门会同区卫生健康委、疾病预防控制机构等单位按照《食品安全法》第一百零五条、《上海市食品安全条例》第七十三条的规定处理，无需启动市级食品安全应急响应。

7.3.3 食品安全事故应急处置

1. 食品安全事故应急处置措施

食品安全事故发生后，各相关部门、单位应当根据事故性质、特点和危害程度，依照有关规定采取下列应急处置措施，以最大限度减轻事故危害：

（1）食品安全事故发生单位应当按照相应的处置方案，开展食品安全事故的先期处置，并配合相关部门做好事故的应急处置。

（2）卫生健康委应当有效利用医疗资源，组织指导医疗机构开展食品安全事故患者的救治工作。

（3）疾病预防控制机构接到通知后，应当对食品安全事故的发生现场采取卫生处理等措施，并开展流行病学调查，市场监管、卫生健康、公安等部门应当依法予以协助。疾病预防控制机构应当及时向市场监管、卫生健康委提交流行病学调查报告。

（4）农业农村委、海关、市场监管局等有关部门依法强制性就地或异地封存事故相关食品及原料、被污染的食品工具及用具，及时组织检验机构开展抽样检验，必要时依法查封事发现场的关键区域并暂停营业，待查明食品安全事故的发生原因或响应结束后，责令食品生产经营者彻底清洗消毒被污染的食品工具及用具、食品生产经营场所，以彻底消除污染源头，切断传播途径。

（5）对确认受到有毒有害物质污染的相关食品及原料，农业农村委、海关、市场监管局等有关部门要依法责令生产经营者召回、停止经营及进出口受污染的食品及食品原料，并予以销毁。检验后确认未被污染的食品及食品原料，予以解封。

（6）对涉嫌犯罪的，公安机关应当及时介入开展相关犯罪行为侦破工作。

2. 应急处置机构应对

食品安全事故应急处置指挥机构要及时组织研判食品安全事故发展态势，并向事故可能蔓延到的区域所在地方政府通报食品安全事故信息，提醒提前做好应对准备。食品安全事故可能影响到国（境）外时，要及时与有关涉外部门沟通，做好相关通报工作。

3. 基层防控工作应对

发生特别重大和重大食品安全事故时，应在党委和政府统一领导下，依托联防联控工作机制，依靠人民群众，发挥群众和社区的主体作用，防控资源和力量下沉社区，落实社区防控措施，全面排查食品安全风险，做好基层防控工作。加大源头严防、过程严管、风险严控，形成监管合力。建立健全食品安全信息通报、联合执法、隐患排查和事故处置等协调联动机制，强化食品安全来源可溯、去向可追，加大食品安全问题线索的排查力度，及时受理和迅速处置 12315 平台有关投诉举报信息，对食品安全违法违规行为一查到底，对违法违规行为和涉事主体，依法从严从重查处，对涉嫌违法犯罪的，及时移送公安机关。

4. 应急处置检测分析评估

应急处置专业技术机构及时对引发食品安全事故的相关危险因素进行检测，专家组对检测数据进行综合分析和评估，分析事故发展趋势、预测事故后果，为制定事故调查和现场处置方案提供参考。有关部门对食品安全事故相关危险因素消除或控制、事故中伤病人员救治、现场及受污染食品控制、食品与环境、次生及衍生事故隐患消除等情况进行分析评估。

7.3.4 食品安全事故先期处置

食品安全事故发生单位和所在社区负有先期处置的第一责任。事发地所在区食药安办和市场监管局在得到报告后，应当承担食品安全事故先期处置的职责，迅速按流程先期开展相关工作，并向上级部门报告食品安全事故相关信息。事发地所在区政府及有关部门在食品安全事故发生后，要根据职责和规定的权限，启动相应的食品安全事故应急预案，组织群众积极开展自救互救，控制事态进一步发展蔓延并向上级报告。

7.4 食品安全事故调查与认定

对于食品安全事故的调查与认定，国家层面没有具体统一的部门法规或规章，各省市根据本地实情制定适合本区域的规章或规范性文件，上海市颁布了《上海市食品安全事故报告和调查处置办法》，对食品安全事故的调查和认定做了详细规定，具体内容如下。

7.4.1 调查时限、目的与事项

7.4.1.1 调查时限

区市场监督管理局在接到食品安全事故发生单位或医疗机构疑似食品安全事故的报告后，应当会同区疾控中心在接报后 2 h 内赶赴现场开展现场的核实调查。区市场监督管理局在接到消费者疑似食品安全事故或事件的投诉举报后，经初步核实认为需开展流行病学调查的，应立即通知区疾控中心。

市市场监督管理局直属执法机构在接到区市场监管局的报告后，对符合以下情形的食品安全事故应当在 2 h 内前往事发现场，组织或指导开展现场调查：

（1）初步判定为较大（Ⅲ级）以上的食品安全事故。

（2）涉及学生等敏感人群的一般（Ⅳ级）食品安全事故。

7.4.1.2 调查目的和事项

市场监督管理部门应当会同卫生健康委疾病预防控制机构，开展食品安全事故的现场调查、处置并做好相关记录。应当重点查明是否属于食品安全事故、肇事单位、事故性质、肇事食品（或餐次）、病例数、致病因素及事件发生原因等。

7.4.2 流行病学调查与卫生处理

卫生行政部门的疾病预防控制机构牵头开展流行病学调查与卫生处理调查流程和内容应当严格按照有关法律法规和工作规范执行（详见7.5食品安全事故流行病学和卫生学调查），导致食品安全事故的危害因素调查应当包括以下内容：

（1）访谈肇事单位相关人员，查阅食谱或菜单等有关资料，获取就餐环境、可疑食品、食品配方、加工工艺流程、生产经营场所卫生状况和过程危害因素控制、生产经营相关记录、从业人员健康卫生状况等信息。

（2）现场调查可疑食品的原料来源及贮存，可疑食品的生产加工、储存、运输、销售、食用等过程中的相关危害因素。

（3）采集原料、半成品、环境样品、可疑食品等，以及相关从业人员生物标本。

目前，欧美等发达国家对致病微生物导致的食品安全事故的认定，通常根据致病微生物的菌株检测或全基因测序，通过比对患者生物样本与可疑食物中检测到的致病菌菌株或基因序列找到真正的致病原因（食品）和病原菌，形成证据链闭环。近十几年，我国在这方面也有很大的进步，但由于调查取证存在困难，如肇事企业有意销毁留样、调查取证前大清扫以破坏现场，监督执法部门态度消极主观上不希望被认定为食品安全事故。大多数食品安全事件（或食物中毒）致病因素的认定因现场流调或卫生学调查采集不到有价值的样品、实验室检测不到致病菌而无法形成证据链闭环，若仅依靠有经验的专家做出的技术性结论作为认定依据存在很大的主观不确定性。目前，我国已经相继建立哨点医院症候群报告系统、实验室食源性疾病监测报告系统以及国家食源性疾病分子溯源网络（TraNet）等，这样从医疗系统入手报告可疑病例，不受肇事单位、监管部门等相关各方的制约，对食源性疾病患病水平、致病因素等信息的及时、准确获取发挥了重要作用。

7.4.3 现场采取的控制措施

在开展食品安全事故调查工作中，为防止食品安全事故危害的继续扩大，调查机构可依据《食品安全法》及其实施条例、《上海市食品安全条例》等法律、法规采取相应的现场控制措施。需要采取查封、扣押等行政强制措施的，应当按照《中华人民共和国行政强制法》的相关规定执行。

7.4.4　食品安全事故认定要求

市市场监督管理局或牵头的区市场监督管理局应根据流行病学调查报告等技术性结论以及现场执法检查获得的证据，进行综合判断，作出是否为食品安全事故的认定结论。必要时可由3名食品安全相关领域专家做出技术性结论。

7.4.5　食品安全事故查处

食品安全事故调查结束后，应由肇事者所在地的区市场监管部门按照《食品安全法》及其实施条例、《上海市食品安全条例》等有关规定，对导致食品安全事故发生的食品生产经营者实施行政处罚。必要时可由市市场监管局实施行政处罚。依法应当吊销或撤销食品生产经营许可证或产品批准文件的，由本市原发证机关作出吊销或撤销行政许可的决定。依法应当吊销或撤销国家市场监督管理总局发放的特殊食品产品批准文件或证书的，由市市场监管局上报国家市场监督管理总局作出决定。

7.4.6　食品安全事故后期处置

7.4.6.1　善后处置

市区各级政府及市场监督管理部门要积极稳妥、深入细致地做好善后处置工作，消除事故影响，恢复正常生产生活秩序。食品安全事故发生后，对投保的食品生产经营单位，保险机构应当及时开展保险受理和保险理赔工作。造成食品安全事故的责任单位和责任人，应当按照有关规定支付由相关机构及个人垫付的前期治疗费用，并对受害人给予赔偿，承担受害人的后续治疗及保障费用等。

7.4.6.2　奖惩处置

对食品安全事故应急处置，应当实行行政领导负责制和责任追究制。对食品安全事故应急管理和处置工作中贡献突出的先进集体和个人，按照国家和本市有关规定给予表彰。对迟报、谎报、瞒报和漏报食品安全事故或者在应急管理工作中有其他履行职责不力、失职失责等行为的，应当依法依规追究有关责任单位或责任人的责任，构成犯罪的依法追究其刑事责任。

奖惩制度是一把双刃剑，应用不当会导致食品安全事故的谎报、瞒报、漏报甚至不报，当前本市出现的年度食品安全事故"零发生"现象，对了解本市食品安全真实状况、防控食品安全事故的发生是十分不利的，有关部门应当加以重视。

7.4.6.3　经验与教训

食品安全事故善后处置工作结束后，市食药安办应当组织有关部门，及时对食品安全事故和应急处置工作进行总结，分析事故原因、危害因素和影响因素，评估应急处置工作的开展情况和效果，提出对类似事故的防范和处置建议，形成总结报告上报市委、市政府。通过对事故以及调查处置情况的总结，汲取经验教训，以防范同类事故的再次发生，并不断提升事故的调查处置水平。

7.5 食品安全事故流行病学和卫生学调查

7.5.1 调查目的和流程

食品安全事故流行病学调查结果直接关系到事故因素的及早发现和控制，是责任认定的重要证据之一，是一项程序规范性和科学技术性很强的工作。事故调查的任务是通过开展现场流行病学调查、食品卫生学调查和实验室检验工作，调查事故有关人群的健康损害情况、流行病学特征及其影响因素，调查事故有关的食品及致病因子、污染原因，做出事故调查结论，提出预防和控制事故的建议，为本级卫生行政部门判定事故性质和事故发生原因提供科学依据。流行病学调查、卫生学调查和实验室检验由疾病预防控制机构按照有关法律、法规和工作规范要求执行。事故流行病学调查工作流程可参考图 7-1。

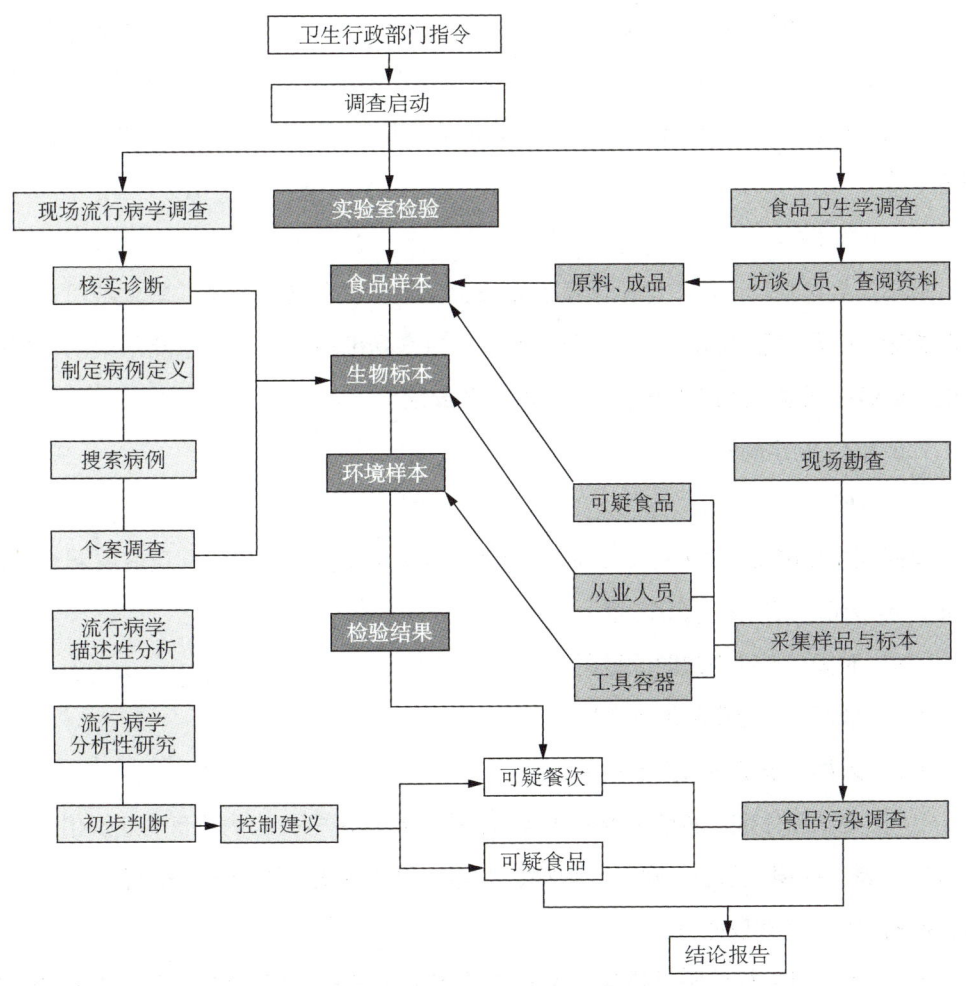

图 7-1　食品安全事故流行病学调查工作流程

7.5.2 流行病学调查

现场流行病学调查是食品安全事故调查的重要环节,调查步骤一般包括核实诊断、制定病例定义、搜索病例、个案调查、流行病学描述性分析、流行病学分析性研究等内容。具体调查步骤和流程由调查组结合实际情况制定。

7.5.2.1 核实诊断

调查组到达现场后应核实食品安全事故的发病情况、搜索询问患者、访问接诊医生、采集患者生物标本和食物样品等。

1. 核实发病情况

调查组应当走访所有患者就诊的医院,并通过医院的接诊医生了解患者的主要临床表现特征、发病后的诊治情况,查阅患者在接诊医疗机构的病历记录和临床实验室检验报告等,摘录和复制相关资料。

2. 开展病例访谈

病例访谈俗称个案调查,调查组应根据食品安全事故发生情况制定病例访谈提纲、确定访谈人数并进行病例访谈。访谈对象首选首例、末例等特殊病例,尽量访谈所有病例;访谈内容主要包括人口统计学信息、发病和就诊情况以及发病前的饮食史等。

3. 采集样本

调查员到达现场后应立即采集病例及食品从业人员的生物标本(粪便或肛拭子、呕吐物等)以及食品和加工场所环境标本(包括食品接触面)。如未能采集到相关样本的,应做好记录,并在调查报告中说明相关原因。

7.5.2.2 制定病例定义

1. 病例定义的内容

食品安全事故相关病例的定义应当简洁,具有可操作性,可随调查进展调整病例定义。病例定义应包括以下内容:

(1)时间:限定事故时间范围。

(2)地区:限定事故地区范围。

(3)人群:限定事故人群范围。

(4)症状和体征:通常采用多数病例具有的或事故相关病例特有的症状和体征。症状如头晕、头痛、恶心、呕吐、腹痛、腹泻、里急后重、抽搐等;体征如发热、紫绀、瞳孔缩小、病理反射等。

(5)临床辅助检查阳性结果:包括临床实验室检验、影像学检查、功能学检查等,如嗜酸性粒细胞增多、高铁血红蛋白增高等。

(6)特异性药物治疗有效:该药物仅对特定的致病因子效果明显。如用亚甲蓝治疗有效提示亚硝酸盐中毒,抗肉毒毒素治疗有效提示肉毒毒素中毒等。

(7)致病因子检验阳性结果:病例的生物标本或病例食用过的剩余食物样品检验致病因子有阳性结果。

2. 病例定义分类

病例定义可分为疑似病例、可能病例和确诊病例。

(1)疑似病例定义通常指有多数病例具有的非特异性症状和体征。

(2)可能病例定义通常指有特异性的症状和体征,或疑似病例的临床辅助检查结果阳性,或疑似病例采用特异性药物治疗有效。

(3)确诊病例定义通常指符合疑似病例或可能病例定义,且具有致病因子检验阳性结果。

3. 病例定义的应用

食品安全事故病例定义是确定被调查对象是否纳入病例的依据,在食品安全事故流行病学调查中用于统计发病人数。病例定义不适用临床治疗。在流行病学调查初期,为了不遗漏任何病例,可采用灵敏度高的疑似病例定义进行病例搜索,并对搜索到的所有病例(包括疑似、可能、确诊病例)进行描述性流行病学分析。在后期开展分析性流行病学研究时,应采用特异性较高的可能病例和确诊病例定义,以分析发病与可疑暴露因素的关联性,特别是因果关系的判断。

7.5.2.3 搜索病例

调查组应根据具体情况选用适宜的方法开展病例搜索,病例搜索时可采用一览表记录病例发病时间、临床表现等信息。可参考以下方法进行病例搜索:

(1)对可疑餐次明确的事故,如因聚餐引起的食物中毒,可通过收集参加聚餐人员的名单来搜索全部病例。

(2)对发生在工厂、学校、托幼机构或其他集体单位的事故,可要求集体单位负责人或校医(厂医)等通过收集缺勤记录、晨检和校医(厂医)记录,收集可能发病的人员。

(3)事故涉及范围较小或病例居住地相对集中,或有死亡或重症病例发生时,可采用入户搜索的方式。

(4)事故涉及范围较大,或病例人数较多,应建议卫生行政部门组织医疗机构查阅门诊就诊日志、出入院登记、检验报告登记等,搜索并报告符合病例定义者。

(5)事故涉及市场流通食品,且食品销售范围较广或流向不确定,或事故影响较大等，应通过疾病监测报告系统收集分析相关病例报告，或建议卫生行政部门向公众发布预警信息，设立咨询热线，通过督促类似患者就诊来搜索病例。

7.5.2.4 病例个案调查

1. 调查方法

根据食品安全事故相关病例的文化水平及配合程度，并结合病例搜索的方法要求，可选择面对面访问调查、电话、网络调查、自填式书面或电子版问卷调查。个案调查可与病例搜索同时开展，相互结合，个案调查应使用一览表或个案调查表，同一食品安全事故应采用相同的调查方法。个案调查范围应结合食品安全事故的流行病学调查需要和可利用的调查资源等确定，避免为了完成所有个案调查而延误后续调查工作的开展。

2. 调查内容

个案调查应收集的信息主要包括：

（1）人口统计学信息：包括姓名、性别、年龄、民族、职业、住址、联系方式等。

（2）发病和诊疗情况：开始发病的症状、体征及发生、持续时间，随后的症状、体征及持续时间，诊疗情况及疾病预后，已进行的实验室检验项目及结果等。

（3）饮食史：各餐次进食食品的品种及进食量、进食时间、进食地点，进食正常餐次之外的所有其他食品，如零食、饮料、水果、饮水等，特殊食品处理和烹调方式等。

（4）其他个人高危因素信息：外出史、与类似病例的接触史、动物接触史、基础疾病史及过敏史等。

3. 设计个案调查表

食品安全事故一览表、个案调查表的设计可参考《食品安全事故流行病学调查技术指南》（2012年版）。个案调查表的设计还要考虑以下不同食品安全事故的特点：

（1）病例发病前仅有1个餐次的共同暴露史。

（2）病例发病前有多个餐次的共同暴露史。

（3）病例之间无明显的流行病学联系，如多个社区居民的腹泻暴发等。

7.5.2.5 流行病学描述性分析

个案调查结束后，应根据一览表或个案调查表建立数据库，及时录入收集的信息资料，对录入的数据核对后，按照以下内容进行描述性流行病学分析。

1. 临床特征

临床特征分析应统计病例出现各种症状、体征等的人数和比例，并按症状、体征的出现比例高低进行排序，举例见表7-6。根据临床分布特征，可初步分析可能的致病因子范围。

表 7-6 某起食品安全事故的临床特征分析

症状/体征	人数（n=125）	比例/%
腹泻	103	82
腹痛	65	52
发热	51	41
头痛	48	38
头昏	29	23
呕吐	25	20
恶心	21	17
抽搐	4	3.2

2. 时间分布

食品安全事故病例的时间分布可采用时间-病例流行曲线等进行描述，时间-病例的流行曲线可直观显示食品安全事故所处的发展阶段，并可描述疾病的传播方式，推断致病因素可能的暴露时间，反映控制措施的效果。直方图是时间-病例流行曲线常用形式，绘制直方图的方法如下：

（1）以发病时间作为横轴（X 轴）、发病人数作为纵轴（Y 轴），采用直方图绘制。

（2）横轴的时间可选择天、小时或分钟，间隔要等距，一般选择小于 1/4 疾病平均潜伏期；如潜伏期未知，可试用多种时间间隔绘制，选择其中最适当的流行曲线。

（3）首例前、末例后需保留 1~2 例疾病的平均潜伏期。如调查时发病尚未停止，末例后不保留时间空白。

（4）在流行曲线上标注某些特殊事件或环境因素，如启动调查、采取控制措施等。举例见图 7-2。

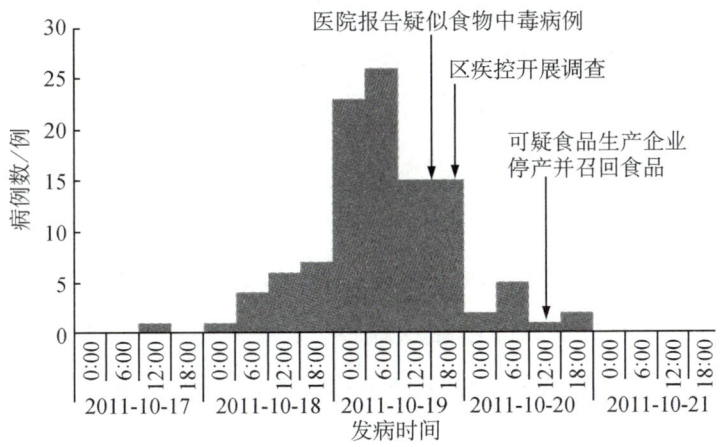

图 7-2 某起食品安全事故的时间-病例流行曲线

3. 地区分布

通过绘制标点地图或面积地图描述事故发病的地区分布。其中，标点地图可清晰显示病例的聚集性以及疾病分布的影响因素，适用于病例数较少的食品安全事故。将病例（或病例所在企业、家庭、学校、班级等）的位置，用点或序号等符号标注在平面地图、电子地图或手绘草图上，并分析病例分布的聚集性与环境因素的关系。如图7-3所示的杀鼠剂中毒病例所在家庭主要聚集在A小卖部周围，提示该事件可能与A小卖部销售的食品有关。

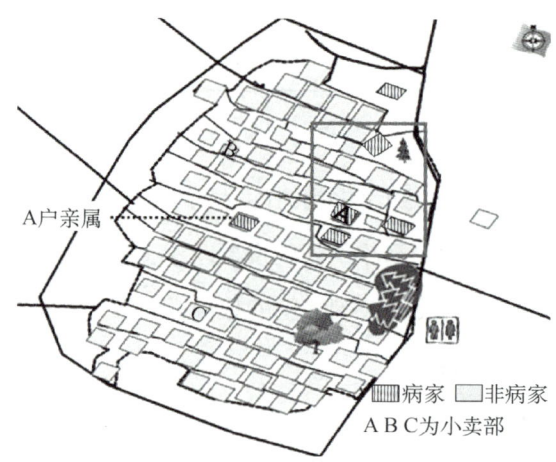

图7-3 某村抗凝血类杀鼠剂中毒的6户家庭地区分布图

面积地图适用于规模较大、跨区域发生的食品安全事故。利用不同区域（省或自治区、直辖市、地级市、县/区、街道/乡镇、居委会/村）的罹患率，采用常用地图软件绘制面积地图，并分析罹患率较高地区与较低地区或无病例地区饮食、饮水等因素的差异。

4. 人群分布

按病例的性别、年龄（学校或托幼机构常用年级代替年龄）、职业等人群特征进行分组，分析各组人群的罹患率是否存在统计学差异，以推断高危人群，并比较有统计学差异的各组人群在饮食暴露方面的异同，以寻找病因线索。食品安全事故病例的年龄分布举例见表7-7。

5. 描述性流行病学结果分析

根据访谈病例、临床特征和流行病学分布，提出描述性流行病学的结果分析，并由此对引起食品安全事故的可能致病因子、可疑餐次和可疑食品做出初步判断，用于指导临床救治、食品卫生学调查和实验室检验，并据此提出预防控制措施建议。

表 7-7 某起食品安全事故病例的年龄分布

年龄组/岁	病例数/例	总人数/人	罹患率/%
0~5	33	74	45
5~10	15	36	42
10~20	10	31	32
20~30	18	91	20
30~40	6	33	18
40~50	13	76	17
50~60	14	101	14
60~75	9	108	8.3
0~75	118	550	21

注：$x^2 = 50$，$p < 0.005$；年龄范围含大值，如 0~5 岁，含 5 岁。

7.5.2.6 分析性流行病学研究

分析性流行病学研究用于分析可疑食品或餐次与发病的关联性，常采用病例对照研究和队列研究。在完成描述性流行病学分析后，存在以下情况的，应当继续进行分析性流行病学研究。

（1）描述性流行病学分析未得到食品卫生学调查和实验室检验结果支持的。

（2）描述性流行病学分析无法判断可疑餐次和可疑食品的。

（3）事故尚未得到有效控制或可能有再次发生风险的。

（4）调查组认为有继续调查必要的。

1. 病例对照研究

在难以调查食品安全事故的全部病例或事故暴露人群不确定时，适合开展病例对照研究。

（1）调查对象。选取病例组和对照组作为研究对象。病例组应尽可能选择确诊病例或可能病例。病例人数较少（<50 例）时可选择全部病例，人数较多时可随机抽取病例 50~100 例。对照组应从病例所在人群选择，通常应选择共同就餐者、同企业班组、同班级、同家庭等未发病的健康人群作对照。对照组人数应不少于病例组人数，病例组和对照组的人数比例不应当超过 1∶4。

（2）调查方法。根据初步判断结果，设计可疑餐次或可疑食品的调查问卷，对病例组和对照组的个案调查要采用相同的调查方式，要收集被调查者进食可疑食品或可疑餐次中所有食品的信息以及各种食品的食用量。

（3）计算 OR 值。 按餐次或食品品种，计算病例组和对照组各自的进食和未进食之比和两组进食和未进食之比的比值（OR）及 95% 可信区间（CI）。 如当 $OR>1$ 且 95% CI 不包含 1 时，则认为该餐次或食品与发病的关联性具有统计学意义；如出现 2 个及以上可疑餐次或食品，可采用分层分析法和多因素分析法，并要控制混杂因素的影响。 对确定的可疑食品要进一步开展剂量-反应关系的分析。

2. 队列研究

在食品安全事故暴露人群已经确定且人群数量较少时，适合开展队列研究。

（1）调查对象。 以所有食品安全事故暴露人群作为研究对象，如参加聚餐的所有人员、某学校统一就餐的在校学生、某企业统一就餐的工人、到某一餐馆用餐的所有顾客等。

（2）调查方法。 根据初步判断的结果，设计可疑餐次或可疑食品的调查问卷，采用统一的调查方式对所有调查对象进行个案调查，收集发病情况、进食可疑食品或可疑餐次中所有食品的信息以及各种食品的食用量。

（3）计算 RR 值。 按餐次或食品进食情况分为暴露组和未暴露组，计算每个餐次或食品的暴露组罹患率和未暴露组罹患率之比（RR）及 95% CI。 如 $RR>1$ 且 95% CI 不包含 1 时，可认为该餐次或食品与发病的关联性具有统计学意义。 如出现 2 个及以上可疑餐次或食品，可采用分层分析法、多因素分析法等，并控制混杂因素的影响。 对确定的可疑食品进一步开展剂量-反应关系的分析。

7.5.3　卫生学调查

食品安全事故的食品卫生学调查由食品安全监督管理部门负责实施，不同于日常的食品安全监督检查，食品卫生学调查应针对可疑食品的污染物来源、途径及其影响因素，对相关食品的种植养殖、生产、加工、贮存、运输和销售的各环节开展现场卫生学调查，以验证现场流行病学调查结果，为查明事故原因和采取预防控制措施提供依据。 食品现场卫生学调查应在发现可疑食品的线索后尽早开展。

7.5.3.1　调查方法与内容

调查方法包括访谈相关人员，查阅相关记录，进行现场勘察、样本采集等。

1. 访谈相关人员

访谈对象包括食品生产经营单位负责人、加工制作人员、贮存运输人员及其他知情人员等。 访谈内容包括可疑食品的原料及配方、生产工艺，加工过程的操作情况及是否出现停水、停电、设备故障等异常情况，从业人员晨检记录以及是否患有发热、腹泻、皮肤病或化脓性伤口等有碍食品安全的疾病。

2. 查阅相关记录

查阅可疑食品及原料的进货记录、索证索票或检验记录，可疑餐次的食谱或可疑食品的配方、生产加工工艺流程图，生产车间平面布局图及设备布局图等资料，生产加工过程关键控制环节的时间、温度等记录，设备的维修、清洁、消毒记录，食品加工人员的出勤记录，可疑食品销售、分配记录及运输记录等。

3. 现场勘查

在访谈和查阅资料基础上，可绘制流程图，标出可能的危害环节和危害因素，初步分析污染物污染原因和途径，以便于进行现场勘查和样本采集。现场勘查应当重点围绕可疑食品从原辅料、生产加工过程关键控制点、成品存放及运输等环节存在的问题进行，见表7-8。

表7-8 食品安全事故相关食品加工现场勘探内容

序号	内容	具体要求
1	原辅料	根据食品配方或配料，勘查原辅料索证索票情况及检验报告、储存场所的卫生状况、原料包装有无破损情况、是否与有毒有害物质混放，测量储存场所内的温度；检查用于食品加工制作前的感官状况是否正常，是否使用高风险食品，是否误用有毒有害物质或者含有毒有害物质的原料等
2	配方或配料	食品配方或配料中是否存在超量、超范围使用食品添加剂、非法添加有毒有害物质的情况，是否使用高风险配料等
3	加工用水	供水系统设计布局是否存在隐患；是否使用自备水井及其周围有无污染源
4	加工过程	生产加工过程是否满足工艺设计要求，关键控制点实际加工的温度、时间等参数是否达到设计要求
5	成品储存运输	查看成品存放场所及运输工具的条件和卫生状况，观察有无交叉污染环节，测量存放场所及运输工具的温度、湿度等
6	从业人员健康状况	查看接触可疑食品的工作人员健康状况，是否存在可能污染食品的不良卫生习惯，有无发热、腹泻、皮肤化脓破损等情况

4. 样本采集

根据食品安全事故相关病例的临床表现特征、可疑致病因子或可疑食品等线索，应尽早采集相关食品原料、半成品、成品及环境样品。对怀疑存在生物性污染的，还应采集相关从业人员的生物标本。如未能采集到相关样本，应做好记录，并在调查报告中说明原因。

7.5.3.2 基于致病因子类别的重点调查

初步推断致病因子类型后，应针对生产加工环节有重点地开展食品卫生学调查，参见表7-9。

表 7-9 不同致病因子类型食品卫生学调查重点环节

环节	致病因子				
	致病微生物	有毒化学物	动植物毒素	真菌毒素	其他
原料	+	++	++	++	+
配方	—	++	—	—	+
生产加工人员	++	—	—	—	+
工用具、设备	+	+	—	—	+
加工过程	++	+	+	+	+
成品保存条件	++	+	—	—	+

注："++"指该环节应重点调查，"+"指该环节应开展调查。

7.5.4 采样和实验室检验

样品采集和实验室检验是食品安全事故调查的重要工作内容。实验室检验结果有助于确认致病因子、查找污染来源及途径、及时救治病人。

7.5.4.1 采样原则

采样应本着及时性、针对性、适量性和不污染的原则进行，尽可能采集到含有致病因子或其特异性检验指标的样本，采样原则见表 7-10。

表 7-10 食品安全事故现场采样原则

序号	采样原则	具体要求
1	及时性原则	考虑到事故发生后现场有意义的样本有可能不被保留或被人为处理，应尽早采样，提高实验室检出致病因子的机会
2	针对性原则	根据病人的临床表现和现场流行病学初步调查结果，采集最可能检出致病因子的样本
3	适量性原则	样本采集的份数应尽可能满足事故调查的需要；采样量应尽可能满足实验室检验和留样需求。当可疑食品及致病因子范围无法判断时，应尽可能多地采集样本
4	不污染原则	样本的采集和保存过程应避免微生物、化学毒物或其他干扰检验物质的污染，防止样本之间的交叉污染，同时也要防止样本污染环境。可疑致病因子为致病微生物时，采样器具应经过消毒并低温运输

7.5.4.2 样本的采集、保存和运送

食品安全事故相关样本的采集、登记和管理应符合有关采样程序的规定，采样时应填写采样记录，记录采样时间、地点、数量等，由采样人和被采样单位或被采样人签字。

所有样本必须有牢固的标签，标注样本的名称和编号；批样本应按批次制作目录，详细标注该批样本的清单、状态和注意事项等。样本的包装、保存和运输，必须

符合生物安全管理的相关规定。

7.5.4.3　确定检验项目和送检

为提高实验室检验效率，调查组在对已有调查信息研究分析的基础上，根据流行病学调查的初步判断提出拟检验的污染物项目。在缺乏相关信息支持、难以确定拟检验项目时，应妥善保存样本，待调查组根据相关调查提供初步判断信息后再确定拟检验项目并送检。调查机构应组织有能力的实验室开展检验工作，如有困难，应及时联系其他实验室或报请同级卫生行政部门协调解决。

7.5.4.4　实验室检验

对食品安全事故相关样本开展实验室检验时，应注意的事项如下：

（1）实验室应依照相关检验工作规范的规定，及时完成检验任务，出具检验报告，对检验结果负责。

（2）在样本量有限的情况下，要优先考虑对最有可能导致疾病发生的致病因子进行检验。

（3）开始检验前可使用快速检验方法筛选致病因子。

（4）对致病因子的确认和报告应优先选用国家标准方法，在没有国家标准方法时，可参考行业标准方法、国际通用方法。如需采用非标准检测方法，应严格按照实验室质量控制管理要求实施检验。

（5）承担检验任务的实验室应当妥善保存样本，并按相关规定期限留存样本和分离到的菌毒株。

7.5.4.5　致病因子检验结果的解释

样本中致病因子的检验结果不仅与实验室的条件和技术能力有关，还可能受到样本的采集、保存、送样条件等因素的影响，对致病因子的判断应结合致病因子检验结果与事故病因的关系进行综合分析。

（1）检出致病因子阳性或者多个致病因子阳性时，需判断检出的致病因子与本次事故的关系。事故病因的致病因子应与大多数病人的临床特征、潜伏期相符，应注意排查剔除偶合病例、混杂因素以及与大多数病人的临床特征、潜伏期不符的阳性致病因子。

（2）可疑食品、环境样品与病人生物标本中检验到相同的致病因子，是确认事故食品或污染原因较为可靠的实验室证据。

（3）未检出致病因子的阴性结果，亦可能为假阴性，需排除以下因素：

① 没能采集到含有致病因子的样本或采集到的样本量不足，无法完成有关检验。

② 采样时病人已用药治疗，原有环境已被处理。

③ 因样本包装和保存条件不当导致致病微生物失活、化学毒物分解等。

④ 实验室检验过程存在干扰因素。

⑤ 现有的技术、设备和方法不能检出。

⑥ 存在尚未被认知的新致病因子等。

（4）不同样本或多个实验室检验结果不完全一致时，应分析样本种类、来源、采样条件、样本保存条件、不同实验室采用的检验方法、试剂等的差异。

7.5.5 资料分析和调查结论

食品安全事故的调查结论包括是否定性为食品安全事故，以及事故范围、发病人数、污染食品及污染原因、致病因子。不能做出调查结论的事项应当说明原因。

7.5.5.1 做出调查结论的依据

调查组应当在综合分析现场流行病学调查、食品卫生学调查和实验室检验三方面结果基础上，依据相关诊断原则，做出事故调查结论。卫生行政部门认为需要开展补充调查时，调查机构应当根据卫生行政部门通知开展补充调查，结合补充调查结果，再做出调查结论。在确定致病食品或污染原因、致病因子等时，应当参照相关诊断标准或规范，并参考以下推论原则。

（1）现场流行病学调查结果、食品卫生学调查结果和实验室检验结果相互支持印证的，调查组可以做出致病原因和致病因子明确调查结论。

（2）现场流行病学调查结果得到食品卫生学调查或实验室检验结果其中之一支持印证的，如结果具有合理性且能够解释大部分病例，可以做出致病原因和致病因子明确调查结论。

（3）现场流行病学调查结果未得到食品卫生学调查和实验室检验结果支持，但现场流行病学调查结果可以判定致病因子范围、致病餐次或致病食品，经调查机构专家组3名以上具有高级职称的专家审定，可以做出致病原因和致病因子不明食品安全事故的定性调查结论。

（4）现场流行病学调查、食品卫生学调查和实验室检验结果不能支持事故定性的，应当做出"非食品安全事故"的调查结论并说明原因。

7.5.5.2 调查结论中因果推论应当考虑的因素

在做出致病原因、致病因子明确的食品安全事故调查结论时，需要证明致病因子与发病之间有因果关系。对食品安全事故进行因果推论时需要考虑的因素见表7-11。

表 7-11　对食品安全事故进行因果推论时需考虑的因素

序号	考虑因素	具体要求
1	关联的时间顺序	可疑食品进食在前，发病在后
2	关联的特异性	病例均进食过可疑食品，未进食者均未发病
3	关联的强度	OR 值或 RR 值越大，可疑食品与事故的因果关联性越大
4	剂量-反应关系	进食可疑食品的数量越多，发病的危险性越高
5	关联的一致性	病例临床表现与检出的致病因子所致疾病的临床表现一致，或病例生物标本与可疑食品或相关的环境样品中检出的致病因子相同
6	终止效应	停止食用可疑食品或采取针对性的控制措施后，经过疾病的一个最长潜伏期后没有新发病例

7.5.5.3　撰写调查报告

疾病预防控制中心根据调查组的调查结论，参考《食品安全事故流行病学调查技术指南》（2012 年版）的框架和内容撰写食品安全事故调查报告，并向同级卫生行政部门提交。本级卫生行政部门对食品安全事故流行病学调查报告有异议的，可通知调查机构补充调查，或报请上一级卫生行政部门组织专家组对调查结论进行技术鉴定。撰写调查报告应注意以下事项：

（1）按照先后次序介绍事故调查内容、结果汇总和分析等调查情况，并根据调查情况提出调查结论和建议，食品安全事故调查范围之外的事项一般不纳入报告内容。

（2）调查报告的内容必须客观、科学、准确，报告中有关事实的认定和证据要符合有关法律、标准和规范的要求，防止主观臆断。

（3）调查报告要客观反映调查过程中遇到的问题和困难，以及相关部门的支持配合情况和相关改进建议等。

（4）调查报告应将用于支持调查结论的分析汇总表格、病例名单、实验室检验报告等的复印件作为调查报告的附件。

（5）调查报告内容与初次报告、进程报告不一致的，应当在调查报告中予以说明；对于符合突发公共卫生事件报告要求的食品安全事故，应按相关规定进行网络直报。

7.5.5.4　工作总结和评估

事故调查结束后，调查机构应对调查情况进行工作总结和自我评估，总结经验，分析不足，以更好地应对类似食品安全事故的调查。总结评估的重点内容包括：

（1）调查实施情况。日常准备是否充分，调查是否及时、全面地开展，调查方法有哪些需要改进，调查资料是否完整，事故结论是否科学、合理。

（2）协调配合情况。调查是否得到有关部门的支持和配合，调查人员之间的沟通是否畅通，信息报告是否及时、准确。

（3）调查中的经验和不足，需要向有关部门反映的问题和意见等。另外，调查机构应当将食品安全事故相关的文书、资料和表格原件整理、存档。

7.5.6 流行病学调查技术进展

1. 传统样本检测实验室诊断技术

在实验室对现场采集的食品、环境样本以及病例的生物学样本（肛拭子、呕吐物、粪便等）开展致病菌的分离和定量检测、血清学分型及鉴定等，对食源性疾病的诊断至关重要，但传统的血清学鉴定无法有效地确定菌株间的亲缘关系，仅仅依靠这些信息很难判断污染的真正源头和致病因子。随着20世纪90年代分子生物学的兴起以及人类基因组测序技术发展，基于分子溯源技术的分子流行病学在食源性疾病的追踪溯源方面发挥着越来越重要的作用，对可疑致病菌进行深入的分子生物学特征分析，可为溯源提供重要科学依据，已成为食品安全事件流行病学调查中确定致病因子及其来源的重要手段。

2. 致病因子的分子溯源实验室诊断技术

目前，国内外公认的分子溯源方法包括脉冲场凝胶电泳（Pulsed Field Gel Electrophoresis，PFGE）和全基因组测序（Whole Genome Sequencing，WGS）技术。其中：

（1）PFGE分子分型技术始建于1996年，它是利用DNA指纹图谱（DNA Fingerprinting）技术对致病菌进行分型和同源性分析，美国CDC、FDA等机构最先将其用于食源性疾病的溯源，并建立了基于PFGE的PulseNet网络数据库，在过去的几十年里，PFGE技术一直是在分子水平上追溯菌株同源性的金标准。我国于2003年引进并建立基于PFGE的PulseNet China数据库，2013年，PFGE技术在全国范围内得到普及应用，目前该技术仍是我国食源性致病菌的主要分子溯源手段。

（2）WGS技术通过全基因组测序，在全基因水平上全面分析病原菌的分子生物学特征，在分子水平对致病菌的致病基因进行鉴定和分型分析。WGS不仅能提高数据的辨别力和准确性，而且能将通过传统资源密集型方法获得的菌株特征（例如菌株鉴定、血清分型、毒力和耐药基因等）整合到一个单一的WGS工作流程中，大大简化了工作流程并节约了时间，在细菌性食源性疾病的分子流行病学调查中得到广泛应用，成为国际上现阶段食源性疾病暴发病原追踪溯源的金标准。2014年，美国CDC启动了基于全基因组测序技术的高级生物学检测项目，并于2018年不再使用PFGE分子分型技术；2015年，EFSA已经将全基因组测序技术用于食品中重要食源性致病菌的鉴定、分子分型等。

3. 我国分子溯源实验室诊断技术的发展

国家卫生部门相继建立了哨点医院症候群报告系统、实验室食源性疾病监测报告系统，并于2003年委依托国家食品安全风险评估中心构建了国家食源性疾病分子溯源网络（TraNet），在全国范围内开展基于PFGE食源性疾病分子溯源调查，TraNet已在多起食源性疾病暴发的病因查明和病因食品的追踪溯源中发挥了作用。2019年，我国以TraNet为基础，建成了基于WGS分型技术的新型食源性疾病分子溯源网络，并首次实现了国家、省、市三级实际应用的分子溯源网络，在多起食源性疾病的跨省追踪等事件的调查中得到成功应用。

 典型案例

分子溯源技术应用实例

一是基于PFGE技术的TraNet在跨区域肠炎沙门氏菌暴发事件的调查。2013年9月26~29日，北京市7家医院相继出现散发的肠炎沙门氏菌学生感染病例，病例分别来自房山区、怀柔区的3个学校，发病学生共89例，无死亡病例。实验室检测从病人粪便中均检出肠炎沙门氏菌，相关部门利用TraNet对分离株PFGE分型结果进行聚类分析，结果显示病人的粪便中分离的28株肠炎沙门氏菌的PFGE图谱一致，怀疑为同源暴发。流行病学调查发现，这些病例均食用过某食品有限公司生产的同一品牌的辣鸡腿汉堡。采集可疑食品鸡腿汉堡、生产用剩余鸡肉、鸡肉原料样本，从中分离到3株肠炎沙门氏菌，其PFGE图谱与病例一致。综合分析流行病学调查、临床表现和实验室检验结果，可判定此次事件为因食用辣鸡腿汉堡而引起的肠炎沙门氏菌跨区同源暴发。继续追溯调查致病食品的原料来源、加工环节卫生状况等，发现来源于辽宁省大连市某食品公司的鸡肉原料受到污染。在此次食品安全事故的调查处置中，基于PFGE技术的TraNet在跨区病例的聚集性识别、致病食品与致病因子的关联性分析、指导现场流行病学调查等方面提供了关键的分子溯源证据，并为食品安全监管部门成功开展生产加工过程的追踪溯源提供了重要帮助。这是中国首次基于PFGE技术并利用TraNet实现病因食品的跨省溯源调查。

二是基于WGS技术的跨区域肠炎沙门氏菌暴发事件的调查。2021年5月24日，湖北省武汉市发生一起跨区食源性疾病暴发事件，调查发现跨区域分布的8例患者均有某外卖店网络订餐食用史。为查明事件暴发原因及污染来源，对采集到的相关患者样本及食物样本进行病原学鉴定，均检出肠炎沙门菌。经PFGE图谱聚类分析和全基因组测序序列比对，发现此次分离的5株肠炎沙门菌具有高度同源性和相同的耐药谱。将本次食物中毒事件分离的肠炎沙门菌株与近两年本地区临床散发病例分离出的肠炎沙门菌株的PFGE带型进行比对，发现携带相同的耐药基因和毒力因子（均为ST11型），属同一克隆株的不同亚型，检出菌的全基因组序列也与本地肠炎沙门菌序列高度相似，说明本起食源性疾病暴发前该克隆株已作为流行株存在于本地区。结合流行病学调查结果和患者出现的腹痛、腹泻等消化道症状可判定本次事件的发生与食用肠炎沙门菌污染的食物密切相关。

本起食源性疾病暴发事件是在网络餐饮服务业广泛普及的环境下发生的，网络订餐这种新业态的出现，让表面上的单点散发事件成为聚集性事件。虽然PFGE技术目前仍然是我国食源性疾病病原分型、分子溯源、同源判定的主要方法，但全基因组测序技术可以更准确地区分遗传稳定的暴发和散发菌株，还能获取菌株的耐药基因、毒力基因等特征序列以及变异位点，对食源性病原菌的监测和分子溯源提供了强有力的工具。

参考文献

[1] 国家食品安全风险评估中心．国家食源性致病微生物全基因组测序数据库及测序分析平台建设进展[EB/OL]．[2018-02-11]（2024-05-05）．https://www.cfsa.net.cn/fxjl/yjjz/2023/5476.shtml.
[2] 曾彪，王超，薛一凡，等.一起跨地区肠炎沙门氏菌食物中毒事件的流行病学调查与溯源[J].现代预防医学，2016，43（19）：3479-3482.
[3] 费筱媛，王华伟，祁莉，等.2021年武汉市一起肠炎沙门菌引起的跨区食源性疾病暴发的病原学分析[J].疾病监测，2022，37（11）：1495-1501.

第 8 章
食品安全社会共治

8.1 食品安全社会共治概述

8.1.1 食品安全社会共治的背景

2008 年发生的乳制品三聚氰胺污染事件，揭示了我国食品行业的乱象以及潜在的食品安全隐患。随后频繁曝光的食品安全事件，也充分暴露了我国食品安全治理模式的缺陷。特别是随着经济和贸易的全球化发展，使得食品的生产地、流通地、消费地往往不一致，由此衍生的食品安全问题与日俱增，这给政府的食品安全治理带来了严峻的挑战。另外，食品安全问题成因的复杂性、主体的多元性和利益的复合性，决定了传统治理模式下仅靠政府单一力量难以取得良好效果。倡导多元主体共同参与的社会共治模式，为解决我国食品安全问题提供了新思路。那么，什么是食品安全社会共治呢？食品安全社会共治是指在食品安全治理过程中，政府、企业、社会组织、公民等多元主体共同参与、共同治理、共同承担责任的一种治理模式。食品安全社会共治强调多元主体之间的互动、合作与协同，旨在构建政府、市场和社会三位一体的食品安全治理体系，实现食品安全风险的全面防控和食品安全保障。

党中央、国务院高度重视食品安全社会共治。2013 年，时任国务院副总理汪洋在出席全国食品安全宣传周主场活动时强调，要发挥社会主义的制度优势和市场机制的基础作用，多管齐下、内外并举，综合施策、标本兼治，构建企业自律、政府监管、社会协同、公众参与、法治保障的食品安全社会共治格局，凝聚起维护食品安全的强大合力。2015年修订的《食品安全法》明确了食品安全工作要坚持"预防为主、风险管理、全程控制、社会共治"的原则,并对食品安全社会共治的主体和权利义务进行了具体规定(表8-1)。2017年2月,国务院发布《"十三五"国家食品安全规划》,要求加快形成企业自律、政府监管、社会协同、公众参与的食品安全社会共治格局。2019年5月,《中共中央、国务院关于深化改革加强食品安全工作的意见》进一步提出坚持共治共享的基本原则:生产经营者自觉履行主体责任,政府部门依法加强监管,公众积极参与社会监督,形成各方各尽其责、齐抓共管、合力共治的工作格局。

表 8-1 《食品安全法》关于食品安全社会共治的部分规定

参与方	多元主体	权利义务
政府	食品安全监管部门	应当依照《食品安全法》和国务院规定的职责,对食品生产经营活动实施监督管理
	卫生行政部门	组织开展食品安全风险监测和风险评估,会同食品安全监督管理部门制定并公布食品安全国家标准
	县级以上地方人民政府	对本行政区域的食品安全监督管理工作负责,统一领导、组织、协调本行政区域的食品安全监督管理工作
企业	食品生产经营者	应当依照法律法规和食品安全标准从事生产经营活动,保证食品安全,诚信自律,对社会和公众负责,接受社会监督,承担社会责任
	食用农产品生产者	应当按照食品安全标准和国家有关规定使用农药、肥料、兽药、饲料和饲料添加剂等农业投入品
	网络食品交易第三方平台提供者	应当对入网食品经营者进行实名登记,明确其食品安全管理责任;依法应当取得许可证的,还应当审查其许可证
社会	食品行业协会	应当加强行业自律,建立健全行业规范和奖惩机制,提供食品安全信息、技术等服务,引导和督促食品生产经营者依法生产经营
	消费者协会和其他消费者组织	对损害消费者合法权益的行为依法进行社会监督
	新闻媒体	开展食品安全法律法规以及食品安全标准和知识的公益宣传,并对食品安全违法行为进行舆论监督,真实、公正地宣传报道食品安全
	任何组织或者个人	有权举报食品安全违法行为,依法向有关部门了解食品安全信息,对食品安全监督管理工作提出意见和建议

无论从治理原理还是从治理策略的角度,食品安全社会共治相对于传统治理模式都更具有积极性、主动性和创造性。社会共治的提出和实践体现了食品安全治理理念的重大转变,成为创新社会管理的新举措,也是促进政府职能转变、实现公共利益最大化的重要途径。社会共治有助于解决相对有限的行政监管资源和相对无限的监管对象之间的矛盾,充分发挥和利用多元主体的力量,弥补政府监管力量不足、单一监管的缺陷和市场机制的失灵。国内外一系列实践证明,社会共治已经成为食品安全风险管控的最优模式。

8.1.2 食品安全社会共治运行机制

食品安全社会共治是一项系统复杂的工程，是参与食品安全治理的主体、能力、责任以及制度等要素的有机结合。社会共治需要明确政府监管责任和边界，落实企业主体责任，推进行业诚信自律，鼓励食品供应链上下游相互监督，倡导新闻媒体社会监督，促使食品安全保障由单纯依靠政府监管向各利益攸关方主体主动参与转变，形成社会各方有序参与、良性互动、共同监督的良好社会环境。食品生产经营者作为主体责任承担者，无疑是食品安全社会共治体系的内因，政府部门、行业协会、新闻媒体及社会公众等统统为社会共治体系的外因。其中，政府部门因其享有的职权相比于其他相关各方能够发挥更大的监督作用。社会共治体系内因和外因协调作用才能实现全面保障食品安全的预期目标。

在食品安全共治体系中，食品生产经营企业作为内因发挥主要作用，是事物发展变化的根据，决定了事物发展的基本趋势和方向。食品生产经营者应不断提升食品安全风险防控能力，发挥内在驱动力在食品安全综合治理中的主导作用。政府监管部门作为外因是食品安全态势发展变化不可缺少的条件，有时外因甚至对事态发展起着举足轻重的作用，但外因的作用无论多大，也必须通过内因才能起作用。所以，政府监管部门要利用法定职权和优势，制定科学合理的食品安全法规标准等，对食品生产经营活动实施监督管理，确保食品生产经营者依法生产经营。在食品安全治理中，内外因有时会相互转化。例如，农产品安全与种植养殖环境有密切关系，如果土壤、水体环境受到重金属污染，该环境中的农作物、畜禽、水产品等也会受到污染，这种源头污染的治理是食品生产经营企业、农业合作社或个体种植养殖户无法解决，必须依靠政府职能部门组织开展多方位的综合治理，在这种情况下，政府部门成为食品安全共治体系的内在力量。科学高效的食品安全社会共治运行机制应当重点做好以下几个方面工作：

一是构建相互协调的治理体系。食品安全多元共治主体应包括政府、企业、行业协会、社会组织、媒体、公民等重要的社会力量。保障食品安全应构建一个各主体主次有别、互相配合、互相补充的治理结构，在食品安全社会共治体系实践中要明确各主体的地位和作用，处理好各主体之间的边界。政府要加强制度建设，严格监督管理食品生产经营。企业应主动增强食品安全意识、提升食品安全治理能力，承担应有的社会责任；行业协会应发挥行业自律作用；社会媒体要在法律的框架下积极发挥舆论监督作用；消费者要积极参与行使自己的权利，发现问题及时向主管部门反映。

二是加强社会共治的法治化建设。食品安全共治各方的职能分工不同，共治能力不同，利益诉求不同，获取信息的渠道不同，为保障共治主体最有效地发挥治理效能,有必要建立相应的制度作为保障。如《食品安全法》建立了"责任约谈"制度,增加了地方政府主要负责人引咎辞职的规定;明确了食品生产经营企业要建立食品安全追溯体系,保证食品可追溯。规定县级以上人民政府食品安全监督管理等部门应当公布本部门的电子邮件地址或者电话,接受咨询、投诉、举报等。

三是加强食品安全治理能力建设。近年来,我国食品安全法律法规和标准体系、监管制度不断健全,食品安全生产经营和监督基本做到了有法可依,但在政府监管层面,仍然存在一些问题,如关乎社会共治的法规制度还不够完善、政府监管部门的监管水平有待提高,信息共享和信息公示还不充分等,这些问题亟需通过综合治理能力建设加以解决。另外,行业协会、消费者协会和新闻媒体等中间组织要发挥积极作用,真正起到社会综治的桥梁作用。

8.2　食品安全社会共治的多元主体

8.2.1　食品安全行政管理部门

市场监督管理部门、农业农村行政部门、卫生健康行政部门、海关等食品安全管理部门在国务院食品安全委员会的统筹协调下,依法履行食品安全监督管理职责。各级食品安全行政管理部门扮演市场引领者、服务者角色,引导其他各方公平有序参与食品安全的社会共治工作。主要政府部门的构成和职责如下:

1. 国务院食品安全委员会

国务院食品安全委员会在食品安全治理的顶层设计中具有重要作用,是国务院食品安全工作的高层次议事协调机构。负责分析食品安全形势,研究部署、统筹指导食品安全工作;提出食品安全监管的重大政策措施;督促落实食品安全监管责任。国务院食品安全委员会下设办公室,负责组织贯彻落实国务院关于食品安全工作方针政策,组织开展重大食品安全问题的调查研究;组织拟订国家食品安全规划并协调推进实施;推动健全协调联动机制、完善综合监管制度;督促检查国务院有关部门和省级人民政府履行食品安全监督职责,并负责考核评价;指导完善食品安全隐患排查治理机制,组织开展食品安全重大整顿治理和联合检查行动等。

2. 市场监督管理部门

作为食品安全风险管理中最主要的执行部门之一,负责食品安全监督管理,包括建立覆盖食品生产、流通、消费全过程的监督检查制度和隐患排查治理机制并组织实施,防范区域性、系统性食品安全风险。推动建立食品生产经营者落实主体责任的机制,建立健全食品安全追溯体系。组织开展食品安全监督抽检、核查处置和风险预警、风险交流工作。组织实施特殊食品注册、备案和监督管理等。负责食品安全应急体系建设,指导重大食品安全事件应急处置和调查处理工作等。

3. 农业农村行政部门

食品安全"全食物链"管理已成为全球的共识,食用农副产品中农业投入品的残留、环境或饲料带入的污染物、种植或贮存过程中的真菌毒素污染都会对食品安全构成威胁。农业农村行政部门负责食用农产品从种植养殖环节到进入批发、零售市场或者生产加工企业前的质量安全监督管理;负责动植物疫病防控、畜禽屠宰环节、生鲜乳收购环节质量安全的监督管理;负责食用农产品农兽药的风险监测评估。与市场监督管理部门共同负责建立和落实食品安全产地准出、市场准入和追溯机制等。

4. 卫生健康行政部门

负责组织开展食品安全风险监测、评估与交流,依法组织制定并公布食品安全标准。配合市场监管部门开展食品安全事故调查,负责组织开展流行病学调查;承担新食品原料、食品添加剂新品种、食品相关产品新品种的安全性审查等。

5. 海关

负责全国进出口食品安全监督管理工作,确保进出口食品符合中国法律法规和食品安全国家标准。境外发生的食品安全事件可能对我国境内造成影响,或者在进口食品中发现严重食品安全问题的,应当及时采取风险预警或者控制措施。海关总署在口岸检验监管中发现不合格或存在安全隐患的进口产品,依法实施技术处理、退运、销毁,并向国家市场监督管理总局通报等。

6. 生态环境行政部门

生态环境与食品安全关系密切,例如,我国某些地区因为长期拆解电子垃圾、无序开矿等因素导致本地土壤或水体受到铅、镉等重金属的严重污染,该地种植的水稻、水果等农产品重金属含量超标严重,对食品安全构成严重隐患。生态环境行政部门负责环境污染防治的监督管理,制定大气、水、海洋、土壤固体废物、化学品等的污染防治管理制度并监督实施;负责核与辐射安全的监督管理、生态环境监测工作和新化学物质的环境管理登记等。

7. 其他相关内容

政府在食品安全社会共治中也存在一定的不足,主要表现在:一是对食品行业实际现状和问题特征了解不够,导致其制定的食品安全风险管理措施科学性、靶向性不高。二是政府管理部门之间协调能力不足、联动效率不高。市场监督管理部门、卫生健康行政部门、农业农村行政部门、海关等在食品安全治理中的职责分工不同,只有各部门协调合作、信息共享才能有效推动社会共治。

8.2.2 企业

食品生产经营者应当依照法律、法规、规章和食品安全标准从事食品生产经营活动，对社会和消费者负责，保障食品安全，接受社会各方监督，承担社会责任。安全的食品是生产出来的，而不是监管出来的，食品生产经营企业应当对食品安全承担主体责任。当前，我国食品生产经营企业以中小企业为主，能力不足是普遍存在的现象。中小企业从业人员受教育程度普遍较低，对新知识接受能力差，固有理念不易转变，对操作规范、制度的遵从性不够等，都成为企业食品安全治理的薄弱环节。另外，中小企业自身的研发能力和投入不足，其大多数产品以模仿头部企业的产品为主，利润相对较低，在食品安全管理上的投入也不会太高，长此以往形成负反馈，是食品安全治理的又一薄弱环节。为了落实食品安全主体责任和社会共治，企业应加强以下几个方面的工作：

一是严格落实食品安全管理制度。采取全链条、无死角的管理措施，从原材料采购和贮存、从业人员健康及个人卫生管理、生产过程控制、生产环境卫生管理、病虫害防治、设施设备的设计维护等各个方面确保食品的安全性。二是严格落实食品安全日管控、周排查、周调度制度。对重点环节定期开展全链条、全项目内部审查，及时发现并排除食品安全隐患。因企业内部的食品安全员更加了解工艺流程和薄弱环节等，所以内部审查对于确保食品安全至关重要，是任何外部审查或监督检查都无法替代的。三是严格落实供应链的审查责任。食品生产经营供应链上下游企业之间存在利益关系，下游企业作为产品的购买方，对上游供应商的审核是双方能否建立或维持购销关系的关键，上游供应商对此格外重视，对供应链审核发现的问题也会主动积极整改。

8.2.3 社会

8.2.3.1 食品行业协会

在现代化的食品安全治理体系中，食品行业协会具有不可替代的重要地位。行业协会作为政府和食品生产经营者之外最了解行业动态的第三方，是政府和企业之间的重要桥梁与纽带。随着我国食品工业的快速发展，食品行业协会也在不断发展壮大，食品行业协会在宣传、贯彻、执行相关法律法规，开展调研活动，提出行业发展建议，提供培训、咨询服务，开展科普活动以及在承办政府部门委托的相关事项等食品安全事务方面发挥着重要作用。《食品安全法》规定，食品行业协会应当加强行业自律，按照章程建立健全行业规范和奖惩机制，提供食品安全信息、技术等服务，引导和督促食品生产经营者依法生产经营，推动行业诚信建设，宣传、普及食品安全知识。2019年5月，《中共中央 国务院关于深化改革加强食品安全工作的意见》明确提出，支持行业协会建立行规行约和奖惩机制，强化行业自律。

调查发现，目前食品生产经营者认为行业协会的作用有限，仅为收取会费及组织一些培训会议，企业需要付出较大的时间和经济成本，但对保障食品安全的作用不大。这种现象反映出行业协会自身的能力不足以承担法律赋予的职责，有必要优化行业协会人员构成、提升行业协会服务能力。行业协会应主动发挥中介组织作用，帮助食品企业不断提高食品安全管理的技术水平，推动食品产业的健康发展。

8.2.3.2　新闻媒体

新闻媒体在食品安全社会共治中不容或缺，往往第一个出面披露重大食品安全事件，对食品安全进行舆论监督。作为食品安全信息传播的重要渠道，新闻媒体在参与食品安全社会共治方面具有十分重要的意义：一是通过报道食品安全事件、政策法规、食品安全知识等内容，提高公众对食品安全的认识和自我保护能力。二是媒体发挥舆论监督作用，对食品安全违法行为进行曝光，揭露食品安全问题，推动相关部门采取措施解决问题。三是发挥桥梁和纽带作用，搭建政府、企业、社会组织和消费者之间的沟通平台，促进各方在食品安全领域的交流与合作。

但媒体参与食品安全社会共治也存在一定的不足：一是信息共享供给不足，导致媒体在报道食品安全问题时，有时难以获取充分的信息，造成报道不够全面和准确。二是媒体曝光食品安全问题后，有时相关部门对问题的处理不够及时和有效，造成维权诉求缺乏有效回应。三是媒体在报道食品安全问题时，有时过于关注负面新闻，可能引发公众对食品安全状况的过度担忧。四是媒体在报道食品安全问题时，有时缺乏足够的专业知识，导致报道不够科学、客观和深入。因此，政府和企业应主动向媒体提供食品安全相关信息，加强信息共享，提高媒体报道的准确性和全面性。政府应建立健全食品安全维权机制，及时回应媒体曝光的问题，保障公众权益。媒体应加强食品安全方面的专业知识培训，提高报道的科学性和准确性。

当前，新媒体的快速发展拓宽了民众获取信息的渠道以及参与治理的空间，很多食品安全事件在新媒体时代再也无法被隐瞒、遮掩，以视频、语音及文字等形式形象直观曝光食品安全问题，使得相关信息被社会各界所知，引起政府监管部门和社会各界的高度关注。同样，新媒体也可以树立正面典型，达到示范引领的积极作用。网络的即时性保证了新媒体在传播事件时的时效性，网络的普及性则保证了事件传播的广泛性。新媒体手段的应用可以有效推动走出信息不对称的困境，信息传递成本在新媒体模式下被大大降低。但媒体应以严谨、理性的态度来科学报道食品安全事件，以事实为根据，进行科学、客观、全面、准确的报道。

8.2.3.3 消费者

消费者对食品安全最为关心，是食品安全社会共治成效的直接体验者。特别是城市消费者食品安全知识丰富，食品安全意识浓厚，维权意愿强烈，能够在食品安全社会共治中发挥更大的监督作用，及时发现食品安全潜在隐患。消费者基于规避食品安全自身风险，参与食品安全社会共治有多种方式，并可以通过市场供求机制影响食品生产经营者的生产经营策略：如消费者拒绝食用有问题的食品；选择质量安全有保障的知名品牌食品；采购标签规范的预包装食品，通过标签配料表及营养成分表了解食品的真实属性；尽量选择配料表成分简单、使用添加剂种类少的食品。消费者还可以主动收集食品质量安全信息，积累相关经验和技能，主动发现食品安全违法行为，并及时向有关部门投诉举报。或者消费者发现所购买的食品腐败变质、超保质期等情形时，被动向有关部门投诉举报。消费者的投诉举报可使监管部门及时发现食品安全问题，对涉事企业依法进行处治，消除食品安全风险隐患。然而，消费者在食品安全社会共治中发挥的作用大小，与其维权意识、知识水平、主观动力等有关。

8.2.3.4 其他主体

1. 第三方检测机构

第三方检测机构独立于政府和生产者之外，提供食品安全检测服务，帮助确保产品质量和安全；为监管部门提供的检测报告可作为监管执法依据，也可以向企业提供检测报告，确认产品是否符合国家标准。需要注意的是，目前第三方检测机构的能力参差不齐，一些非正规检测机构可能缺乏必要的资质，导致检测结果不可靠。

2. 科研院所

科研院所通过食品安全相关研究和成果转化，提高食品生产工艺水平、提升食品安全管理水平，推动食品安全技术创新，加快食品安全标准制定等。但我们也要看到部分科研重理论、轻应用，科研成果与实际应用之间存在脱节问题，科研成果转化率不高。

3. 非政府组织

非政府组织（Non-Governmental Organization，NGO）通过开展宣传活动，提高公众对食品安全的认识；通过组织教育项目，帮助消费者了解他们的权利；可以参与政策制定，向政府提供专业意见和建议。国际性 NGO 在全球范围内推动食品安全标准的统一和提高，促进国际的信息交流和最佳实践分享。尽管 NGO 在食品安全社会共治中发挥着积极作用，但也存在一些局限性，如资源有限、影响力不足、专业能力有待提高等。

4. 司法部门和法律服务机构

检察院可以依法提起民事公益诉讼，代表受到侵害但不便于或未能提起诉讼的广大消费者或其他公众群体，维护他们的合法权益。法院通过审理食品安全相关案件，维护法律尊严和消费者权益。法律服务机构为消费者提供法律咨询和援助，帮助其维护合法权益。司法部门和法律服务机构参与食品安全社会共治也存在不足之处，主要表现在司法资源有限、法律程序复杂耗时、专业性不足等问题。

5. 社会监督员和志愿者

社会监督员和志愿者可以通过参与食品生产经营日常监督、开展科普宣传教育、组织社会调查和民意调查、协助食品安全事故调查等参与食品安全社会共治。然而，社会监督员和志愿者的作用有时也会受到一定的限制，如资源有限、专业知识不足、监督权力有限等。因此，需要政府和社会各界提供更多的支持和培训，确保社会监督员和志愿者能够更有效地参与食品安全治理。

6. 保险公司

保险公司通过提供食品安全责任保险等产品，帮助企业转移风险，同时为消费者提供一定的经济保障。但由于保险覆盖面有限，一些小型企业可能由于各种原因不愿参与或未能参与保险。

8.3 食品安全社会共治的主要方式

8.3.1 食品安全风险交流

《食品安全法》规定，县级以上地方人民政府食品安全监督管理部门和其他有关部门、食品安全风险评估专家委员会及其技术机构，应当按照科学、客观、及时、公开的原则，组织食品生产经营者、食品检验机构、认证机构、食品行业协会、消费者协会以及新闻媒体等，就食品安全风险评估信息和食品安全监督管理信息进行交流沟通。

风险交流的主要目标是增进食品安全各利益相关者对评估危害和管理食品安全风险决策背后理论基础的理解，并帮助人们对他们在生活中面临的食品安全危害和风险作出更加知情的判断。食品安全风险交流也经常为风险评估和风险管理决策提供信息并使其得以强化。例如，风险交流可以帮助风险管理者了解其不同决策可能产生的影响，从而评估其决策的有效性。风险管理者有责任在适当的理解水平上向所有相关方传达食品相关风险信息。食品链中所有利益相关者之间的食品安全风险沟通应建立在良好的沟通原则之上，其中包括透明度、公开性、专注性和及时性，所有这些都有助于发展和维护相互之间的信任。

目前，我国对风险交流制度、交流范围、交流主体、交流内容、参与方式、交流频率及应急事件应对等内容还没有详细规定。我国食品安全风险交流仍存在机制不完善、风险交流专业人员不足、公众风险认知调查和效果评估调查缺乏、风险交流模式互动性不强、基于新媒体风险交流技巧欠缺等问题。当前，食品安全风险交流要更多考虑受众特点，比如受众的食品安全风险意识、理解和感知力、社会经济、文化和地理环境，并对受众群体进行分析。政府决策者和风险管理者有义务在进行科学和技术分析时，确保与相关方进行有效风险沟通，在适当的时候让公众和其他利益相关者参与风险分析过程，发挥风险交流在食品安全决策中的作用。

 典型案例

上海市食品药品科普站

上海市坚持将食品药品科普站作为共治共享、构建严密高效的食品药品安全社会共治体系的重要载体，是打通"服务百姓最后一公里"的具体体现。截至2024年6月，全市建成科普站419家，实现16个区的街镇全覆盖，服务百姓达数百万人次。

一是标准引领，多元发展。上海市出台地方标准《食品药品科普站建设和运行要求》（DB 31/T 1443—2023），明确站点建设路径，整合建设资源，引导各区食药安办将科普站建设和运维经费纳入年度财政预算。科普站建设方从政府机关向学校、食品企业、科研机构拓展，从基层市场监管所、菜场向社区文化中心、养老院、公园、商场、旅游景点等市民活动较为集中的场所拓展。创新工作思路，建设10家食品安全网上示范展厅，打造"永不关门"的科普阵地。

二是社会共治，科学管理。实行因地制宜、多方参与的模式，每个科普站配备至少1名专兼职工作人员负责日常管理工作，鼓励建立科普专业人员和志愿者库。明确科普站日常开放的频率、时长、公开信息等内容，对科普站开展主题活动日的方式、内容、服务对象等方向给予参考，确保站点有序运行。坚持分类管理，根据科普站不同分类，提供标准型、特色型、专业型等不同层级的科普内容，开展多样活动，推动科普站从"建起来"到"活起来"。

三是按需对标，协同推进。抓牢"服务对象、功能定位、主题活动"等三大要素，通过日常科普、主题宣传、平台搭建等方式提高科普工作效能。以"食品安全宣传周""科技节""市民开放日""你点我检"等主题活动为契机，在科普站开展区域性、综合性的科普活动以及食品安全便民快检服务。支持上海市食品安全工作联合会组织210余家食品会员单位开展食品安全系列宣传活动，引导食品企业扎实履行主体责任。

8.3.2 食品安全责任保险

食品安全责任保险是指以被保险的食品生产经营者因其生产经营的食品或经营的食用农产品导致发生食源性疾病（包括食物中毒）、食品污染等危害或有可能危害人体健康的食品安全事件，从而产生人身伤亡、财产损失的经济赔偿责任为保险标的的责任保险。食品安全责任保险具有系统性风险管理和社会保障功能，其主要目的是保护消费者的权益，同时减轻食品生产经营者的财务负担，使其在发生食品安全事故时能够更好地应对索赔和承担法律责任。食品安全责任保险对化解社会矛盾、分散食品生产经营风险以及促进食品安全社会共治发挥着重要作用。

《食品安全法》规定，国家鼓励食品生产经营企业参加食品安全责任保险。《上海市食品安全条例》规定，高风险食品生产经营企业应当根据防范食品安全风险的需要，主动投保食品安全责任保险。2023年12月，出台的《上海市食品安全责任保险管理办法》对投保人投保食品安全责任保险，保险机构开展食品安全责任保险业务，以及市场监管部门、保险监管部门开展食品安全责任保险相关指导和监管活动等作了相应规定。《上海市高风险食品生产经营企业目录》（沪市监规范〔2022〕18号）将11类食品生产经营企业，23类（种）食品纳入高风险食品名录，详见表8-2。

表 8-2 上海市高风险食品生产经营企业目录

序号	企业类型	食品及业态类别	类别明细
1	食品生产企业	食用植物油	食用植物油
2	食品生产企业	肉制品	热加工熟肉制品
2	食品生产企业	肉制品	发酵肉制品
2	食品生产企业	肉制品	预制调理肉制品
3	食品生产企业	乳制品	液体乳
3	食品生产企业	乳制品	乳粉
3	食品生产企业	乳制品	其他乳制品
4	食品生产企业	方便食品	预包装冷藏膳食
5	食品生产企业	冷冻饮品	冷冻饮品（仅限冰淇淋、雪糕、雪泥、冰棍）
6	食品生产企业	水产制品	生食水产品
7	食品生产企业	特殊膳食食品	婴幼儿谷类辅助食品
7	食品生产企业	特殊膳食食品	婴幼儿罐装辅助食品
7	食品生产企业	特殊膳食食品	其他特殊膳食食品
8	食品生产企业	其他食品	即食蔬果
9	食品生产企业	保健食品	各类保健食品
10	食品生产企业	特殊医学用途配方食品	特殊医学用途配方食品
10	食品生产企业	特殊医学用途配方食品	特殊医学用途婴儿配方食品
11	食品生产企业	婴幼儿配方食品	婴幼儿配方乳粉

续表

序号	企业类型	食品及业态类别	类别明细
12	食品经营企业	集体用餐配送膳食	桶盒饭
			团体膳食外卖
13		现制现售即食食品	冷加工糕点
14		规模以上连锁餐饮企业	中央厨房
15		大型以上饭店	大型以上饭店

自 2022 年以来，上海市将食品安全责任保险纳入市民满意的食品安全示范街镇创建和"百千万"示范工程评价体系，将"推进高风险食品生产经营企业投保食品安全责任保险工作"纳入对区政府的食品安全年度评议考核。2023 年，上海共有 15 605 家食品生产经营主体（不含网络食品交易第三方平台数据）参保食品安全责任保险，保费收入 1 092 万元。其中，4 310 家高风险食品生产经营企业实现 100% 投保。

上海市通过实施食品安全责任保险制度在食品安全社会共治方面进行了有益的探索，取得了初步成效：一是做实风险管理服务，探索"保险＋服务"模式，充分发挥保险公司在事前风险预防、事中风险控制等方面的风险管理作用。如保险公司聘请专业团队提供食品安全风险隐患排查和事故预防等专业服务，或提供食品从业人员培训服务，并协助开展关键环节关键岗位从业人员抽查考核，以及提供法律咨询服务、赠送外卖食品安全封签、赠送门店展示立牌的定制等增值服务。二是探索多元促保机制。积极运用保费共担机制，针对社会影响面广、用餐人数多、食品安全风险大、主体承受能力弱的单位和领域，如农村家庭宴席、学校及幼儿园食堂、建筑工地食堂、养老机构等，由政府通过财政专项资金购买食品安全责任公益险。目前，上海市农村家庭宴席通过村集体、乡镇政府统一购买食品安全责任保险，实现 100% 全覆盖。三是积极发挥平台作用。主要网络餐饮平台将入驻企业投保食品安全责任保险纳入星级评定体系，并通过流量扶持等手段积极推广，实现全市线上外卖餐饮企业投保食品安全责任保险 100% 全覆盖。四是发挥保险增信作用。为发挥食品安全责任保险对食品生产经营企业的增信作用，对投保企业形成正面激励，鼓励投保的食品生产经营者可以向消费者公示其已投保食品安全责任保险。

8.3.3 食品安全基层治理

2021 年 4 月，《中共中央 国务院关于加强基层治理体系和治理能力现代化建设的意见》明确提出，基层治理是国家治理的基石，统筹推进乡镇（街道）和城乡社区治理，是实现国家治理体系和治理能力现代化的基础工程。《食品安全法》规定，县级以上地方人民政府对本行政区域的食品安全工作负总责,县级人民政府食品药品监督管理部门可以在乡镇或者特定区域设立派出机构。

 典型案例

上海市村居食品安全"一站三员"制度

为进一步落实基层食品安全工作责任,健全基层监管网络,推动食品安全工作重心与力量配置下移,2012年12月,《上海市人民政府关于加强基层食品安全工作的意见》(沪府发〔2013〕89号),明确了基层食品安全工作职责和任务,提出镇(乡)政府、街道办事处要将食品安全工作列为重要职责,做好食品安全隐患排查、信息报告、协助执法和宣传教育等工作。居(村)民委员会要充分发挥群众自治组织、自我管理的作用,协助镇(乡)政府、街道办事处开展食品安全相关工作。近年来,上海市积极探索实践基层组织"一站三员"制度,其核心是通过在村(居)民委员会建立"一站"即食品安全工作站,配备"三员"即食品安全宣传员、协管员和信息员来实现食品安全管理的全面覆盖和风险隐患的及时发现处置。

食品安全工作站站长一般由居(村)民委员会主要领导兼任,负责协调和领导"三员"参与辖区食品安全治理,确保食品安全管理措施得到有效执行。食品安全工作站重点对居民社区、城中村、出租仓库和厂房、未拆迁的空置房屋、各类市场边缘及外来人口聚集点等区域进行"四黑"排查(即黑作坊、黑工厂、黑市场、黑窝点)以及排查无证照餐饮和无证照食杂店等。同时,加强与街镇政府和食安办的沟通,协助开展食品安全相关工作。食品安全宣传员主要负责向居民宣传食品安全法律法规和科普知识,提高公众对食品安全的认识和理解。食品安全协管员主要协助政府部门进行食品安全管理,协助食品安全巡查执法、监督食品生产经营行为、参与食品安全事件核查处置等。食品安全信息员主要负责收集和报告食品安全事件、消费者咨询投诉以及当地村(居)民对食品安全工作的意见和建议等食品安全相关信息。

8.3.4 食品安全志愿者服务

食品药品安全志愿者是指利用自己的时间、技能、资源,协助政府监管部门为群众提供非营利性食品安全志愿服务的人员。食品安全志愿服务是指食品安全志愿者及其组织自愿、无偿地从事食品安全活动,促进食品安全社会共治的公益服务行为。食品安全志愿者通常背景不同,包括具有食品安全专业知识的个人志愿者和单位志愿者。这些志愿者可以来自医疗卫生机构、食品科研院所、食品生产经营企业等相关领域的专业人才，也鼓励其他具备一定专业知识的社会公众人物、人大代表、政协委员、法律工作者、中小学家委会成员、外卖骑手、城市网格员等参与其中。食品药品安全志愿者的主要任务是参与社会监督与检查，开展食品培训与宣传，服务民生与监管，融入食品安全社会共治。

典型案例

深圳市食品安全志愿者服务

为全面提升深圳市食品药品安全治理能力水平，构建、完善食品药品安全社会共治格局，2017年5月，在深圳市食药安办的牵头组织下，深圳市市场监督管理局、团市委、市少工委、市教育局联合组建并成立深圳市食品药品安全志愿服务队伍。2019年6月，为规范食品药品安全志愿服务队伍管理，发挥志愿服务队伍作用，《深圳市食品药品安全志愿服务管理办法》印发实施，并在随后的实践中取得了良好的社会效果。

一是以志愿服务队伍建设为抓手，推动志愿服务普及化。截至2023年11月，深圳市食品药品安全志愿服务队伍的实名注册志愿者超过2万名，构建了一个以市级总队为核心，以各区分队为分支，以专业团体分队为补充的组织架构体系，形成市、区、街道、社区四级志愿服务管理架构。志愿服务总队还在全市各区打造了11个食品药品安全志愿服务U站，实现"一区一U站"，以便更好地吸纳和整合社会资源，建设守护食品药品安全、参与社会治理的枢纽平台，构建全市范围内辐射式服务网络。

二是以服务民生为根本，推动志愿服务常态化。深圳市创新立体化志愿服务模式，针对群众关心的议题，广泛开展了食品安全进企业、进校园、进社区、进市场等科普宣传与体验活动1600余场。创新"社会监督+配合执法"工作模式，常态化开展举报校园周边食品安全问题、举报食品加工黑作坊、举报活禽非法交易等10项社会监督，参与深圳市市场监督管理局开展的"星期三查餐厅"等系列执法行动，先后为"圳品"（高标准食品城市品牌）推广、3·15消费者权益日、侵权假冒商品统一销毁行动等多项重大活动提供高质量的服务保障。

2017年以来，深圳市食品药品志愿服务总队不断探索志愿服务工作新路径，积累了丰富的经验，推动深圳构建食品安全共建共治共享新格局，得到上级部门、社会各界的普遍赞誉和认可，先后获得"2019年学雷锋志愿服务广东省最佳志愿服务项目"等16项荣誉，志愿者荣誉感和归属感持续提升，公益服务推动共治效应显著，已经成为守护市民"舌尖上安全"志愿服务的一道亮丽风景。

8.3.5 食品安全公益诉讼

2019年5月,《中共中央 国务院关于深化改革加强食品安全工作的意见》提出"积极完善民事和行政公益诉讼制度,做好民事和行政诉讼的衔接与配合,探索建立食品安全民事公益诉讼惩罚性赔偿制度"的任务和要求。2020年10月,最高人民检察院与中央网信办、国务院食品安全办、司法部、农业农村部、国家卫生健康委员会、海关总署、国家市场监督管理总局、国家广播电视总局、国家粮食和物资储备局、国家药品监督管理局就在检察公益诉讼中加强协作配合,更好地保障食品药品安全形成协作意见,就线索移送、立案管辖、调查取证、诉前程序、提起诉讼、日常联络、人员交流等7方面的问题明确了协作机制。近年来,各部门各地区就检察公益诉讼中如何加强协作配合,更好地保障食品药品安全开展了大量的探索实践。

食品安全民事公益诉讼是指在食品生产、销售、服务等环节中,当出现侵害不特定多数消费者合法权益的行为,可能对公共健康造成威胁时,消费者协会、人民检察院等法律规定的机关或组织为了维护公共利益而向法院提起的民事诉讼。这种诉讼的目的在于通过司法途径保护广大消费者的食品安全权益,打击食品安全领域的违法行为,而非单纯追求经济赔偿。通过诉讼,促使违法者停止侵害、消除危险、赔偿损失,并可能要求公开道歉等非金钱形式的救济。

 典型案例

重庆市食品安全民事公益诉讼

结合营商环境创新试点城市建设,重庆市消委会主动加强与检察院、法院的合作,积极探索建立食品安全民事公益诉讼惩罚性赔偿制度,通过充分发挥民事公益诉讼的追责功能,加大侵权人违法成本,切实维护市场秩序,保护消费者合法权益,确保人民群众"舌尖上的安全"。

一是坚持高起点谋划,夯实制度根基。市检察院与市消委会于2021年7月联合印发《加强协作配合切实做好消费民事公益诉讼工作的意见》,明确市检察院和市消委会建立对口联系、信息共享、办案协助、诉前衔接、资源共享、联合宣传等6项机制。市消委会在食品安全公益诉讼范围内提起消费民事公益诉讼,检察机关可以采取提供法律咨询、协助调查取证、提交支持起诉意见书、出席法庭等方式支持起诉。与此同时,检察机关认为需要由市消委会提起消费民事公益诉讼的案件,可以向市消委会移交消费民事公益诉讼线索。检察机关和市消委会将共享市检察院公益诉讼检察研究基地、市消委会消费维权律师团等资源,充分借助专家"外脑"

促进消费民事公益诉讼办案工作顺利开展。

二是坚持高质量推进，形成治理合力。市检察院和市消委会召开多次座谈会，对民事公益诉讼惩罚性赔偿制度定位以及与其他制度的衔接、公共利益侵害的认定、提起惩罚性赔偿的情形、惩罚性赔偿金的计算基数与倍数、惩罚性赔偿金的管理与使用等一系列重要的理论和实务问题进行深入探讨。双方达成共识后一起与重庆市高级人民法院沟通，争取法院的支持。各级检察机关及时向市消委会移交消费民事公益诉讼线索，市消委会与检察机关围绕食品安全民事公益诉讼惩罚性赔偿典型案例，进行案件会商、分析研判，联合调研，初步形成共筑食品安全防线、保护消费者合法权益的治理合力。

三是坚持高效能落实，强化司法实践。市消委会在各级检察机关的支持下，提起多起消费民事公益诉讼案件，包括对生产、销售有毒、有害食品的行为提出销售金额三倍惩罚性赔偿金的案件，对销售假冒注册商标食品的行为提出销售金额三倍惩罚性赔偿金的案件等。市消委会在检察机关、审判机关的支持下，通过丰富司法实践样本，联合总结、宣传典型案例，达到了"提起一案、震慑一批、教育一片、规范一业"的效果。

参考文献

[1] NIEWCZAS, M. Consumers' reactions to food scares [J]. International Journal of Consumer Studies, 2014, 38 (3): 251-257.

[2] 陈梦婷, 黄超. 食品安全社会共治中行业协会的法律地位及制度建构 [J]. 法制与社会, 2019 (4): 134-135.

[3] World Health Organization, Food and Agriculture Organization of the United Nations. Risk communication applied to food safety: Handbook [M/OL]. World Health Organization, 2016. https://apps.who.int/iris/handle/10665/250083.

[4] SMITH A, VRBOS D, ALABISO J, et al. Future directions for risk communications at EFSA [J/OL]. EFSA Journal, 2021, 19 (2): e190201. https://doi.org/10.2903/j.efsa.2021.e190201.

[5] FDA Risk communication advisory committee [EB/OL]. https://www.fda.gov/advisory-committees/committees-and-meeting-materials/risk-communication-advisory-committee.

[6] 王晨诚, 金秋, 范志仪, 等. 上海市食品安全风险交流现状分析与对策 [J]. 中国标准化, 2022, 606 (9): 85-89.

[7] 蒋学海, 郑婉琼, 占金刚. 我国食品安全责任保险研究现状及发展路径 [J]. 北方金融, 2022, 505 (7): 9-15.

[8] 阮赞林. 食品安全社会共治实现路径新思考：以食品安全投诉举报为视角 [J]. 经济法研究, 2018, 21 (2): 276-289.

[9] 牛亮云. 食品安全风险社会共治：一个理论框架 [J]. 甘肃社会科学, 2016 (1): 161-164.

[10] 深圳市食品药品安全志愿服务总队荣获"年度公益贡献"奖 [N/OL]. 消费日报, 2023-11-21. http://www.xfrb.com.cn/article/scly/13521815883421.html.

第 9 章
食品安全智慧监管

9.1 食品安全智慧监管概述

9.1.1 食品安全智慧监管的时代背景

随着经济全球化进程的加快和国际贸易的迅猛发展,食品生产和销售更加国际化,食品供应链日趋复杂,涉及的环节越来越多,从农田到餐桌获取食物的方式,已经演化为一个复杂的多种因素相互依存的网络,食品受污染和腐败变质的风险也时刻存在。即使像美国这样的发达国家,同样无法避免频发食品安全事件。据 2010 年美国疾病控制和预防中心数据显示,美国每年约有 4 800 万人患食源性疾病,12.8 万人住院,3 000 人死亡,造成重大的公共卫生负担,而这些是可以通过某些措施预防的。2019 年 4 月,美国食品和药物管理局提出"智慧食品安全新时代"倡议,倡导基于科学原则和风险管理原则,使用区块链、传感器、物联网和人工智能等新技术,建立一个更数字化、更可追溯和更加安全的食品安全保障体系。2023 年 6 月,澳大利亚联邦科学与工业研究机构(CSIRO)发布 2050 年粮食和营养安全路线图,提出应通过科学方法和数据分析技术,预测和分析未来食品系统的发展趋势,制定相应的战略和政策,确保未来食品具备韧性、可持续、公平和更健康的特征。

在我国,食品安全形势虽然稳中向好,但保持这种良好态势的任务十分艰巨。如食用农产品面临土壤和地下水污染和农药、兽药使用不规范问题、食品生产经营环节食品添加剂使用不规范及微生物污染问题，加上食品产业规模化程度不高，食品从业者人数众多，一部分人诚信意识、法律意识薄弱等，这些问题的长期性、复杂性和艰巨性对食品安全监管工作带来巨大考验。截至2021年，我国食品生产经营主体多达1500万家，数量庞大的市场主体给市场监管工作带来了前所未有的挑战。尤其是基层市场监管部门，面对食品安全监管对象众多、监管情况繁杂、监管责任重大、监管力量薄弱等现状，传统的监管方式和监管手段已不能适应新形势下食品安全监管需要。特别是"互联网＋"时代叠加城镇化进程，孕育产生了不少食品新业态，如网络订餐、共享厨房、生鲜外卖、社区团购、无人制售（如无人面馆、无人榨汁机、自动取餐柜等）、智慧餐厅等，这些快速发展的新业态对公众日常消费生活方式产生巨大影响，食品经营品种、渠道、形式的多样化也产生了新的食品安全风险隐患。食品安全智慧监管已经成为解决当前食品安全突出问题的关键手段，是实现我国食品安全治理现代化的必由之路。

2019年，《中共中央 国务院关于深化改革加强食品安全工作的意见》明确提出要推进"互联网＋食品"监管。建立基于大数据分析的食品安全信息平台，推进大数据、云计算、物联网、人工智能、区块链等技术在食品安全监管领域的应用，实施智慧监管，提升监管工作信息化水平。

2021年，国务院印发《"十四五"市场监管现代化规划》，提出要全面整合市场监管领域信息资源和业务数据，深入推进市场监管信息资源共享开放和系统协同应用，加强重点食品安全信息追溯，将监测预警、评估分析、排查处置能力提升纳入智慧监管信息化工程。2022年6月，《国务院关于加强数字政府建设的指导意见》（国发［2022］14号）提出，要以数字化手段提升监管精准化水平，运用多源数据为市场主体精准"画像"，根据企业信用实施差异化监管。同年，国家市场监督管理总局在《"十四五"市场监管科技发展规划》中提出，要大力推进信用监管和智慧监管，加快提升适应超大规模复杂市场的监管效能。

9.1.2 食品安全智慧监管的内涵

智慧监管强调监管主体的多元性，以及监管工具的策略性使用，其本质是在食品安全监管理念中融入以科技为支撑的新思维和以共治为手段的新模式，注重在监管制度、监管方式和监管行动上的创新，如"双随机、一公开""审慎包容监管"等监管制度的创新；"信用监管""网格化管理"等监管方式的创新；"远程监控""明厨亮灶"等监管手段的创新。智慧监管在技术层面，就是要利用云计算、物联网、互联网、大数据、人工智能等新一代信息技术，实时汇集和动态分析生产经营、许可备案、监管执法、抽检监测、投诉举报、网络舆情等各领域、各环节信息，特别是将传统的海量人工数据分析与数据处理交由智能软件或通过机器学习来完成，从而实现食品安全风险的早期发现、精准预警、智能决策、快速处置等目标。

在完善的智慧监管体系中，政府部门、食品企业、消费者、其他社会组织既是食品数据的使用者，也是食品数据的提供者。政府部门利用现代化技术全方位汇聚各类数据，并通过智能化分析自动研判风险特点和来源等，对不同类型的食品生产经营主体进行差别化监管，提高食品安全监管的针对性和有效性。政府部门也可以转变角色，变监管主体为服务主体，充分发挥数据资源聚合优势，为食品企业与消费者等提供专业服务，如食品安全信息追溯查询、食品行业定期安全报告，食品安全风险预警、食品安全消费提示等，指导食品行业风险防控，引导社会公众安全消费，使得传统意义上监管部门、食品企业与消费者之间的对立关系变为目标一致、互赢互利的社会共建、共治、共享模式。智慧监管可以使监管全链条中的各项功能协同运作，让监管资源的分配更加合理和充分，让社会公众感受到更加便捷和高效的政务服务。

9.1.3 食品安全智慧监管体系的构建原则

顶层设计，统一标准。以"大市场、大质量、大监管"为背景，围绕理念、机制、方式、工具、业务、监管等核心要素，设计食品安全智慧监管的总体框架与运行模式。完善智慧监管的法律保障和创新定位，研究数字化转型与食品安全监管业务的融合，运用新一代信息技术丰富智慧监管的措施和途径。在智慧监管体系建设过程中，注重软环境和硬设备相结合、管理和服务相统一、技术创新和制度创新并举。制定统一的标准体系、管理规范与应用规程，明确数据保密、信息共享和系统安全等各项措施。

技术创新，数据共享。创建统一的食品安全智慧监管平台，在行政部门食品安全监管业务系统有效整合的基础上，进一步实现与食品行业运行数据、科研机构研究数据、社会组织管理数据、网络舆情监测数据、公众消费维权数据等实时对接与信息共享。统一数据标准格式，统一信息资源目录，统一数据交换接口，统一数据系统管理，保障数据传递和应用的时效、质量和安全。建立食品安全数据资源分布全景图，完善横向互联、纵向互通、纵横联动的数据资源共享机制。

深挖数据，深化应用。通过各类食品安全数据归集、挖掘、分析、应用和输出，提供综合评价、趋势预测、隐患排序、风险预警、决策分析、效果预判等服务，充分发挥大数据对精准监管的靶向效应，将事前通过大数据预判的风险点形成分级分色自动预警，有效防范化解系统性、行业性、区域性安全风险，为服务决策指挥及政策制定提供科学参考。开发开放公众咨询、投诉举报、社会监督、大众评价等模块入口，使更多的政务资源与食品企业、社会公众、电商平台等融合互动，丰富食品安全数据维度，实现多元治理的智慧监管目标。

人才培养，筑牢安全。智慧监管需要既熟悉食品安全监管业务，又熟练现代信息技术应用的跨学科、复合型人才。应加强人才数字化能力的培养，可以通过专业培训、任务外包、产业合作、学术交流等方式，充分利用全社会的人才资源，为智慧监管提供有效保障。注重食品安全云中心的安全保障，筑牢安全防线，突出应用、系统、网络三个方面的安全。妥善处理便捷与安全关系，跨业务系统必须进行统一身份认证，提高访问关键信息系统的安全控制能力。

9.1.4 城市食品安全智慧监管云平台构建探索

城市在食品经营消费方面具有人口众多、交通便捷、外源输入、业态多样、网购频繁、餐饮丰富等特点，智慧监管云平台是城市食品安全现代化治理体系的神经中枢。当前，我国城市食品安全智慧监管云平台的技术框架仍在不断探索之中，并且随着信息技术和人工智能的新发展不断完善。北京、上海、浙江等数字化基础设施较好的省市结合市场监管数字化试验区建设，正在打造标准上下贯通、数据纵横互联、智能深度融合、态势精准感知、区域示范协同的食品安全监管云平台。云平台在框架设计上注重以下四个方面的智慧监管能力。

一是全链条数据智慧服务能力。立足政府监管职能和公共服务职责，打通部门之间、系统之间的业务鸿沟和数据孤岛，为监管部门、监管对象和社会公众提供跨层级、跨地域、跨系统的智慧数据服务。

二是各类业务应用的智慧协同能力。立足数据共享和业务协同，突破业务系统之间的技术难点，进行应用场景的智能化改造，实现业务系统的协同联动。

三是平台架构的智慧支撑能力。综合运用云计算、大数据、人工智能、区块链等先进信息技术，构建统一、开放、先进、有效的智慧信息系统架构，支撑便捷化、可拓展的系统部署和新技术的集成应用。

四是面向决策的智慧应用能力。构建数据资源多维关联关系，深度挖掘食品安全监管数据的关联分析和综合利用，为食品安全监管业务运行、形势掌握、风险研判、科学决策提供更加智慧的技术支撑。

城市食品安全智慧监管云平台应用架构见图9-1。

图 9-1　城市食品安全智慧监管云平台应用架构示意

典型案例

深圳市食品安全智慧监管

近年来,深圳市市场监督管理局坚持"制度创新、科技引领、责任落实"的总体思路,突出智慧化顶层设计,针对食品安全监督管理中遇到的"信息孤岛、系统烟囱、业务分割"等现象,通过一体化运行、科技与业务融合,有效支撑食品安全监管的全流程在线监管,探索了智慧监管与食品安全的深度融合。

一是构建智慧市场监管平台,实现食品安全监管全场景覆盖。大力推进智慧市场监管"1234 工程"建设。打造 1 个高效运转、一体化运行的智慧市场监管平台。建设市、区、所三级联动、业务部门与技术机构联动的指挥体系以及围绕工作任务和业务的大数据中心。聚焦业务共性和业务核心环节,构建监督、检测和执法 3 张动态业务网。围绕智慧政务、智慧监管、智慧服务、智慧应用拓展 4 个维度应用场景,通过对各类业务数据的整合集成、动态关联、综合分析及可视化展示,实现对业务运行态势的实时感知,为科学决策提供数据支撑。

二是优化市场监管业务流程，实现各类业务线上全链条办理，推进食品、药品、特种设备等8大业务领域检验检测一体化。完善监督检查业务功能模块，通过一个系统实现全部监管业务的统一办理，提升监管效能。优化执法办案流程，实现从案件受理、立案、调查、取证、固证、核审、决定、执行、结案到归档全流程闭环管理。

三是推进业务与科技融合，实现食品安全监管效能全方位提升。通过数据库技术建立食品及食用农产品标准法规信息支撑和综合应用平台，为食品安全监管政策制定、"圳品"标准体系建设提供基础数据参考。通过物联网技术实现对种植基地异常信息的自动预警和食品快检的动态管理。供深食品视频监控信息被接入深圳市局智能指挥中心，实现远程监管。借助区块链的多中心化、同步记账、不可篡改、可追溯等特性，将深圳食用农产品、预包装食品、"供深食品"生产流通各环节数据上云上链。

四是聚焦共性业务需求，实现食品安全监管业务全体系融合。构建以"数据中心"为核心，以"指挥体系"为枢纽，以"监督、执法、检测"三网融合的食品安全大监管体系，实现任务来源覆盖全面、任务要素统一管理、任务处置快速顺畅以及任务执行三网协调。将日常政务服务接入政务通App，实现"双随机、一公开"业务和食品安全重点监管的全流程移动端办理，监管人员无需携带纸质文书到达监管现场，只需通过手机操作即可完成监管任务，实现"一次录入、一次上传、一键审核、一键归档"。

9.2 食品安全信用监管

9.2.1 食品安全信用监管的背景

近年来，我国食品安全治理水平稳步提升，食品安全形势持续稳定向好。特别是进入新发展阶段，一方面，我国食品供给已经从数量型供给转变为质量型供给，人们对食品安全的要求越来越高；另一方面，随着食品大生产、大流通、大消费的快速发展和新技术、新模式、新业态的不断涌现，我国食品安全潜在风险、未知风险、人为风险和衍生风险仍长期存在，食品安全面临的挑战仍然严峻。改变传统人力资源密集型监管方式，推进有为政府和有效市场更好地结合，发挥信誉机制在食品安全治理中的调节作用，从而破解我国食品安全监管领域从业人员不足、执法资源不足、专业能力不足等新老问题，是食品安全监管部门的重要任务。

信用是市场经济的基石，也是市场主体安身立命之本。2018年，修正的《食品安全法》规定，县级以上人民政府食品安全监管部门应当建立食品生产经营者食品安全信用档案，记录许可颁发、日常监督检查结果、违法行为查处等情况，依法向社会公布并实时更新；对有不良信用记录的食品生产经营者增加监督检查频次，对违法行为情节严重的食品生产经营者，可以通报投资主管部门、证券监督管理机构和有关的金融机构。《食品安全法实施条例》规定，国务院食品安全监督管理部门应当会同国务院有关部门建立守信联合激励和失信联合惩戒机制，结合食品生产经营者信用档案，建立严重违法生产经营者黑名单制度，将食品安全信用状况与准入、融资、信贷、征信等相衔接，及时向社会公布。

2019年，为加强社会信用体系建设，深入推进"放管服"改革，进一步发挥信用在创新监管机制、提高监管能力方面的基础性作用，更好地激发市场主体活力，推动高质量发展，《国务院办公厅关于加快推进社会信用体系建设构建以信用为基础的新型监管机制的指导意见》（国办发〔2019〕35号），提出要以加强信用监管为着力点，创新监管理念、监管制度和监管方式，建立健全贯穿市场主体全生命周期，衔接事前、事中、事后全监管环节的新型监管机制，不断提升监管能力和水平。

2021年5月，《市场监管总局关于加强重点领域信用监管的实施意见》（国市监信发〔2021〕28号）（简称《意见》），以食品等生产企业监管为切入点，推进直接涉及公共安全和人民群众生命健康的市场监管重点领域信用监管，形成行之有效的重点领域信用监管工作机制和模式，提升监管效能。《意见》提出要坚持"管行业就要管信用、管业务就要管信用"，充分发挥信用基础性作用，推动信用与重点领域监管深度融合，加强协同联动，形成监管合力，提升监管效能。

9.2.2 食品安全信用监管的内涵

信用监管是指行政主体为实现政府规制的目标，以现代社会治理和信用管理理论为指导，以法律法规标准规范为依据，依法记录、收集、应用行政相对人的信用信息，并按相对人的信用状况对其进行等级评价，进而针对不同的行政相对人采取差异化监管，以及采取激励或者惩戒等措施的行为。对食品药品、生态环境等与人民生命财产安全直接相关的领域内产生严重失信行为的市场主体及相关责任人，在一定期限内实施市场和行业禁入的措施，这样就可大幅提高了市场主体的失信成本，让监管"长出牙齿"。

信用监管是社会治理的重要组成，继承了现代社会治理制度的特点，由多元主体共同参与。由于信用风险有可能发生在市场主体全生命周期内的任何环节，因此，为防范化解信用风险，必须针对事前、事中和事后三个阶段进行全程信用风险管理，并以信息归集、共享、评价、分级分类监管和信用修复等为主要手段。从本质上讲，信用监管是根据市场主体信用状况而实施的差异化监管手段，实现对守信者"无事不扰"，对失信者"利剑高悬"，积极营造不敢失信、不能失信、不愿失信的良好氛围。当前互联网时代信息高度透明，依托大数据技术和互联网平台的信用监管是未来政府监管的重要趋势。

9.2.3 食品安全信用监管的主要做法

建立企业清单，开展信息归集。对食品企业实施清单管理，理清监管对象底数。对国家企业信用信息公示系统的相关食品企业进行分类标注，建立公示系统和食品企业审批、监管、执法办案等系统对接并实现动态调整。将食品企业行政许可、行政处罚、监督检查、监督抽检等信息，依法依规及时归集到公示系统，记于企业名下，依法全面公示，充分运用社会力量约束企业违法失信行为。

实施风险分类管理，合理安排监管资源。参考食品安全企业信用风险分类管理专业模型，针对不同信用风险类别的企业，采取差异化监管措施。对信用状况好、风险小的市场主体，合理降低抽查比例和频次，尽可能减少对市场主体正常经营活动的影响；对信用状况一般的市场主体，则执行常规的抽查比例和频次；对存在失信行为、风险高的市场主体，则提高抽查比例和监管频次。

建立严重违法失信名单，加大失信企业的约束惩戒。监管机构、执法办案机构、信用监管机构建立食品企业严重违法失信名单协同管理工作机制，做好严重违法失信名单列入、移出、公示和信用修复工作。将食品企业经营异常名录、严重违法失信名单等信息嵌入重点领域审批、监管业务系统，并主动向其他监管部门推送。对风险程度较高的违法失信行为发布预警，作为市场准入、许可审批、行业监管、市场退出等方面工作的重要考量因素。

加强信息共享应用，发挥市场和社会力量。开展食品企业数据产品和数据服务市场化应用，不断拓展应用场景，引导消费者和企业合作方根据企业信用程度评估消费风险、商业合作风险，用市场力量约束企业违法行为。适时发布严重失信典型案例，加大违法失信行为的曝光力度，引导公众加强对相关企业的社会监督。加强对行业组织的指导，发挥行业信用管理作用。

探索完善新产业、新业态、新模式监管。对于新产业、新业态、新模式食品企业以及信用风险低的企业，给予一定时间的"观察期"，探索推行触发式监管，在严守安全底线前提下，给予企业充足的发展空间；对信用风险高的企业，有针对性地采取严格监管措施，防止风险隐患演变为区域性、行业性突出问题。

9.2.4 食品安全严重违法失信名单的确定及管理

9.2.4.1 严重违法失信名单的确定

食品企业违反法律法规，性质恶劣、情节严重、社会危害较大，受到较重行政处罚的，将被列入严重违法失信名单，通过国家企业信用信息系统公示，并实施相应管理措施。较重行政处罚主要包括：

（1）依照行政处罚裁量基准，按照从重处罚原则处以罚款。

（2）降低资质等级，吊销许可证件、营业执照。

（3）限制开展生产经营活动、责令停产停业、责令关闭、限制从业。

（4）法律法规和部门规章规定的其他较重行政处罚。

食品企业可能受到较重行政处罚的情形主要包括：

（1）未依法取得食品生产经营许可从事食品生产经营活动。

（2）用非食品原料生产食品；在食品中添加食品添加剂以外的化学物质和其他可能危害人体健康的物质。

（3）生产经营营养成分不符合食品安全标准的专供婴幼儿和其他特定人群的主辅食品。

（4）生产经营添加药品的食品；生产经营病死、毒死或者死因不明的禽、畜、兽、水产动物肉类及其制品。

（5）生产经营未按规定进行检疫或者检疫不合格的肉类；生产经营国家为防病等特殊需要明令禁止生产经营的食品。

（6）生产经营致病性微生物，农药残留、兽药残留、生物毒素、重金属等污染物质以及其他危害人体健康的物质含量超过食品安全标准限量的食品、食品添加剂。

（7）生产经营用超过保质期的食品原料、食品添加剂生产的食品、食品添加剂。

（8）生产经营未按规定注册的保健食品、特殊医学用途配方食品、婴幼儿配方乳粉，或者未按注册的产品配方、生产工艺等技术要求组织生产。

（9）生产经营的食品标签、说明书含有虚假内容，涉及疾病预防、治疗功能，或者生产经营保健食品之外的食品的标签、说明书声称具有保健功能。

（10）其他违反食品安全法律法规规定，严重危害人民群众身体健康和生命安全的违法行为。

9.2.4.2 严重违法失信名单的管理

对于被列入严重违法失信名单的当事人，市场监督管理部门可以依法在审查行政许可、资质、资格、委托承担政府采购项目、工程招投标时，将当事人的失信行为作为重要考量因素；其次，也可将当事人列为重点监管对象，从而提高检查频次；再次，对当事人不适用告知承诺制，不予授予荣誉称号等表彰奖励等。

如果当事人被列入严重违法失信名单满一年，同时满足如下条件的：已经自觉履行行政处罚决定中规定的义务；已经主动消除危害后果和不良影响；未再受到市场监督管理部门较重行政处罚等，可以依照本办法规定向市场监督管理部门申请提前移出严重违法失信名单。

9.3 食品安全"双随机"监管

9.3.1 食品安全"双随机"监管的背景

近年来，我国积极推进"放管服"改革，不断优化营商环境，按照"市场化、法治化、国际化"的目标，尽力减少政府部门不必要的管理职权，降低市场主体准入门槛，培育壮大市场主体。通过简政放权举措和"宽进"原则激励，市场主体迅速增加、大量涌入，而监管力量并没有对应性地增加，监管方式的改革成为了必然之选。特别是在人口众多，消费旺盛的城市，食品生产经营主体呈现数量多、规模小、变化快的特点，再加上人工智能、网络平台等快速发展下产生的网络订餐、无人榨汁机、机器人餐厅等诸多新业态，使得传统的监管模式面临着检查任务重、随意检查、重复监管等问题，监管成本较大，企业疲于应对，也容易导致执法不公、执法扰民等乱象，这些都给城市食品安全监管带来新的挑战。

2019年1月，《国务院关于在市场监管领域全面推行部门联合"双随机、一公开"监管的意见》（国发〔2019〕5号）明确提出要在市场监管领域健全以"双随机、一公开"监管（以下简称"双随机"监管）为基本手段、以重点监管为补充、以信用监管为基础的新型监管机制，除特殊重点领域外，原则上所有行政检查都应通过双随机抽查的方式进行，取代日常监管原有的巡查制和随意检查，形成常态化管理机制，进一步营造公平竞争的市场环境和法治化、便利化的营商环境。

9.3.2 食品安全"双随机"监管的内涵

"双随机"监管主要是指在行政监管过程中，通过摇号、电子抽签等方式随机选择检查对象，随机抽调执法检查人员，检查过程及检查结果及时向社会公开的一项新型监管机制。"双随机"监管要求监管部门应结合企业信用风险分类，针对突出问题和风险特点开展抽查，提高监管精准性。抽查中发现的问题线索要一查到底、依法处罚，并将处罚结果记于相应市场主体名下，形成对违法失信行为的长效制约。特别强调，除法律法规明确规定外，抽查事项、抽查计划、抽查结果都要被及时、准确、规范向社会公开，实现阳光监管，接受社会监督。

9.3.3 食品安全"双随机"监管的主要做法

1. **编制抽查事项清单**

梳理法定职责内针对食品生产经营者抽查事项清单，针对不同风险等级、信用水平，科学制订工作计划。随机抽查事项被分为一般检查事项和重点检查事项。重点检查事项针对安全、质量、公共利益等重要领域，抽查比例不设上限；抽查比例高的，可以通过随机抽取的方式确定检查批次顺序。一般检查事项针对一般监管领域，抽查比例应根据监管实际情况严格进行限制。

2. **建立随机抽查"两库"**

建立与抽查事项相对应的检查对象名录库和执法检查人员名录库（简称"两库"）。检查对象名录库既可以包括企业、个体工商户等市场主体，也可以包括产品、项目、行为等。执法检查人员名录库除了综合管理类公务员、行政执法类公务员以外，还可适当吸收检测机构、科研院所和专家学者等参与。

3. **随机抽取检查对象**

严格按照"双随机"抽查工作计划的安排逐批次抽取检查对象。在抽取过程中，要按照食品安全法律法规规定，食品产业状况、居民消费情况、执法队伍的实际情况，针对不同风险等级、信用水平的检查对象采取差异化分类监管措施，合理确定、动态调整抽查比例、频次和被抽查概率，既保证必要的抽查覆盖面和监管效果，又防止检查过多和执法扰民。抽取过程要确保公开、公正。

4. **随机抽取执法检查人员**

综合考虑所辖区域地理环境、人员配备、业务专长、保障水平等客观因素，因地制宜选择随机抽取执法检查人员的方式。对执法检查人员有限，不能满足本区域内随机抽查基本条件的，可以采取直接委派方式，或与相邻区域执法检查人员进行随机匹配。

5. **确定抽查检查方式**

根据监管实际情况采取现场检查、书面检查、网络检查、委托专业机构检查等方式。委托专业机构实施抽查检查的，市场监督管理部门应加强业务指导和监督。抽查检查中可以依法利用其他部门检查结论、司法机关生效文书和专业机构作出的专业结论。鼓励运用信息化、智能化手段提高抽查检查效率和发现问题的能力。

6. **开展抽查结果公示**

除依法依规不适合公开的情形外，抽查部门要在任务完成后 20 个工作日内，将抽查检查结果通过公示系统、专业抽查系统和部门网站等渠道进行公示，接受社会监督。涉及市场主体的抽查检查结果，要及时归集至公示系统。各类违法违规行为要依法惩处，并积极向其他政府部门推送行政处罚、"黑名单"等相关信息，实施联合惩戒。

 典型案例

上海市食品生产企业基于风险和信用的"双随机"监管

"双随机"监管是市场监管的一种基本手段，体现监管的公平性、公正性，但如果要发挥"双随机"监管在食品安全保障中的最大成效，还必须综合食品生产企业食品安全风险与通用信用风险，建立食品安全信用档案，动态确定食品生产企业风险等级，以便统筹匹配监管任务与监管力量，对不同风险等级食品生产企业实施差异化、精准化监督管理。近年来，全国各地对基于食品企业信用分级和风险分级的"双随机"监管做了大量的理论研究和实践探索。

以食品生产企业为例，监管部门应结合食品生产企业食品安全静态风险因素、动态风险因素与通用信用风险因素，确定食品生产企业风险等级，并动态调整。其中，食品安全静态风险因素包括食品生产企业生产的食品类别、企业规模、食用人群等情况；食品安全动态风险因素包括市场监督管理部门通过监督检查、监督抽检、责任约谈等确定的食品生产企业生产条件保持、生产过程控制、管理制度运行等情况；通用信用风险因素包括食品生产企业基础属性信息、企业动态信息、监管信息、关联关系信息、社会评价信息等内容。

监管部门确定食品生产企业风险等级，可以采用评分方法以百分制计算。其中，静态风险因素量化分值为40分，动态风险因素量化分值为40分，通用信用风险量化分值为20分。风险分值越高，食品生产企业风险越高。食品生产企业的静态风险可通过组织相关监管人员、技术专家等，从主要食品原料属性、食品配方复杂程度、使用食品添加剂多少、生产工艺复杂程度、食品储存条件要求及保质期、抽检发现的问题、食用人群、社会关注程度等8个要素对所有31类食品进行打分评价，每个要素5分，计算每类食品的平均分，按照量化分值划分为Ⅰ档、Ⅱ档、Ⅲ档和Ⅳ档。如，可将0~15（含）分划为Ⅰ档；15~20（含）分划为Ⅱ档；20~25（含）分划为Ⅲ档；25~40（含）分划为Ⅳ档。

食品生产企业的动态风险因素按照对食品生产企业的监督检查、监督抽检、责任约谈等情况来量化打分。如可将监督检查发现《食品生产监督检查要点表》中一般项不符合的，每项次量化打分1分；重点项不符合的，每项次量化打分5分；监督抽检发现不合格食品的，每批次量化打分5分；监督抽检发现非法添加等不合格问题的，酌情增加量化打分分值；依法对食品生产企业的法定代表人或者主要负责人进行责任约谈的，每次量化打分5分等。

食品生产企业信用风险因素的量化打分直接使用通用型企业信用风险分类结果，具体分值通过企业通用信用风险分值（总分1000分）按照50∶1折算。食品生产企业静态风险因素量化分值、动态风险因素量化分值和通用信用风险因素量化分值之和，为食品生产企业风险分值。可将风险分值之和为0～30（含）分的定为A级风险；风险分值之和为30～45（含）分的定为B级风险；风险分值之和为45～60（含）分的定为C级风险；风险分值之和为60分以上的定为D级风险。

评定新获证食品生产企业的风险等级，可以按照食品生产企业食品安全静态风险与通用信用风险，初步确定风险等级。在企业获得食品生产许可证之日起3个月内，由监管部门开展一次监督检查，根据监督检查结果进行食品安全动态风险因素量化打分，并确定新获证食品生产企业首次风险等级。

为发挥食品安全"双随机"监管实效性，当食品企业被发现存在特定情形的违法行为时，可以及时对其风险等级进行调整。如被列入严重违法失信名单的食品生产企业，直接定为D级；故意违反食品安全法律法规，且受到罚款、没收违法所得（非法财物）、责令停产停业等行政处罚的；连续2次及以上监督抽检不符合食品安全标准的；违反食品安全法律法规规定，造成不良社会影响的；发生食品安全事故的；不按规定进行产品召回或者停止生产经营的；拒绝、逃避、阻挠执法人员进行监督检查，或者拒不配合执法人员依法进行案件调查的，可以在食品生产企业风险等级评定基础上调高一个或者两个等级。当食品生产企业连续2年未受到食品安全行政处罚；获得良好生产规范、危害分析与关键控制点体系认证（特殊医学用途配方食品、食品企业除外）；获得地市级以上人民政府质量奖的，等等，可在食品生产企业风险等级评定基础上调高一个或者两个等级。

监管部门根据食品生产企业风险等级，结合当地监管资源和监管水平，合理确定企业的监督检查频次、监督检查内容、监督检查方式以及其他管理措施，对较高风险生产经营者的监管优先于较低风险生产经营者的监管，实现监管资源的科学配置和有效利用。例如，对风险等级为A的食品生产企业，原则上每两年至少监督检查1次；对风险等级为B的食品生产企业，原则上每年至少监督检查1次；对风险等级为C的食品生产企业，原则上每年至少监督检查2次；对风险等级为D的食品生产企业，原则上每年至少监督检查3次。

市场监管部门采用信息化方式开展食品生产企业风险分级管理工作，风险分级结果通过信息系统自动计算，实时生成。根据食品生产企业风险等级和检查频次，确定本行政区域内所需检查力量及设施配备等，合理调整检查力量分配。通过信息化方式，随机选择检查对象，随机抽调执法检查人员，及时排查食品安全风险隐患，实现"双随机"监管的公平公正和精准高效的目标。

9.4 食品安全"明厨亮灶"

9.4.1 食品安全"明厨亮灶"的背景

城市具有人口众多、饮食多样、餐饮集中、消费旺盛的特点。餐饮业作为社会服务业的重要组成部分，服务人群量大面广，与消费者关系密切，也最能让消费者切身感受食品安全状况。但在实际餐饮消费中，消费者无法看到厨房重地的卫生条件、无法知晓加工过程及使用的原料等是否符合要求。因此，"闲人免进"的厨房虽然在一定程度上保障了餐饮服务的正常秩序，但不可否认的是，这种全封闭、不透明给某些人提供了在厨房"藏污纳垢"的机会和胆量，也造成了食品安全信息不对称，令消费者对餐饮安全的满意度打了折扣。

《食品安全法》倡导餐饮服务提供者公开加工过程，公示食品原料及其来源等信息。餐饮后厨"公开透明"就是让阳光照进厨房，让消费者在就餐过程中，甚至在选择餐馆之前，就能通过网络视频看到餐饮环境和加工过程等，及时发现不符合卫生要求、操作不符合规范等情况。一方面，这是餐饮服务提供者对广大消费者的一种承诺，让消费者看得明白、吃得放心，体现餐饮服务提供者维护食品安全诚信，另一方面，这也是消费者直接获得食品安全信息的有效途径，是对餐饮服务提供者落实食品安全职责的有效监督。

2018年，市场监管总局发布了《餐饮服务明厨亮灶工作指导意见》，对餐饮服务提供者如何实施"明厨亮灶"提出了指导意见，并规定食品安全监管部门对餐饮服务提供者进行监督检查时，要对其"明厨亮灶"的情况进行检查和指导。公众通过"明厨亮灶"发现餐饮服务提供者有违法违规行为的，可以向食品安全监管部门举报。食品安全监管部门对公众投诉举报反映的线索，要进行调查核实，属于违法行为的，及时依法处理，并反馈投诉举报人等。"明厨亮灶"管理模式的实施，将食品安全监管从政府职能部门的"一双眼睛"变成群众的"无数双眼睛"，使食客订餐"心里有底"，监管部门实时监管"心中有数"。

近年来，全国很多省份将餐饮服务提供者"明厨亮灶"的倡导性要求纳入地方法规或规章，或专门制定"明厨亮灶"建设的指导意见或规范性文件，部分省市将"明厨亮灶"要求纳入新申请或延续申请食品经营许可的前置审核条件，或将"明厨亮灶"工程建设情况和工作开展情况纳入食品安全绩效考核内容。目前，大中型餐馆、集体食堂、中央厨房、集体用餐配送单位等是"明厨亮灶"建设和运行的重点。2017 年，上海市委办公厅、市政府办公厅印发《上海市建设市民满意的食品安全城市行动方案》（沪委办发〔2017〕1 号），将餐饮服务提供者开展"明厨亮灶"，作为建设市民"放心餐厅""放心食堂"和创建国家食品安全示范城市的重要内容。

9.4.2 食品安全"明厨亮灶"的内涵

餐饮服务提供者应当确保主体资质合法、原料来源清晰、加工过程规范、厨房环境卫生、工具用具洁净、人员衣帽干净等，倡导采用"明厨亮灶"即通过透明展示或视频传输，向社会公众展示餐饮服务相关过程，证明自身能够严格履行食品安全主体责任，并接受社会监督和政府监管。

"明厨亮灶"主要包括透明厨房、视频厨房和"互联网＋明厨亮灶"三种方式。各类餐饮服务提供者可结合自身实际，选取适宜方式开展"明厨亮灶"建设和运行。其中，透明厨房是指餐饮服务提供者采用透明玻璃窗、透明玻璃幕墙、矮墙隔断等方式，使消费者能够直观观看餐饮食品加工制作过程的展示方式。视频厨房是指餐饮服务提供者在餐饮食品加工制作场所安装摄像设备，通过现场屏幕展示等方式向消费者展示餐饮食品加工制作过程的方式。"互联网＋明厨亮灶"是通过摄像设备采集信息，通过互联网网站或手机 App 等渠道为消费者实时传输食品加工制作过程、环境温湿度、食品溯源、食品监督检查公示等信息。

9.4.3 食品安全"明厨亮灶"主要方式

（1）透明厨房。透明厨房是指餐饮服务提供者采用透明玻璃窗、矮墙阻隔等方式，向消费者展示餐饮食品加工制作过程的一种形式。要求透明玻璃表面光滑整洁、通透明亮，无积尘、无油垢。玻璃上的粘贴画不得遮挡视线，玻璃两侧不宜存放遮挡视线的物品。透明玻璃要定期清洁，保持视线清晰。

（2）视频厨房。视频厨房是指餐饮服务提供者在餐饮食品加工场所安装摄像设备，通过视频传输技术和显示屏，使消费者在就餐场所观看餐饮食品加工制作过程。要求视频探头应当覆盖关键区域及场所，主要包括粗加工区、烹饪区、专间和专用操作区域（含凉菜间、裱花间、备餐间、分装间等）、餐饮具清洗消毒区、食品库房等。

（3）"互联网＋明厨亮灶"。"互联网＋明厨亮灶"是指餐饮服务提供者依托互联网资源，采用远程视频监控、系统数据对接等方式向消费者及监管部门展示餐饮食品加工制作过程。鼓励采用视频展示的入网餐饮服务提供者，特别是中小学食堂、养老院食堂、集体用餐配送单位等餐饮服务提供者，将视频信息上传至其加入的网络餐饮服务第三方平台。网络餐饮服务第三方平台为视频信息上传、社会公众观看提供接口、展示页面和评价区域。

9.4.4 食品安全信息公示的基本原则

一是真实性。餐饮服务提供者实施"明厨亮灶"展示内容应真实、准确、有效，不得有虚假内容。二是合规性。餐饮服务提供者实施"明厨亮灶"展示内容应符合相关法律法规的要求。三是完整性。餐饮服务提供者实施"明厨亮灶"展示内容应完整、全面。四是时效性。餐饮服务提供者应保证在就餐场所展示内容的时效性。五是可获得性。餐饮服务提供者应保证在就餐场所能看到展示信息，并对监管部门、消费者开放及传输相应的展示内容。

9.4.5 食品安全公开展示的主要内容和要求

1. 倡导"明厨亮灶"应主动公开展示的内容

（1）餐饮服务提供者基础信息，如现行有效的营业执照、食品经营许可证等许可信息。

（2）从业人员信息，如食品从业人员的健康证明信息和培训考核证明等。

（3）餐厨废弃油脂处置信息，如废弃油类型、废弃油数量、回收企业名称、回收日期等。

（4）食品原料进货信息，如食品原料名称、进货日期、供应商名称、生产企业名称等。

（5）消费者评价信息，如服务情况评价；食品变质评价、食品异物评价、禁烟情况、卫生情况等。

（6）餐饮食品加工过程信息，如粗加工区、烹饪区、专间或专用操作区、餐饮具清洗消毒区等卫生状况、整洁程度和人员穿戴等。

2. 不同食品储存加工区展示内容的要求

（1）食品仓库：要求看到卫生状况和工作情景，食品原料是否上架分类存放，员工工作期间是否有不良行为，是否有老鼠等病媒生物进入食品仓库。

（2）食品粗加工区域：要求看到卫生状况和工作情景，包括人员操作行为是否规范、工作期间是否有不良行为，是否按照水池标志的用途分类使用，食品是否被上架且分类存放等。

（3）食品加工烹调区域：要求看到卫生状况和工作情景，包括地面、工作台面和设备设施是否干净卫生，员工是否穿戴干净的工作服帽，工作期间是否有不良行为，直接入口食品、半成品、食品原料是否分开存放，生熟容器是否有明显的标志并被分开存放，食品或盛装食品的容器是否直接置于地上，是否将回收后的食品经加工后再次销售等情况等。

（4）专间（专用操作场所）区域：要求看到专间区域人员进出情况与工作情景，包括预进间的门是否自动闭合，人员进入专间工作时是否洗手、更衣、佩戴工作帽与口罩，是否在专间从事与之无关的活动，紫外线灯与空调等设施是否正常运转；操作台、砧板、工用具是否干净卫生，剩余的直接入口食品是否存放于专用冰箱中冷藏或冷冻，专间内是否存放非直接入口食品或其他杂物等。

（5）面点间区域：要求看到该区域的卫生状况和工作情景，地面、工作台面和设备设施是否干净卫生，员工是否穿戴干净的工作服帽、工作期间是否有不良行为，食品添加剂存放、使用管理等是否符合要求等情况。

（6）清洗消毒间区域：要求看到工作场景，包括餐饮具回收、清洗、消毒、保洁全过程，热力消毒设备的工作状态，化学消毒液的配备与更换，餐饮具的保洁、存放，垃圾桶是否加了盖，垃圾是否及时被清运等。

3. 其他相关信息公示内容的要求

餐饮服务经营者可通过现场公示栏、现场展示屏幕或网络餐饮第三方平台，向社会提供更多食品安全相关信息，包括食品经营许可信息、餐饮服务食品安全量化信息、最近一次日常监督检查结果、最近一次餐饮服务食品安全自查报告、食品安全责任承诺书、餐饮服务食品安全管理员信息、从业人员健康检查信息、从业人员培训考核信息、使用的食品添加剂名称、大宗食品原料索证索票情况、食品安全追溯信息等，如监管部门的举报电话以及监管部门发布的其他信息等。

另外，餐饮服务提供者要保证采集的视频信息清晰展示在就餐场所显示屏或上传至网络平台，视频信息要保存一定时间备查。餐饮服务提供者一经启用视频展示设备，就要保证在加工制作、就餐时间设备运行正常，在该时间段不得在展示设备上改播其他内容。

典型案例

上海市餐饮业"互联网＋明厨亮灶"

近年来，由于网络餐饮行业呈快速增长态势，通过第三方网络订餐平台订餐的消费模式早已深入百姓日常生活中。但是，缺乏消费者的现场体验和监督，导致通过网络供餐的线下餐饮单位对食品安全管理相对松懈。面对餐饮行业的新格局，仅仅依靠现有的监管方式难以实现有效监管，"互联网＋明厨亮灶"便成为餐饮业食品安全有效监管的重要辅助手段。近年来，上海市从政策、立法和实践等多方面大力推进餐饮业"互联网＋明厨亮灶"工程。2017年3月20日起实施的《上海市食品安全条例》提出："鼓励餐饮服务提供者采用电子显示屏、透明玻璃墙等方式，公开食品加工过程、食品原料及其来源信息"。同年，市委办公厅、市政府办公厅印发的《上海市建设市民满意的食品安全城市行动方案》中将"明厨亮灶"作为落实餐饮服务单位主体责任，建设消费者"放心餐厅"的重要内容。上海市市场监管部门积极落实有关要求，以商业街区、旅游景区等消费密集区域为突破口，将集体用餐配送单位、中型以上饭店、学校食堂、连锁餐饮门店、重大活动接待点等作为重点单位，稳步推进餐饮服务提供者实现"互联网＋明厨亮灶"，不断提升餐饮业食品安全公开透明度以及消费者的感受度和参与度。2020年，上海市食品安全联合会、餐饮行业协会等单位组织编制并发布的团体标准《餐饮业明厨亮灶技术规范》（T/SFSF 000009—2020）（第1～5部分），明确了"互联网＋明厨亮灶"的建设规范要求（图9-2）。

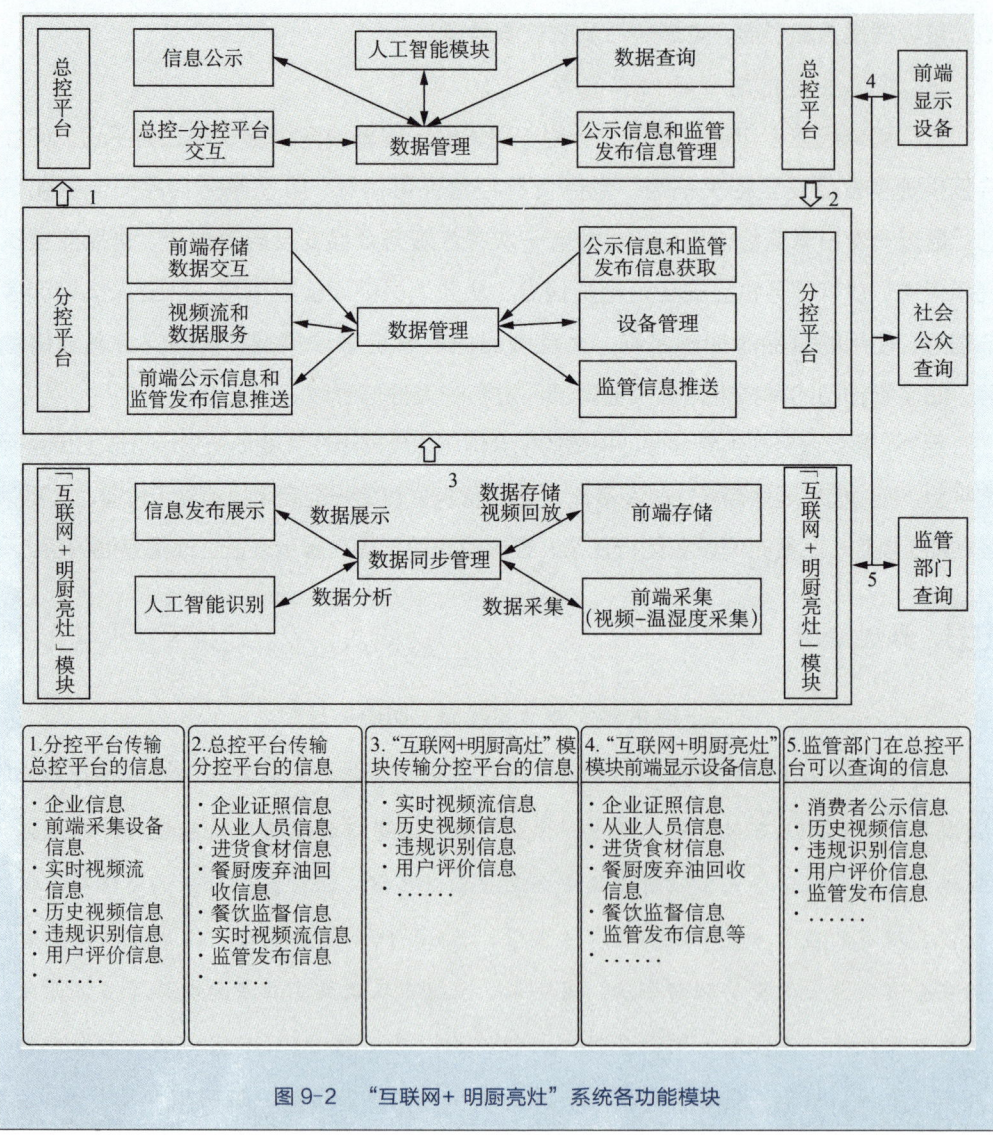

图9-2 "互联网＋明厨亮灶"系统各功能模块

上海市奉贤区积极探索并率先实现"互联网+明厨亮灶"的落地运行。自2022年以来，奉贤区市场监管部门试点选取了51家网络餐饮单位，推行"互联网+明厨亮灶"工程。一是建立综合监管机制。在餐饮单位的各功能区域（主要包括餐饮企业的食品粗加工区、烹饪区、专间、餐饮具清洗消毒场所、外卖食品分装包装、取餐等）安装视频监控，视频接入南桥镇城运中心运行的"一网统管"系统、移动监管App、第三方网络订餐平台等，实现24 h全天候远程集中监管，实时掌握网络餐饮加工场所和食品加工过程人员操作等情况。二是建立智慧执法机制。上门执法检查的传统方式向数字化远程监管方式转型。运用远程视频、人脸识别、AI智能分析、物联智能感知等功能，实现视频画面的动态智能分析，自动抓拍未戴口罩、未规范着装、抽烟、垃圾桶未盖、地面积水积污、活鼠出现等动态行为和静态景象，违法违规线索即时通过"一网统管"推送属地监管部门和涉事商家，依法快速处置。同时，通过数据分析及统计，对各餐饮企业进行违规排名，以问题为导向，为分类分级的精准监管提供依据。三是建立社会共治机制。推进网络餐饮单位在第三方网络订餐平台的"阳光厨房"建设工作，在网络餐饮外卖第三方平台设置"互联网+明厨亮灶"模块，接入实时监控视频，受社会公众监督。例如，在某披萨店后厨的各个角落，一只只"电子眼"实时帮助消费者监督着每份披萨的制作过程。消费者只需要打开某网络餐饮外卖第三方平台的后厨直播模块，即可查看到该店后厨实时视频，了解每一个披萨的制作过程和制作环境。"互联网+明厨亮灶"项目形成了监管部门、网络平台、社会公众共同监督的食品安全共治格局，将传统的执法部门检查模式升级为"人人可参与，点餐更安全，监管更有力"的城市食品安全数字化监管新模式。

"明厨亮灶"通过向消费者实时展示餐饮加工过程，倒逼餐饮服务提供者严格履行食品安全主体责任，起到了很好的社会共治效果。自"互联网+明厨亮灶"工程建设和运行以来，也发现一些问题，如餐饮行业总体规模小、资金少、生命周期短等特点，难以承担摄像、传输、存储等设备的购置和运行费用；将餐饮后厨展示给消费者容易因为操作不规范而受到投诉举报；为了节约成本安装摄像头数量不足，可展示区域代表性不强，或设备运行不正常；互联网平台不愿接入视频厨房展示画面，以免增加监视工作量，逃避第三方平台应承担的管理责任；消费者还没有形成在就餐前通过互联网平台观看餐馆食品安全档案或厨房展示画面的习惯，现场就餐时在公示栏或展示屏幕前的驻足率不高，需要进一步加强社会宣传。

当前，"明厨亮灶"工程建设正在进一步结合大数据、互联网和人工智能识别技术等，面向餐饮网络平台端、监管执法端和消费者端发展。在餐饮网络平台端，探索接入餐饮服务提供者已安装运行的视频探头，加强对入网餐饮服务者的日常监视管理，履行第三方平台食品安全责任。同时，通过订餐平台向社会公众实时展示后厨食品加工情况和食品安全信息公示情况，方便消费者知情和选择。在监管执法端，聚焦餐饮环节监管重点和难点，加强技术研发和系统整合，依托人脸识别、移动侦测、行为捕捉、温度监控等技术，对未佩戴或不规范佩戴口罩、帽子、吸烟、鼠害活动等违规行为进行人工智能抓拍，智能判断，无需人工实时查看视频或定期查看录像，将监管时间延伸到 8h 之外，如直接将违规行为的捕捉图像从线上发送至商家和平台，第一时间给予风险警示，或将电子罚单及时推送至商家和平台，动态调整商家量化等级记分，实现非现场执法，提升执法效率和商家认同性。在消费者端，可以在网络餐饮平台开放消费者对商家的评价功能，消费者发现商家存在食品安全违规行为时可以及时留言评价，激励消费者参与食品安全共治的积极性。第三方网络平台应当对消费者留言评价中反映的食品安全问题及时进行调查处理，必要时报告食品安全监管部门进行依法处治。

9.5 食品安全信息追溯

9.5.1 食品安全信息追溯的背景

"从农田到餐桌"的农产品及食品供应链涉及生产、加工、包装、运输、仓储、销售等不同环节，每个环节都可能存在不安全因素。20 世纪 80 年代以来，英国、比利时、法国等国家先后暴发了疯牛病（1986 年，英国）、二噁英鸡（1999 年，比利时）、李斯特菌污染熟肉（2001 年，法国）等重大食品安全事故，中国也发生震惊中外的苏丹红红心鸭蛋（2006 年）、三聚氰胺奶粉（2008 年）等事件，由此引发了公众对食品安全性忧虑和恐慌。国内外已经普遍认识到食品追溯体系建设对于保障"从农田到餐桌"的食品安全具有重要意义。2002 年，欧盟建立起以（EC）欧盟法规 178/2002 号为核心的一整套较为完备的食品饲料安全追溯体系。2003 年，日本开始实施《牛只个体识别情报管理特别措施法》，1 年后立法实施牛肉以外食品的追溯制度。2004 年，美国农业部发布《食品追溯白皮书》，要求对畜产品、大宗谷物、果蔬等农产品的生产和流通行为进行信息采集和追踪。

我国充分认识到食品安全追溯在食品安全保障中的重要性。2015 年，《食品安全法》明确规定国家建立食品安全全程追溯制度，要求食品生产经营者建立食品安全追溯体系，特别是倡导采用信息化手段采集、留存生产经营信息，保证食品可追溯。同年，国务院办公厅印发《关于加快推进重要产品追溯体系建设的意见》，将食用农产品、食品、药品、农业生产资料等七大类作为追溯体系建设的重点推进品类。各部门、各地方根据国家政策和规划，陆续开展了本地区、本部门领域内食品安全追溯试点和示范工作。特别是 2015 年以来，随着"互联网+"理念获得越来越多的共识，国家对于运用互联网资源统筹不同层级和不同部门资源条件，建设全国统一食品安全追溯体系，有了更明确、更具体的目标内容和行动举措。

9.5.2 食品安全信息追溯的内涵

食品安全信息追溯是指在食品生产（包括种植养殖）、流通（包括贮存、运输等）及销售（包括餐饮服务）等各个环节中，依托信息化技术等手段，使得食品质量安全及其相关信息被顺向追踪（生产源头→消费终端），或者逆向回溯（消费终端→生产源头），从而使食品的整个食品生产经营活动始终处于有效监控范围，最终实现来源可查证、去向可追踪、安全可控制、责任可追究。从这个概念可以看出，食品安全追溯实际上可以分为两个部分，一部分是正向追踪，即实现供应链上游到下游的信息跟踪，将产品流和信息流有效结合在一起，明确地记录下来；另一部分是反向溯源，在第一步正向追踪的基础上，销售商在发现缺陷产品时，通过供应链路径了解到产品的来源以及出现问题的环节，从而实现从供应链下游向供应链上游的溯源。

对于企业本身来说，并不需要对供应链上所有的追溯信息全盘掌握，只需要"向上一步追溯"和"向下一步追溯"，将其产品来源信息和产品输出信息记录完备。当供应链上的每一个企业都实现"向上一步追溯"和"向下一步追溯"，那么全供应链就能够被连接起来实现全程追溯。实现食品安全追溯有 3 个重要的步骤：一是内部流程要进行标准化统一标志；二是要建立关联链接，做好关键信息记录；三是要求每个企业都能够做到"向上一步追溯"和"向下一步追溯"。做到 3 个关键点后，一旦发生问题，即可按照从原料、成品、上市到最终消费的整个链条所记载的信息进行追溯，快速缩小问题范围，准确查出问题环节、原因和责任，直至追溯到问题源头，确保召回的高效性和准确性，也避免没有问题的产品受到牵连。

全面实施食品安全信息追溯意义重大。一是有利于落实食品生产经营主体责任。据统计我国现有食品生产经营单位 1500 多万家，每天有 14 亿消费群体和近 40 亿斤消费量，建立食品安全信息追溯机制是落实主体责任的有效措施，特别是信息化技术的有效运用是提升食品安全追溯效率的重要支撑；二是有利于快速有效处置食品安全事故，各地实践已经证明，食品安全追溯体系信息化的推行，能有效提高食品安全事故的处置效率，及时排除安全隐患，降低食品安全风险；三是有利于保障消费者知情权。消费者有权通过信息追溯平台、专用查询设备等，查询追溯食品的来源信息，有利于打破市场上存在的信息不对称现状，进一步树立消费者食品安全信心，促进社会各方监督并实现共同治理。

9.5.3 食品安全信息追溯主要技术

9.5.3.1 GS1全球统一标志系统

GS1全球统一标志系统是由国际物品编码协会创立，旨在开发用于提高跨国供应链效率和可视性的全球标准和解决方案，食品安全追溯也是该解决方案的一个主要应用领域。在中国，目前有100多万家商超采用商品条码技术，有超过25万家企业已经申请或使用上了商品条码。GS1全球统一标识系统中包含的内容有3个方面，第一，编码标识：使用全球唯一的标志符（标志关键字），为追溯参与方（人、产品、企业等）制作编码。第二，数据采集：能够自动进行数据采集，并通过条码（包括一维条码、二维条码）、电子标签的形式表示。第三，数据共享：使用标志和条码符号，转换为计算机可以采集的数据，并能够进行关键商业信息的交换。GS1全球统一标识系统使用关键字来进行编码标志，具有全球唯一性和高度稳定性。

9.5.3.2 RFID识别技术

无线射频识别技术（Radio Frequency Identification, RFID）是，通过阅读器与标签之间非接触式的数据通信，达到识别目标的目的。例如，农场主或企业将一种包含一个16位数序列号的RFID芯片植入动物皮肤或植物组织中，然后将信息链接到一个数据库，这个数据库可以被任何兼容的阅读器读取。无线射频识别技术的载体一般具有防水、防磁、耐高温等特点，保证无线射频识别技术在应用时具有稳定性，并可被重复使用。

9.5.3.3 二维码技术

二维码是用某种特定的几何图形按一定规律在平面分布的、黑白相间的、记录数据符号信息的图形，可以通过图像输入设备或光电扫描设备自动识读以实现信息自动处理。例如，在食用农产品或食品包装上打印代码，这一代码是一个储存特定数据（包括公司名称、产品名称、各质量参数的日期和结果等）的标签，标签中的所有信息在公司网站上发布，通过特定的二维码扫描器对这一代码扫描后就可获取代码中的所有信息。二维码技术不仅制作成本较低，还可以对RFID技术实现数据完全对接转移，可以简单快速地实现食品安全信息识别。

9.5.3.4 胴体标签与编码技术

将电子识别（electronic IDenity, eID）系统应用于动物胴体追踪或动物屠宰加工过程的追踪，在每个动物耳朵上使用全双工 eID 耳标，以弥补单个耳标无法与屠体识别号码完全匹配的问题。由于胴体标签与编码技术与 RFID 技术原理相似，在一些方面也可以相互弥补劣势，因此，很多大型农场、食品企业在采用这种技术时常常会与 RFID 技术联合使用。

9.5.3.5 区块链技术

区块链可以被理解为一种分布式数据库，将存储数据的区块按照诞生时间以链条的形式不断连接而成，数据的记录与存储都为分布式，所有节点均拥有管理链上的全部数据，具有去中心化、数据不可篡改、信息透明、可追溯等特性。区块链技术由共识算法来确保数据的一致性，单一节点的数据篡改行为会受到全网所有节点监控和排斥，因此供应链系统中各主体的每条数据都可以追溯，这保证了信息流通和交易各方数据的公开透明，打破了传统系统存在的信息孤岛问题，实现供应链的流通、交易、信息传递数据的可靠性、准确性和透明性。

9.5.4 食品安全信息追溯体系建设

食品供应链具有参与主体多、环节链条长、生产经营分散、信息多源异构等特点，极易造成供应链上下游信息断链和不透明。为保证供应链的食品流和信息流同步传递，就必须进行科学的顶层设计，合理的路径安排，严格的执行标准。2019 年，我国颁布重要产品追溯体系建设和技术应用的系列标准，为食品安全全程信息追溯提供了理论基础。

9.5.4.1 建设原则

追溯体系建设应符合国家相关法规和标准的要求，充分考虑该体系涉及的各类食品特点和追溯特性，合理确定追溯单元。追溯体系应覆盖初级生产、生产加工、包装、仓储、运输、配送、销售、消费等供应链相关环节的追溯信息，确保追溯信息的全面性、真实性、合规性和安全性。追溯体系建设应符合相关标准规范，不但实现追溯数据在体系内的数据互联互通，而且能实现跨部门跨区域业务协同、资源整合、信息共享。

9.5.4.2 追溯体系构成

追溯体系主要由产品追溯系统、追溯服务平台和追溯管理平台构成（图 9-3）。产品追溯系统、追溯服务平台和追溯管理平台可以在一个系统或平台中实现，也可以分布在不同的系统或平台中实现。其中，产品追溯体系主要针对企业，可分为：粮食追溯系统、蔬菜追溯系统、水果追溯系统、肉品追溯系统、水产追溯系统、乳品追溯系统、酒类追溯系统等。系统对应的食品链包括产品的初级生产、生产加工、包装、仓储、运输、配送、销售、消费（使用）等多个环节的相关信息追溯模块以及生产经营主体信息、追溯码编码信息、标识管理信息和交易信息等。

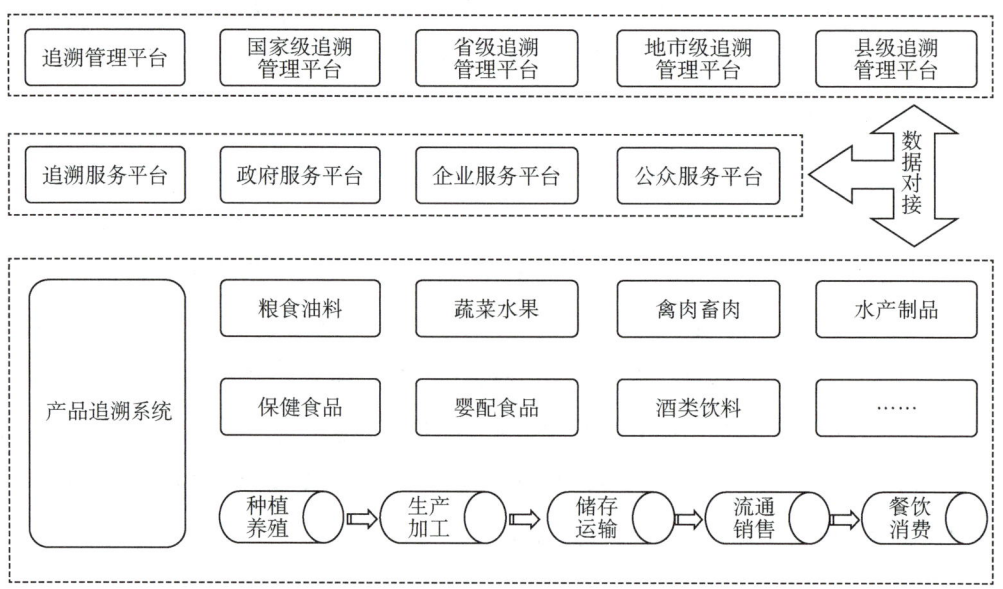

图 9-3　食品安全信息追溯体系的系统与平台构成

9.5.4.3　数据管理

系统与平台数据采用电子信息手段存储，建立数据库数据备份和应用程序数据备份机制，实现防篡改、防泄密、完整性保护和有效性验证功能，采用权限管理确保不同用户对不同数据有访问权限。系统与平台应对追溯数据采集、传输、审核、分类存储进行管理，数据交换接口应提供接入验证机制，保证交换数据的有效性，并提供数据传输过程中的隐私保护和防篡改功能。

　**典型案例**

上海市食品安全信息追溯系统

2015 年，上海市发布《上海市食品安全信息追溯管理办法》（上海市人民政府令第 33 号）（简称《办法》），明确由政府主导建立统一的食品安全信息追溯平台，要求食品生产经营者利用信息化技术手段履行信息上传等义务。此《办法》是国内首部规范食品安全信息追溯的省级政府规章，对于落实生产经营者的主体责任、完善监管手段、提高监管效能、保障食品安全，具有重要意义。依据该《办法》，同年，上海市配套发布《上海市食品安全信息追溯管理品种目录（2015 版）》公告，根据食品安全风险、居民消费量、供应链成熟度等因素，对粮食、畜产品、禽产品、蔬菜、水果、水产品、豆制品、乳品、食用油、其他等十大类食品中重点品种实施信息追溯管理。2021 年 11 月，上海市发布《上海市食品安全信息追溯管理品种目录（2021版）》公告，将特殊食品、酒类纳入追溯管理品种目录名单。另外，结合疫情防控需要和长江禁渔需要，将进口冷藏冷冻水产品、禽畜产品和5种长江野生水产刀鲚、凤鲚、长吻鮠、鲫鱼、中华绒螯蟹纳入新的追溯管理品种目录名单。按照规定，上海市的食品和食用农产品生产经营的生产企业、农民专业合作经济组织、屠宰厂（场）、批发经营企业、批发市场、兼营批发业务的贮运配送企业、标准化菜市场、连锁超市、中型以上食品店、集体用餐配送单位、中央厨房、学校食堂、中型以上饭店及连锁餐饮企业等14类市场主体应当按照《办法》的规定，利用信息化技术手段，履行相应的信息追溯义务，接受社会监督，承担社会责任。

上海市食品药品安全委员会办公室在牵头整合有关食品和食用农产品信息追溯系统的基础上，建设全市统一的"上海市食品安全信息追溯平台"（图9-4），该平台与相关部门已建成的食品信息追溯系统相对接。制定食品和食用农产品信息追溯编码规则、数据元、数据接口、标志物等系列技术标准，推动实现有条件的生产经营者、行业协会、第三方机构自建的信息追溯系统与平台无缝对接。平台通过图像识别、语音识别、神经元网络、机器学习等人工智能技术，不断提升追溯数据的应用水平，实现追溯链条可视化和信息应用场景化。以智慧监管为抓手，建成"6+3"追溯应用场景，具体包括"来源可查""去向可追""风险可防""线索可究""案源可挖""应急可控"等6个食品安全应用场景和"特殊食品""沪冷链""长江禁捕管理"等3个重点专项管理专题。对重点食品探索采用"一品一码"或"一物一码"等形式，实现食品安全信息的"赋码传递"。推广追溯二维码的终端应用，如在超市、标准化菜市场等推广电子秤称重时自动打印追溯二维码，以及货架上放置具有追溯二维码的商品标价签等方式，方便市民扫码获取食品安全追溯信息。

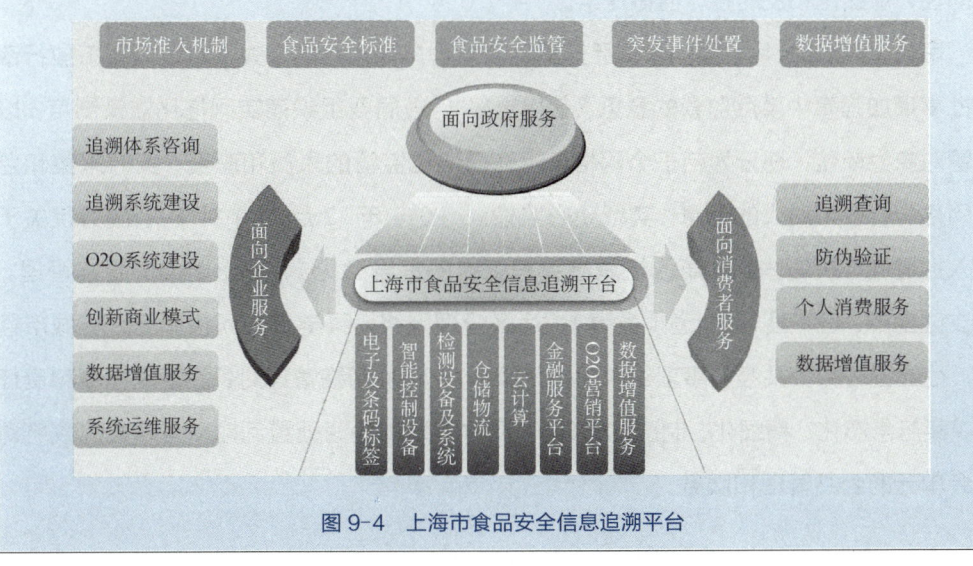

图9-4　上海市食品安全信息追溯平台

近年来，上海市强化食品追溯信息在应急处置中的运用，特别是在进口冷链食品新冠疫情防控（如厄瓜多尔冻虾）、媒体问题食品曝光（如沧州瘦肉精羊肉）等事件中，运用上海市食品安全信息追溯平台，第一时间进行查询，迅速提供全市面上精准的排查线索，为短时间内处置突发事件提供有力支撑。另外，为进一步推进长三角食品安全信息追溯一体化发展，将南京、无锡、合肥的食品安全信息追溯平台同上海、杭州、宁波的食品安全信息追溯平台对接，实现追溯信息互联共享。截至2023年9月，长三角食品安全信息追溯（区块链）平台共计接入追溯数据量2.1亿条，已上传企业10万余家，为我国食品大生产、大流通、大消费背景下的信息追溯提供了有益的经验。

9.6 食品安全网格化管理

9.6.1 食品安全网格化管理的背景

随着城市化进程逐渐加快以及城市规模持续扩大，城市建设和管理水平不匹配，城市发展与城市管理矛盾越来越突出。其主因可能是由于管理手段相对传统，先进技术应用不足；城市管理综合协调性弱；在管理监督方面缺乏主动性、全面性、及时性，导致管理部门经常处于被动状态。由此可见，传统管理方式，已无法满足现代城市发展和食品安全治理的要求。面对新形势下要求越来越高的食品安全监管任务，如何在现有市场监管体制下，依托网格化管理和智慧监管的优势，深化创新网格化管理模式；充分运用大数据、人工智能、云计算等新兴技术，真正实现城市网格化管理的靶向性、精细化和及时性，值得探索。

早在2015年6月，原国家食品药品监督管理总局出台的《关于对取消和下放行政审批事项加强事中事后监管的意见》就提出，"省级局要组织落实网格化监管制度，以监管对象为单位，划分为若干个网格，明确网格化监管的人员和职责，实时采集和监控网格内行政相对人的信息，实行动态监管。"2015年12月，《中共中央 国务院关于深入推进城市执法体制改革改进城市管理工作的指导意见》，提出要推进网格管理。建立健全市、区（县）、街道（乡镇）、社区管理网络，科学划分网格单元，将城市管理、社会管理和公共服务事项纳入网格化管理。明确网格管理对象、管理标准和责任人，实施常态化、精细化、制度化管理。及时发现和快速处置问题，有效实现政府对社会单元的公共管理和服务。

9.6.2 食品安全网格化管理的内涵

城市网格化管理是根据行政区划、地理布局、管理现状等要素，将辖区拆分为若干块"格"，相邻的若干"格"联结成"网"，每个"格"设置 1 名责任人，负责其辖区内的经济户口管理和经营主体经营行为监管，并对每一网格实施全面、动态管理。网格化管理是一种新型、高效、规范的社会治理新模式，是对传统市场监管方式的技术变革，它以属地监管为核心，以"经济户口"动态管理为基础，以信用监管为补充，运用数字化、信息化手段，以事件为管理内容，以处置单位为责任人，通过城市网格化管理信息平台，实现市区联动、资源共享的一种城市管理新模式，目的是实现靶向性、精准化、及时性的市场监管目标。

食品安全网格化管理与传统的城市管理方式相比，具有整合资源、规范流程、快速响应和督查督办等功能。实施食品安全网格化管理，一是符合更方便快捷满足公众食品安全需求、提升市民食品安全满意度；二是整合众多条线职能部门鼓励资源的高效利用以及职能部门的业务协同。

9.6.3 食品安全网格化管理的路径

一是充分发挥"四员"在网格化管理中的作用。基层食品安全"四员"（网格员、协管员、信息员、宣传员）制度是推进城市网格化管理水平的制度安排。基层"四员"作为城市网格化管理网格中的"点"，拓展了市场监管的范围，加大了市场监管的深度，可以解决食品安全监管中存在的公共服务分散不均、监管力量相对不足和微观环境复杂多变等突出问题。政府需要在网络中合理安排好各方参与者，使其在相互合作中实现共同治理目标。

二是拓宽政府购买范围提升网格化管理水平。由于许多基层食品安全监管部门在执法人员、办公用房、执法装备、办公经费方面仍较为紧张，通过政府购买服务，或者积极引导第三方参与食品安全治理，可以有效弥补政府部门食品安全监管资源配置不足的问题，这样不但可以减轻财政负担，还可以提高基层食品安全监管的水平和效率。

三是通过数据汇聚分析提升网格化管理效率。网格化管理可以促进业务流程标准化，推进上下连通、内外交互的信息沟通。基层网格员可以利用移动执法装备实现食品安全信息的便捷采集和突发事件的快速响应。另外，通过信息化平台和移动设备的使用，可以优化资源配置，提高监管效率，做到监管全程可追溯，责任可追溯，努力消除不作为、慢作为、乱作为的现象。

典型案例

上海市食品安全网格化监管

上海市积极探索食品安全网格化管理新模式。2021年，上海市食品药品安全委员会办公室等6部门印发《关于推进本市食品安全网格化管理纳入城市运行"一网统管"建设相关工作的通知》，将无证无照生产经营食品、食品摊贩违法经营、餐饮油烟污染、非法收运、处置餐厨垃圾、废弃油脂和保健食品非法"会销"等5类食品安全违规行为纳入城市运行"一网统管"体系，以部门联动、社会共治的方式提高食品安全隐患排查能力和处置效率。区和乡、镇人民政府、街道办事处所属的城市网格化管理机构对巡查发现的食品安全事件，应当进行派单调度、督办核查，指挥协调相关部门或者排除机构及时予以处置。区市场监督管理、城市管理行政执法、环保等部门及其派出机构应当接受城市网格化管理机构的派单调度，及时反馈处置情况，并接受督办核查（表9-1）。

表9-1 上海市五项网格事件牵头和查处部门

网格事件	牵头单位	配合部门	负责查处部门	发现机制
无证无照生产经营食品	市场监督管理局	住房保障房屋管理、公安	市场监督管理局（治理） 房管（物业查处） 公安（违法查处）	被动：12345/12315 主动：网格员
食品摊贩违法经营	市场监督管理局（固定场所） 城管执法（占道）	绿化市容	市场监督管理局（指导） 城管执法（行为查处）	被动：12345/12319 主动：网格员
餐饮油烟污染	环保部门	市场监督管理局	环保（污染查处） 市场监督管理局（食品查处）	被动：12345 主动：网格员
餐厨废弃油脂非法处置	市场监督管理局	绿化市容、城管执法	市场监督管理局（指导） 城管执法、绿化市容（违法行为查处）	被动：12345/12315 主动：网格员 自动：监测系统
保健食品制假售假	市场监督管理局	房屋管理、城管执法、公安	市场监督管理局（行为查处，广告查处） 房屋管理/城管执法（违法查处）	被动：12345/12315 主动：网格员

为深化城市运行"一网统管"，推动城市管理精细化，2022年8月，上海市修订发布《上海市城市网格化综合管理标准》（简称《标准》）。《标准》进一步明确了城市网格化综合管理的对象主要是可巡查发现、能及时处置的部（事）件问题；对于专业性较强的问题，以及网格监督员不能进入的室内、厂区、工地、单位等非公共区域的部（事）件问题，可通过系统接入行业巡查、市民投诉、智能发现等数据，

丰富发现渠道，落实闭环管理。《标准》进一步规范城市食品安全网格化综合管理工作流程，既包含遵循发现、立案、派遣、处置、核查、结案的基本业务环节的一般流程（图9-5），也包含可自发自处的简易流程、需事先核实再派遣的线索流程、来自物联设备预警和算法模型推送等发起的自动发现流程等。

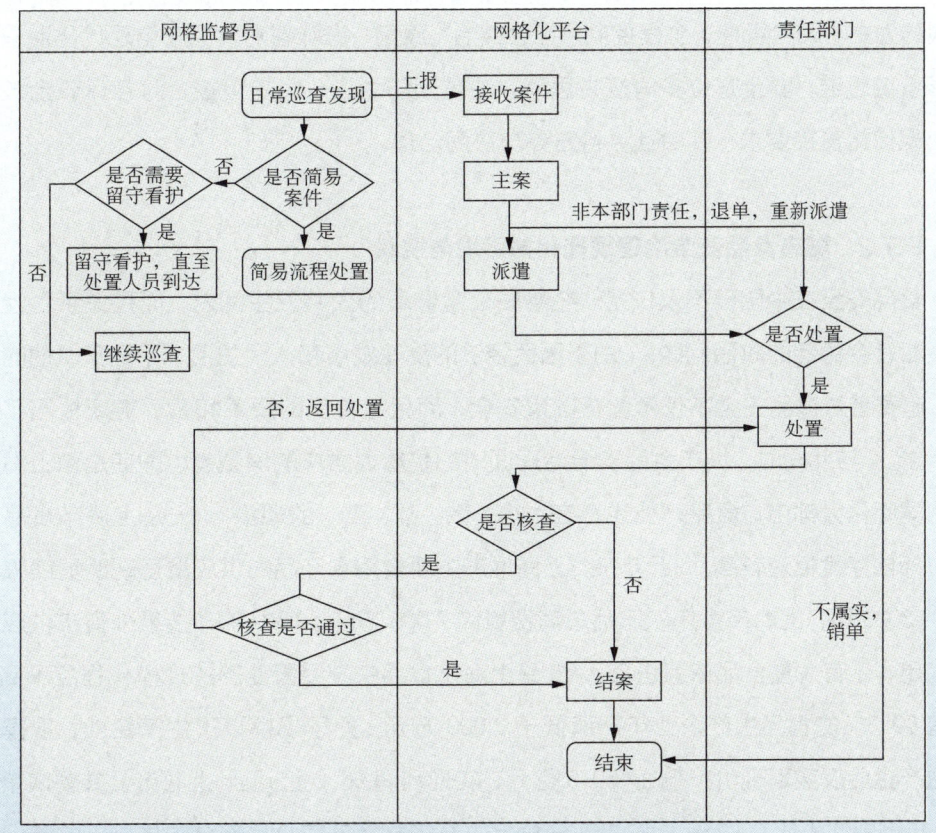

图9-5　城市食品安全网格化综合管理一般工作流程

食品安全网格化管理纳入城市运行"一网统管"是城市数字化转型的重要应用场景，遵循城市网格化综合管理流程，定格、定人、定责，从发现、立案、派遣、处置、核查到结案形成闭环管理，实现食品安全领域"三个全覆盖"（网络全覆盖、数据全覆盖、监管全覆盖）和"一网管全城、一屏观天下"的目标。

9.7　城市食品安全治理现代化展望

9.7.1　食品安全治理现代化的内涵与要求

我国政府对食品安全的重视已达前所未有的高度，国务院设立食品安全委员会是一个明显的标志，中央领导也在多次讲话中传达了政府对治理食品安全的决心。党的十九大报告中提出要坚持"总体国家安全观"，食品安全治理已经成为总体国家安全治理中的重要组成部分。把食品安全治理提到国家战略高度，实施食品安全战略，必须坚持以"最严谨的标准、最严格的监管、最严厉的处罚、最严肃的问责"为要求，推进我国食品安全治理现代化，确保人民群众"舌尖上的安全"。《食品安全法》提出"预防为主、风险管理、全程控制、社会共治"原则，意味着对食品安全现代化治理需具备系统思维，要全方位多角度去思考，注重预防为主、风险管控，对各环节全过程提出现代化管控要求，并由社会各方参与协同治理。

9.7.2 城市食品安全治理现代化的困境与挑战

食品安全在中国已不仅仅是一个事关公众健康的公共卫生问题，而是关系到经济发展和社会稳定的政治问题。由于国民经济的高速发展和人民生活水平翻天覆地的变化，消费者对食品安全不仅停留在数量安全，而且对食品的质量和营养健康提出了更高诉求。与此同时，城市食品安全治理面对的是量大面广的消费者、即使是像上海这样的国际化大都市，食品产业也存在"小、散、乱、低"的现象。一是上海市食品消费对外依存度相对较高。近年来，上海地产主要食用农产品的供应量呈现明显缩减态势。2023年，上海市食用农产品总消费量约2 000万吨，其中80%要靠外省市供应才能满足，还有大量食品依赖进口。二是上海市食品生产经营业态的规模化程度不高，仍有69.3%的食品生产企业年产值低于2 000万元，处于规模以下生产企业，规模以上生产企业仅实现现价产值1 150.9亿元，实现利润96.0亿元。上海市公共餐饮单位中，小型餐饮占比69.9%。三是部分食品生产经营者落实食品安全主体责任的意识不强、诚信意识还不到位，甚至知法犯法。尤其值得注意的是，一些插上互联网"翅膀"的食品新业态，有受到消费者追捧的"网红"食品经营者，成为负面曝光类舆情的主要来源，危害到整个餐饮行业的健康发展。四是相比较其他区域，城市食品安全保障方面仍存在尚不规范的产销秩序、滞后的企业主体责任意识和相对薄弱的监管执法能力。

对于城市特别是大城市食品安全治理现代化来说，由于城市人口密集、工商业发达、食品产业链条长，加之外地供应食品多、境外进口食品多、在外就餐多、外卖订餐多、新业态多等，不断衍生新的问题隐患，如网络外卖不卫生、食品添加剂滥用、食品新业态产生的新风险等，同时城市的公众对食品安全的关注度和要求更高，在各类新媒体快速传播的形势下，媒体放大食品安全风险、掀起舆论风暴的可能性更高，继而容易引发社会问题。因此食品安全对于城市而言，其经济问题、政治问题和民生问题更显突出。

9.7.3 城市食品安全治理现代化的路径

城市食品安全现代化治理是一项复杂的系统工程，单独依靠政府管理存在失灵问题，需要从政策、法律法规、标准、风险、技术、责任、认知等多角度来考量，亟需动员全社会力量共同参与，包括政府、企业、社会组织、新闻媒体、消费者等，在公共利益价值的导向下，增强利益共同体意识，充分协商，通力合作，共同保障城市食品安全。

《上海市市场监管现代化"十四五"规划》提出，"十四五"时期，上海将以法治引领健全综合执法监管协调机制，以数字化转型提高精准监管、智慧监管水平，以信用监管、社会共治推动形成企业自律、行业自治、社会监督、政府监管的新型监管模式，完善大监管协同机制，推动建立现代化市场治理新格局，共同推进超大城市食品安全治理体系和能力现代化。

食品安全治理现代化是国家安全治理现代化的重要组成。治理现代化的两大要素是完善治理体系和提升治理能力。食品安全治理现代化应在坚持党政同责的基础上，从法治、科技、产业和人才四个维度来不断完善治理体系和提升治理能力，逐步实现食品安全治理现代化。

一是法治现代化。法治是食品安全治理的根本保障。要进一步完善食品安全法律法规体系，确保法律法规体系能够充分适应新形势下的科技发展、产业发展和人才发展需要。要推进法律法规之间的有效衔接和落实落地，形成全社会在食品安全方面遵法、学法、用法、守法的良好氛围。

二是科技现代化。食品科技是食品安全治理的技术保障。加强食品科技队伍建设、科研经费投入及产学研成果转化，聚焦食品新技术、新材料、新工艺开展风险控制技术研究。充分利用互联网、大数据、云计算、人工智能和区块链等先进技术，将智慧监管理念和手段全方位融入食品安全治理。

三是产业现代化。以高质量发展为目标，深入实施"三品"战略、推动食品产业加速转型升级。要通过经济发展、资源配置、政策引导、市场竞争等多种方式，改变中国食品生产经营"小、散、乱、低"的落后局面，推动食品生产企业走向规模化、集约化、规范化、标准化、品牌化的现代化之路。

四是人才现代化。人才是推进食品安全现代化治理的基础性、战略性支撑，既是食品安全法治保障的主体，也是科技创新的主体，还是产业发展的主体。要加大食品安全管理人才、执法人才、专业人才等全方位培养和使用，特别是加强基层队伍能力建设，筑牢食品安全现代化治理的根基。

9.7.4 城市食品安全治理现代化的保障措施

统筹落实食品安全"四个责任",即企业主体责任、部门监管责任、属地管理责任和社会共治责任,以法治、科技、产业、人才为支撑,深入推进大数据、云计算、物联网、人工智能、区块链等技术在食品安全监管领域的应用,构建成熟度较高的社会化、信息化、智能化食品安全治理网络,全面提升城市食品安全治理能力和治理水平。具体保障措施如下:

1. 坚持党政同责

食品安全是民生工程、民心工程,是各级党委、政府义不容辞的责任。党政领导干部要高度重视食品安全工作,发挥人的主观能动性。国务院办公厅印发的《地方党政领导干部食品安全责任制规定》明确地方党政干部在保障食品安全方面的责任,近年来部署实施地方干部食品安全"包保"责任制,进一步强化食品安全属地监管职责,有利于贯彻落实食品安全国家战略和重大部署。

2. 坚持风险管理

完善食品安全领域的风险预判、风险监测、风险评估、风险沟通和风险处置,务必守好不发生系统性或区域性食品安全风险的底线。应不断健全行政审批、日常监管、行政处罚等监管制度,形成覆盖从田间到餐桌全过程的监管体系。以溯源技术、大数据技术等为依托,完善食品安全预警机制,实现源头可溯、去向可追、安全可信、问题可控,及时发现食品安全风险隐患,掌握风险趋势变化,做到精准靶向监管。

3. 坚持法治保障

为实现食品安全治理现代化目标,必须以法治建设作为战略保障,加快构建完善食品安全法治秩序,在食品全过程各环节建立食品安全保障制度,完善食品安全预防、检测、处置和交流的工作机制。政府部门要依法监管,确保监管工作的制度化、规范化、程序化。将食品安全的行政执法与刑事司法联动衔接,提高惩治食品安全违法行为的效率和威慑力。

4. 坚持主体责任

生产经营者是食品安全的第一责任人。市场监管部门要督促企业落实食品安全主体责任,强化企业主要负责人食品安全责任,规范食品安全管理人员行为。食品企业应当完善全面质量管控体系,加强对食品从业人员的培训和考核,将食品安全文化融入企业文化中,充分发挥企业主体责任,从"产"的维度确保食品安全。

5. 坚持治理创新

当前食品行业快速进入"互联网+"发展阶段,传统的食品安全监管方式已不能适应新的经济形势。依托现代信息、人工智能等技术，结合创新监管理念，在行政许可、日常监管、稽查执法等方面实施智慧监管。加快推进智慧监管的精准分析能力，将监管中的海量数据加以分析利用，拓展应用场景，有效指导并提升监管的科学性，在食品生产经营领域稳步推进全面智慧监管。

6. 坚持社会共治

作为一个拥有14亿人口的食品大国，中国有着全世界最为庞大也最多元化的食品消费市场，这是我国在食品领域的基本国情，也是食品安全治理面临的严峻形势。加之食品安全风险的多样性和影响因素的复杂性，食品安全治理不能单纯依靠行政监管，而是需要培育和鼓励社会主体的参与，促进治理主体多元化以增强社会共治的创造力。

参考文献

[1] 丰苏, 杜琳, 袁刚, 等. 运用智慧监管理念构建统一的食品安全监管平台 [J]. 中国市场监管研究, 2021 (11): 30-34, 51.

[2] 马宇飞. 以信息化助力智慧市场监管创新发展 [J]. 中国市场监管研究, 2020 (9): 18-21.

[3] 刘鹏, 钟晓. 智慧监管真的智慧吗?: 基于地方政府食品安全监管改革的案例研究 [J]. 广西师范大学学报 (哲学社会科学版), 2021, 57 (2): 28-39.

[4] 郭文波. 我国信用监管制度的构建与建议 [J]. 征信, 2021 (4): 39-43.

[5] 韩家平. 信用监管的演进、界定、主要挑战及政策建议 [J]. 征信, 2021 (5): 1-8.

[6] 辽宁省市场监管局食品安全信用监管课题组. 食品安全信用监管对策研究 [J]. 中国市场监管研究, 2021 (6): 29-32.

[7] 乐湘军. 加强与改进信用监管的思考 [J]. 中国市场监管研究, 2021 (7): 72-73.

[8] 李德惠. 优化营商环境视角下"双随机、一公开"智慧监管模式问题研究 [J]. 延边党校学报, 2021, 37 (2): 52-56.

[9] 戴婵. 食品安全监管方式创新研究: 以上海市明厨亮灶工程为例 [D]. 上海: 上海交通大学, 2019: 22-68.

[10] 胡云锋, 孙九林, 张千力, 等. 中国农产品质量安全追溯体系建设现状和未来发展 [J]. 中国工程科学, 2018, 20 (2): 57-62.

[11] 何德华, 史中欣. 食品质量安全可追溯系统研究与应用综述 [J]. 中国农业科技导报, 2019, 21 (4): 123-132.

[12] 董云峰, 张新, 许继平, 等. 基于区块链的粮油食品全供应链可信追溯模型 [J]. 食品科学, 2020, 41 (9): 30-36.

[13] 胡颖廉. 推进食品安全治理体系现代化 [J]. 行政管理改革, 2016 (6): 35-38.